PPT 2010
办公应用

漫库文化 编著

图书在版编目（CIP）数据

PPT 2010办公应用入门・进阶・提高：超值全彩版 /漫库文化编著. -- 南昌：二十一世纪出版社集团, 2016.7

ISBN 978-7-5568-1937-9

Ⅰ. ①P… Ⅱ. ①漫… Ⅲ. ①图形软件 Ⅳ. ①TP391.41

中国版本图书馆CIP数据核字(2016)第146939号

新浪微博： @二十一世纪出版社官方

PPT 2010 办公应用入门 · 进阶 · 提高：超值全彩版

漫库文化 编著

责任编辑： 敖登格日乐
封面设计： 付　巍
出版发行： 二十一世纪出版社
（江西省南昌市子安路 75 号 330009）
www.21cccc.com cc21@163.net
出 版 人： 张秋林
印　　刷： 北京美图印务有限公司
版　　次： 2016 年 9 月北京第 1 版
开　　本： 787 x 1092 1/16
印　　张： 17
字　　数： 500 千
书　　号： ISBN 978-7-5568-1937-9
定　　价： 49.00 元

赣版权登字—04—2016—450
本书如有印装质量等问题，请与本社联系　电话：(010) 85860941
读者来信：mk_hanling@163.com

Preface
前言

众所周知，PowerPoint是微软公司出品的办公软件系列的重要组件之一，主要用来制作演示文稿，比如常见教学课件、企业年度报告、产品营销宣传稿等。利用PowerPoint制作的文稿，可以通过不同的方式进行播放，也可以将演示文稿打印成一页一页的纸稿，还可以将演示文稿保存到光盘中以进行分发。同时，用户可以在幻灯片放映过程中播放音频或视频，以增加播放的效果。为了让读者能够在短时间内掌握该办公程序的使用方法与技巧，我们组织一线教师精心编写了本书，旨在用最高效的方法帮助读者解决在制作演示文稿中遇到的种种疑问。

本书以“热点案例”为写作单位，并以“知识应用”为讲解目的，遵循“从简单到复杂、从基础到综合”的创作思路，循序渐进地对PowerPoint 2010的使用方法、操作技巧、实际应用等方面进行了全面阐述。书中所列举的案例均属于日常办公中的应用热点，案例的讲解均通过一步一图、图文并茂的形式展开。这些热点很具有代表性，通过学习这些内容，可以将所掌握的知识快速应用到相类似的工作中，从而做到举一反三、学以致用。

全书共8章，其中各部分内容如下：

章节	章节名	知识点
01	PowerPoint 2010轻松上手	演示文稿基础知识、工作界面简介、演示文稿的创建、打开、保存，以及演示文稿的查看方式等
02	制作营销方案演示文稿	幻灯片的插入、移动、复制、删除、隐藏，幻灯片母版的应用，幻灯片主题的应用、幻灯片版式的应用，以及幻灯片页面的设置等
03	制作教学课件演示文稿	文本的输入、文本的选择与编辑、文本段落格式的设置、项目符号与编号的应用、文本框的使用、艺术字的创建与美化等
04	制作产品展示演示文稿	图片的插入与美化，图形的绘制、编辑、填充、美化，图形三维效果的设置，以及SmartArt图形的应用

章节	章节名	知识点
05	制作年终销售报告演示文稿	表格的插入、编辑、美化，图表的使用与编辑，三维立体图表的绘制等
06	制作幼儿家长会演示文稿	音频文件的插入与编辑、视频文件的导入与编辑、Flash动画的导入与播放等
07	制作展会热销产品演示文稿	幻灯片中超链接的创建、编辑，进入动画、强调动画、路径动画、退出动画、组合动画的设计，以及幻灯片切换效果的设置等
08	制作环保酒具推广演示文稿	演示文稿的放映、放映设置，演示文稿打包、打印、加密，及幻灯片的发布等
附录	PPT常用快捷键汇总、常见疑难解答之36问	

本书结构合理，内容详尽，语言通俗易懂，既适用于教学，又便于自学阅读。本书不仅可作为大中专院校电脑办公应用基础的教材，还可作为PPT课程培训班的培训用书，同时也是职场办公人员不可多得的学习用书。

编者在编写本书的过程中力求严谨细致，但由于时间与精力有限，疏漏之处在所难免，望广大读者批评指正。

编者

Contents
目录

Chapter 01
PowerPoint 2010轻松上手

Chapter 02

制作营销方案演示文稿

Chapter 03

制作教学课件演示文稿

Chapter 04

制作产品展示演示文稿

Chapter 05
制作年终销售报告演示文稿

Chapter 06

制作幼儿家长会演示文稿

Chapter 07
制作展会热销产品演示文稿

Chapter 08

制作环保酒具推广演示文稿

Appendix

附录

Chapter

01

PowerPoint 2010 轻松上手

本章概述

PowerPoint作为一款高效率、易修改、易演示且互动性强的办公软件，在办公领域已经得到了广泛应用。利用PowerPoint 2010可以轻松制作出公司简介、会议报告、产品展示、业务推广等演示文稿。本章将首先对PowerPoint 2010的界面进行介绍，随后将对演示文稿的基本操作等内容进行讲解，熟悉这些功能后，可为后期综合案例的创建奠定良好的基础。

本章要点

幻灯片与演示文稿

PowerPoint 2010的工作界面

演示文稿的创建

演示文稿的视图模式

1.1 演示文稿的基础知识

对于初学着来说，常会将“演示文稿”和“幻灯片”这两个概念相混淆，不过没关系，下面我们将一点一点对这些基本的知识进行介绍。学习这些内容后，用户即能对PowerPoint 2010有一个初步的认识，也能知道演示文稿有哪些类型、制作演示文稿之前有哪些准备工作，以及制作演示文稿的流程是怎样的。

❶认识演示文稿与幻灯片

演示文稿是指利用PowerPoint生成的某个文件。幻灯片则是演示文稿中的某一页，也就是说，一个演示文稿是由若干张幻灯片组成的。每张幻灯片都是演示文稿中即独立又相互联系的内容，如下图所示。

办公助手 优秀演示文稿的要素

优秀的演示文稿应该具有“结构清晰明了，内容衔接有序”这一特点。演示文稿的结构是至关重要的。没有好的文稿结构，再精彩的演讲风格、技巧和视觉效果都将付诸东流。要想制作出成功的PPT，必须遵循“结构化”法则。结构化法则能使听众对PPT内容进行有层次的记忆，就像我们在小学对文章内容进行分段落或分层理解一样，目的是把复杂的内容简单化，然后列成目录型的结构形式。

❷演示文稿的分类

演示文稿在定义上并没有严格的分类，但是在实际操作时，可以按照演示文稿的功能将其分为：工作汇报、企业宣传、产品推广、婚庆庆典、项目竞标、管理咨询、教育培训等类型。其应用领域的广泛，也说明了PowerPoint正成为人们工作和生活的重要组成部分，如下图所示。

❸制作演示文稿前的准备工作

制作演示文稿的前提是先在计算机上下载并安装PowerPoint 2010软件。在熟悉了PowerPoint 2010的操作界面以后，根据将要制作的演示文稿的内容，准备好相应的图片、图表、文字、动画、音像等资料。根据构思合理布局后确定制作方案，然后开始制作演示文稿。

❹制作演示文稿的流程

制作演示文稿的过程就是在演示文稿中创建然后完善新幻灯片的过程。用户首先要新建一个演示文稿，然后在幻灯片中依次制作首页、目录、正文、尾页等内容。当整个演示文稿制作完成以后，为检验制作效果还需要对幻灯片进行预览。

1.2 PowerPoint 2010工作界面

对于新手来说，想要熟练运用PowerPoint 2010制作幻灯片，第一步是要熟悉Power-Point 2010的工作界面。打开演示文稿，观察PowerPoint 2010的工作界面，主要包括标题栏、“文件”菜单、功能区、幻灯片/大纲浏览窗格、编辑区、状态栏等几个区域。

1.2.1 快速访问工具栏

快速访问工具栏位于工作界面的左上角，PowerPoint图标的右侧，快速访问工具栏默认包含保存、撤消键入、重复键入和自定义快速访问工具栏四个命令按钮。

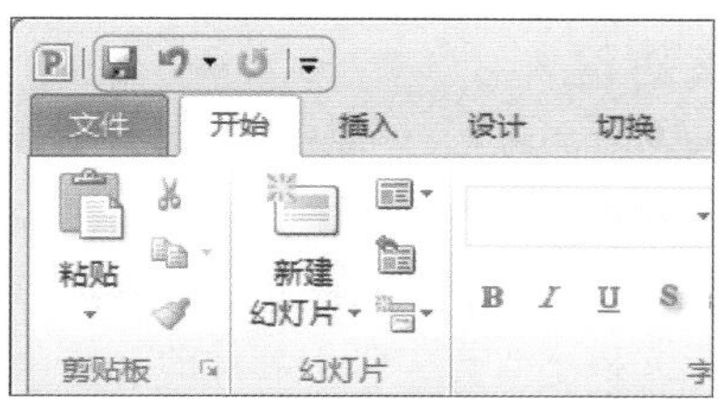

用户可以根据实际需要在快速访问工具栏中添加或更改命令按钮。操作步骤如下：

步骤01 单击“快速访问工具栏”中的“自定义快速访问工具栏”下拉按钮，在展开的列表中选择“其他命令”选项。

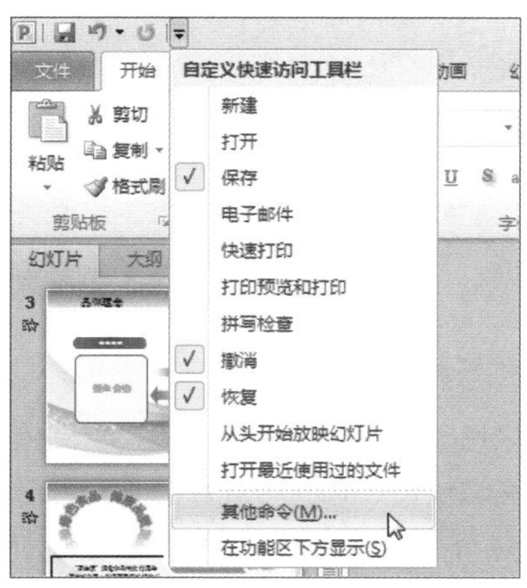

步骤02 弹出“PowerPoint选项”对话框。在“快速访问工具栏”选项界面的“从下列位置选择命令”列表框中，选择需要添加到“快速访问工具栏”的选项。

步骤03 单击“添加”按钮，“自定义快速访问工具栏”列表框中随新增选中的选项，单击“确定”按钮即可。

1.2.2 标题栏

标题栏位于工作界面的最上方，用于显示当前演示文稿的名称和所用程序的名称。

1.2.3 “文件”菜单

单击操作界面左上角的“文件”按钮，即可打开“文件”菜单。用户可以在“文件”菜单中对演示文稿执行“保存”、“另存为”、“打印”、“退出”等命令。“文件”菜单中所包含的命令如下图所示。

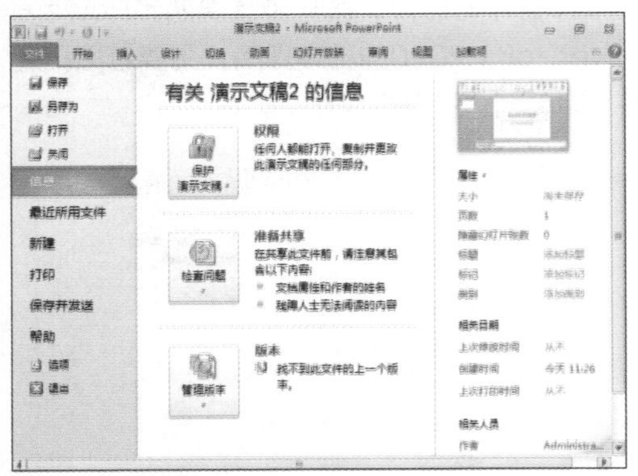

1.2.4 功能区

功能区位于快速访问工具栏下方“文件”按钮右侧，其中包含“开始”、“插入”、“设计”、“切换”、“动画”、“幻灯片放映”、“审阅”、“视图”、“加载项”等多个选项卡，如下图所示。

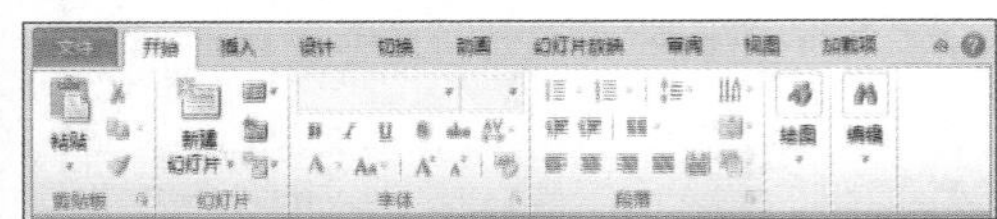

其中：

- “开始”选项卡中的命令可以新建幻灯片，对幻灯片中的文字进行字体、段落和样式等进行设置。
- “插入”选项卡中的命令可以在幻灯片中插入表格、图像、超链接、文本、符号、音像等元素。
- “设计”选项卡中的命令可以对演示文稿的页面、主题、背景等进行设置。
- “切换”选项卡中的命令用于制作幻灯片的切换效果。
- “动画”选项卡中的命令用来对幻灯片中的图象、文字等对象添加动画效果。
- “幻灯片放映”选项中的命令用来制作幻灯片的放映效果，和预览演示文稿。

1.2.5 幻灯片/大纲浏览窗格

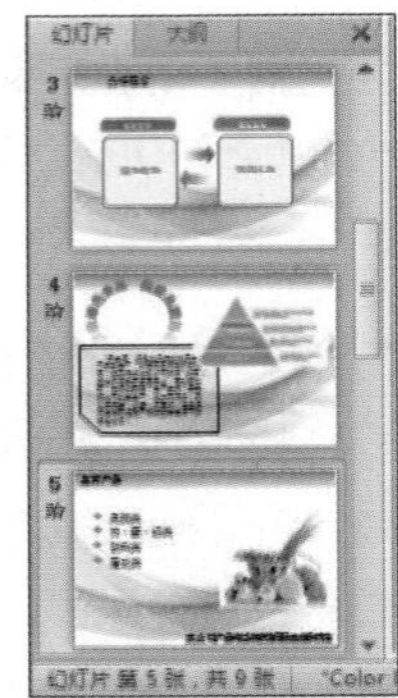

幻灯片/大纲浏览窗格位于功能区的下方，整个操作界面的左侧区域。以缩略图形式显示演示文稿中的全部幻灯片，可用以快速查看所有幻灯片。幻灯片/大纲浏览窗格中包含“幻灯片”和“大纲”两个选项卡。

1.2.6 编辑区

编辑区位于幻灯片/大纲浏览窗格右侧，是用于显示和编辑幻灯片的工作区域。在编辑区内可以输入文字、插入图片、绘制图形等。当演示文稿中含有多张幻灯片的时候，可以直接滑动鼠标滚轮或拖动编辑区右侧的进度条切换幻灯片。或是在幻灯片/大纲窗格中单击指定的幻灯片，该幻灯片即被切换到编辑区中显示。

1.2.7 状态栏

状态栏位于整个界面的最下方，左侧依次显示当前幻灯片位置和幻灯片的总张数、主题名称、拼写检查按钮和语言。右侧为“普通视图”按钮、“幻灯片浏览”按钮、“阅读视图”按钮、“幻灯片放映”按钮、“缩放比例”按钮、缩放滑块以及“使幻灯片适应当前窗口”按钮。状态栏中的按钮均为快捷按钮，为用户提供更便捷的操作。

1.3 新建培训手册演示文稿

新员工入职以后往往要接受系统的培训才能上岗，作为公司的培训人员，在熟悉了PowerPoint 2010的工作界面后，应该如何创建培训手册演示文稿呢?

1.3.1 创建演示文稿

创建演示文稿的方式有很多种，用户可以直接创建空白的演示文稿，也可以应用模板进行创建，还可以在计算机现有演示文稿的基础上进行创建。

❶ 创建空白演示文稿

双击PowerPoint 2010图标，在打开软件的同时也会新建一份空白的演示文稿。除此方法以外，用户还可通过已经打开的演示文稿的“文件”菜单命令新建空白演示文稿。

方法一

步骤 01 双击PowerPoint 2010图标。

步骤 02 一份空白的演示文稿随即被创建。

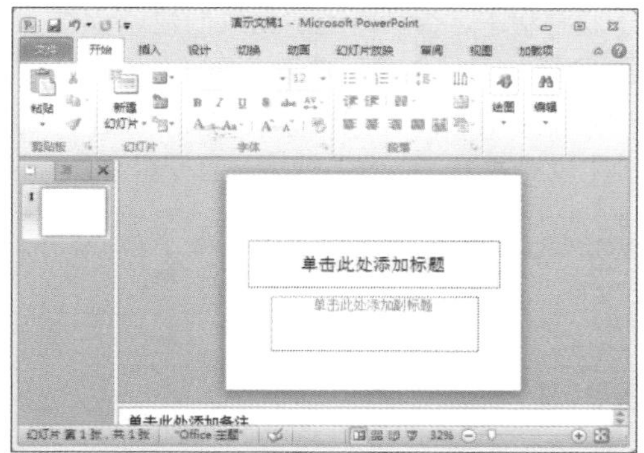

方法二

步骤 01 在打开的演示文稿中单击“文件”按钮，在展开的菜单中选择“新建”选项。

步骤 02 在“新建”选项卡的“可用的模板和主题”列表框中选择“空白演示文稿”选项，单击“创建”按钮。

步骤 03 一份新创建的空白演示文稿即可出现得用户眼前。

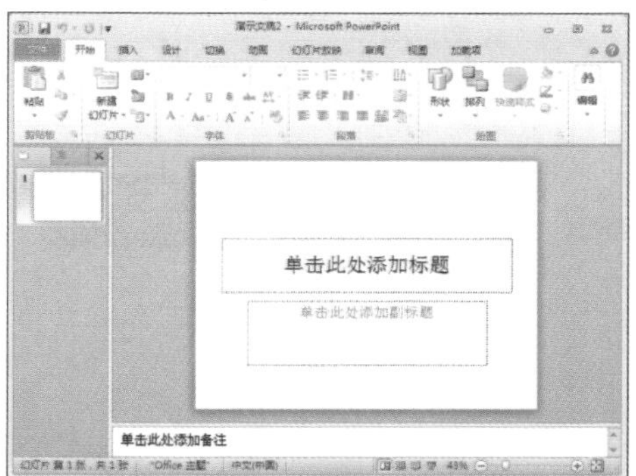

❷根据现有模板创建演示文稿

PowerPoint 2010内置有许多不同类型的模板，在内置模板的基础上制作演示文稿可以节约很多工作时间。

步骤01 打开演示文稿，单击“文件”按钮，展开“文件”菜单。

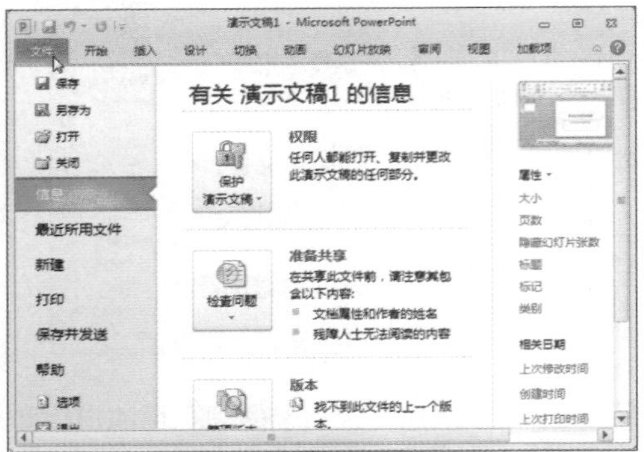

步骤02 单击“新建”选项，在“可用的模板和主题”列表框中选择“样本模板”选项。

步骤03 在展开的列表中选择“培训”选项。

步骤04 单击右侧的“创建”按钮。

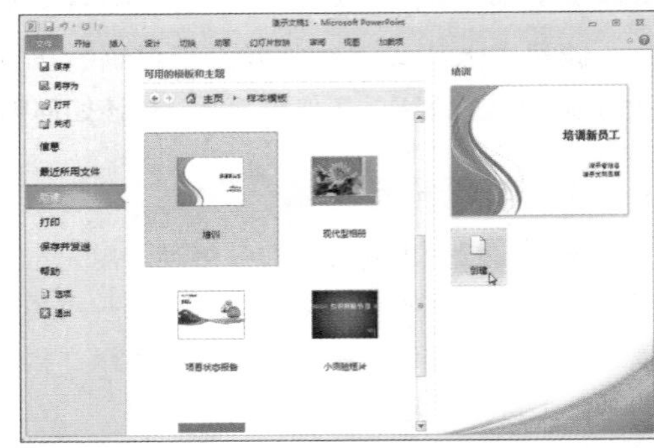

步骤05 应用了“培训”模板的演示文稿将自动创建并打开。

❸根据 Office.com 创建演示文稿

用户还可以创建Office.com演示文稿，创建此类型的演示文稿时必须保证计算机处于联网状态，否则将无法完成创建。

步骤01 打开“文件”菜单，在“新建”选项卡的“Office.com模板”列表中选择“会议”文件夹。

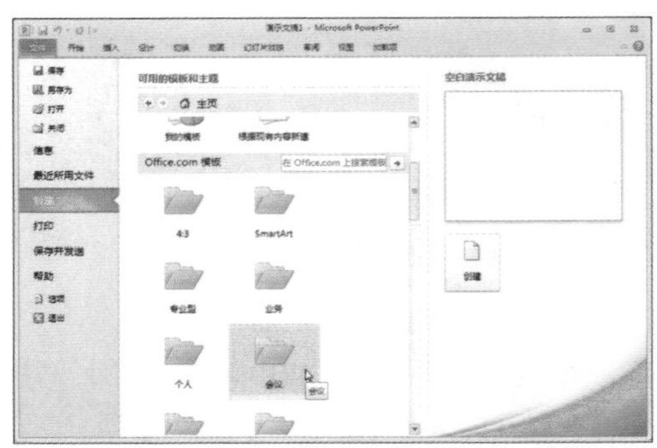

步骤 02 在展开的文件夹中选择“培训演示文稿”选项，并单击“下载”按钮。

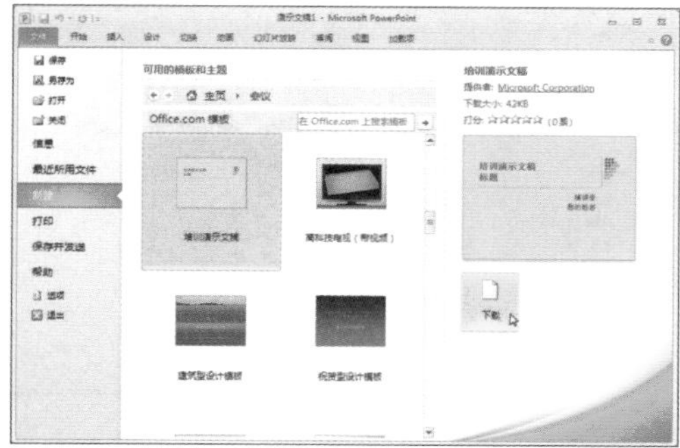

步骤 03 开始下载模板，如果下载过程中发生错误，可以单击“停止”按钮，停止下载。下载完成后演示文稿将自动打开。

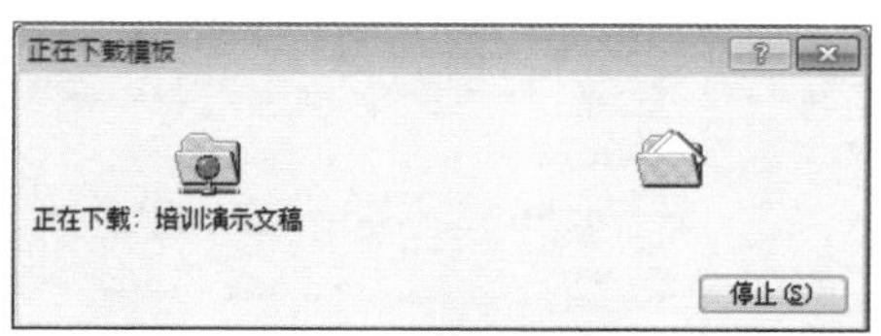

④根据主题创建演示文稿

新用户为了更高效地完成工作，可以创建主题制作演示文稿。

步骤 01 进入“文件”菜单，打开“新建”选项卡，在“可用的模板和主题”列表框中选择“主题”选项。

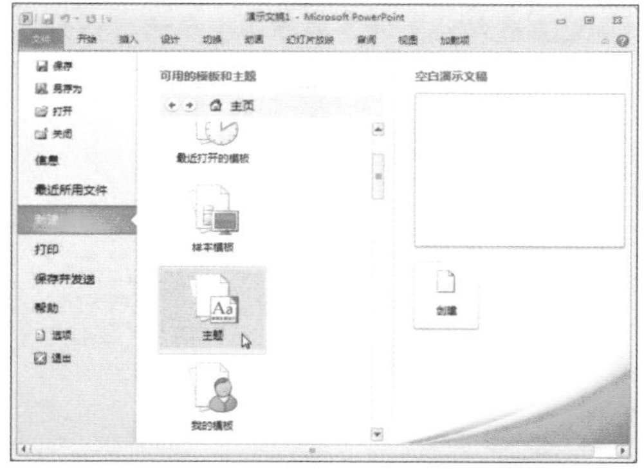

步骤 02 在“主题”列表中选择“波形”选项，单击右侧的“创建”按钮。

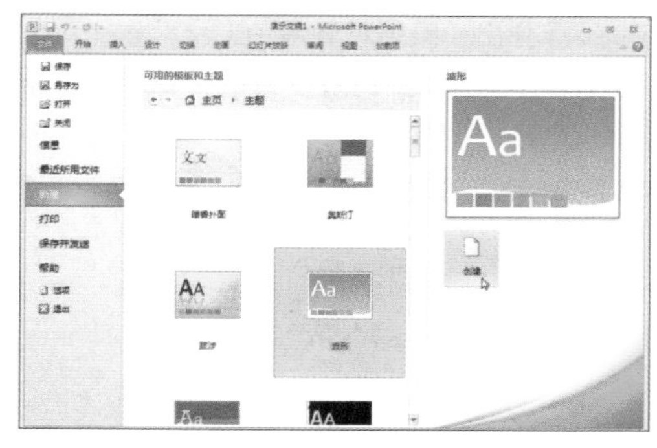

步骤 03 “波形”主题的演示文稿随即将自动打开。

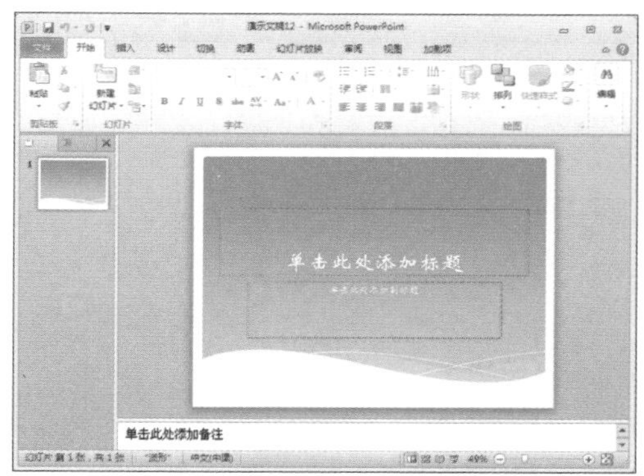

⑤根据现有演示文稿创建演示文稿

如果计算机中保存有比较优质的演示文稿，用户也可以在此演示文稿的基础上加以更改利用。

步骤 01 进入“文件”菜单，在“新建”选项卡中的“可用模板和主题”列表框中单击“根据现有内容新建”选项。

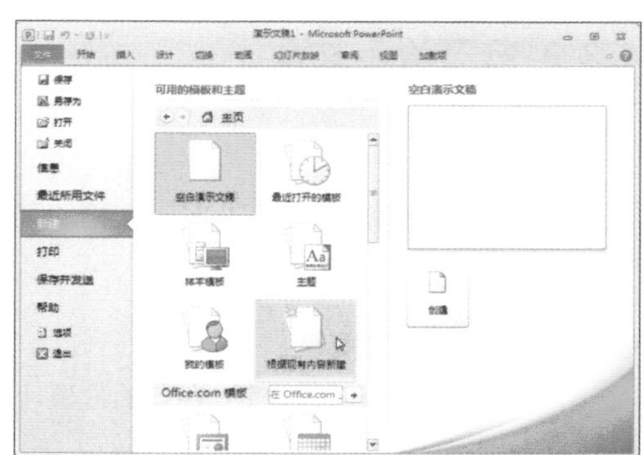

步骤 02 弹出“根据现有演示文稿新建”对话框，单击选中需要的演示文稿，并单击“新建”按钮。

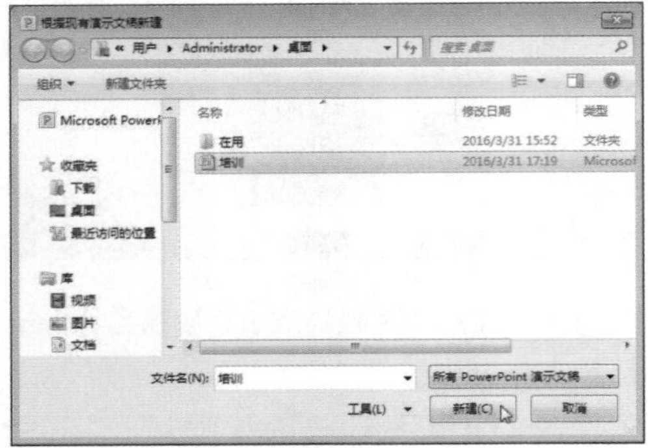

步骤 03 一个根所选演示文稿内容创建的相同的演示文稿随即被打开。

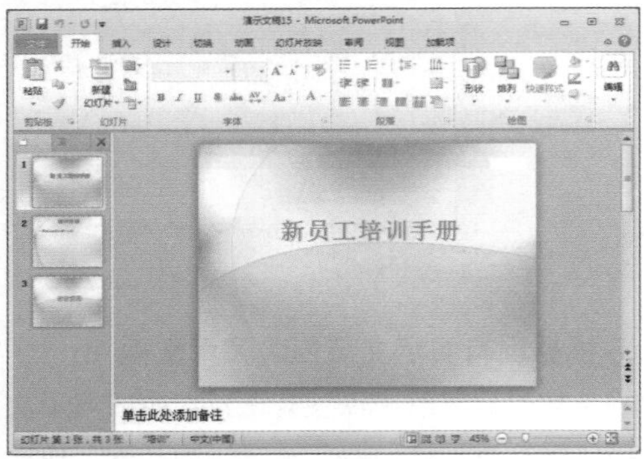

办公助手 PPT模板

在网上有很多不同形式的PPT模板，可以选择下载，有针对性地应用。

1.3.2 打开演示文稿

一般人认为打开演示文稿很简单，只要双击图标就可以了。其实，打开演示文稿的方法有很多种，双击只是打开演示文稿的其中一种方法。

❶ 双击打开演示文稿

找到演示文稿在计算机中存储的位置，然后双击图标即可打开演示文稿。

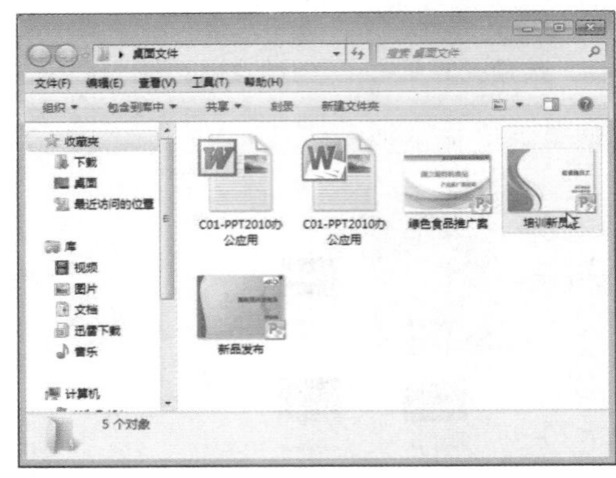

❷ 打开最近使用的演示文稿

在“文件”菜单中打开“最近所用文件”选项卡，在“最近使用的演示文稿”列表中单击图标即可打开演示文稿。

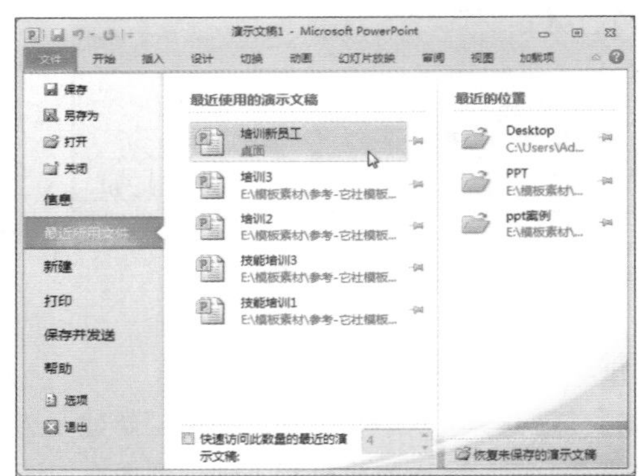

❸ 从对话框打开

步骤 01 进入“文件”菜单中，单击“打开”选项。

步骤02 弹出“打开”对话框，选中需要打开的文件，单击“打开”按钮即可打开。

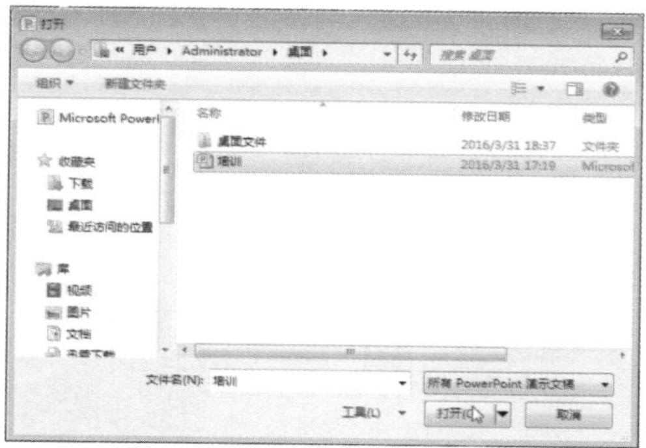

④ 以只读方式打开

为防止演示文稿被无关的人恶意修改，可以将演示文稿的打开方式设置为只读。

步骤01 进入“文件”菜单中，单击“打开”选项。

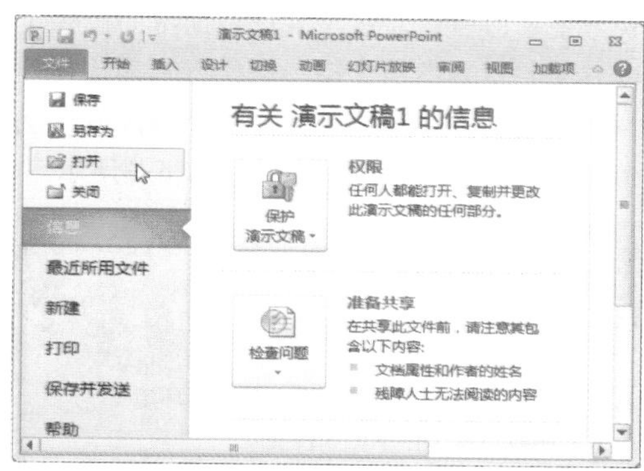

步骤02 弹出“打开”对话框，选中需要打开的文件，单击“打开”下拉按钮。

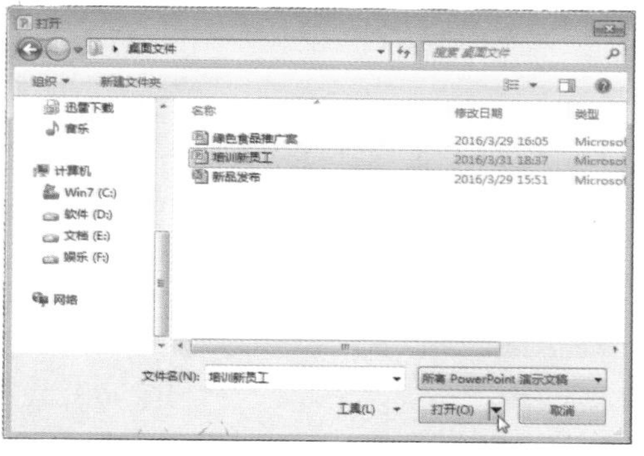

步骤03 在展开的下拉列表中选择“以只读方式打开”选项。

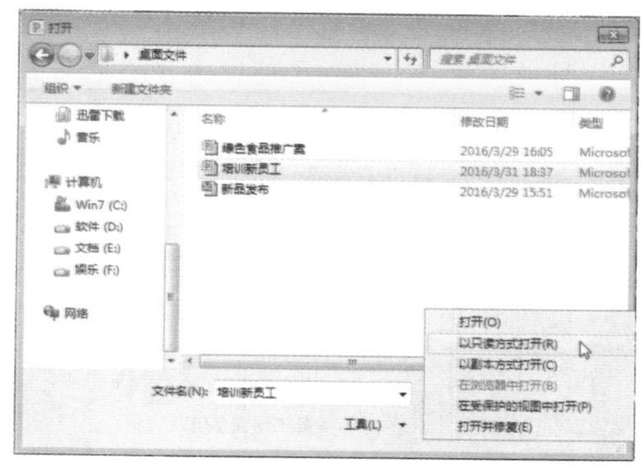

步骤04 在打开的演示文稿的标题栏中可以看到，此时的演示文稿为以只读模式打开。

步骤05 如果修改了演示文稿的内容，在保存的时候将会弹出警告对话框。

1.3.3 查看演示文稿

PowerPoint 2010提供了多种不同的视图模式。视图模式是指制作演示文稿时窗口的显示方式。常用的视图模式有四种：普通视图、幻灯片浏览视图、备注页视图以及阅读视图。不同的视图模式可以满足用户在不同工作环境中的应用。

❶普通视图

演示文稿默认的视图方式就是普通视图模式。在普通视图模式下，可输入、编辑文字，插入图片、表格、影音等内容。是主要的编辑视图方式，普通视图效果如下图所示。

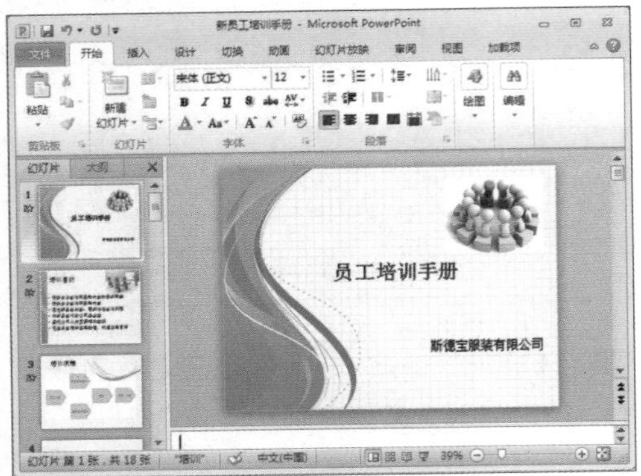

❷幻灯片浏览视图

幻灯片浏览视图是以缩略图的形式显示所有幻灯片。在该视图模式中可快速调整幻灯片的位置，新建、删除或隐藏幻灯片等，但是不能对幻灯片中的内容进行修改。打开“视图”选项卡，在“演示文稿视图”组中单击“幻灯片浏览”按钮，即可切换到幻灯片浏览视图模式。效果如下图所示。

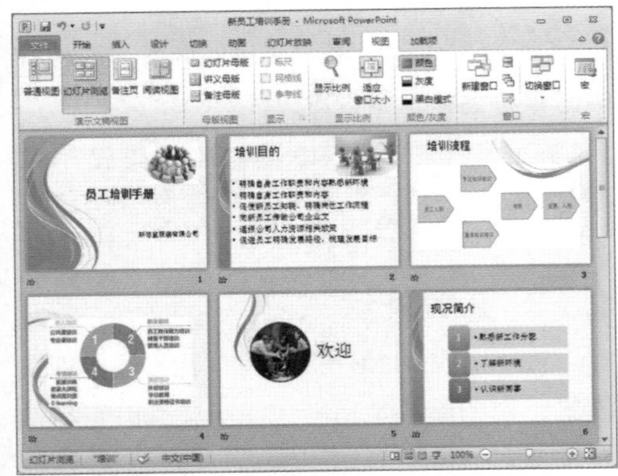

❸备注页视图

在备注页视图中可输入演讲者的备注，幻灯片缩略图下方带有备注文本框。单击文本框即可输入需要的内容。在“视图”选项卡下的“演示文稿视图”组中单击“备注页”按钮，即可切换到备注页视图模式。效果如下图所示。

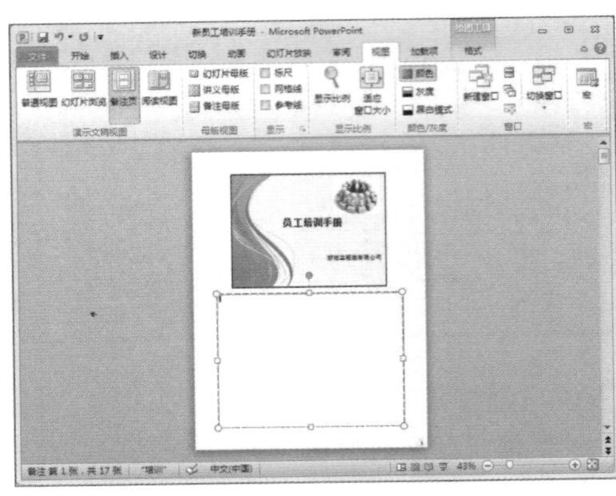

❹阅读视图

该视图模式会对幻灯片进行放映，其放映方式是以窗口显示，并设有简单的控件可以方便的查看演示文稿。切换方式为，打开“视图”选项卡，单击“演示文稿视图”组中的“阅读视图”按钮。效果如下图所示。

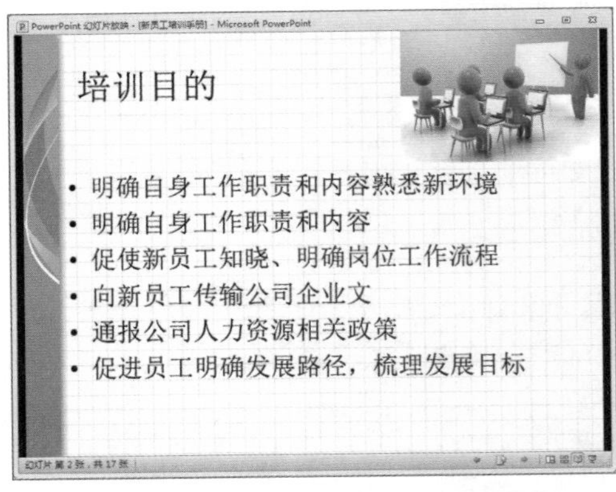

办公助手　视图模式的切换

以上四种视图除了备注页视图，均可通过状态栏右侧的按钮快速切换。

1.3.4 保存演示文稿

为了避免在制作演示文稿的过程中因突然断电或操作不当而造成数据丢失，建议用户及时保存演示文稿。对于新创建的演示文稿，初次保存时需要指定保存名称和路径。

步骤 01 打开“文件”菜单，单击“另存为”按钮。

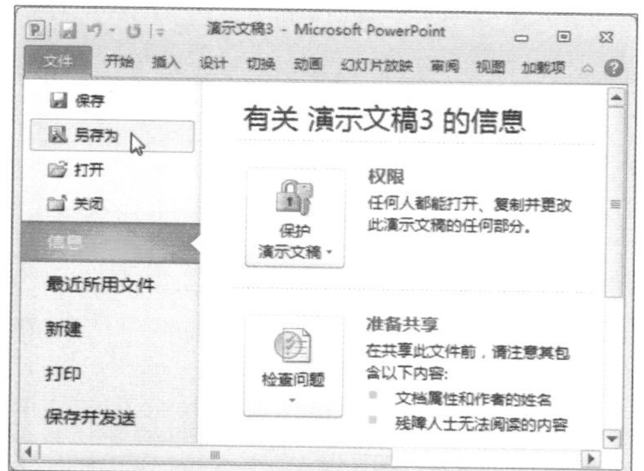

步骤 02 弹出“另存为”对话框，选择好保存位置，在“文件名”文本框中输入名称，单击“保存”按钮。

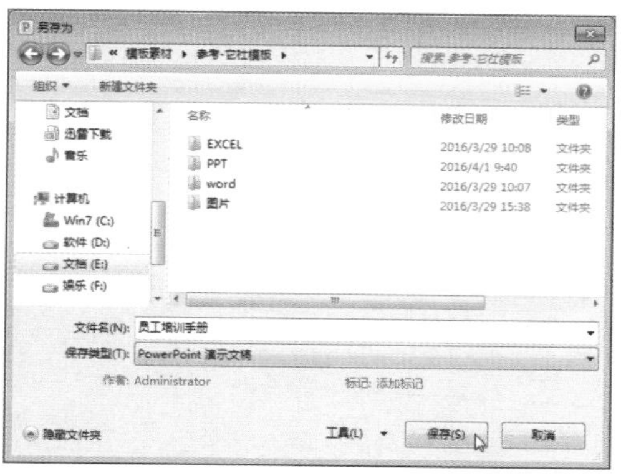

步骤 03 此时演示文稿标题栏中显示的名称已经变为另存为的名称。

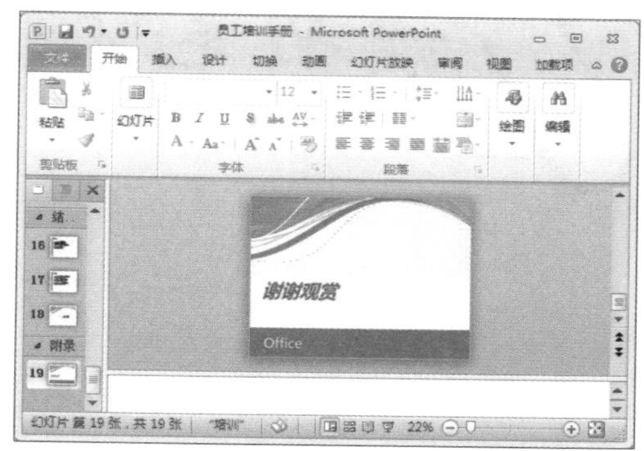

步骤 04 在接下来的操作中如还需保存，直接单击快速访问栏中的“保存”按钮即可。也可以按快捷键“Ctrl+S”保存。

读书笔记

Chapter

02

制作营销方案演示文稿

本章概述

企业为了提高销售业绩，达到预期的销售目标，往往需要制定合理而准确的营销方案，并通过幻灯片的形式向各级代理进行展示宣传。制作营销方案演示文稿需要根据不同的营销对象拟定主题，如市场调查、新品开发、市场促销、广告宣传等进行制作。本章将对这类演示文稿的制作进行介绍。

本章要点

幻灯片的基本操作
幻灯片母版的设计
幻灯片大小的调整
幻灯片背景的更换

2.1 操作幻灯片

制作演示文稿首先要学习一些基本的操作，例如在演示文稿中插入、移动、复制、删除和隐藏幻灯片等。掌握了这些基本操作后在制作的过程中才能越来越得心应手。

2.1.1 插入幻灯片

PowerPoint 2010默认只包含一张空白的幻灯片，然而一份完整的演示文稿往往含有若干张幻灯片，这些幻灯片最初是如何被插入到演示文稿中的呢？

❶使用“开始”选项卡插入

步骤 01 打开演示文稿，在“开始”选项卡中单击“新建幻灯片”按钮。

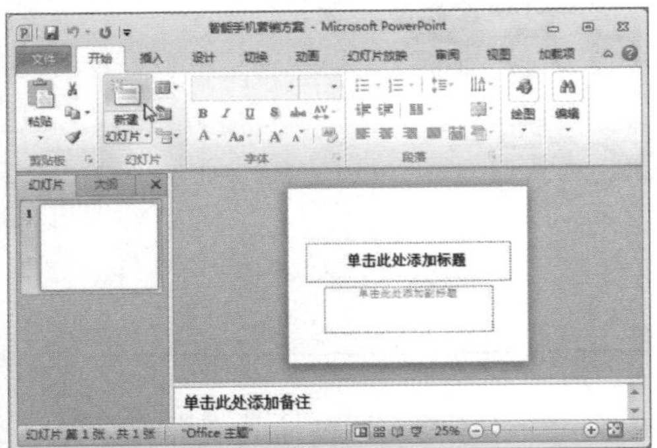

步骤 02 在幻灯片/大纲浏览窗格中可以查看到新建了一张幻灯片“2”。

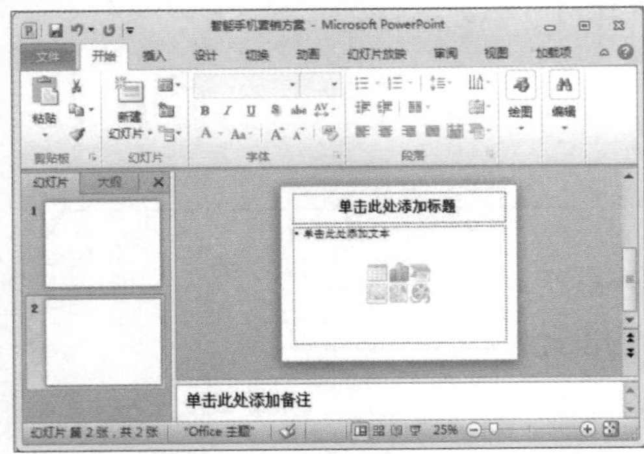

步骤 03 单击“开始”选项卡中的“新建幻灯片”下拉按钮，在展开的菜单中还可以选择所插入幻灯片的类型。

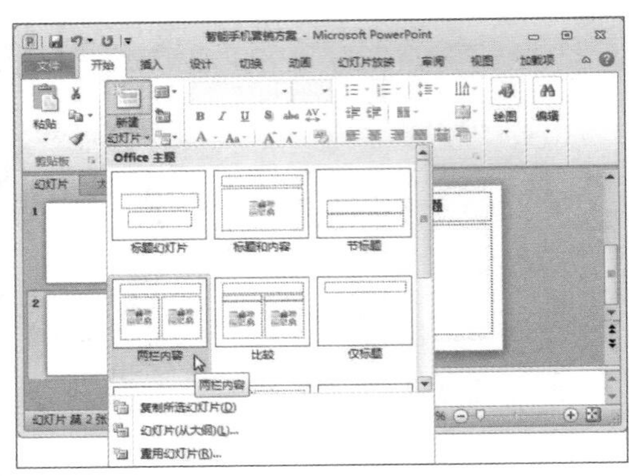

❷使用右键菜单插入

在幻灯片/大纲浏览窗格中，右击任意幻灯片缩略图，在打开的快捷菜单中选择“新建幻灯片”选项，在所选幻灯片下方将被插入一张空白幻灯片。

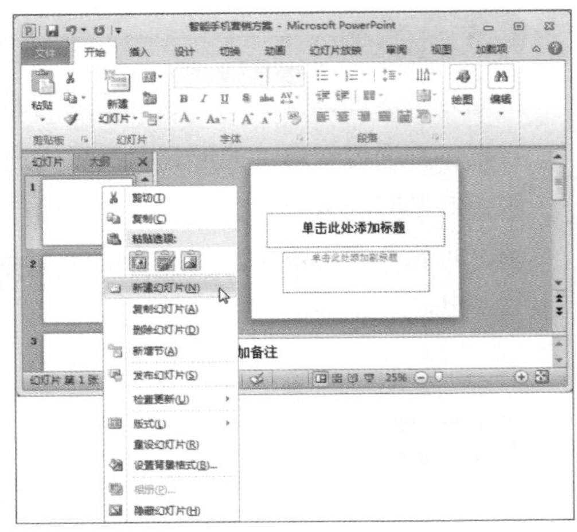

❸使用快捷键插入

在键盘上按下Ctrl+M快捷键，或直接按钮Enter键，即可在选中的幻灯片下方新建空白幻灯片。

2.1.2 移动幻灯片

在编辑演示文稿的过程中，若对当前幻灯片的排列顺序不满意，可以通过移动幻灯片进行重新排序。

❶鼠标拖动法移动

步骤 01 在幻灯片/大纲浏览窗格中选中需要移动位置的幻灯片。按住鼠标左键不放。

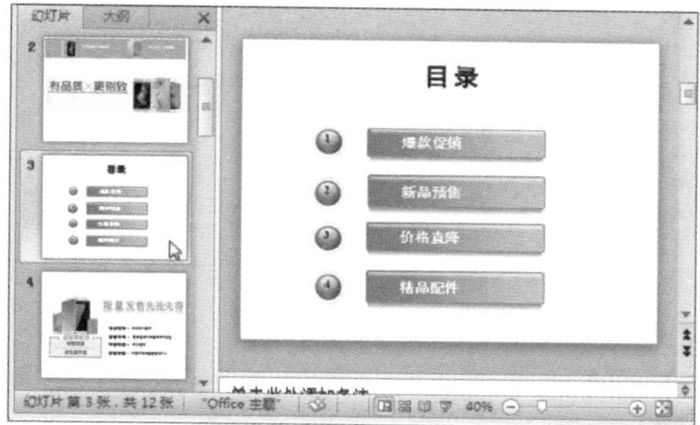

步骤 02 移动鼠标将选中的幻灯片拖动至合适的位置。

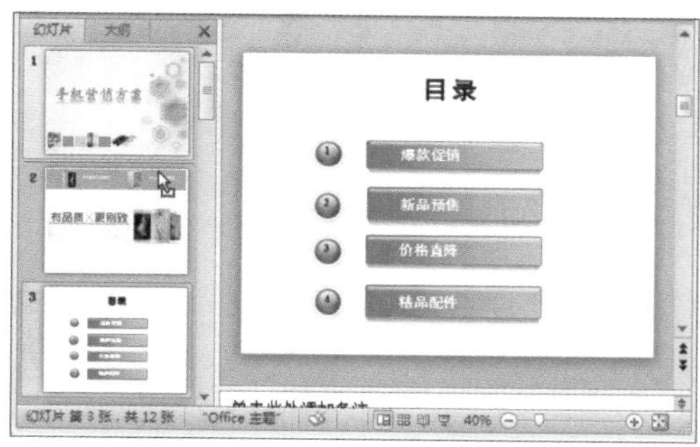

步骤 03 松开鼠标左键，可以看到选中的幻灯片被移动到了相应的位置。

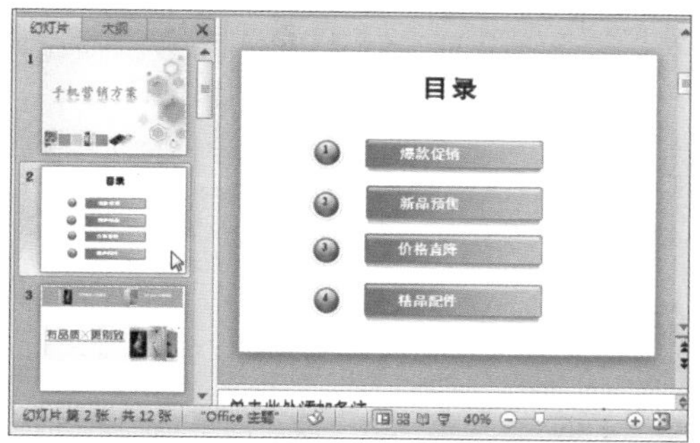

❷使用“剪切”“粘贴”命令移动

步骤 01 选中需要移动位置的幻灯片“8”，打开“开始”选项卡，单击“剪切”按钮。

步骤 02 选中幻灯片“10”，单击“开始”选项卡中的“粘贴”按钮。

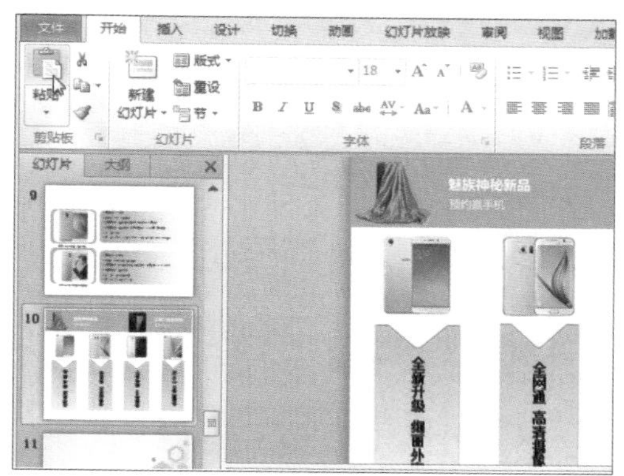

步骤 03 幻灯片“8”即被移动到了幻灯片“11”的位置。

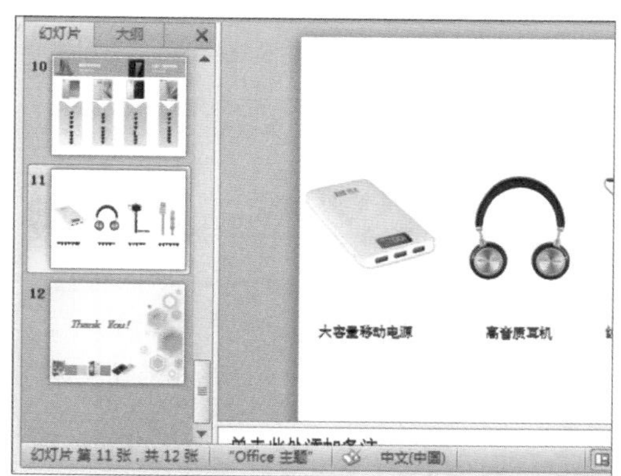

2.1.3 复制幻灯片

如果在同一个演示文稿中需要制作多张内容相似的幻灯片，逐一制作无疑会浪费很多时间，这时候可以复制多张相同的幻灯片然后再进行修改。

❶使用右键快捷菜单复制

步骤01 右击需要复制的幻灯片，在弹出的快捷菜单中选择“复制幻灯片”选项。

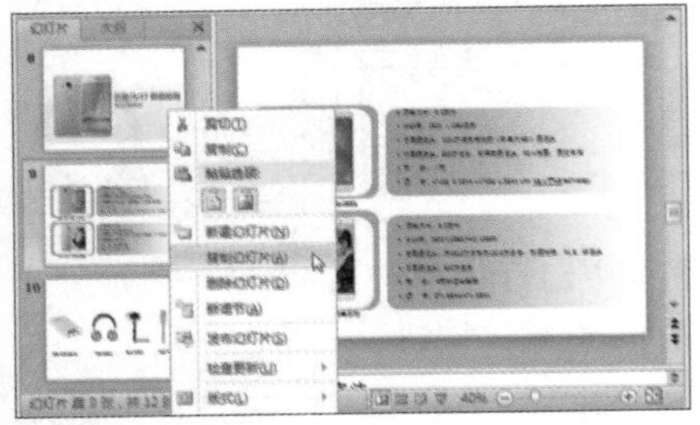

步骤02 选中的幻灯片随即被复制。

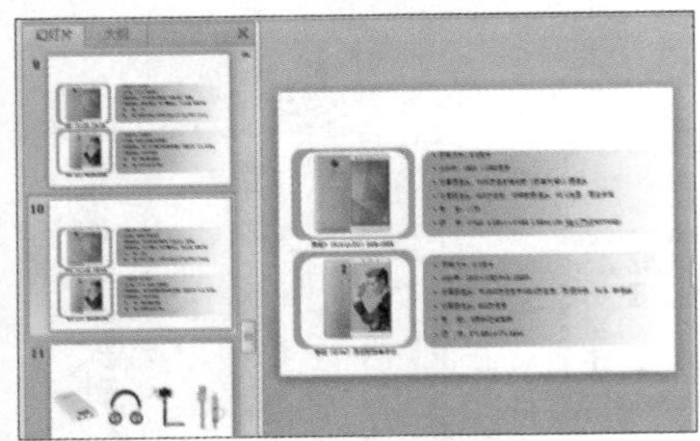

❷使用“剪贴板”复制

步骤01 选中需要复制的幻灯片，打开“开始”选项卡，在“剪贴板”组中单击“复制”按钮。

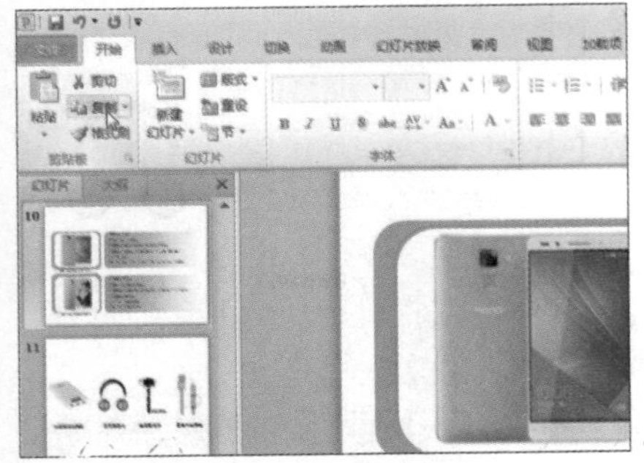

步骤02 单击“粘贴”按钮，选中的幻灯片随即被复制。

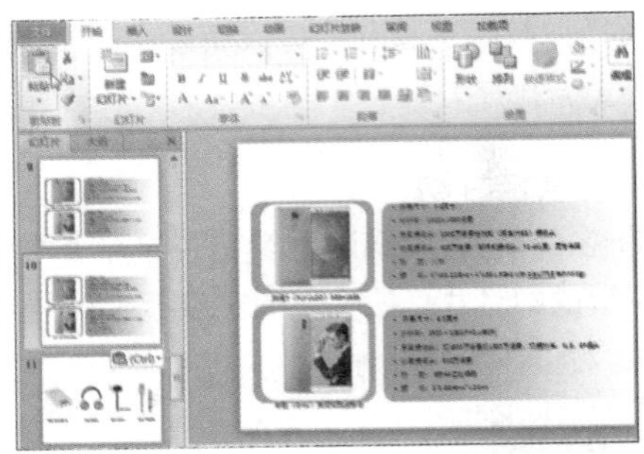

❸使用复制菜单命令

步骤01 选中需要复制的幻灯片，在“开始”选项卡的“幻灯片”组中单击“新建幻灯片”下拉按钮。

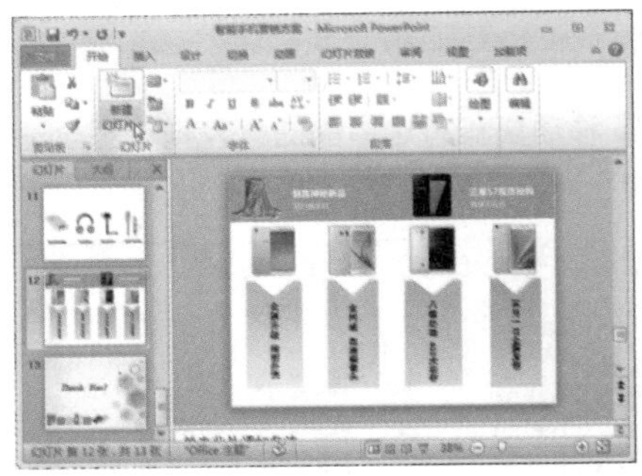

步骤02 在展开的下拉列表中选择“复制所选幻灯片”选项即可。

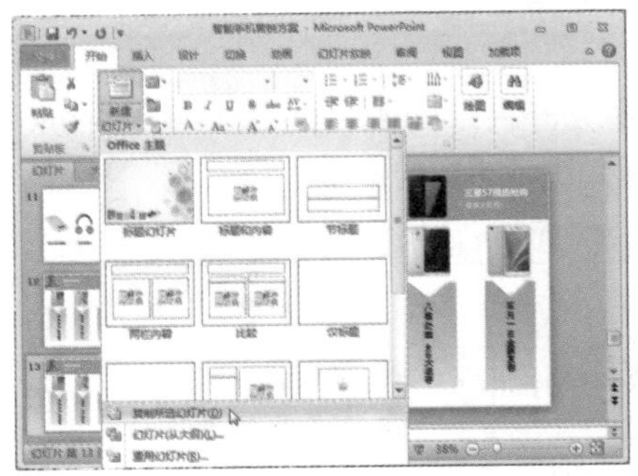

❹使用鼠标拖动复制

步骤01 选中需要复制的幻灯片，按住鼠标左键，再按住“Ctrl”键不放，向下拖动鼠标。

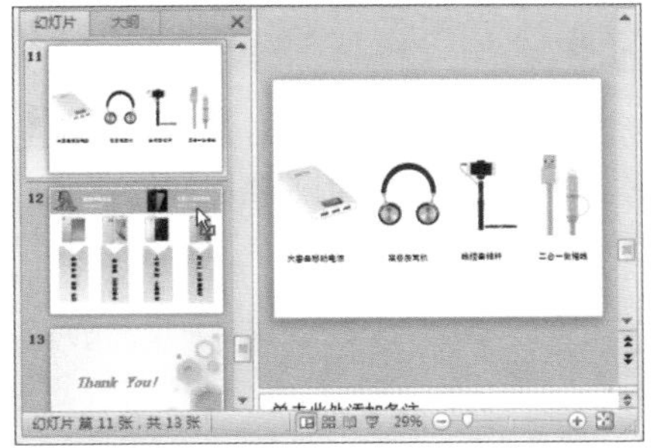

步骤 02 当幻灯片的下方出现一条横线时松开鼠标左键，选中的幻灯片即被复制了一张。

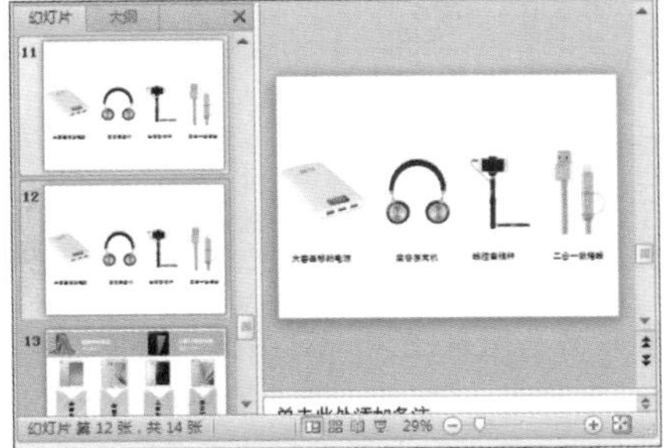

2.1.4 删除幻灯片

演示文稿中不需要的幻灯片可以删除，删除幻灯片的方法如下：

❶使用快捷键删除

在幻灯片/大纲浏览窗格中选中不需要的幻灯片，按下“Delete”键即可将其删除。

❷使用右键快捷菜单删除

选中幻灯片，右击，在弹出的快捷菜单中选择“删除幻灯片”选项即可。

2.1.5 隐藏幻灯片

在放映幻灯片的过程中，若不希望某些幻灯片被放映，可将这些幻灯片暂时隐藏。

❶使用功能区选项隐藏

选中需隐藏的幻灯片，打开“幻灯片放映”选项卡，单击“隐藏幻灯片”选项。

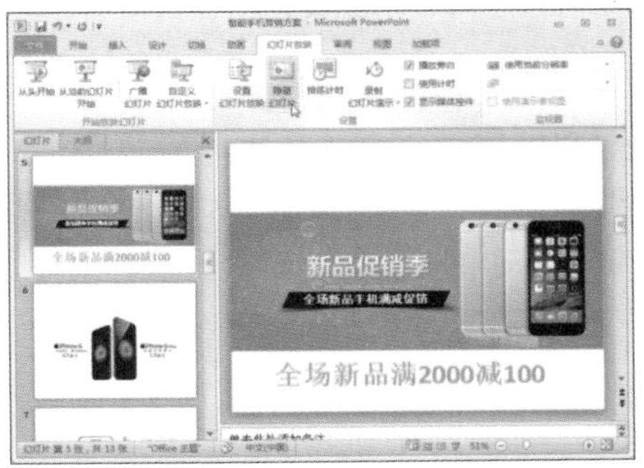

❷使用右键快捷菜单隐藏

步骤 01 右击需要隐藏的幻灯片，在弹出的快捷菜单中选择“隐藏幻灯片”选项。

步骤 02 被隐藏的幻灯片在幻灯片/大纲浏览窗格中将被模糊显示，编号也变为“▣”形式。

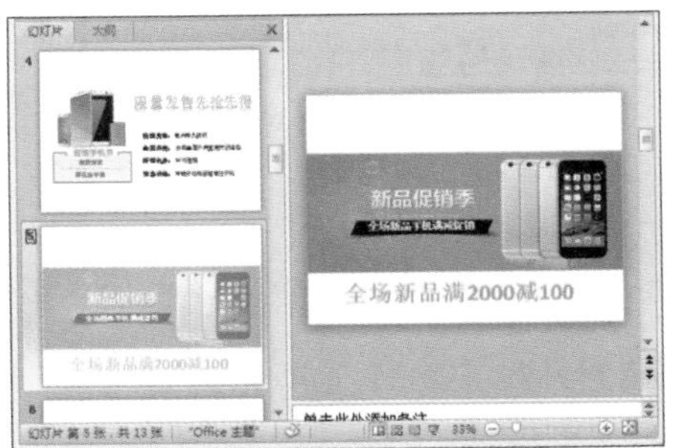

2.2 设计幻灯片

那些拥有统一背景风格的幻灯片不仅可以营造出很强的整体效果，也可以让演示文稿看上去显得更加井然有序。但如果在每一张幻灯片中进行同样的制作那无疑是很浪费时间的事情，其实通过母版的设计和幻灯片主题的使用就可以得到意想不到的效果。

2.2.1 设计幻灯片母版

如何通过母版功能设计出让人眼前一亮的幻灯片呢？

❶设计母版样式

步骤 01 打开演示文稿，切换到“视图”选项卡，单击“幻灯片母版”按钮。

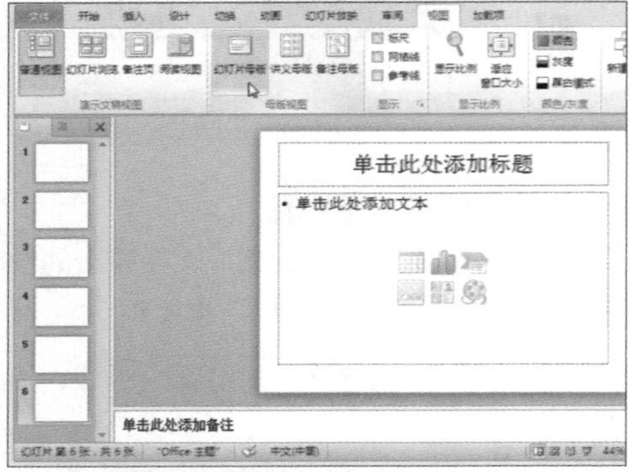

步骤 02 系统自动切换至幻灯片母版视图。在左侧窗格选中“标题和内容版式：由幻灯片2-6使用”幻灯片。

步骤 03 打开到“插入”选项卡单击“图片”按钮。

步骤 04 弹出“插入图片”对话框，在对话框中选中“图片2”，单击“插入”按钮。

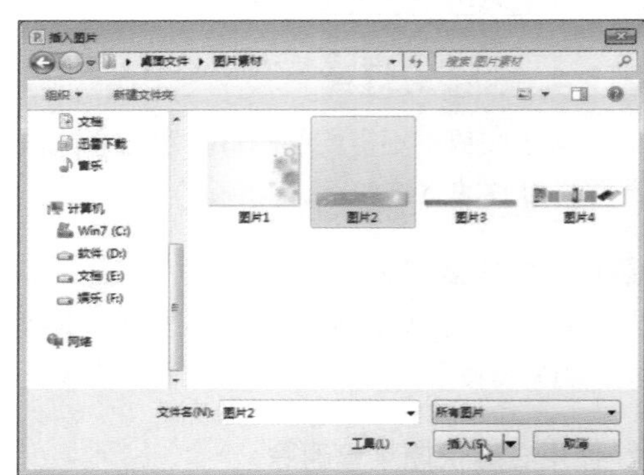

步骤 05 选中的图片即被插入到幻灯片中。

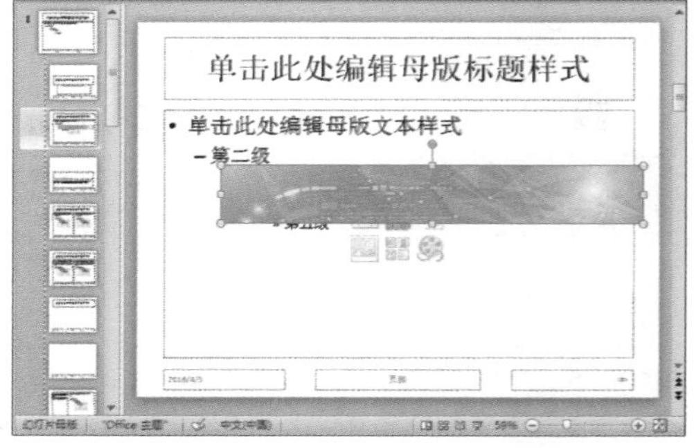

步骤06 将光标置于图片的边缘，当光标变为“⤢”形状时按下鼠标左键。

步骤07 光标变为“⊞”形状，拖动鼠标调整图片的大小。

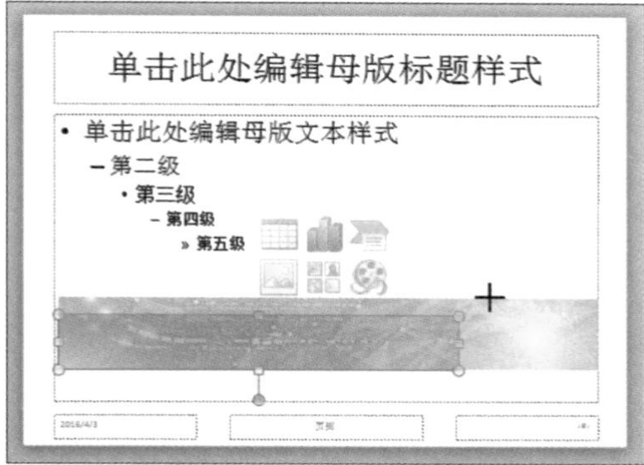

步骤08 将调整好的图片拖动至幻灯片的最上方。再次打开“插入”选项卡，并单击“图片”按钮。

步骤09 打开“插入图片对话框”，选中“图片3”，单击“插入”按钮。

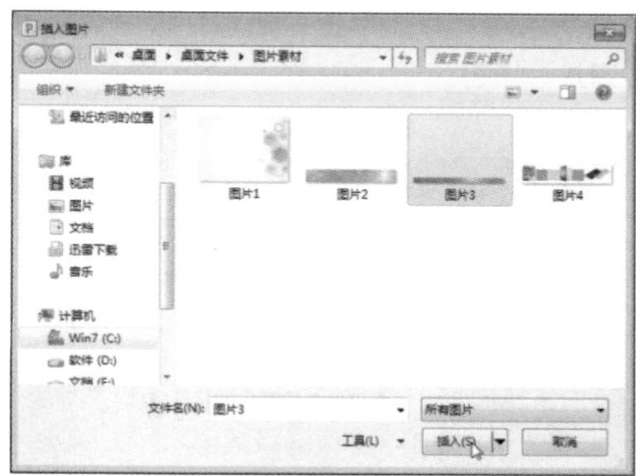

步骤10 按照同样的方法调整好图片的大小，并拖动至幻灯片的最下方。

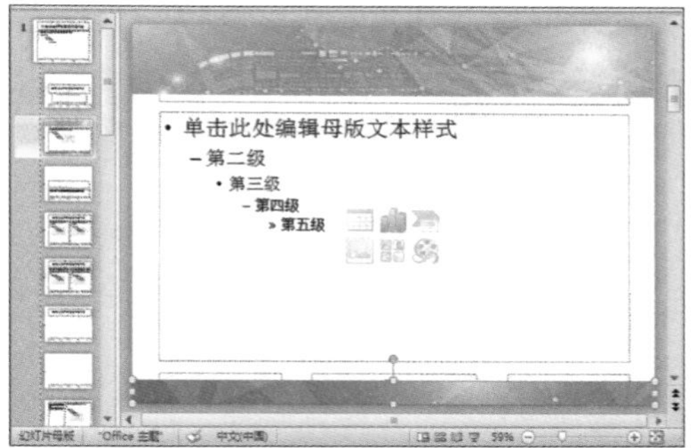

步骤11 按住“Ctrl”键，同时选中插入的两张图片，右击，在打开的快捷菜单中选择“置于底层>置于底层”选项。

❷设置主页背景

步骤01 切换至“标题和内容版式：由幻灯片1使用”幻灯片，单击“插入”选项卡中的“图片”按钮。

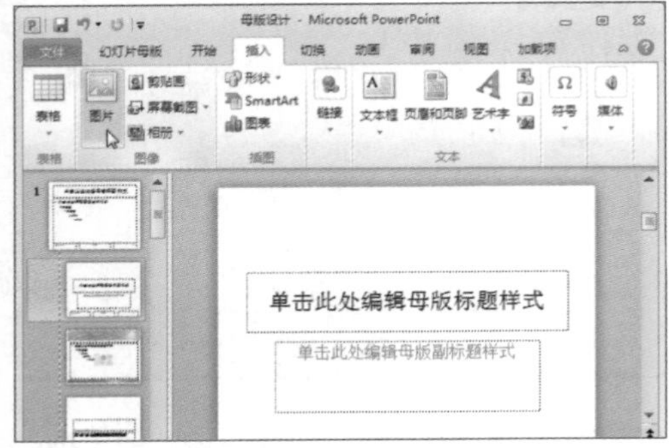

步骤02 打开“插入图片”对话框，选中需要插入到幻灯片的图片，单击“插入”按钮。

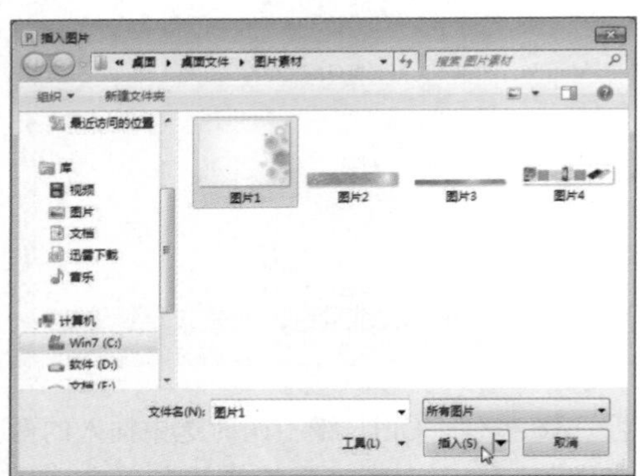

步骤03 调整图片大小覆盖住整张幻灯片，右击图片，在快捷菜单中选择“置于底层>置于底层”选项。

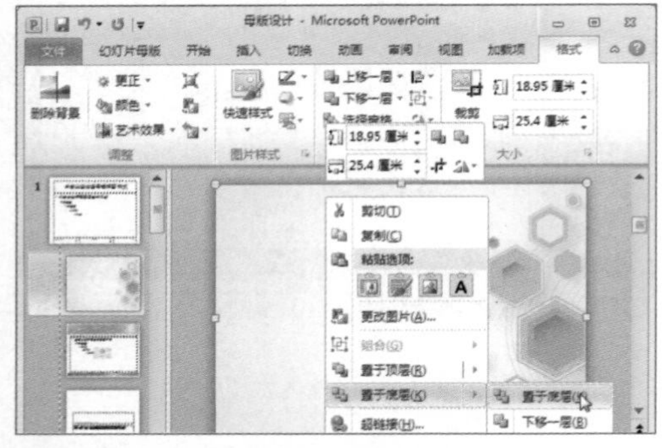

步骤04 然后单击“插入”选项卡中的“图片”按钮。

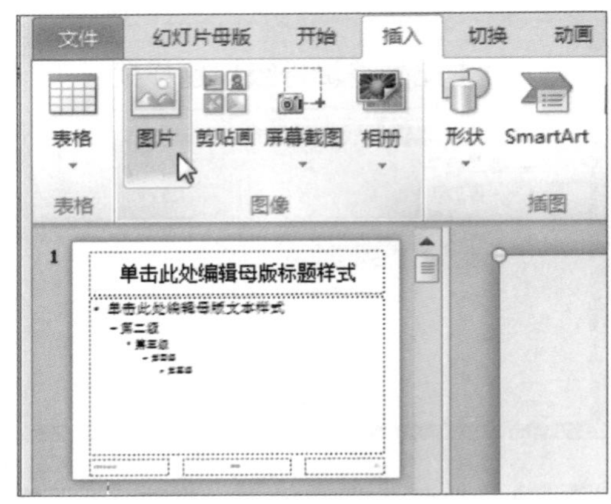

步骤05 弹出“插入图片”对话框，选中“图片4”，单击“插入”按钮。

步骤06 将图片拖动至合适位置并调整好大小。

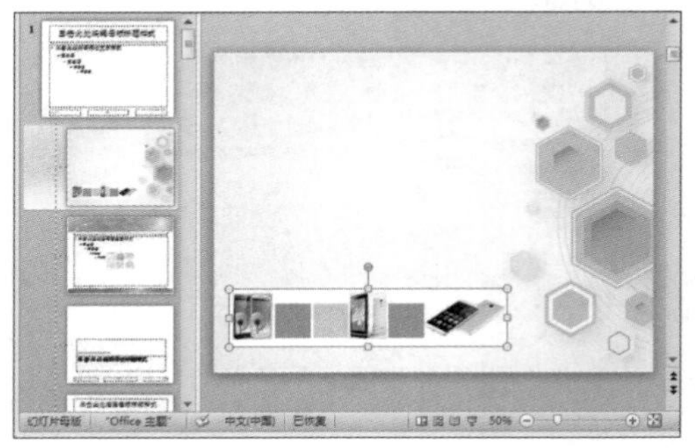

步骤07 切换到“幻灯片母版”选项卡，单击“关闭母版视图”按钮。

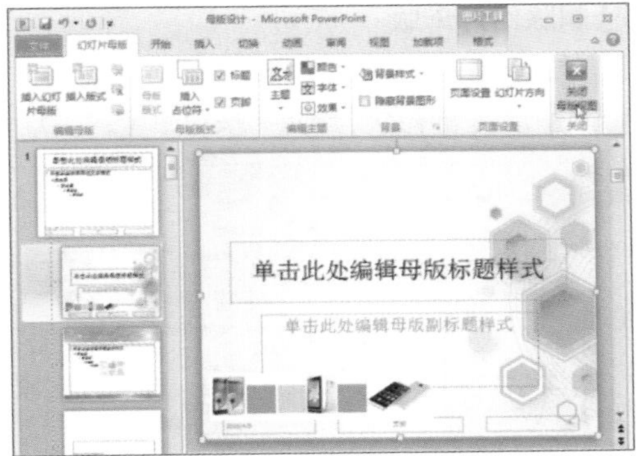

步骤 08 返回普通视图，此时的幻灯片已经应用了母版设置。

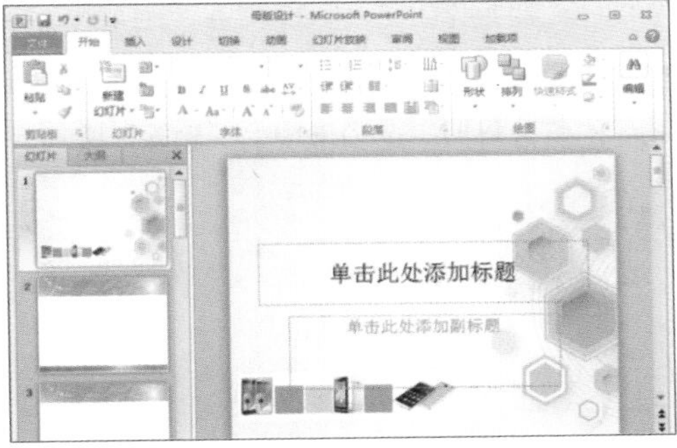

2.2.2 插入幻灯片母版

应用母版之后，用户还可以插入新幻灯片母版，用于单独设置某一页幻灯片的背景、版式等。

❶插入幻灯片母版

步骤 01 打开“视图”选项卡，单击“幻灯片母版”按钮。

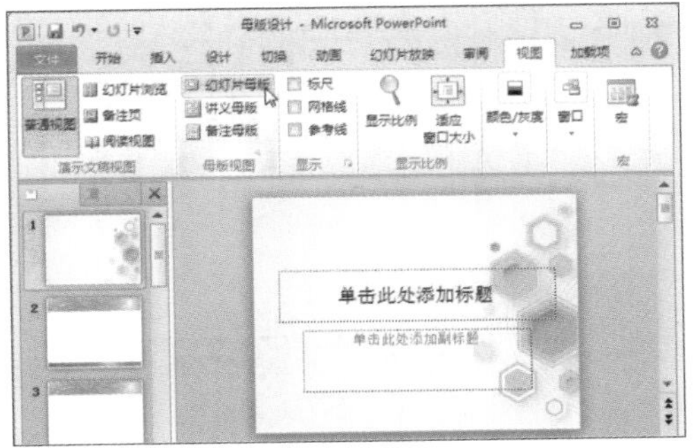

步骤 02 切换到“幻灯片母版”视图模式。单击“幻灯片母版”选项卡中的“插入幻灯片母版”按钮。

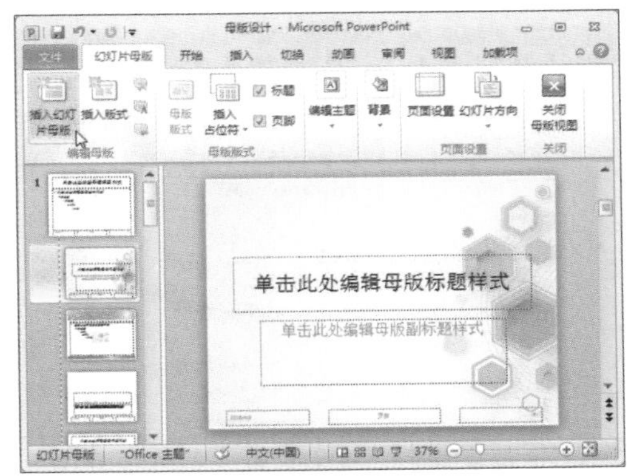

步骤 03 此时即插入了一个空白主题的母版。切换到“插入”选项卡，单击“图片”按钮。

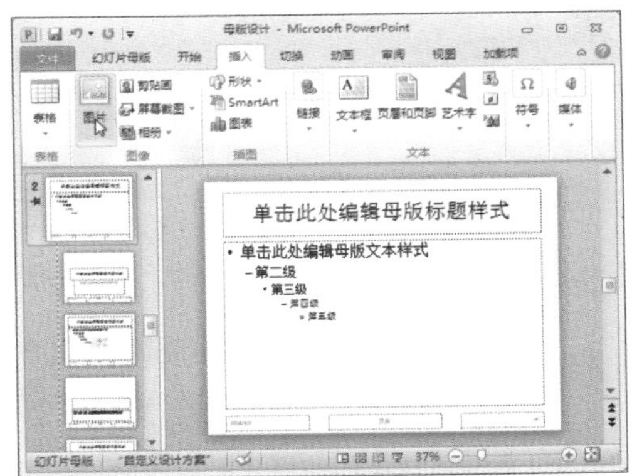

步骤 04 弹出“插入图片”对话框，选中“图片5”，单击“插入”按钮。

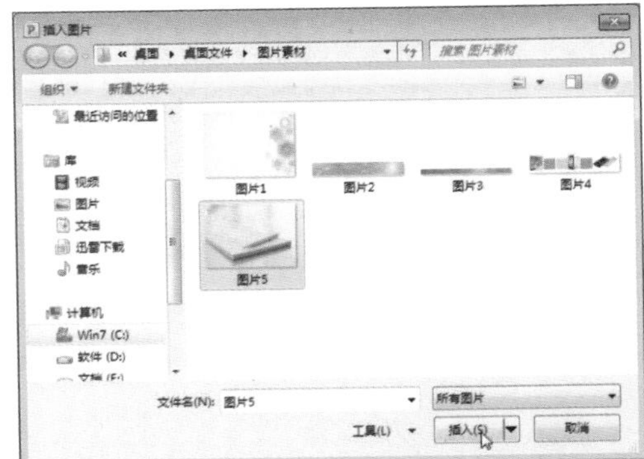

步骤05 切换到“幻灯片母版”选项卡，单击“关闭母版视图”按钮，返回普通视图。

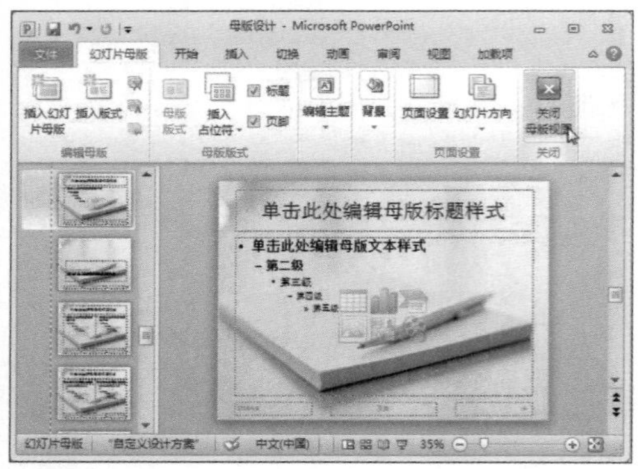

步骤06 选中最后一张幻灯片，打开“开始”选项卡，单击“版式”按钮，在打开菜单的“自定义设计方案”组中选择“金标题”选项。

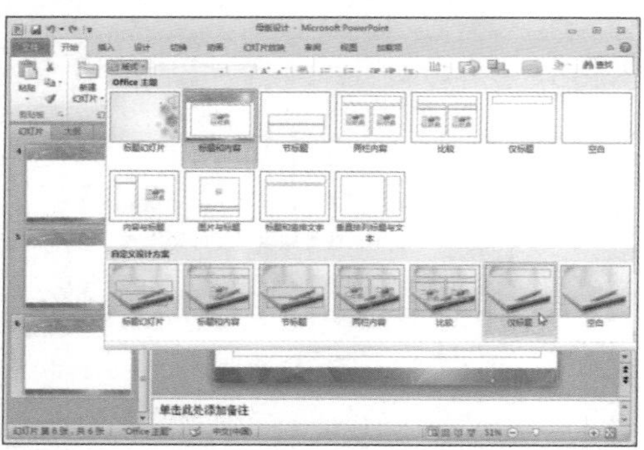

步骤07 此时所选中的幻灯片即被应用了不同的背景。

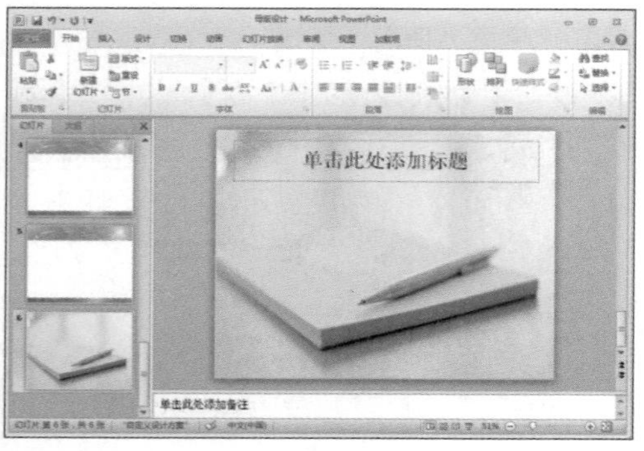

❷ 删除幻灯母版

步骤01 选中需要删除的母版，单击“幻灯片母版”选项卡中的“删除”按钮即可。

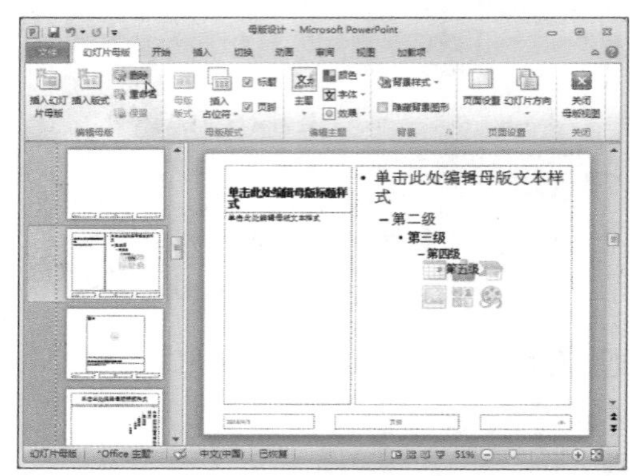

步骤02 选中一组幻灯片母版中的第一页，单击“幻灯片母版”选项卡中的“删除”按钮。

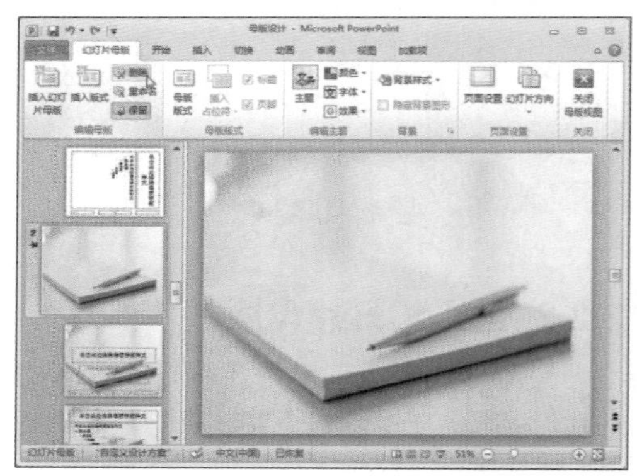

步骤03 整组母版随即被删除。

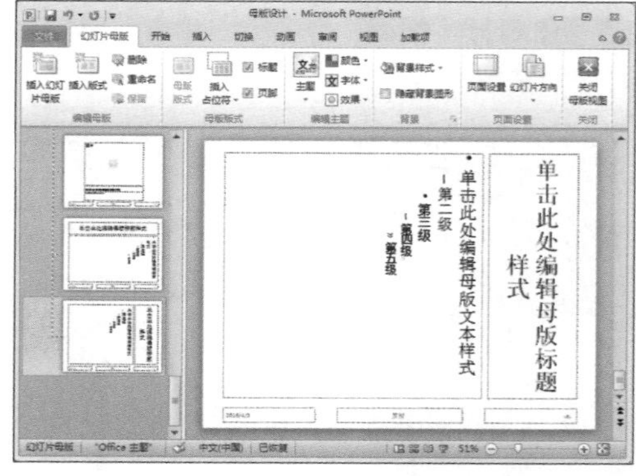

2.2.3 添加母版版式

幻灯片母版包含很多版式，用户在操作过程中，可以添加新的幻灯片版式，也可以根据实际需要对已有版式进行修改。

①修改母版版式

步骤 01 打开“视图”选项卡，单击“幻灯片母版”按钮。

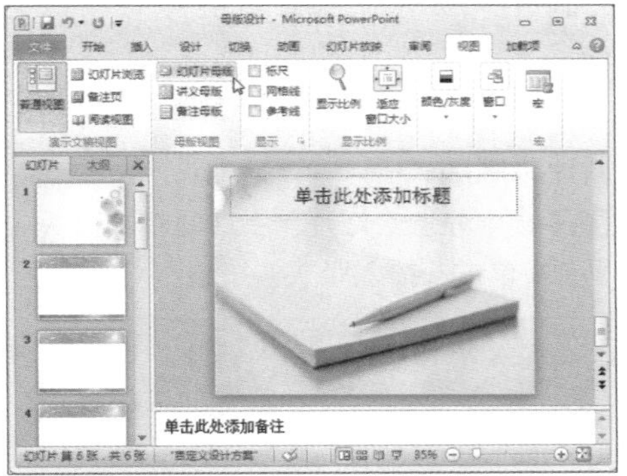

步骤 02 选择需要修改版式的幻灯片“仅标题版式：任何幻灯片都不使用”。

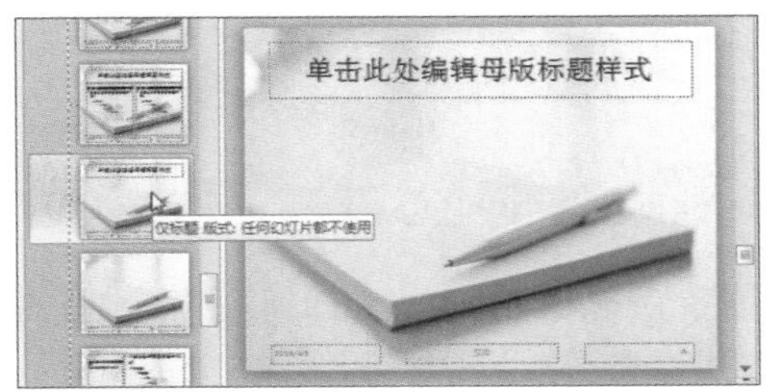

步骤 03 单击选中幻灯片中的标题占位符，按“Delete”键将其删除。

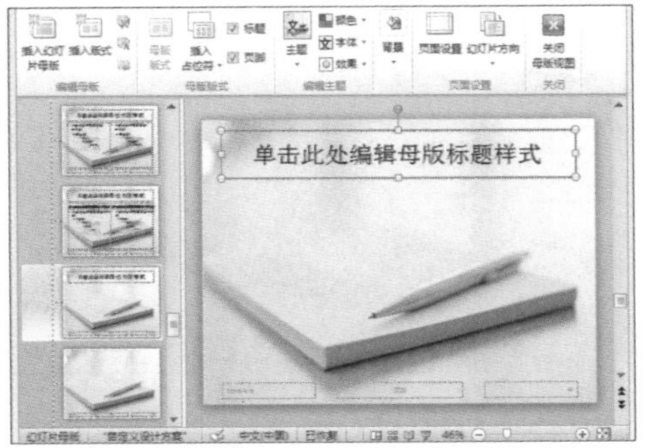

步骤 04 单击“幻灯片母版”选项卡中的“插入占位符”下拉按钮，在打开的下拉列表中选择“图表”选项。

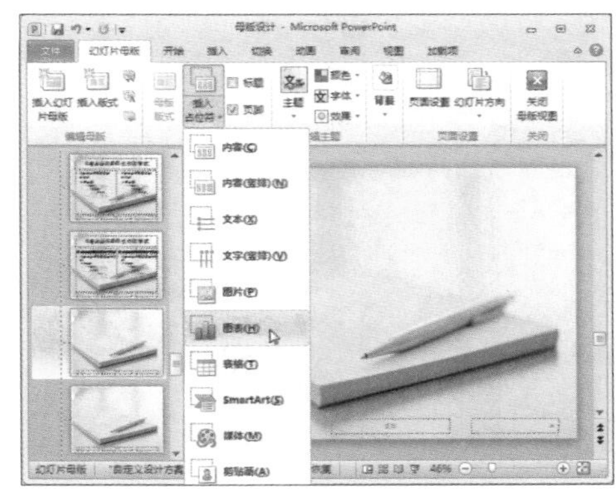

步骤 05 当光标变为“⊞”形状时，按住鼠标左键不放并移动鼠标，绘制图形。

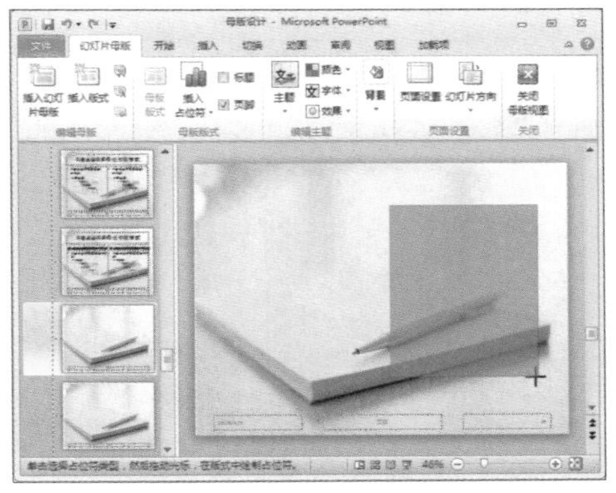

步骤 06 单击“插入占位符”下拉按钮，在下拉列表中选择“内容（竖排）”选项。

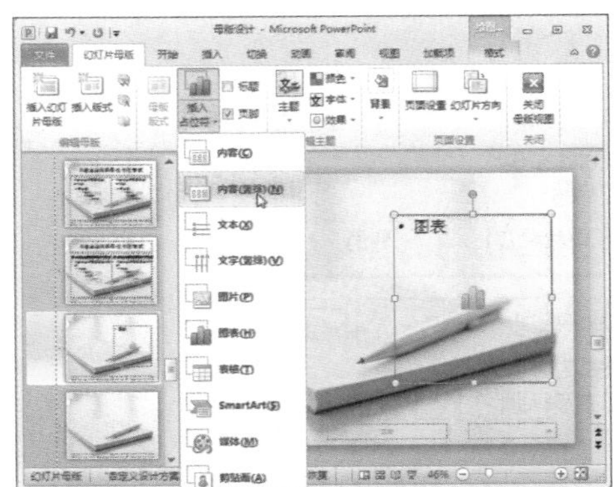

步骤07 当光标变为“⊞”形状时，在合适的位置绘制图形。

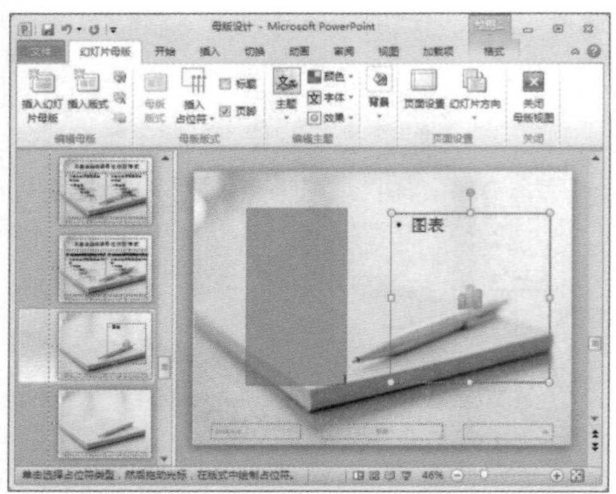

❷重命名母版版式

步骤01 在“幻灯片母版”选项卡中的“编辑母版”组中单击“重命名”按钮。

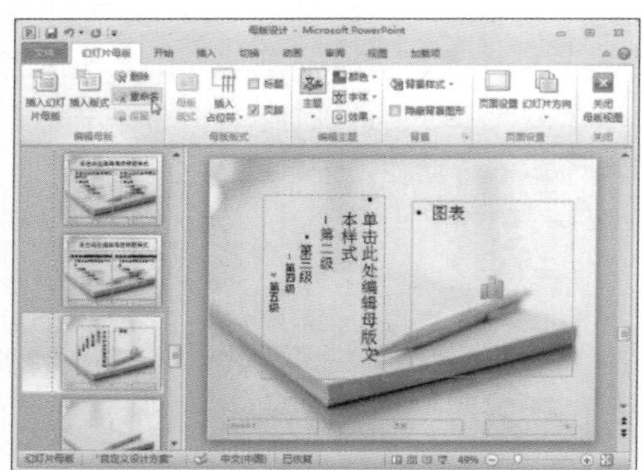

步骤02 弹出“重命名版式”对话框，修改“版式名称”为“图表及标题”，单击“重命名”按钮。

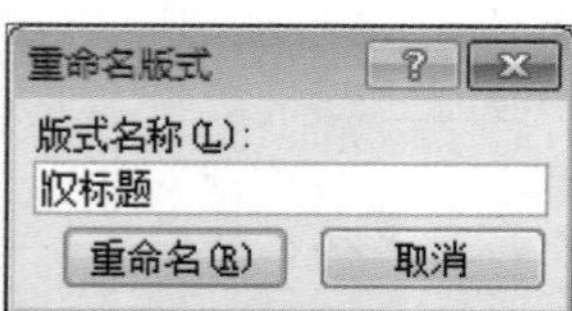

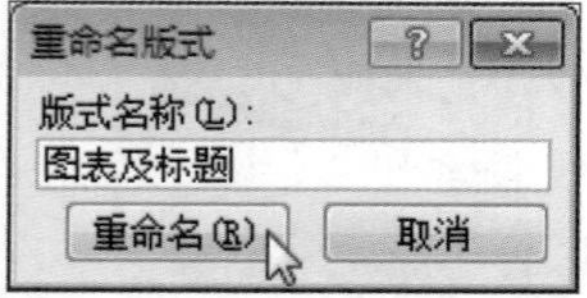

步骤03 被修改过版式的母版名称随即变为“图表及标题版式：任何幻灯片都不使用”。

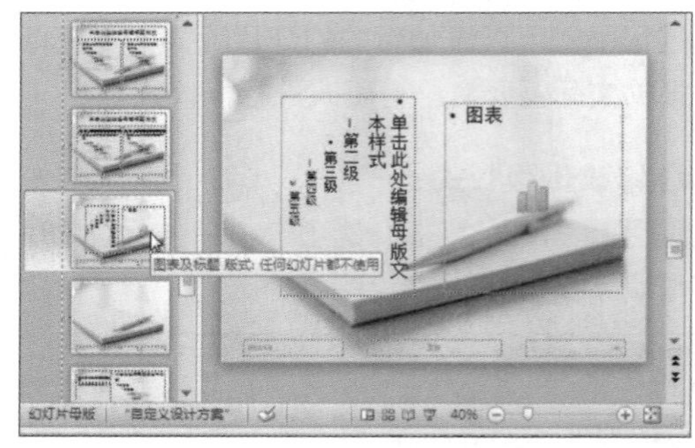

❸新建母版版式

步骤01 选中任意幻灯片，在“幻灯片母版”选项卡中单击“插入版式”按钮。

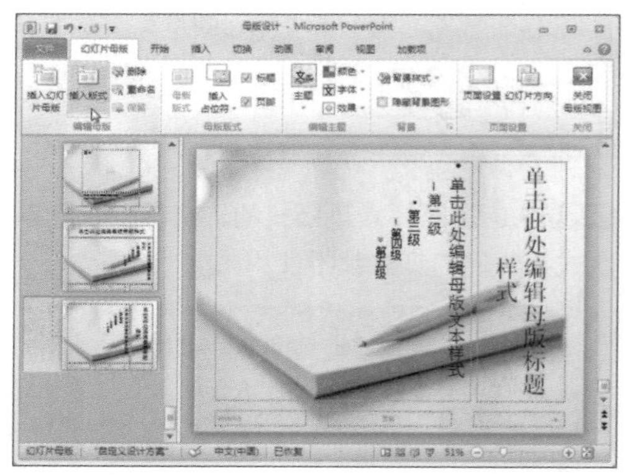

步骤02 所选幻灯片下方随即插入了一个新的版式，单击“插入占位符”下拉按钮。

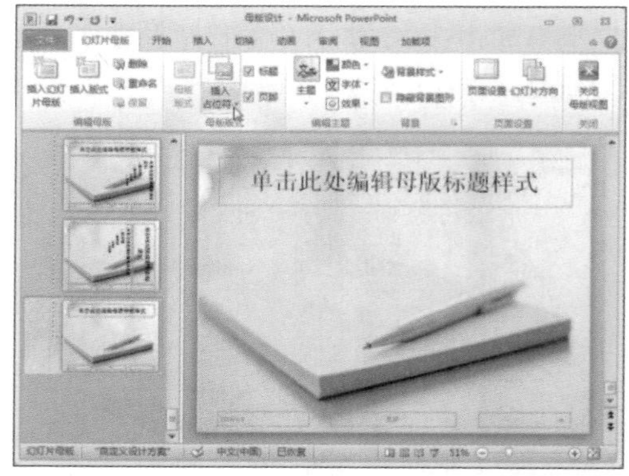

步骤03 在打开的下拉列表中单击选择"图片"选项。

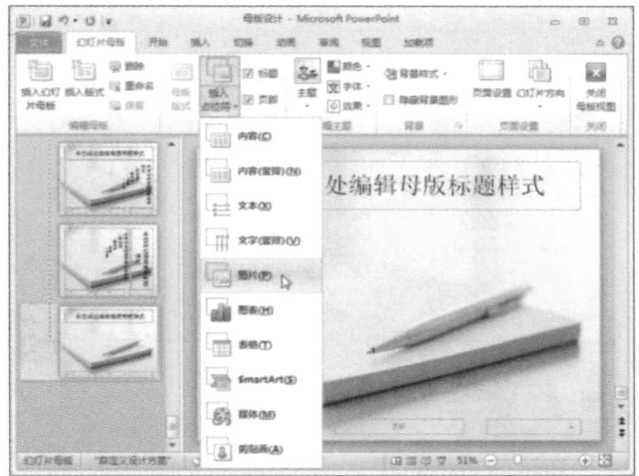

步骤04 光标变为"+"形状，按住鼠标左键不放并拖动，在幻灯片中绘制图片占位符。

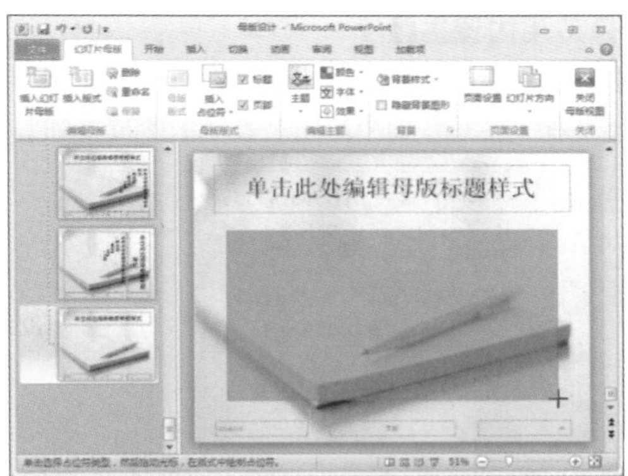

步骤05 绘制完成之后松开鼠标左键。在"幻灯片母版"选项卡中单击"重命名"按钮。

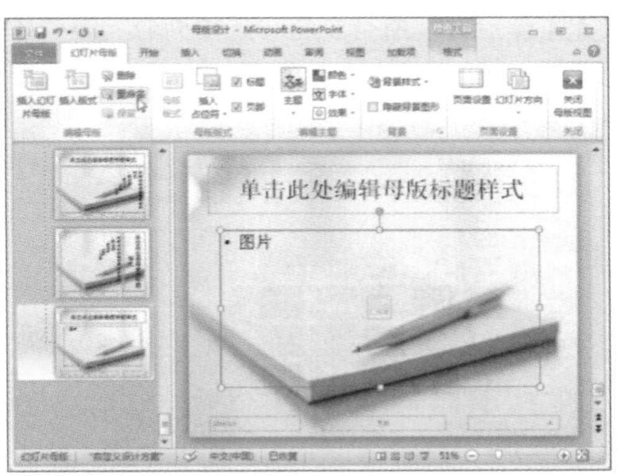

步骤06 弹出"重命名版式"对话框，在文本框中输入"图片"，单击"重命名"按钮。

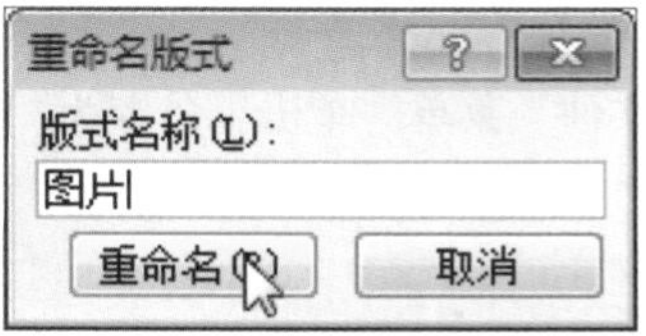

步骤07 在"幻灯片母版"选项卡中，单击"关闭母版视图"按钮，返回普通视图。

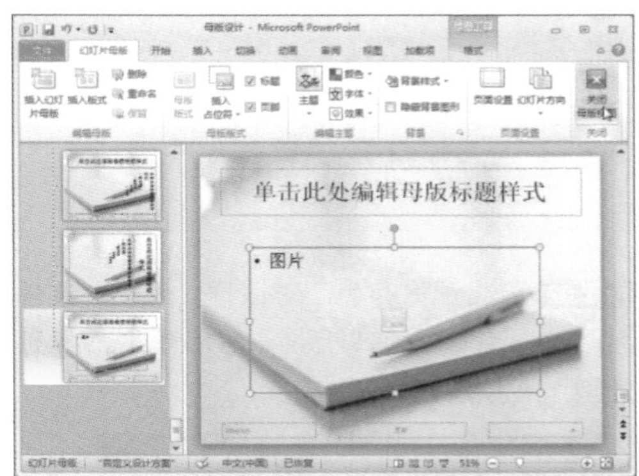

步骤08 打开"开始"选项卡，单击"版式"下拉按钮，在打开的下拉列表中可以查看到新添加的版式。

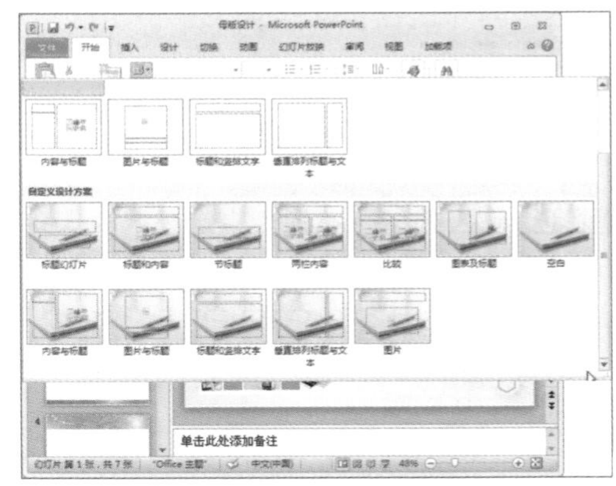

办公助手 添加版式

新添加的版式可以为PPT设计带来不同的多样风格，实用性很强。

2.2.4 保存幻灯片母版

幻灯片母版创建完成之后，为了方便以后使用，可以将其保存起来。

步骤01 打开“文件”菜单，单击“另存为”选项。

步骤02 弹出“另存为”对话框，修改“文件名”为“营销方案母版”，然后单击“保存类型”下拉按钮。

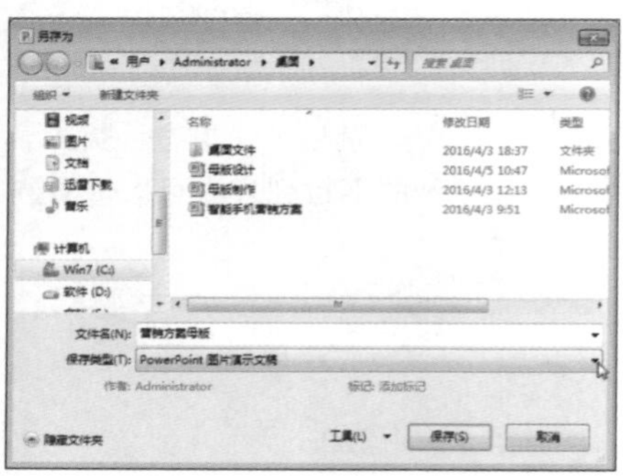

步骤03 在打开的下拉列表中选择“PowerPoint模板”选项。

步骤04 单击“保存”按钮即可。

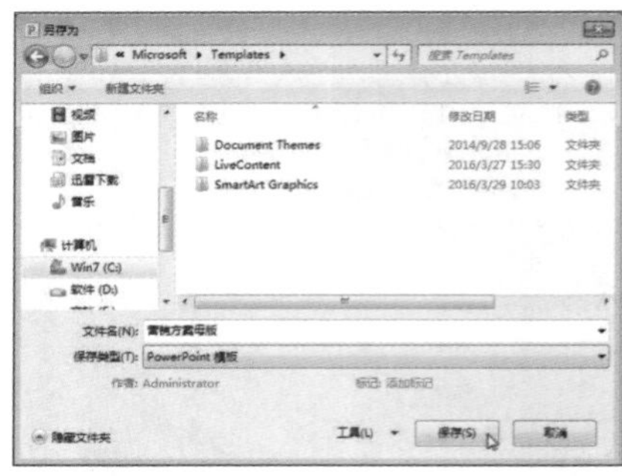

2.2.5 应用幻灯片主题

PowerPoint 2010内置各种不同风格的主题，这些主题结构简洁色彩搭配合理，用户可根据实际需要使用主题制作演示文稿。

❶应用内置主题

步骤01 打开演示文稿，切换到“设计”选项卡，在“主题”组中单击“其他”下拉按钮。

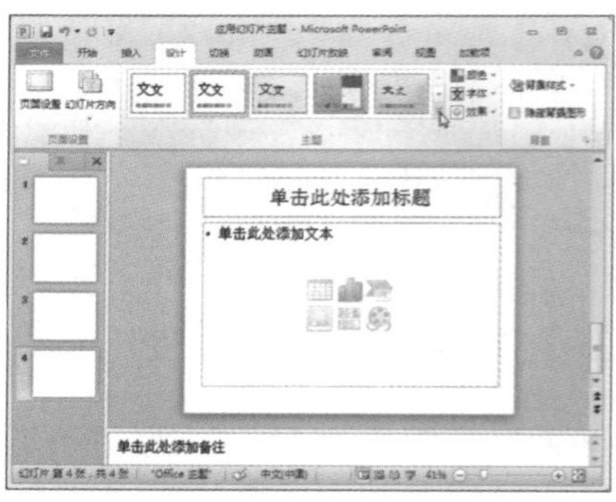

步骤02 展开“所有主题”下拉列表，在“内置”组中选择“角度”选项。

步骤03 幻灯片随即应用该主题。

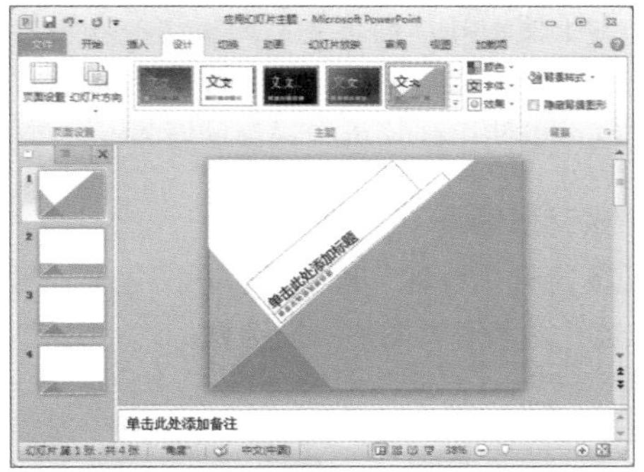

❷应用外部主题

步骤01 打开“设计”选项卡，单击“主题”组中的“其他”下拉按钮。在“所有主题”下拉列表中，选择“浏览主题”选项。

步骤02 弹出“选择主题或主题文档”对话框，选择需要应用的主题，单击“应用”按钮。

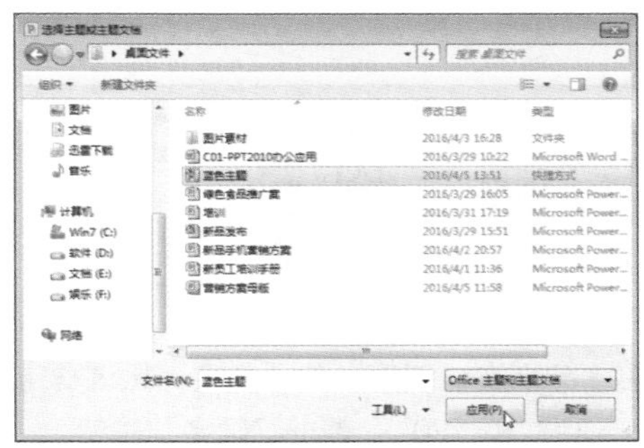

步骤03 返回演示文稿，即应用了保存在计算机中的主题。

2.3 自定义幻灯片

如果用户对内置的主题不满意，还可以自定义主题样式。自定义主题样式包括主题的颜色、字体以及背景。

2.3.1 调整幻灯片的大小

为了打印需要，用户可根据实际情况调整幻灯片页面的大小，更改幻灯片的方向。

步骤01 打开“设计”选项卡，单击“页面设置”按钮。

步骤02 弹出“页面设置”对话框，单击“幻灯片大小”下拉按钮，在打开的下拉列表中选择“自定义”选项。

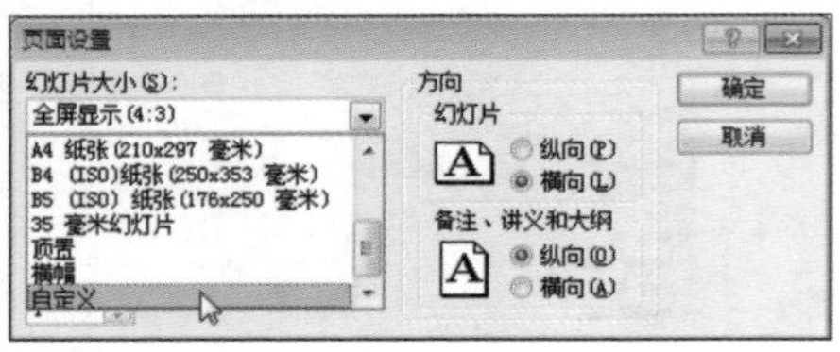

步骤03 分别在“宽度”和“高度”微调框中输入“30”和“20”，单击“确定”按钮。

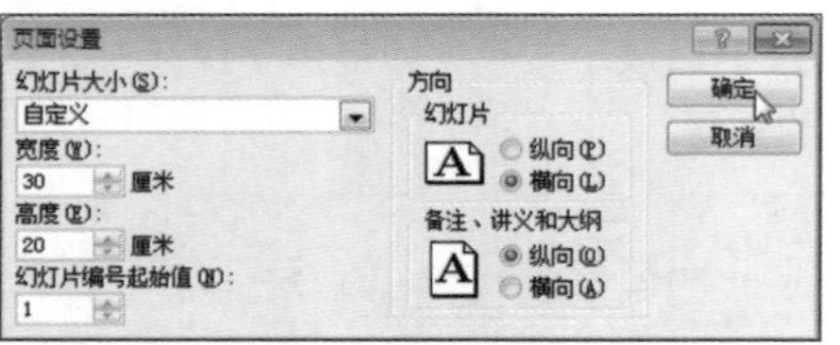

步骤04 幻灯片的大小随即被调整。单击“设计”选项卡中的“幻灯片方向”下拉按钮，选择“纵向”选项。

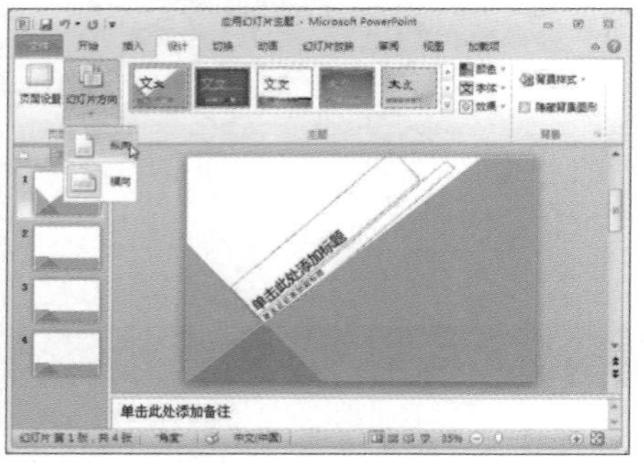

步骤05 所有幻灯片随即变为纵向显示。

2.3.2 更换幻灯片背景

为了使幻灯片拥有丰富的层次，还可为其添加背景。用户既可以使用系统内置的背景，也可以使用计算机中保存的背景。

❶隐藏背景图形

步骤01 打开“设计”选项卡，在“背景”组中勾选“隐藏背景图形”复选框。

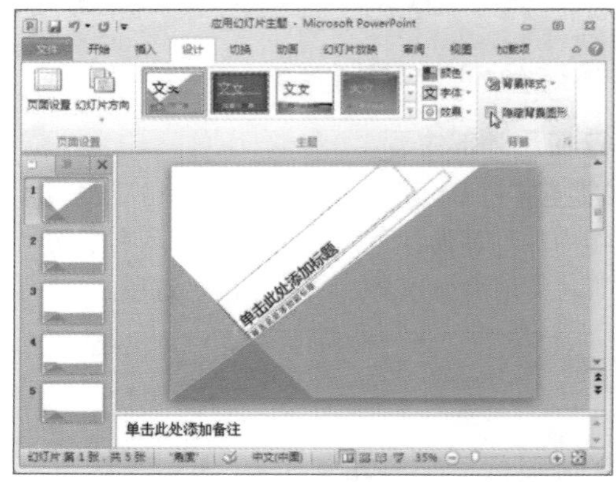

步骤02 所选幻灯片的背景图形随即被隐藏。取消勾选“隐藏背景图形”复选框，则可显示背景图形。

❷设置背景样式

步骤01 打开“设计”选项卡，单击“背景样式”下拉按钮，在打开的下拉列表中选择“样式9”选项。

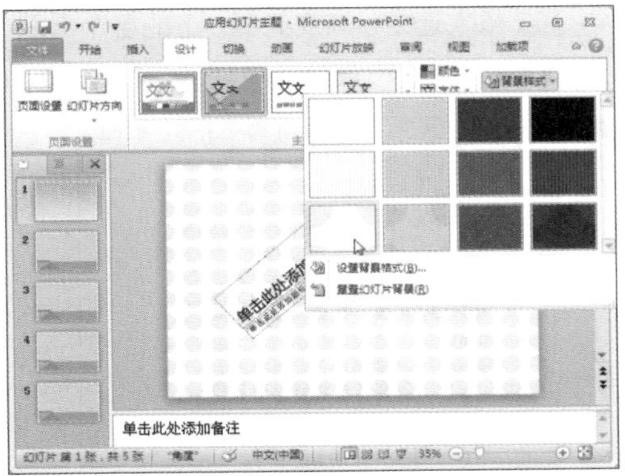

步骤02 所有幻灯片随即应用该背景样式。具体效果如下图所示。

③设置其他背景样式

(1) 设置纯色背景

步骤01 在“设计”选项卡中单击“背景样式”下拉按钮，在打开的下拉列表中选择“设置背景格式”选项。

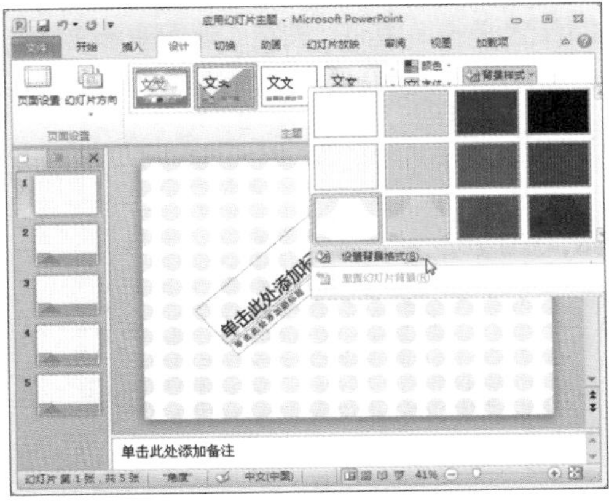

步骤02 弹出“设置背景格式”对话框，在“填充”选项面板中选中“纯色填充”单选按钮。

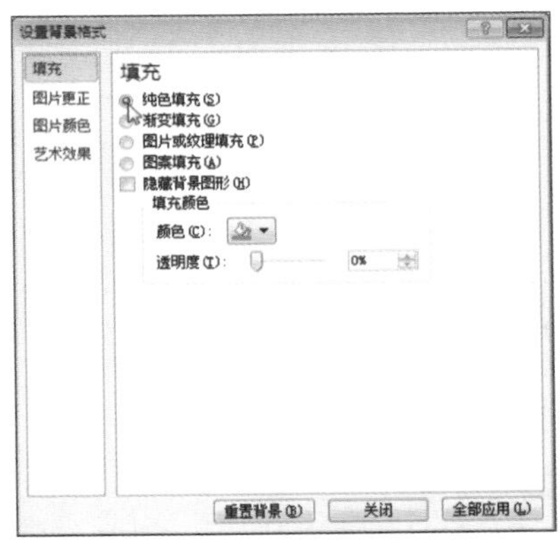

步骤03 单击“颜色”下拉按钮，展开“主题颜色”托盘，选择合适的颜色。

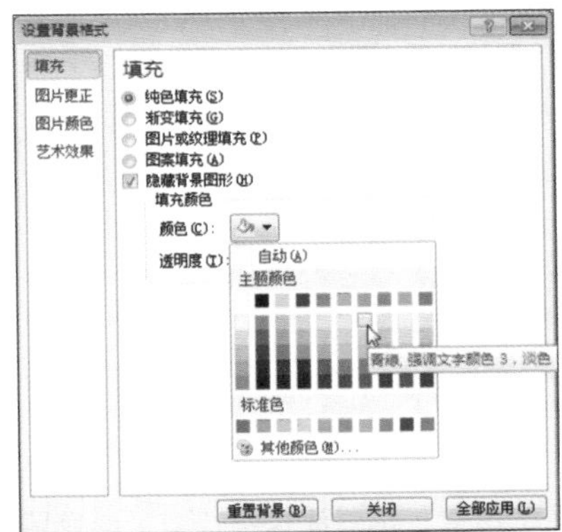

步骤04 单击“全部应用”按钮，随后单击“关闭”按钮。

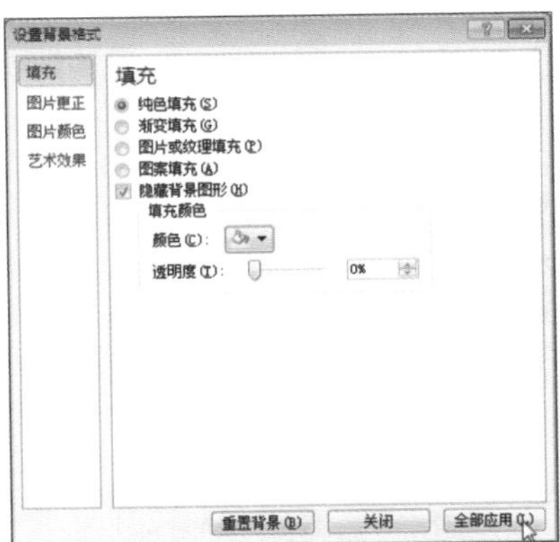

步骤04 返回演示文稿，应用纯色背景的幻灯片效果如下图所示。

（2）设置渐变背景

步骤01 打开“设计”选项卡，在“背景”组中单击“对话框启动器”按钮。打开“设置背景格式”对话框。

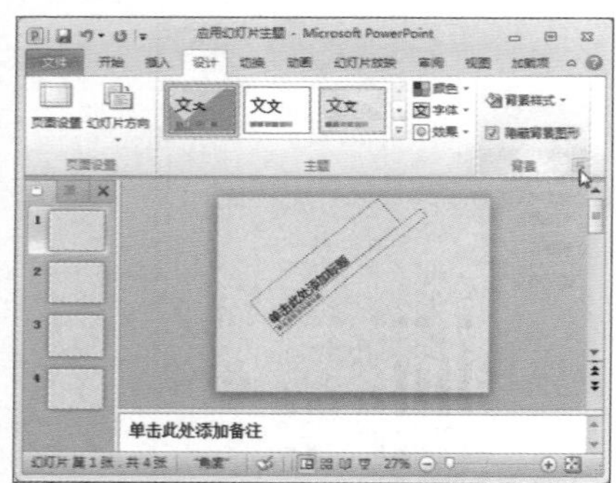

步骤02 在“填充”选项面板中选中“渐变填充”单选按钮，单击“预设颜色”下拉按钮，在打开的下拉列表中选择合适的选项。

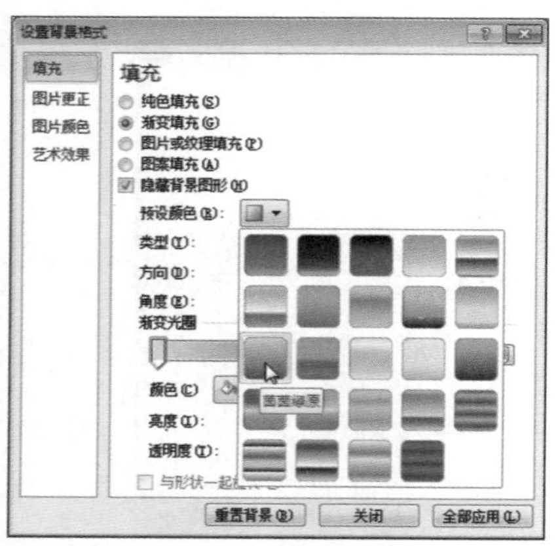

步骤03 依次选中“渐变光圈”上的各个滑块，在“颜色”托盘中设置各滑块的颜色。

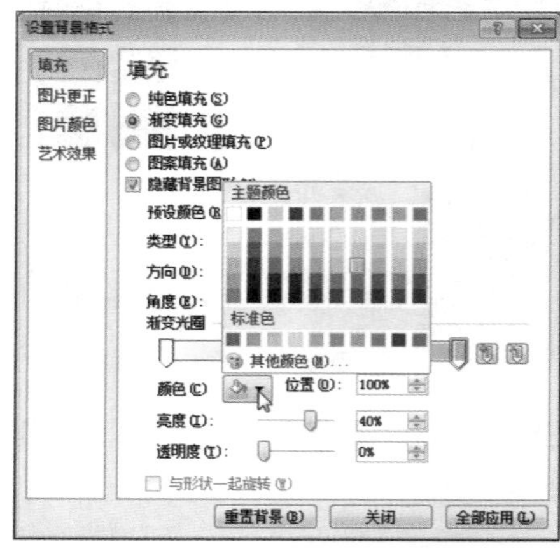

步骤04 选中滑块并按住鼠标左键不放移动，调整滑块的位置。单击“全部应用”按钮。

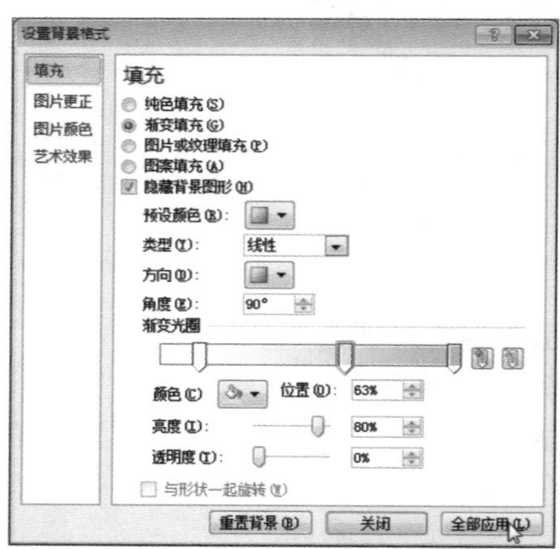

步骤05 单击“关闭”按钮，返回演示文稿，幻灯片应用渐变背景效果如下图所示。

(3) 设置图片背景

步骤 01 右击任意幻灯片。在打开的快捷菜单中选择“设置背景格式”选项。

步骤 02 打开“设置背景格式”对话框。单击“图片或纹理填充”单选按钮，单击“文件”按钮。

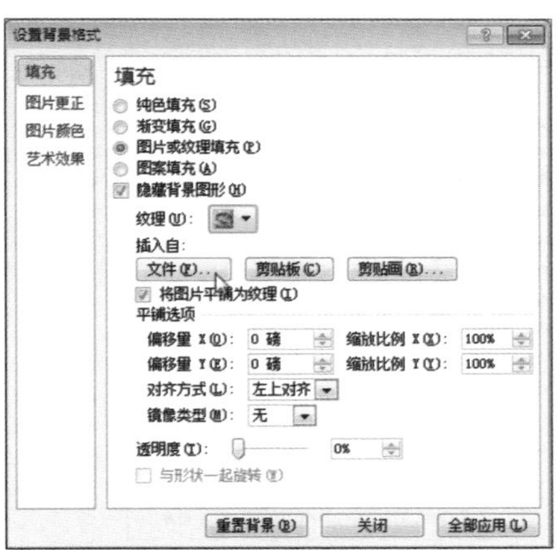

步骤 03 弹出“插入图片”对话框，选中合适的图片，单击“插入”按钮。

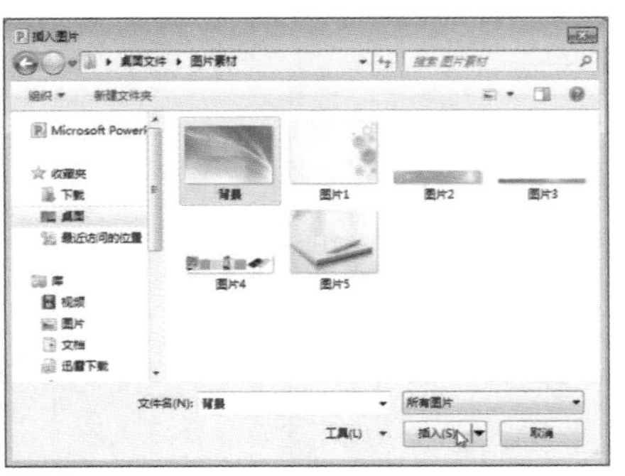

步骤 04 返回“设置背景格式”对话框，单击“全部应用”按钮。

步骤 05 单击“关闭”按钮，返回演示文稿，设置了图片背景的幻灯片效果如下图所示。

(4) 设置图案背景

步骤 01 打开“设置背景格式”对话框，单击“图案填充”单选按钮。选择合适的图案，设置“前景色”和“背景色”。单击“全部应用”按钮。

步骤 02 单击“关闭”按钮关闭对话框，应用了图案填充背景的幻灯片效果如下图所示。

④自定义主题颜色

步骤 01 打开“设计”选项卡，单击“颜色”下拉按钮，在打开的下拉列表中选择“穿越”选项，即可应用该颜色。

步骤 02 单击“颜色”下拉按钮，选择“新建主题颜色”选项。

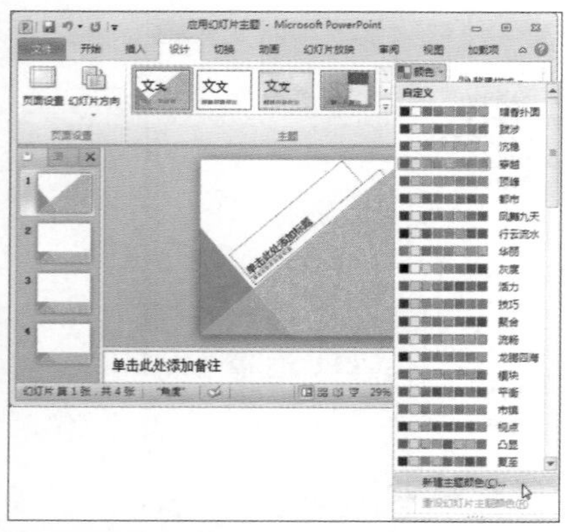

步骤 03 弹出“新建主题颜色”对话框，选择需要设置颜色的选项右侧下拉按钮，在打开的下拉列表中选择合适的颜色。

步骤 04 如果颜色列表中没有需要的颜色，则选择“其他颜色”选项。

步骤 05 弹出“颜色”对话框，在“自定义”选项卡中选取所需要的颜色，然后单击“确定”按钮。

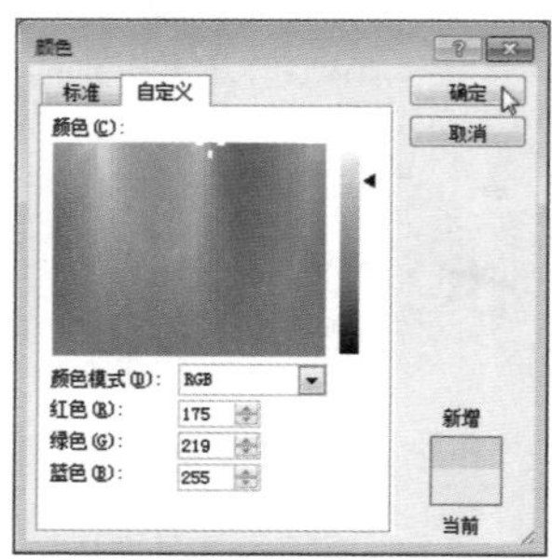

步骤 06 返回“新建主题颜色”对话框。所有颜色设置完成之后，单击“保存”按钮。

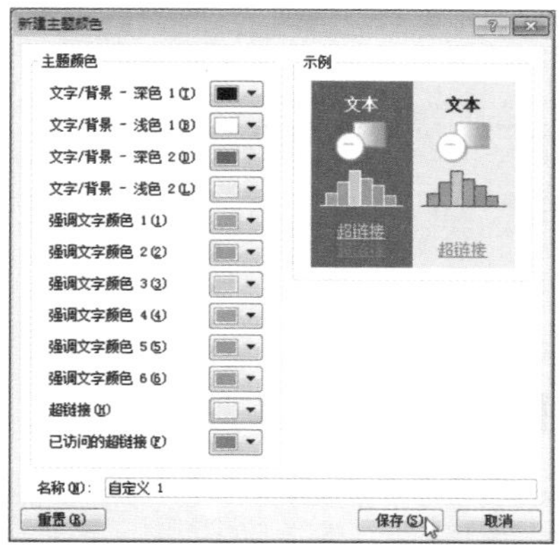

步骤 07 单击“颜色”下拉按钮，在下拉列表中出现了“自定义1”选项。单击该选项即可应用该颜色。

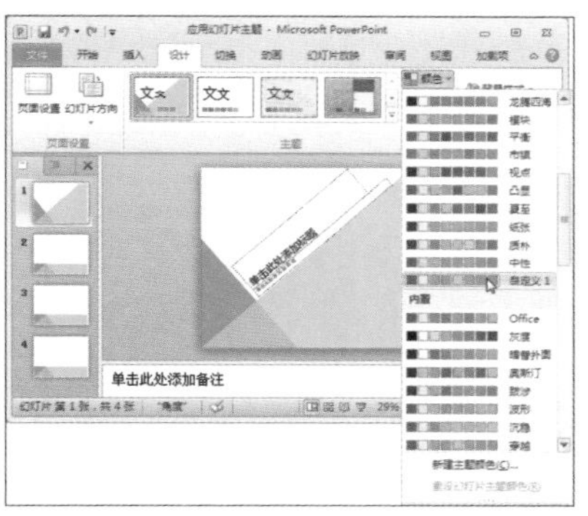

步骤 08 若要删除自定义颜色，则右击该自定义颜色，在打开的快捷菜单中选择“删除”选项即可。

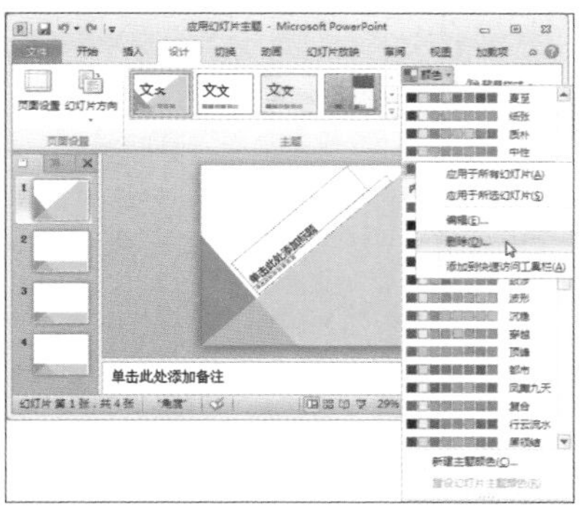

⑤ 自定义主题字体

步骤 01 在“设计”选项卡中单击“字体”下拉按钮，在打开的下拉列表中选择合适的字体即可。

步骤 02 在“字体”下拉列表中选择“新建主题字体”选项。

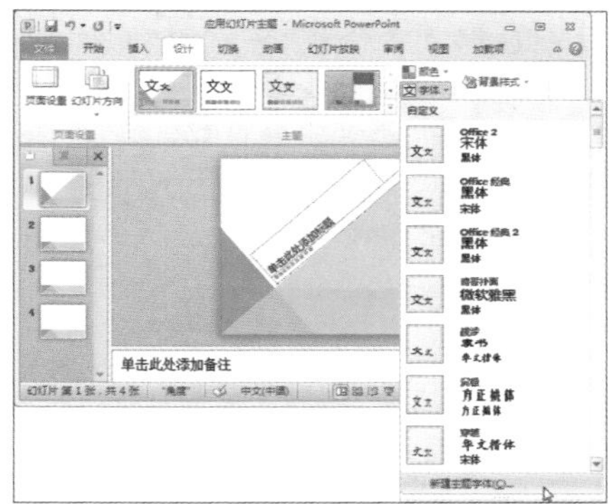

步骤 03 弹出“新建主题字体”对话框，在“中文”选项组中单击“标题字体”文本框下拉按钮，在下拉列表中选择合适的字体。

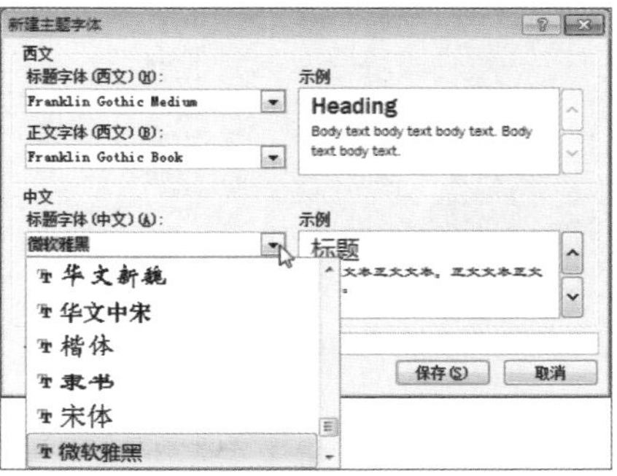

步骤04 按照同样的方法设置好“正文字体”，单击“保存”按钮。

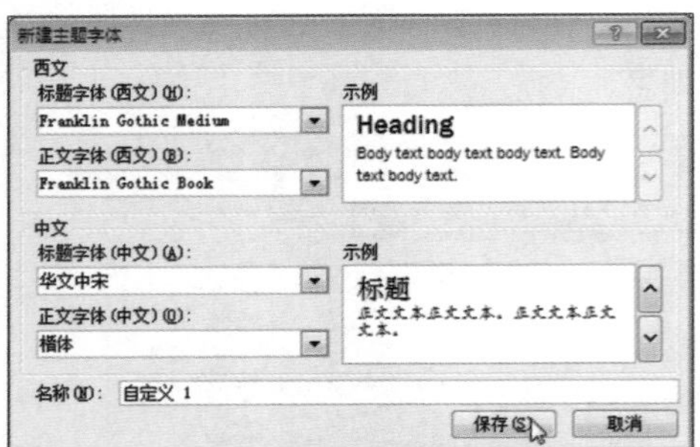

步骤05 返回演示文稿，在“字体”下拉列表中可以查看到新建字体“自定义1”，单击该选项，则可应用该字体。

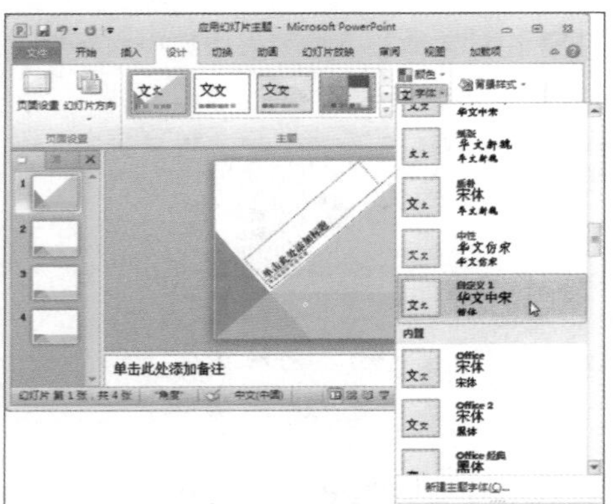

步骤06 右击“自定义1”选项，在打开的快捷菜单中选择“删除”选项，则可删除该自定义字体。

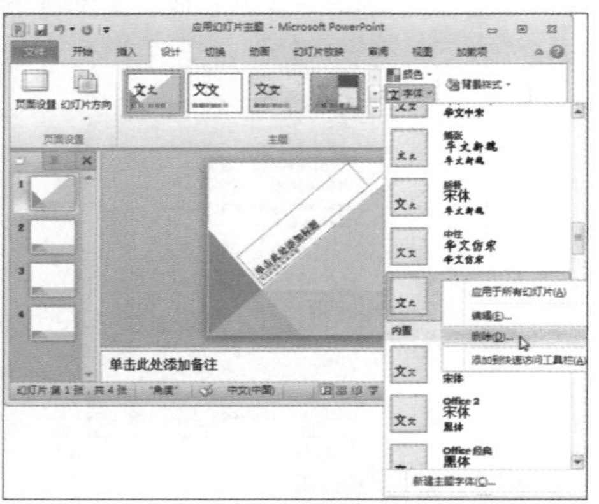

步骤07 单击“设计”选项卡中“主题”组中的“其他”下拉按钮，在打开的下拉列表中选择“保存当前主题”选项。

步骤08 弹出“保存当前主题”对话框，指定保存路径，在“文件名”文本框中输入“自定义主题1”，单击“保存”按钮，即可保存该主题。

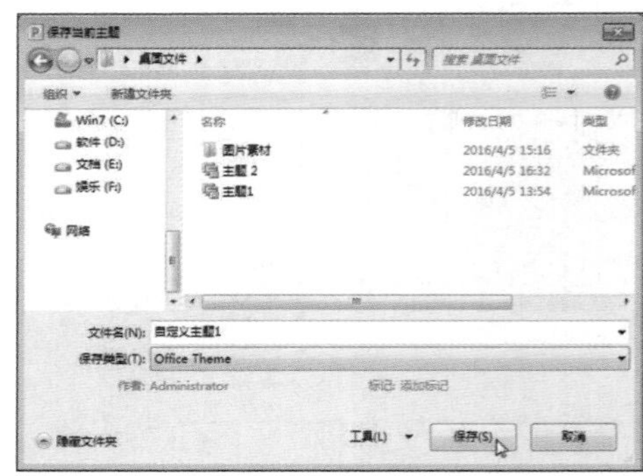

Chapter 03

制作教学课件演示文稿

本章概述

与传统教学相比，多媒体教学有着很多优点，作为一种先进的教学手段被引进课堂，大大提高了课堂教学效果。在上课时，老师事先将要教授的课程制作成演示文稿，然后通过投影仪进行播放，从而形象直观地将内容展现在学生面前，这不仅使课堂教学变得生动活泼，还大大加强了学生学习的积极性。本章将以教学课件的制作为例，对幻灯片的制作过程进行介绍。

本章要点

文本内容的创建

文本内容的编辑

段落格式的设置

文本框的应用

艺术字的应用

3.1 文本的设置

PowerPoint提供的字体都为默认字体，在编辑文稿的时候默认的字体通常不能满足用户的需要，这时候，就需要对所输入的文字进行设置。文本的设置包括字体、字号、字符间距、颜色、特殊效果等。

3.1.1 设置字体字号

为了适应主题或突出显示某些文字，可以修改这些文字的字体，更改文字的字号。

❶使用“字体”选项设置

步骤01 选中文字所在文本框，打开“开始”选项卡，在“字体”组中单击“字体”下拉按钮。

步骤02 在展开的下拉列表中选择“华文行楷”选项。

步骤03 文本框中的文字字体随即被更改。保持文本框为选中状态，单击“字体”选项卡中的“字号”下拉按钮。

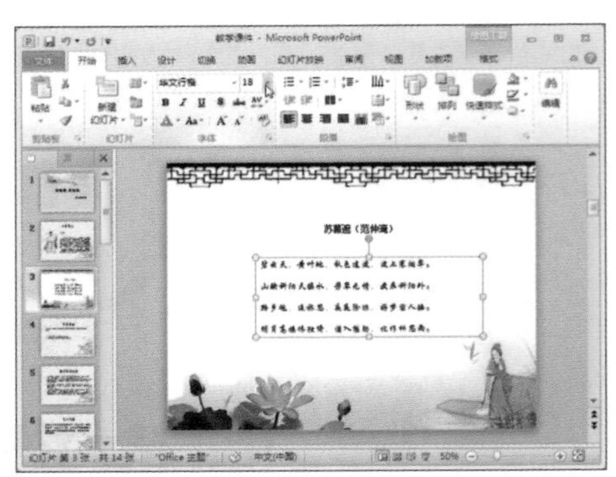

步骤04 在“字号”下拉列表中选择“24”选项。

步骤05 由于文字字号增大，受文本框限制，原本可以一行显示的文本此时变为两行显示，将光标置于文本框右侧边框线上。

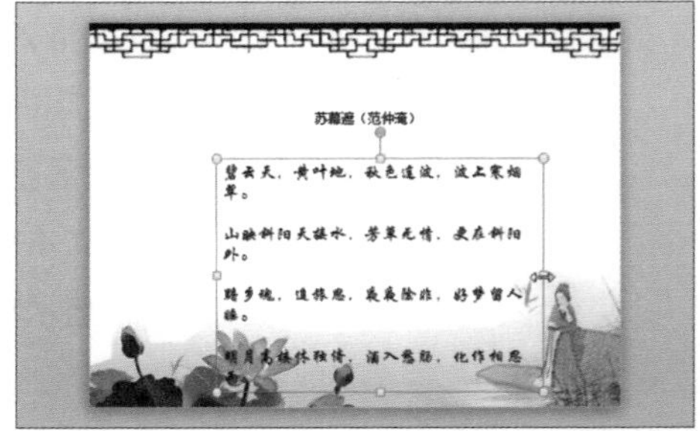

步骤06 当光标变为“⟺”形状时按住鼠标左键不放，向右拖动鼠标。

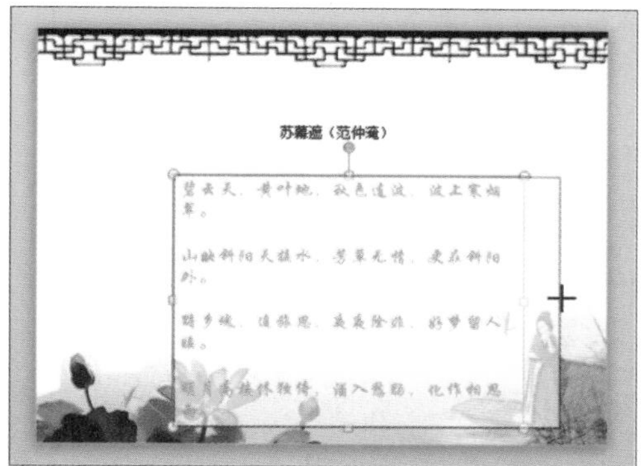

步骤07 将文本框调整到合适大小后，松开鼠标左键。

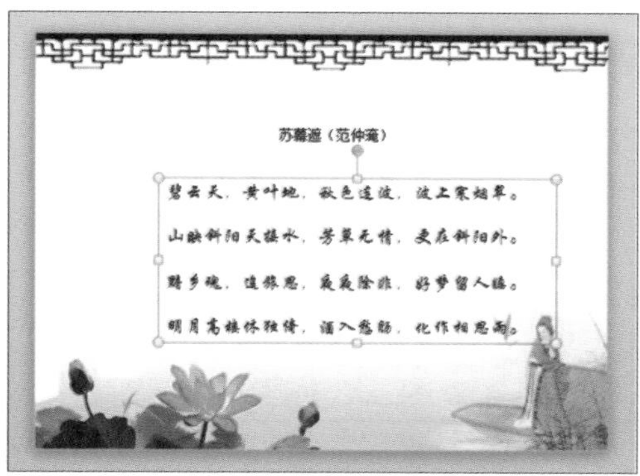

步骤08 选中文本框，在“开始”选项卡中单击“增大字号”按钮，可以快速增大字号。

步骤09 单击“减小字号”按钮则可快速减小字号。

❷使用右键快捷菜单设置

步骤01 右击词名所在文本框，在弹出的快捷菜单中单击“字体”下拉按钮。

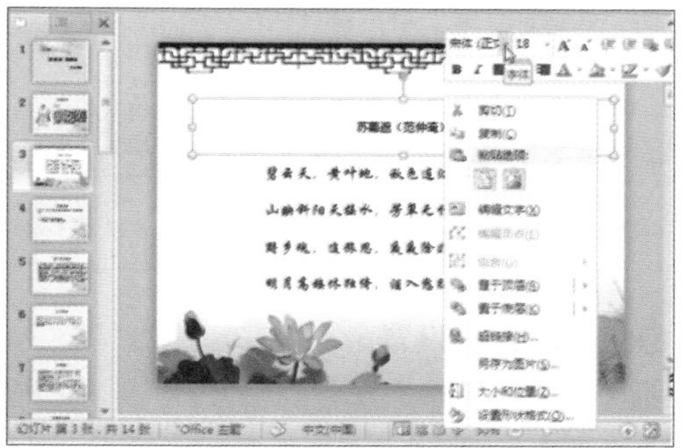

步骤02 在展开的下拉列表中选择“华文行楷”选项。

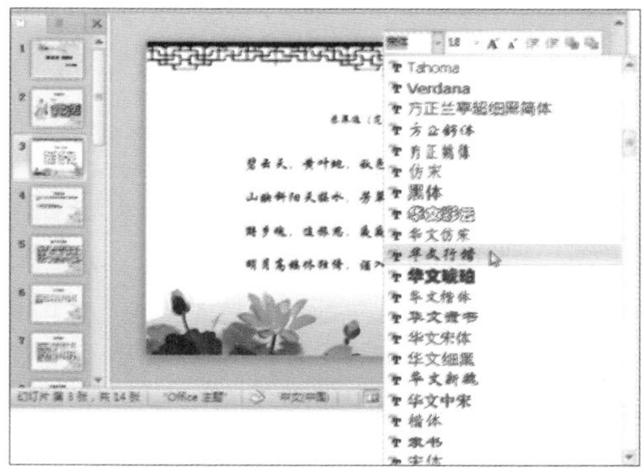

步骤03 再次右击该文本框，在弹出的快捷菜单中单击“字号”下拉按钮。

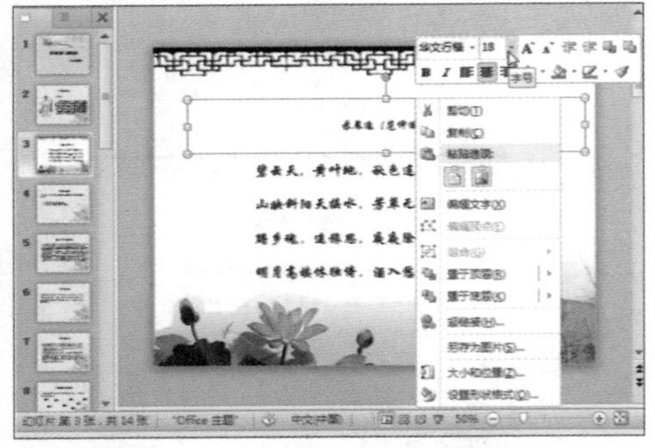

步骤04 在展开的列表中选择“44”选项。

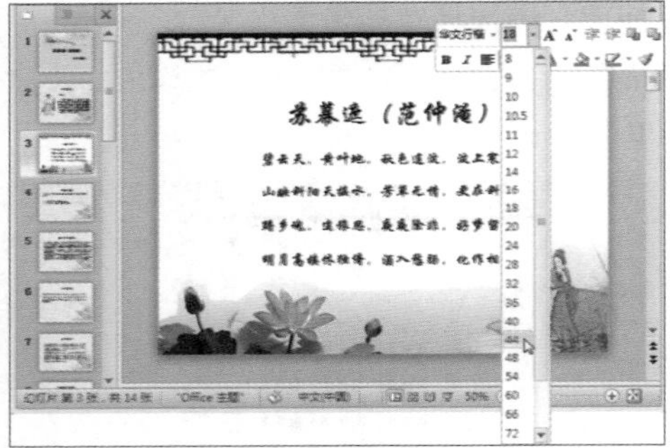

③使用对话框设置

步骤01 单独选中文本“（范仲淹）”，右击选中的文本。然后在弹出的快捷菜单中选择“字体”选项。

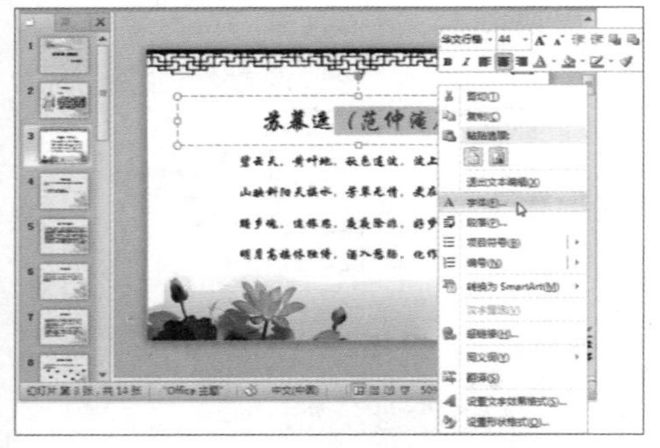

步骤02 弹出“字体”对话框，单击“中文字体”下拉按钮，在展开的列表中选择“方正舒体”选项。

步骤03 在“大小”微调框中输入“28”，单击“确定”按钮。

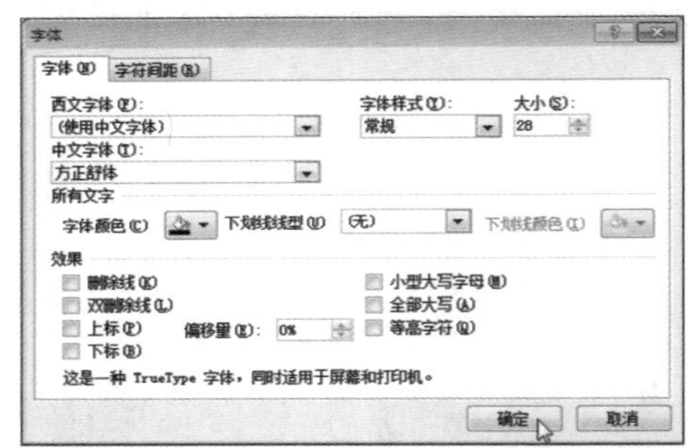

步骤04 返回演示文稿，设置好字体字号的文本效果如下图所示。

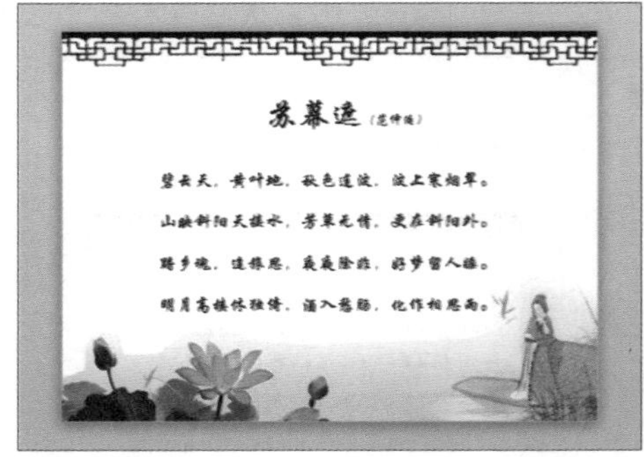

④使用快捷键调整字号

选中文本或选中文本所在文本框，按下Ctrl+Shift+>快捷键，即可快速增大字号。

按下Ctrl+Shift+<快捷键，即可快速减小字号。

3.1.2 设置字符间距

在幻灯片中输入文本后，如果觉得默认情况下的字符间距过于紧密或过于疏松，可以根据需要对字符间距做出调整。

❶使用功能区选项设置

步骤 01 选中文本所在文本框，打开“开始”选项卡，在“字体”组中单击“字符间距”下拉按钮。

步骤 02 在展开的列表中选择“稀疏”选项。

步骤 03 若要对字符间距做更详细的设置，则再次单击“字符间距”下拉按钮，在展开的列表中选择“其他间距”选项。

步骤 04 弹出“字体”对话框，在“字符间距”选项卡中，单击“间距”右侧下拉按钮，选择“加宽”选项。

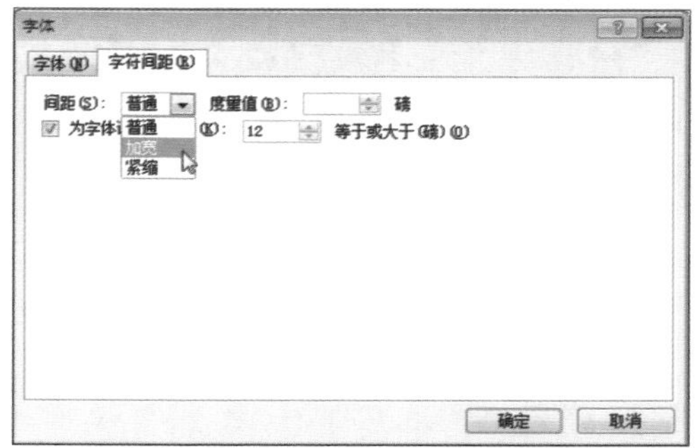

步骤05 调整“度量值”为“1.5”磅，在“为字体调整间距”微调框中调整数值为“15”。

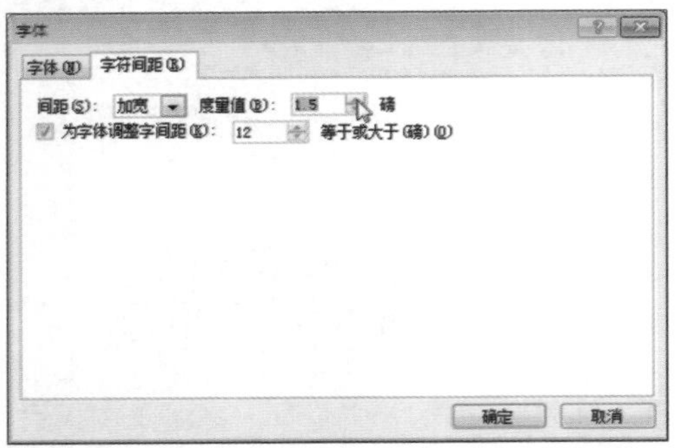

步骤06 单击“确定”按钮。

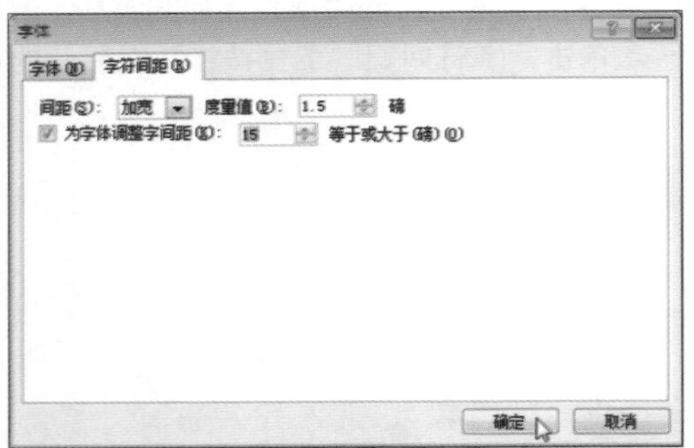

步骤07 返回演示文稿，调整字符间距后的文本效果如下图所示。

❷使用右键快捷菜单设置

步骤01 打开第5页幻灯片，选中文本内容并右击，在快捷菜单中选择“字体”选项。

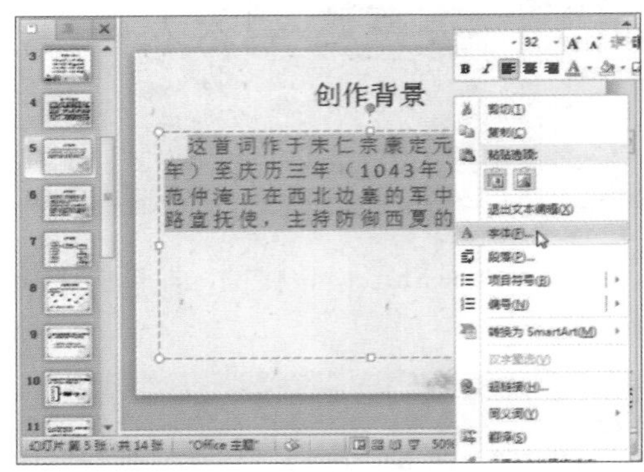

步骤02 弹出“字体”对话框，单击切换至“字符间距”选项卡。

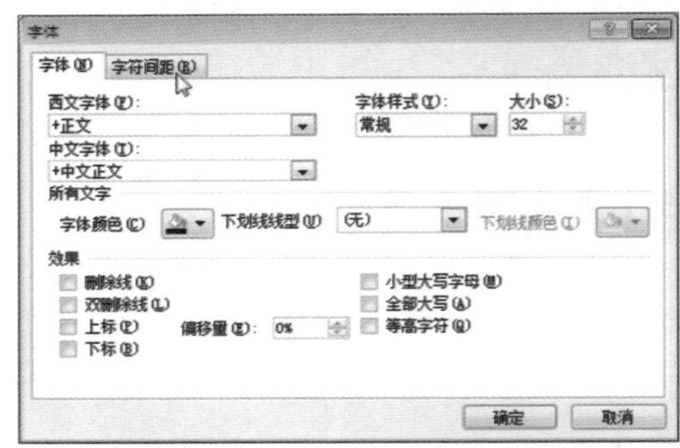

步骤03 单击“间距”右侧下拉按钮，在展开的下拉列表中选择“普通”选项。

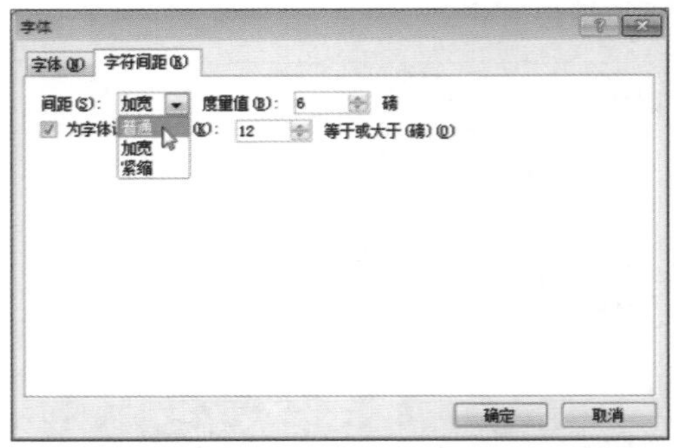

步骤04 在“为字体调整字间距”微调框中输入“20”。

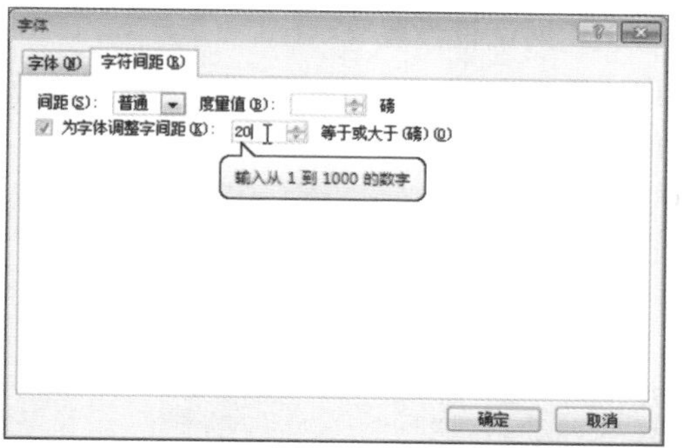

步骤05 单击“确定”按钮，关闭对话框。

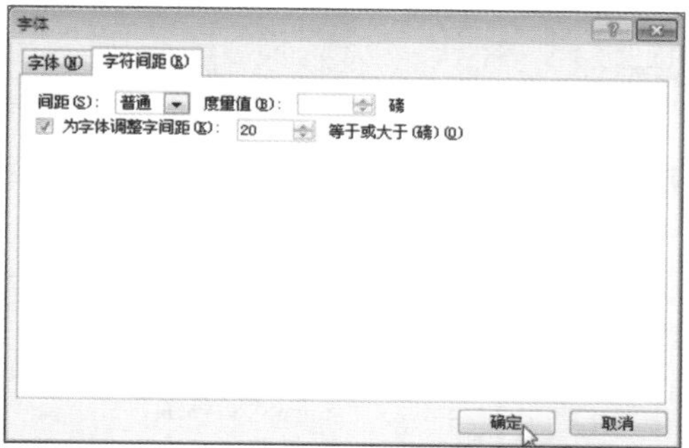

步骤06 返回演示文稿，设置好字符间距的文本效果如下图所示。

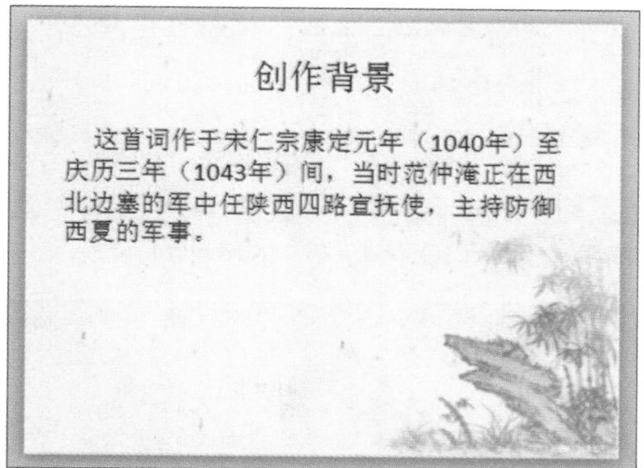

3.1.3 设置文字颜色

如果一份演示文稿，从头至尾的文字颜色都为默认的黑色，那未免显得太单一、沉闷，不能给人多彩的视觉刺激。那么各种不同颜色的文字是如何设置出来的？下面将做详细介绍。

❶ 使用功能区选项设置

步骤01 打开幻灯片8，选中文本框，在“开始”选项卡的“字体”组中单击“字体颜色”下拉按钮。

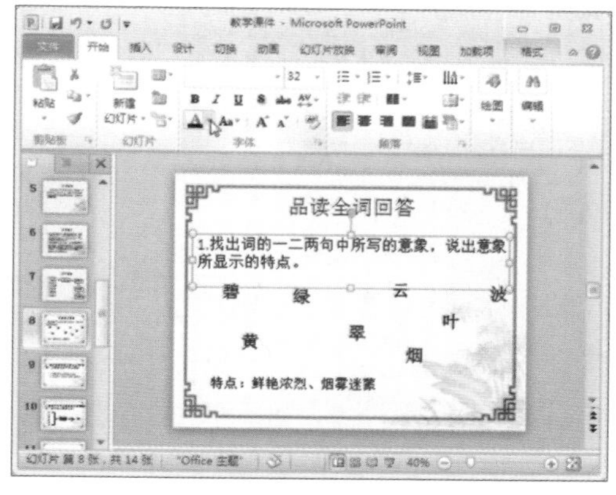

步骤02 在展开的颜色列表中选择“红色，强调文字颜色 2”选项。

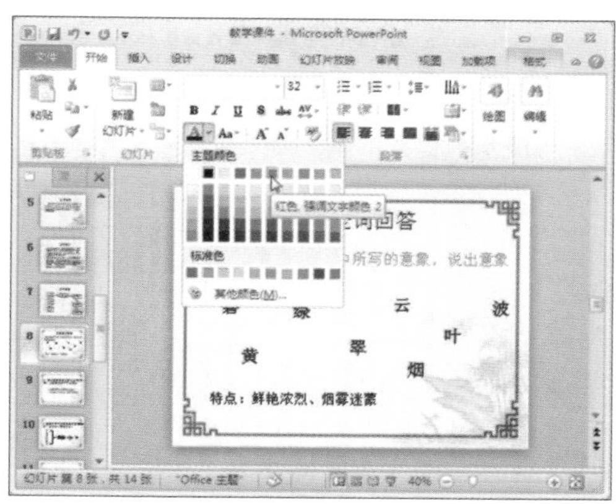

步骤03 幻灯片中的文字随即被设置成了相应的颜色。

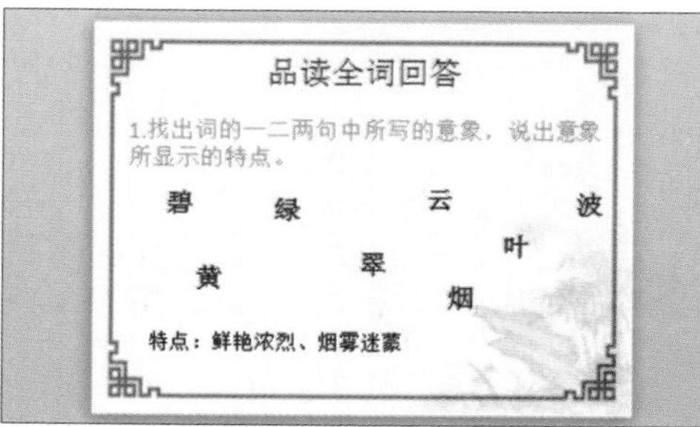

②使用右键快捷菜单设置

步骤01 右击文本框，在弹出的快捷菜单中单击“字体颜色”下拉按钮。

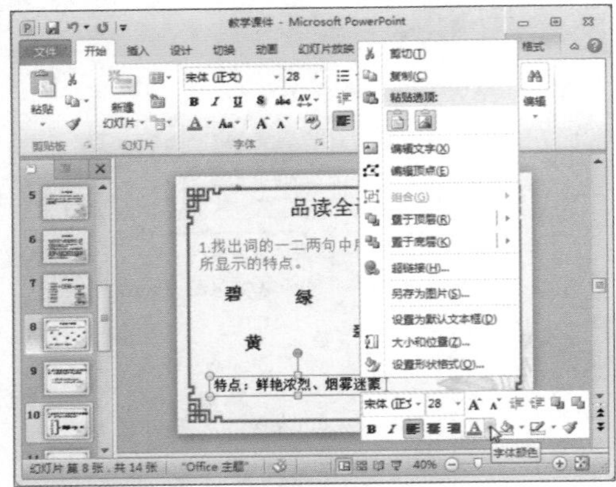

步骤02 在展开的列表中选择“橙色”选项。

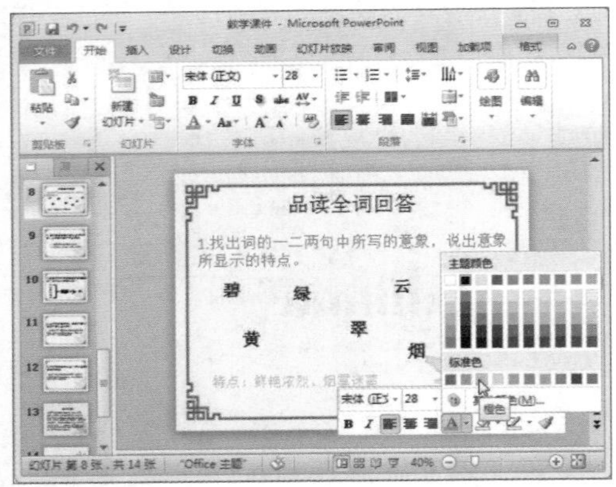

步骤03 选中的文本随即变为了橙色。

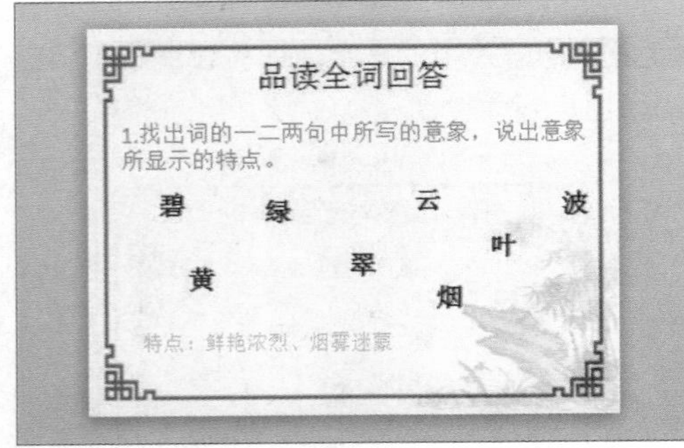

③使用对话框设置

步骤01 打开幻灯片10，选中需要设置颜色的文本。

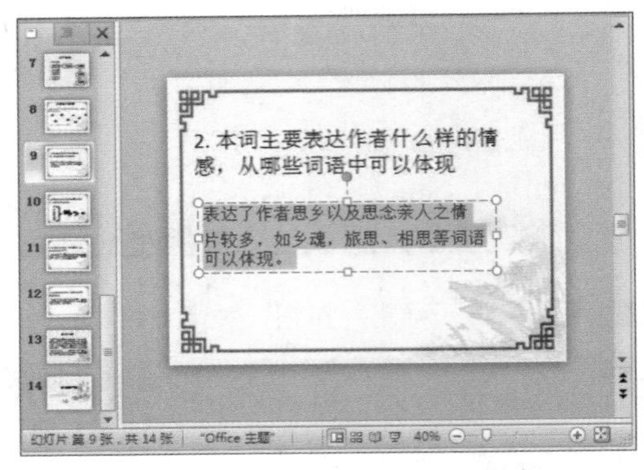

步骤02 右击选中的文本，在弹出的快捷菜单中选择“字体”选项。

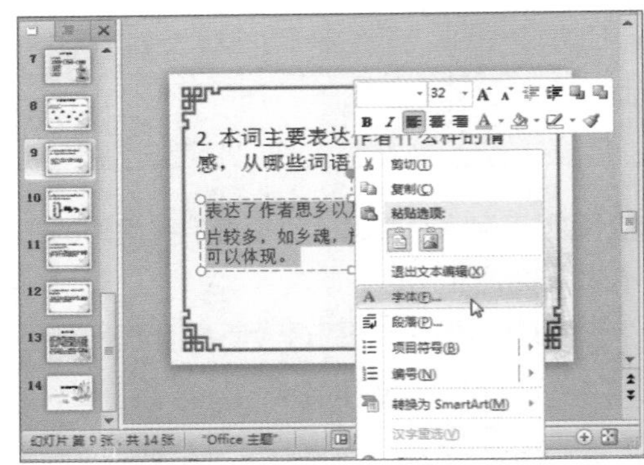

步骤03 弹出“字体”对话框，在“字体”选项卡中单击“字体颜色”下拉按钮。

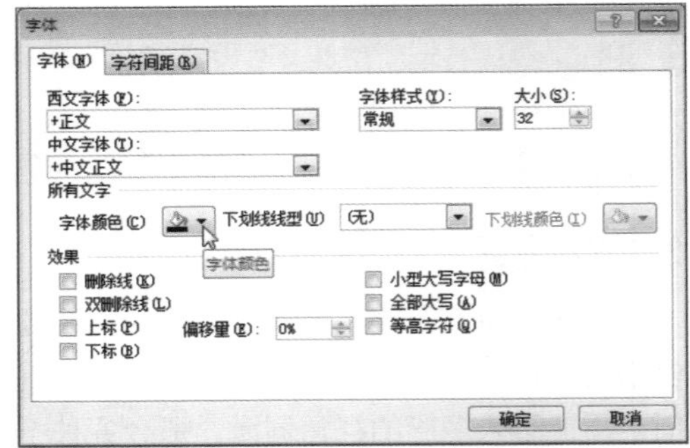

步骤04 在展开的列表中选择合适的颜色。

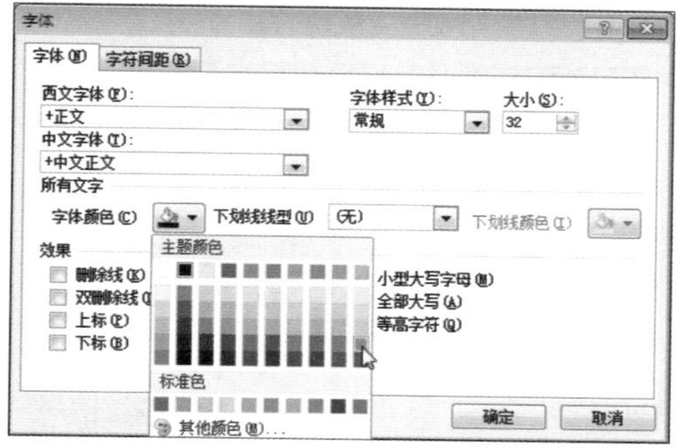

步骤05 单击“确定”按钮，关闭“字体”对话框。

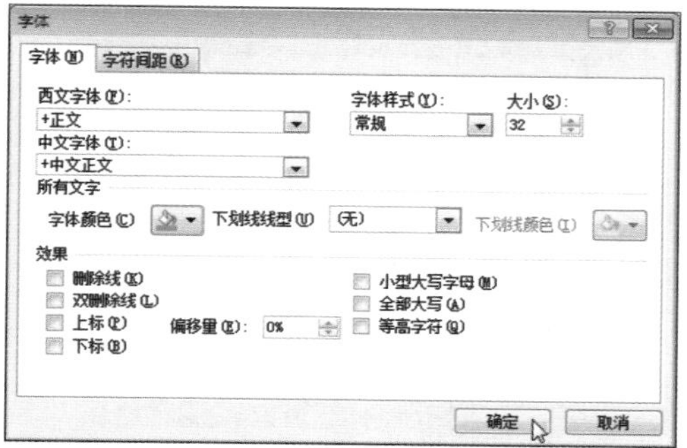

步骤06 选中的文字随即应用了设置的颜色。

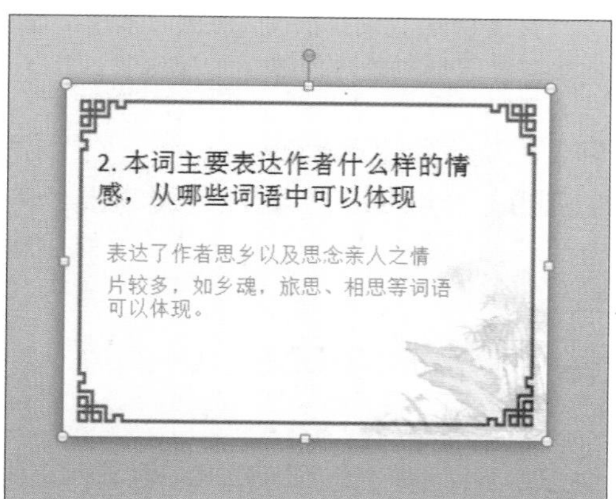

❹自定义字体颜色

步骤01 当基本颜色不能满足用户需求时，选中需要设置字体颜色的文本框。打开“开始”选项卡，单击“字体”组右下角的“对话框启动器”按钮。

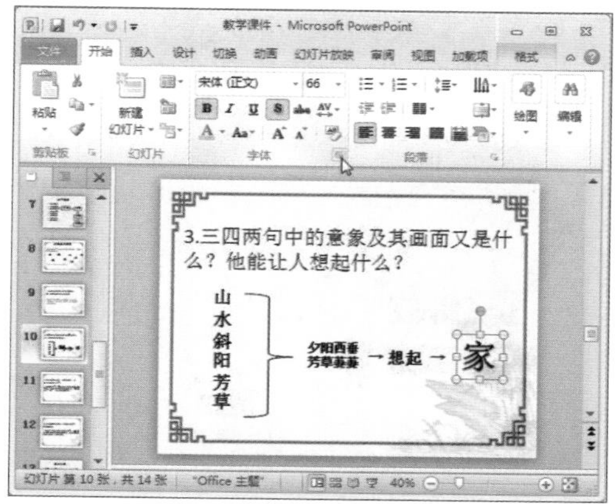

步骤02 弹出“字体”对话框，在“字体”选项卡中，单击“字体颜色”下拉按钮。

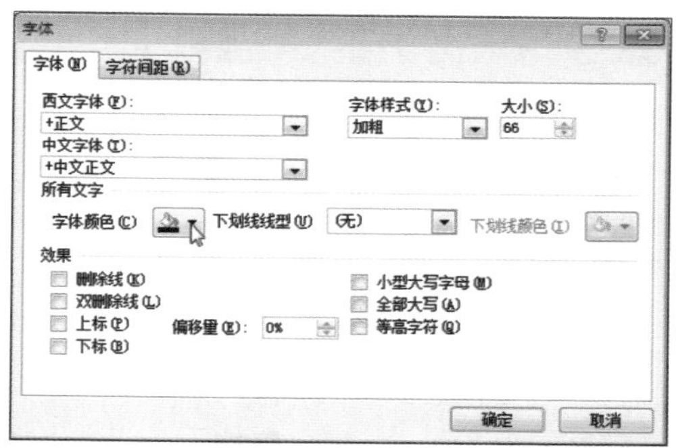

步骤03 在展开的颜色列表中选择“其他颜色”选项。

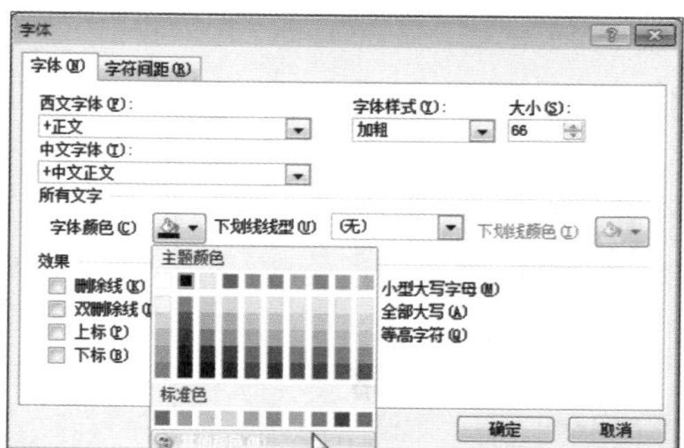

步骤04 打开“颜色”对话框，在“标准”选项卡的“颜色”托盘中选择合适的颜色。

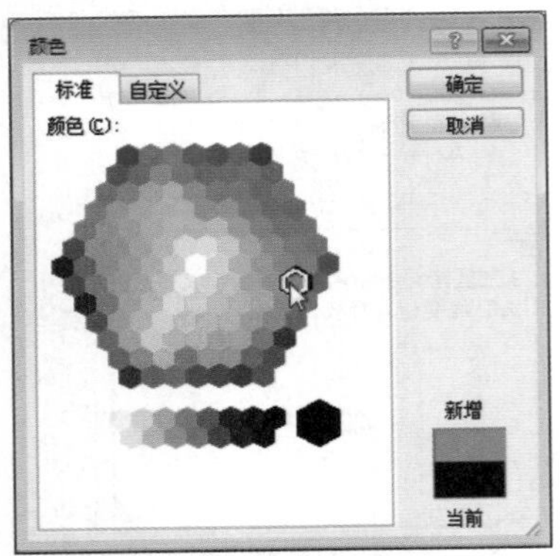

步骤05 切换到“自定义”选项卡，选中并拖动“颜色”托盘右侧的小三角，调整所选颜色的深度。

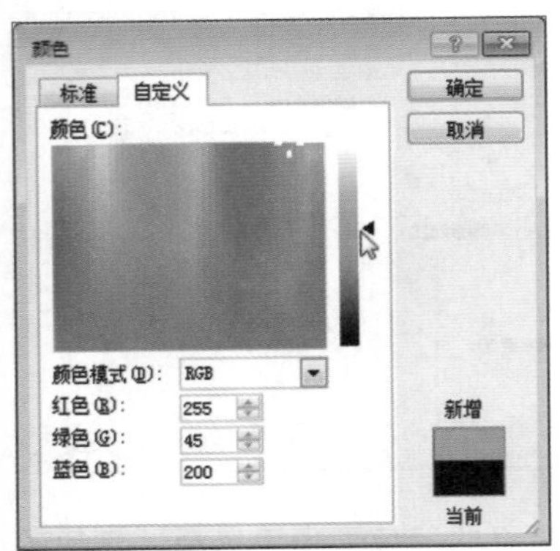

步骤06 调整好后，单击“确定”按钮，关闭“颜色”对话框。

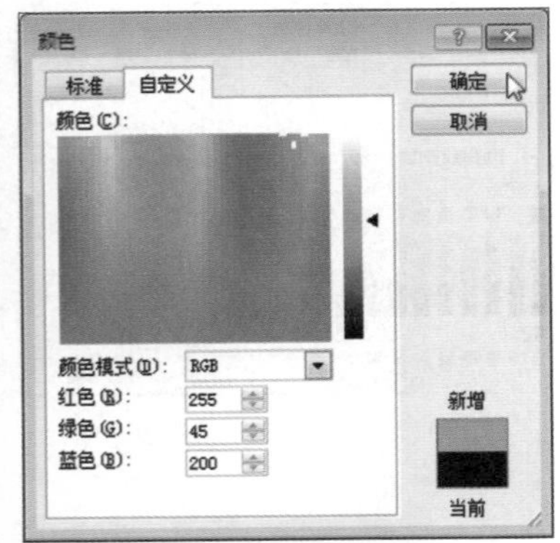

步骤07 返回“字体”对话框，单击“确定”按钮，关闭“字体”对话框。

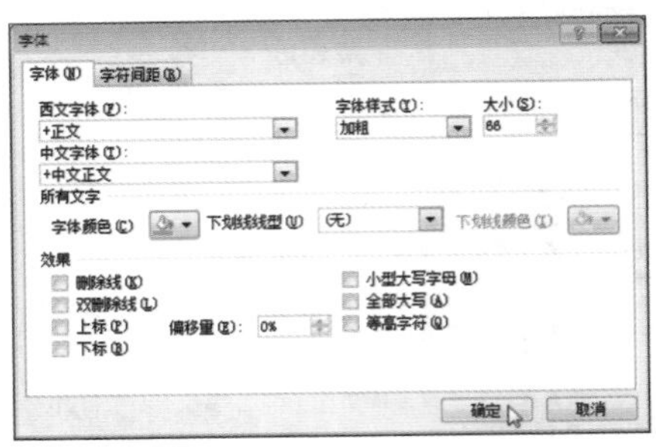

步骤08 返回演示文稿。幻灯片中所选文字已经应用了自定义的颜色设置。

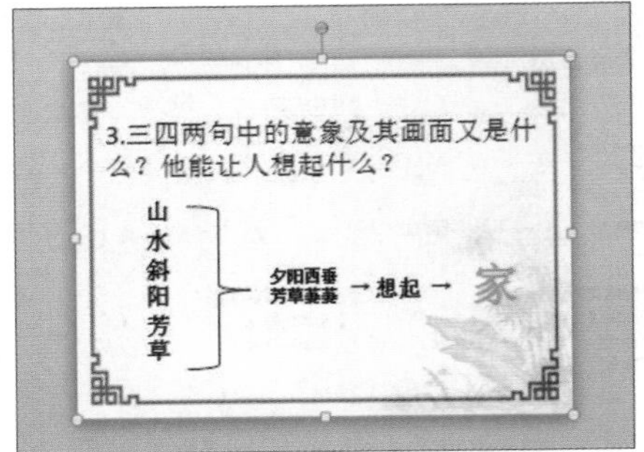

3.1.4 设置文本特殊效果

文本特殊效果包括文本加粗、倾斜、添加阴影、添加删除线、添加下划线等。

❶使用功能区选项设置

步骤01 打开幻灯片6，选中标题文本框，单击“开始”选项卡下“字体”组中的“加粗”按钮。

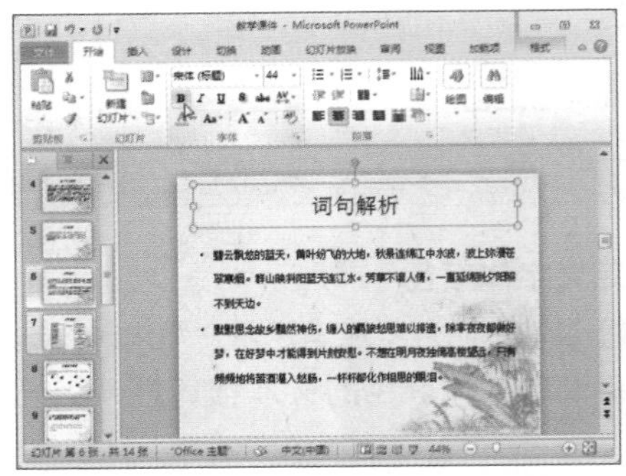

步骤 02 选中的文本随即被加粗。单击“字体”组中的“倾斜”按钮，选中的文本变为倾斜显示。

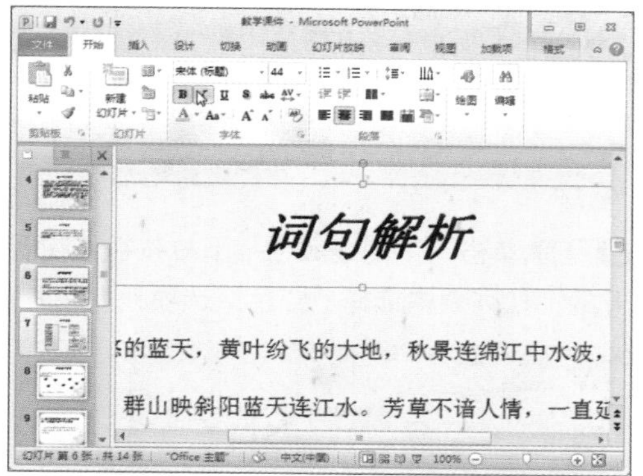

步骤 03 单击“字体”组中的“文字阴影”按钮，选中的文字随即被添加了阴影。

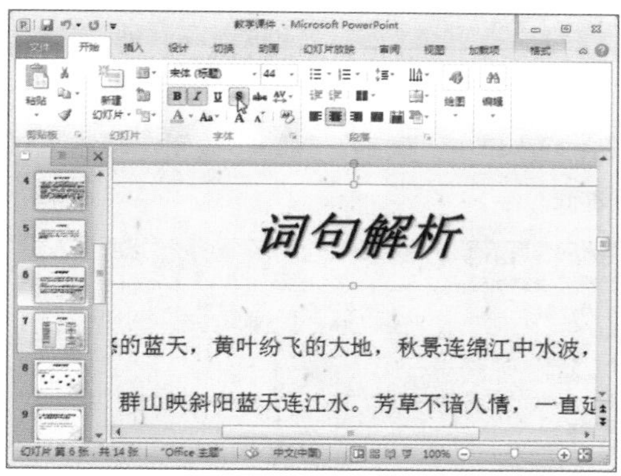

步骤 04 单击“字体”组中的“删除线”按钮，选中的文字上方即被添加了删除线。

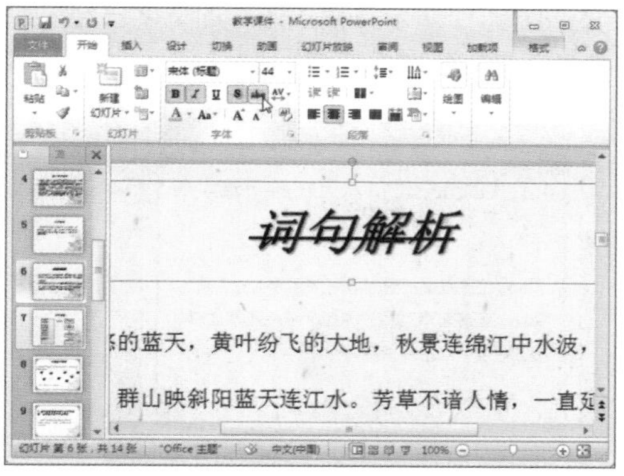

步骤 05 若要去除所有设置恢复文本最初的样式，则单击“字体”组中的“清除所有格式”按钮。

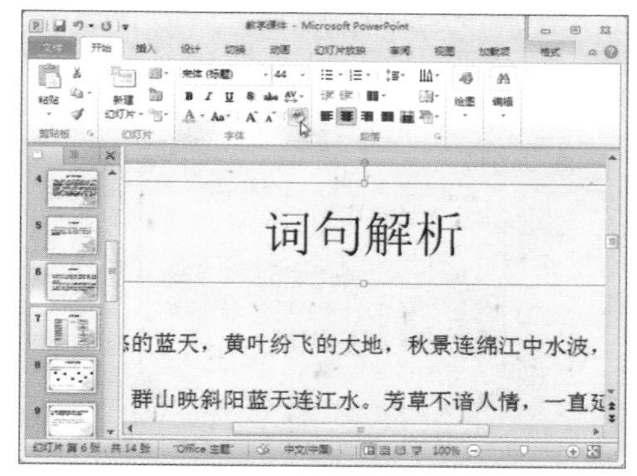

步骤 06 在需要设置格式的文本中的任意位置单击，选中文本框。

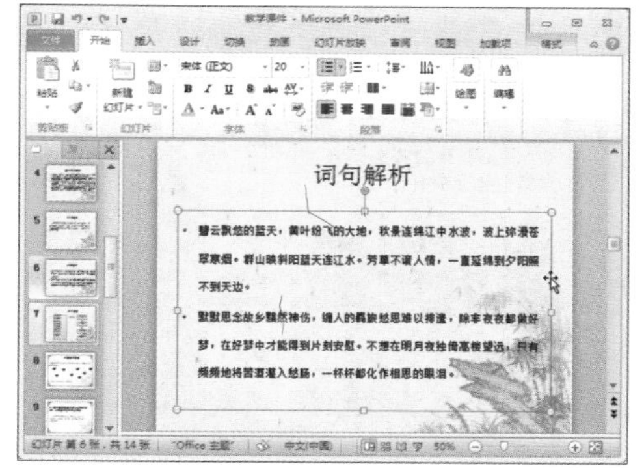

步骤 07 在“开始”选项卡的“字体”组中单击“下划线”按钮，文本框中的内容随即被添加了下划线。

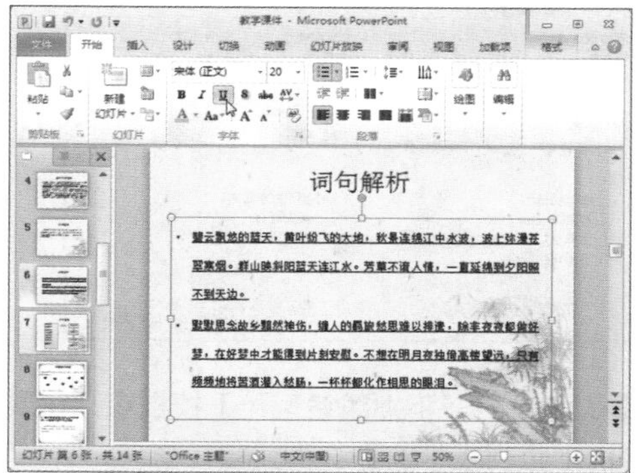

②使用“字体”对话框设置

步骤01 打开第11张幻灯片，选中需要设置格式的文本。

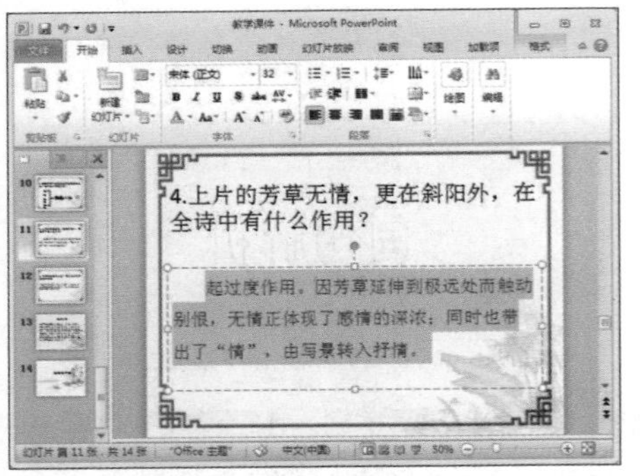

步骤02 右击选中的文本，在弹出的快捷菜单中选择“字体”选项。

步骤03 弹出“字体”对话框，在“字体”选项卡中单击“字体样式”下拉按钮，选择“倾斜”选项。

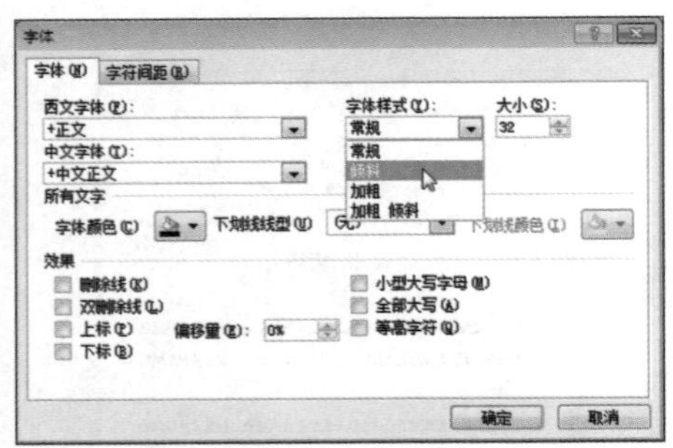

步骤04 单击“下划线线型”下拉按钮，在展开的下拉列表中选择“粗划线”选项。

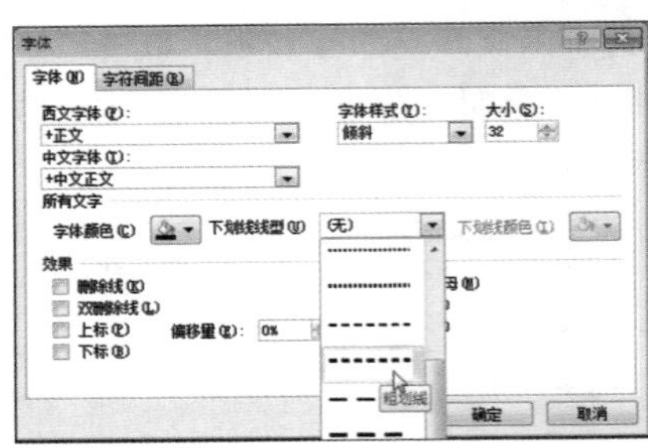

步骤05 单击“下划线颜色”下拉按钮，在展开的下拉列表中选择“红色”选项。

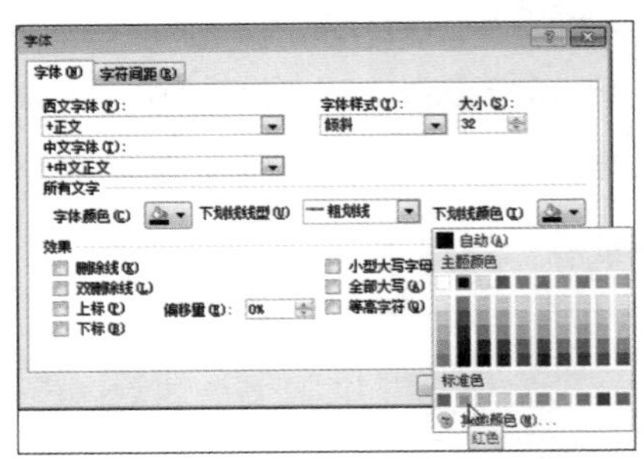

步骤06 单击“确定”按钮，关闭“字体”对话框。

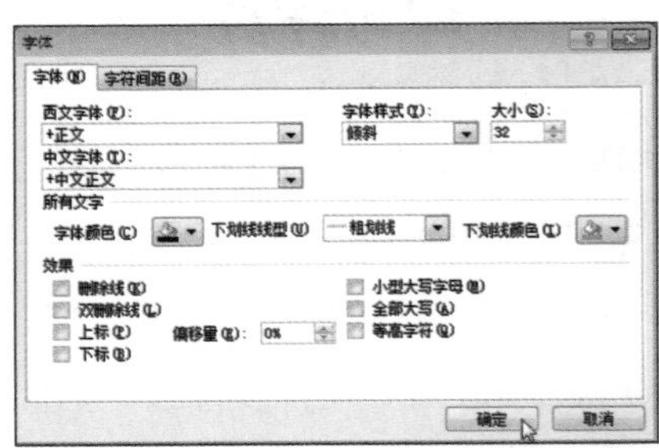

步骤07 返回演示文稿，选中的文字已经应用了对话框中的所有设置。

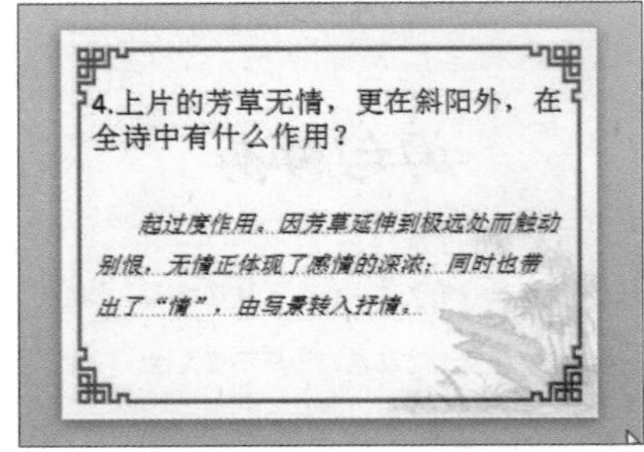

3.2 文本的编辑

在演示文稿中输入文本内容后，就可以对文本进行编辑了。文本的编辑操作包括选择、复制、剪切、粘贴、查找/替换、撤消输入/恢复输入等，本节将对这些内容一一进行介绍。

3.2.1 选择文本

文本的选择方法有很多，用户可以根据实际需要采用不同的方法选择需要的文本。

步骤 01 将光标移动至需要选择的文本第一个字前端，按住鼠标左键不放，拖动鼠标至所需文本最后一个字，松开鼠标即可选中。

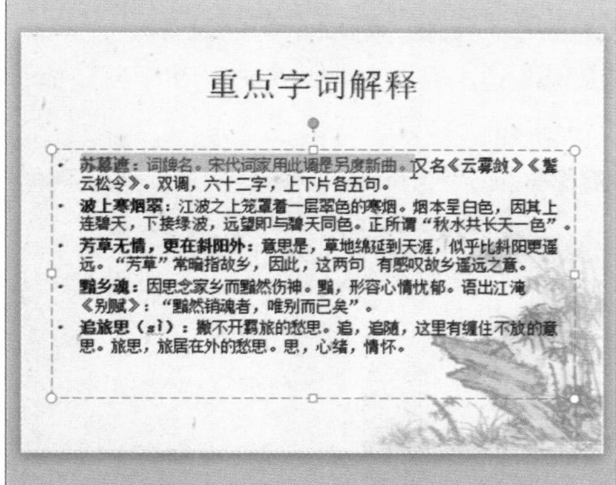

步骤 02 将光标置于需要选择的词语旁边，双击鼠标左键，即可选中该词语。

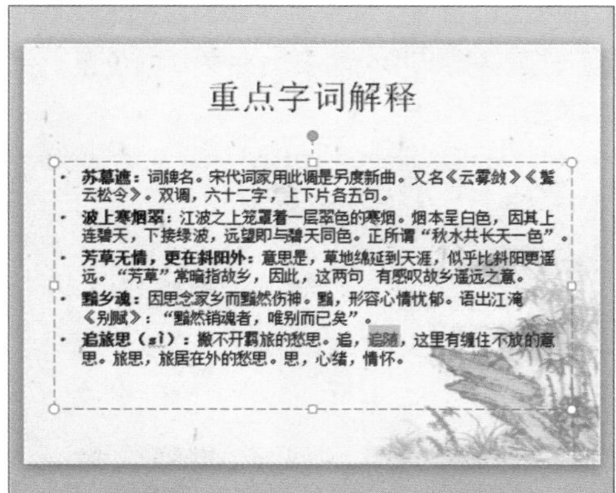

步骤 03 将光标指向需要选择的段落，连续单击鼠标左键三次，即可选中整个段落。

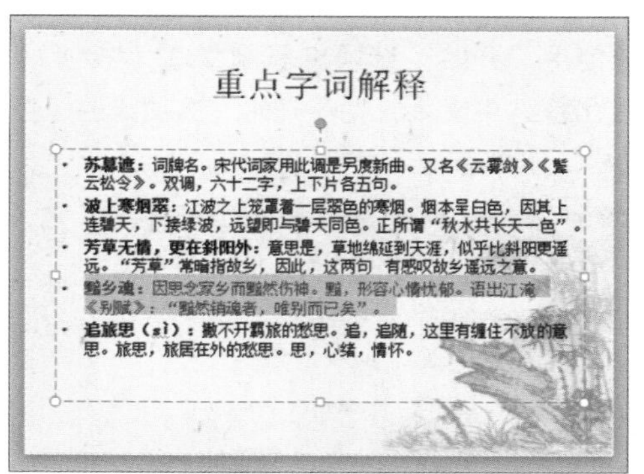

步骤 04 将光标置于文本框中，在“开始”选项卡的“编辑”组中单击“选择”下拉按钮，在打开的下拉列表中选择“全选”选项。

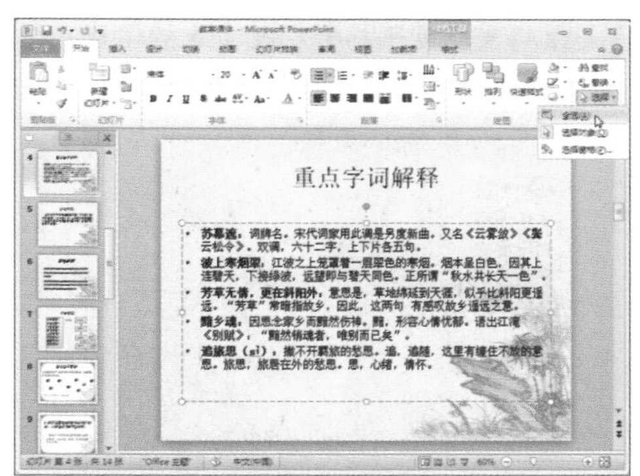

步骤 05 文本框中的所有文字都将被选中。

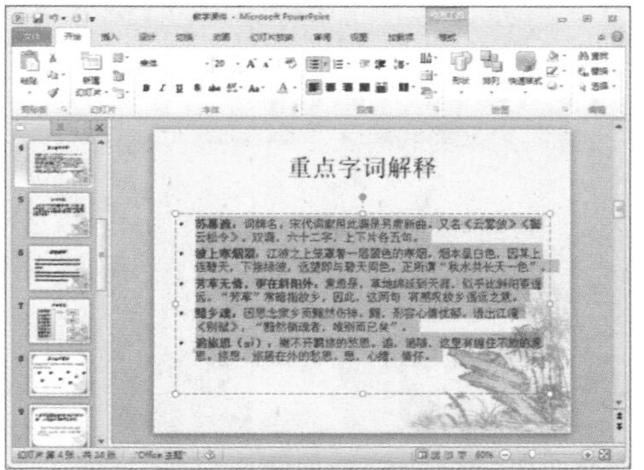

3.2.2 编辑文本

在编辑幻灯片的时候经常会对文本执行复制、移动等操作，那么这些操作是如何实现的呢？

❶使用“开始”选项卡复制文本

步骤01 选中文本，在“开始”选项卡的“剪贴板”组中单击“复制”按钮。

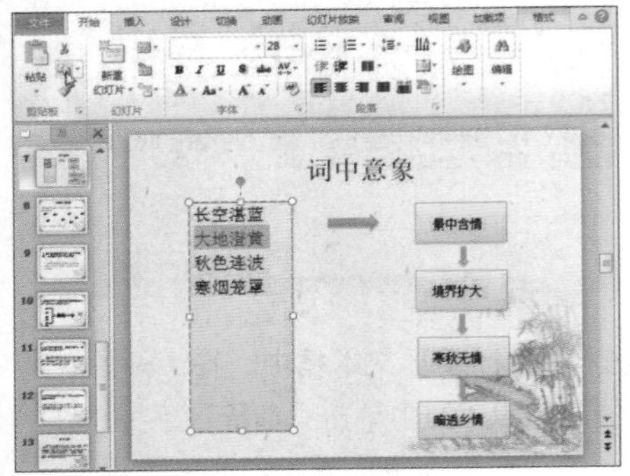

步骤02 将光标置于将要粘贴文本的位置。

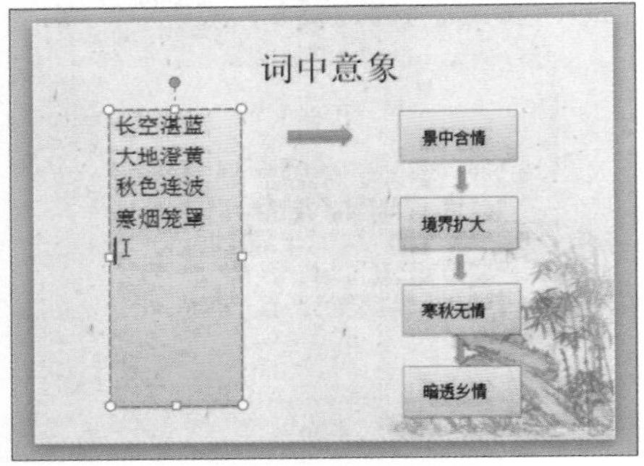

步骤03 单击“剪贴板”组中的“粘贴”按钮。

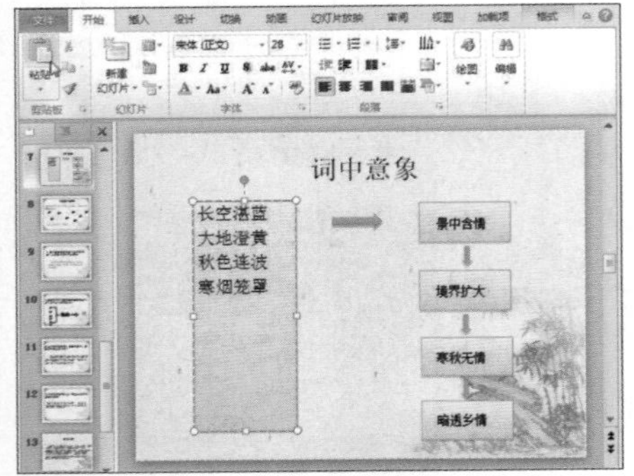

步骤04 选中的文字即被复制到了指定位置。

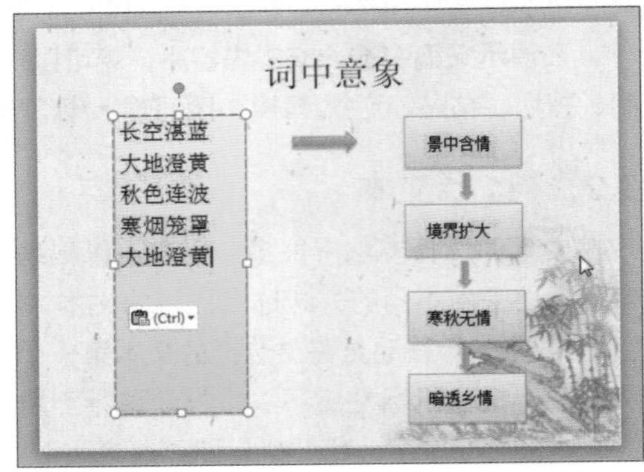

❷使用“开始”选项卡剪切文本

步骤01 选中需要剪切的文本，在“剪贴板”组中单击“剪切”按钮。

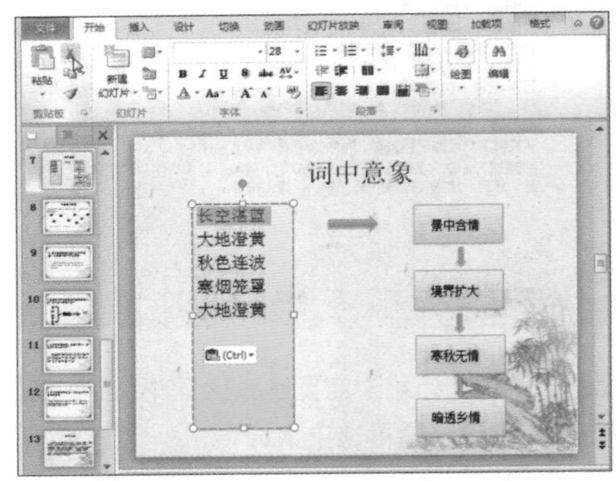

步骤02 将光标指向将要粘贴文本的位置，然后单击。

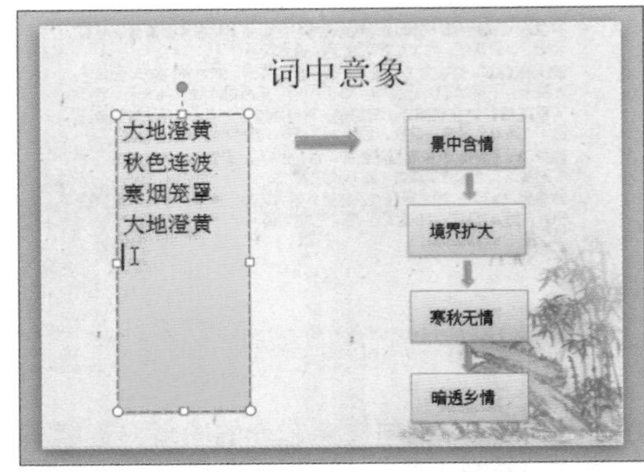

步骤03 在“剪贴板”组中单击“粘贴”按钮。

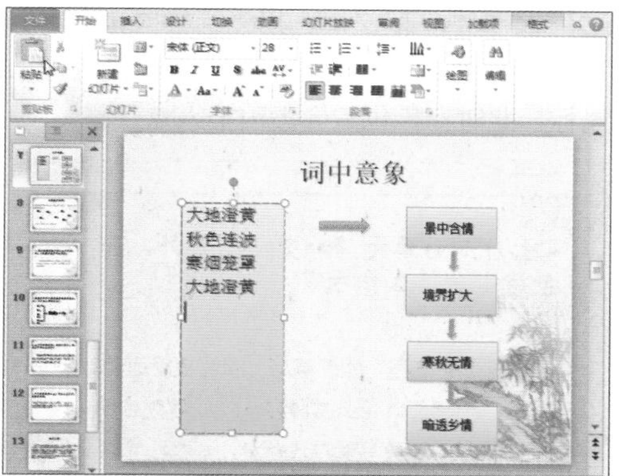

步骤04 剪切的文本随即被粘贴到指定位置。

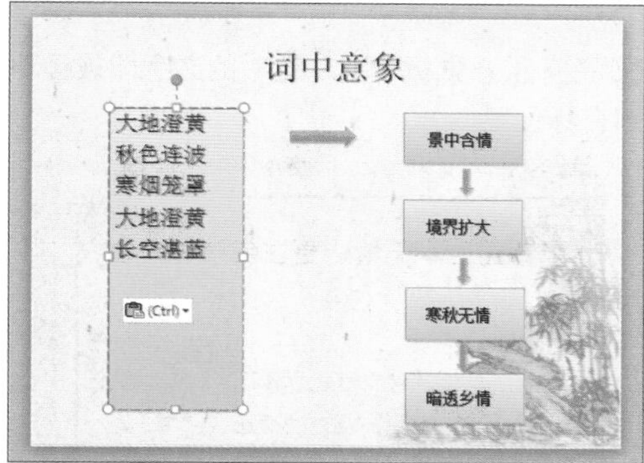

③使用右键快捷菜单复制文本

步骤01 选中需要复制的文本并右击，在弹出的快捷菜单中选择“复制”选项。

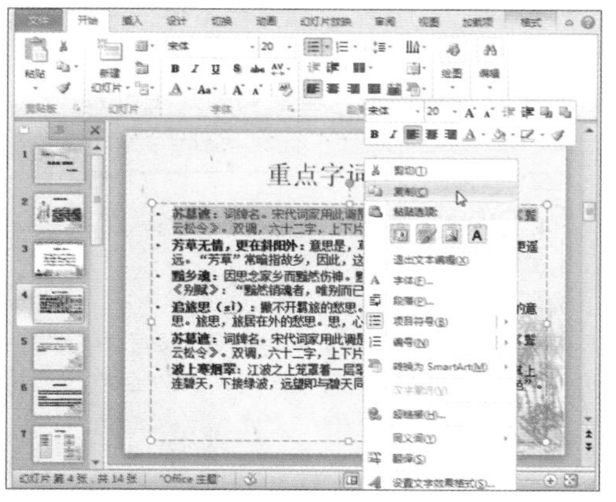

步骤02 将光标移动至粘贴位置。

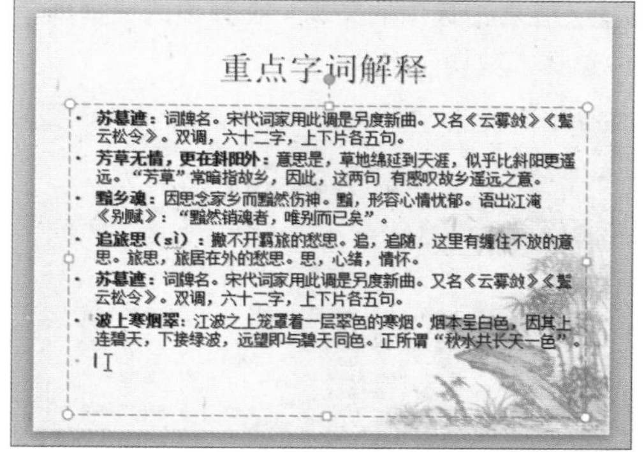

步骤03 在将要执行粘贴的位置右击，在弹出的快捷菜单的“粘贴选项”组中选择“只保留文本”选项。

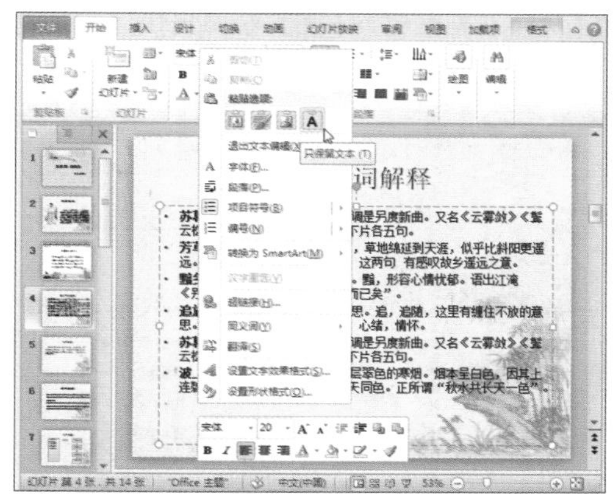

步骤04 所复制内容将清除所有文本格式并被粘贴到指定的位置。

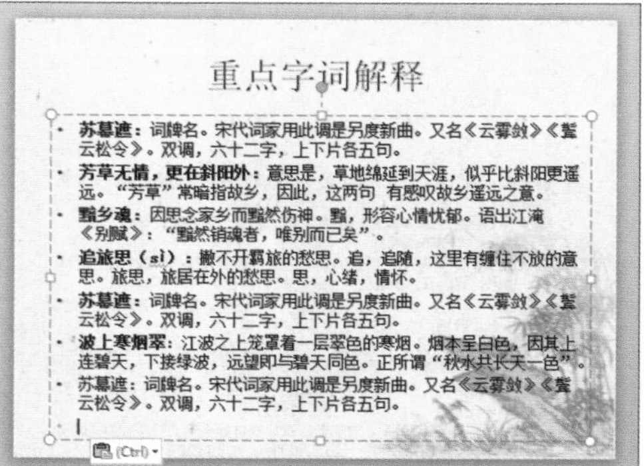

④ 使用右键快捷菜单剪切文本

步骤 01 右击选中的文本，在弹出的快捷菜单中选择“剪切”选项。

步骤 02 在粘贴位置右击，在弹出快捷菜单的“粘贴选项”组中选择“保留源格式”选项。

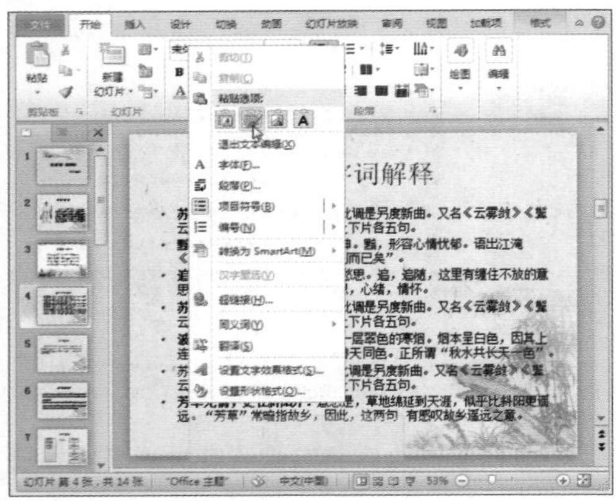

步骤 03 剪切的文本随即被粘贴到指定位置。

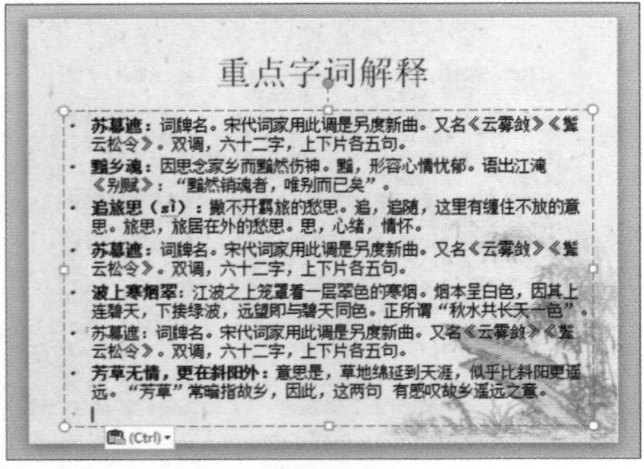

⑤ 使用鼠标移动和复制文本

步骤 01 选中一段文本，用光标指向该文本，按住鼠标左键当光标变为“⬚”形状时拖动鼠标，此时目标位置会出现插入点。

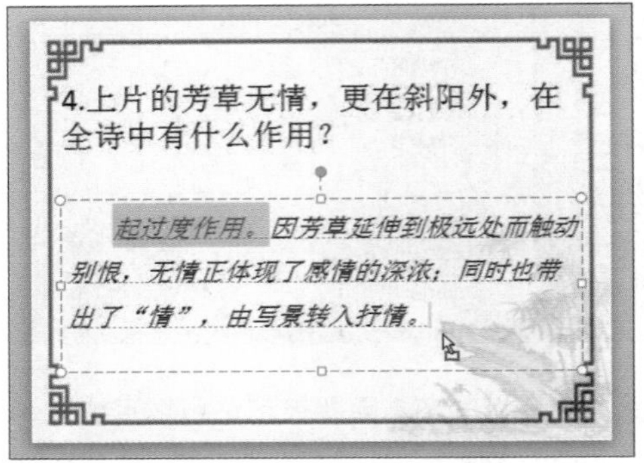

步骤 02 松开鼠标左键，选中的文字即被移动到目标位置。

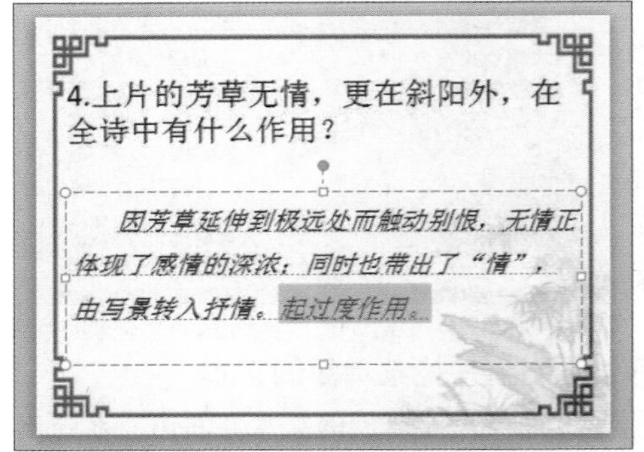

步骤 03 选择文本，将光标置于该文本上方，按住“Ctrl”键的同时按住鼠标左键，移动鼠标，即可将选中文本复制到指定位置。

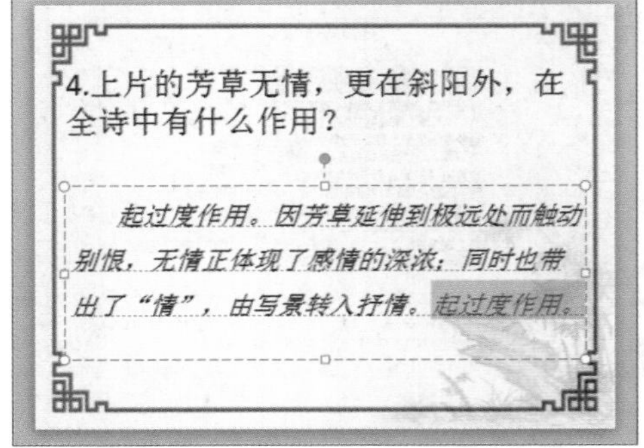

3.2.3 查找与替换

演示文稿制作完成后，如果想要修改多张幻灯片中相同的文本时，逐个修改过于费时费力，这时候可用到查找和替换功能。

❶ 查找文本内容

步骤 01 打开演示文稿，在“开始”选项卡的“编辑”组中单击“查找”按钮。

步骤 02 弹出“查找”对话框，在“查找内容”文本框中输入“方草”。

步骤 03 单击“查找下一个”按钮，即可找到首个要查找的文本。

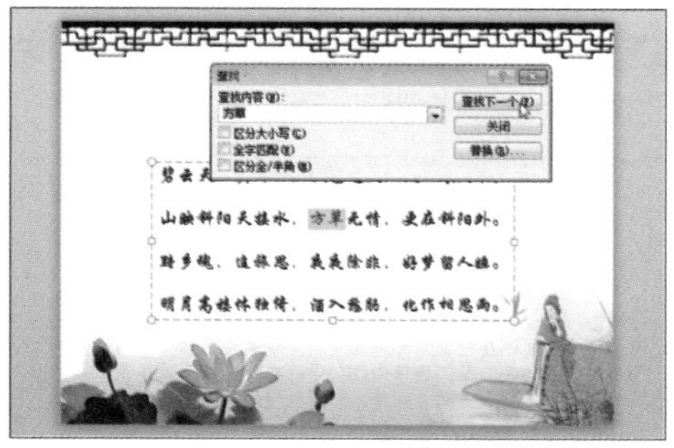

步骤 04 继续单击“查找下一个”按钮，逐一对文本所在位置进行查找。

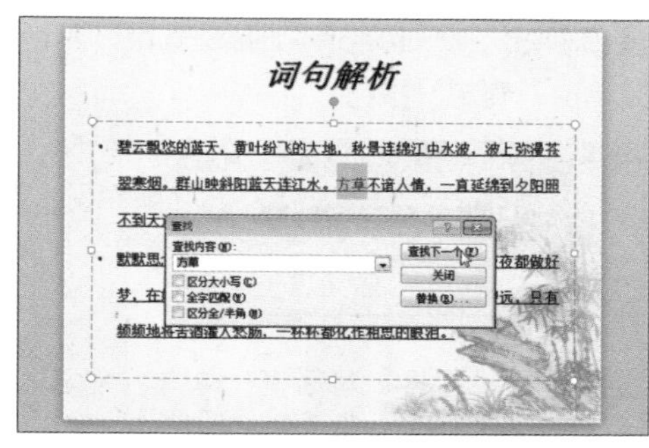

步骤 05 当查找到最后一处文本时，将弹出“Microsoft PowerPoint”对话框，单击“确定”按钮，关闭该对话框。

❷ 替换文本内容

步骤 01 在“开始”选项卡中，单击“替换”按钮。

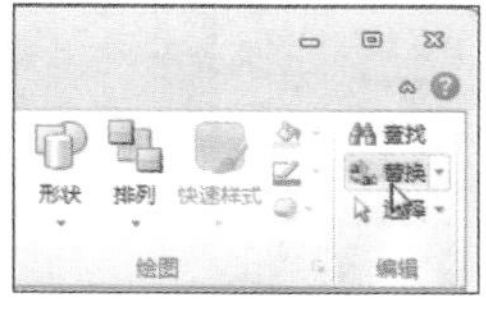

步骤 02 弹出“替换”对话框，在“查找内容”文本框中输入“方草”，在“替换为”文本框中输入“芳草”。

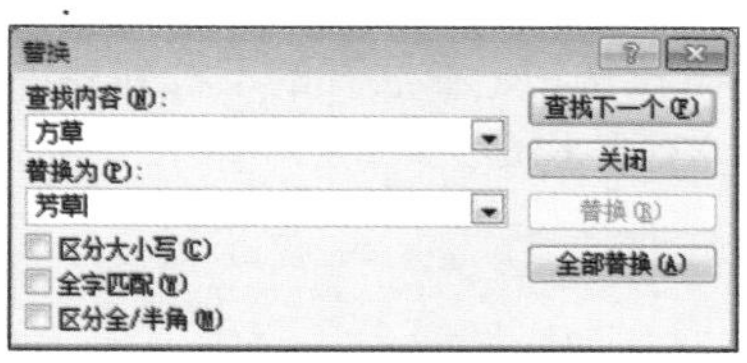

步骤 03 单击“全部替换”按钮。

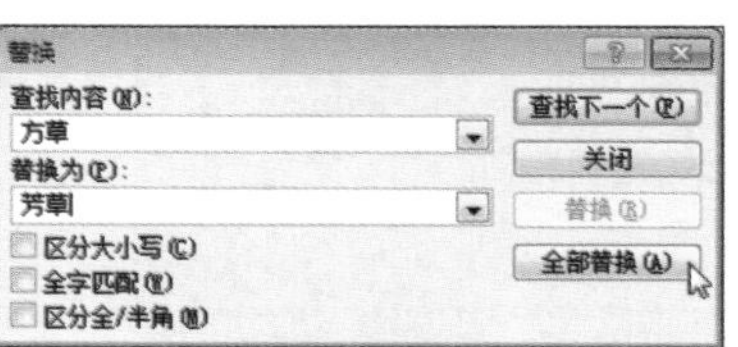

步骤04 弹出“Microsoft PowerPoint”对话框，单击“确定”按钮。

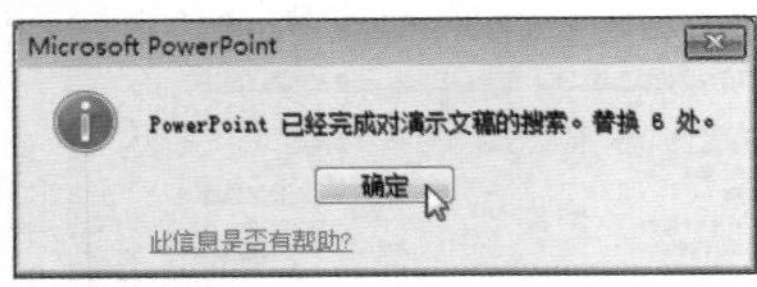

步骤05 返回“替换”对话框，单击“关闭”按钮，关闭对话框。

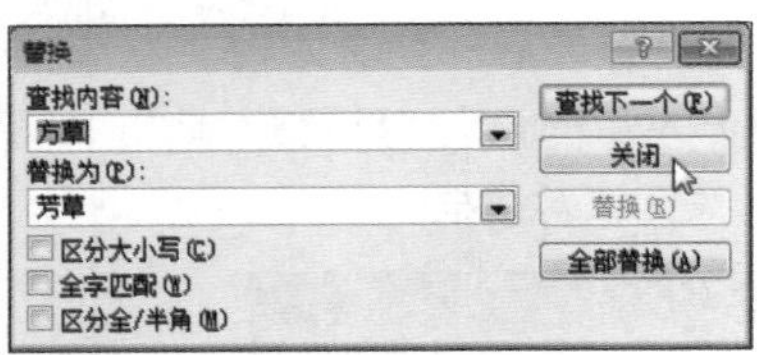

步骤06 此时演示文稿中所有“方草”文本内容均被替换为了“芳草”。

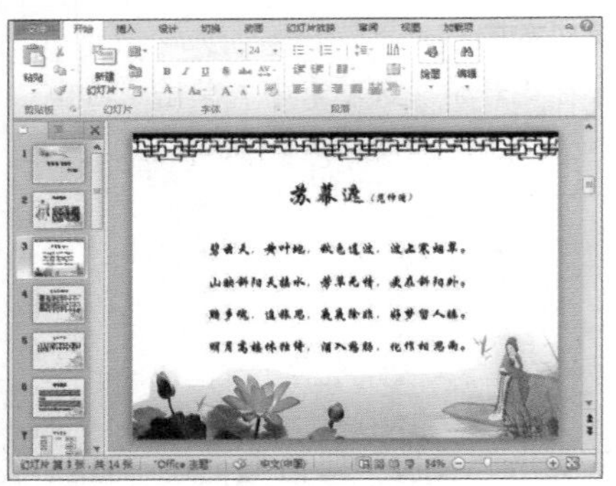

③对字体进行替换

步骤01 单击“开始”选项卡下“编辑”组中的“替换”下拉按钮，在展开的下拉列表中选择“替换字体”选项。

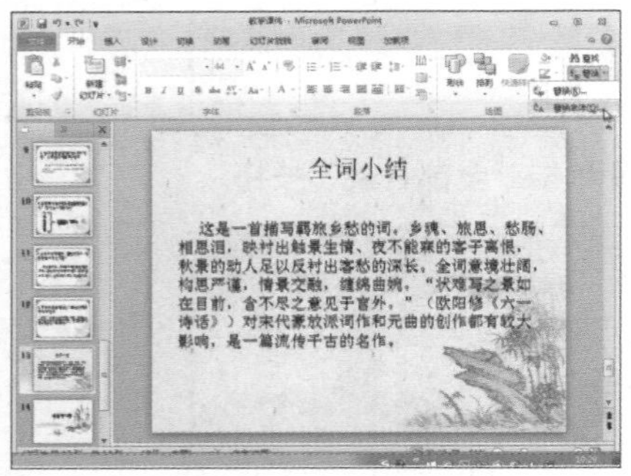

步骤02 弹出“替换字体”对话框。

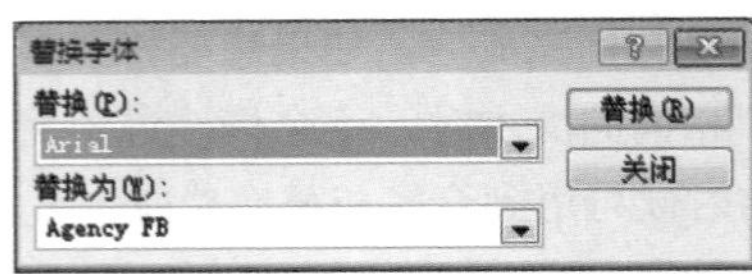

步骤03 单击“替换”下拉按钮，在下拉列表中选择“宋体”选项。

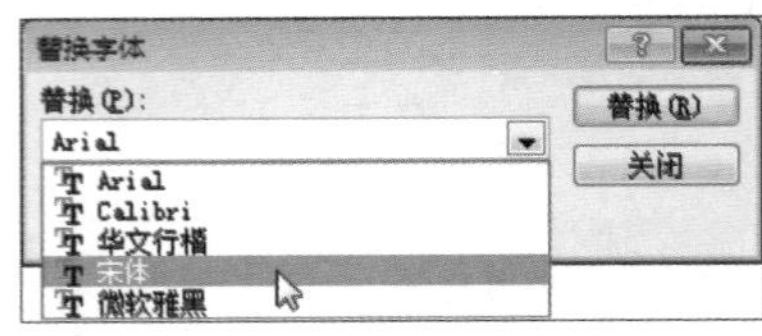

步骤04 在“替换为”下拉列表中选择“楷体”选项。

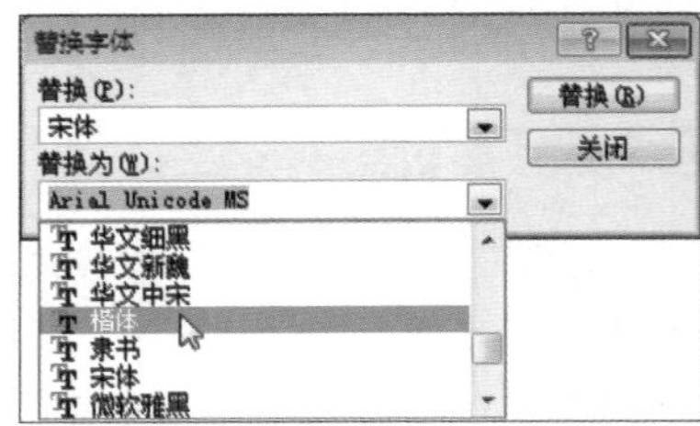

步骤05 单击“替换”按钮。完成演示文稿中字体的替换。

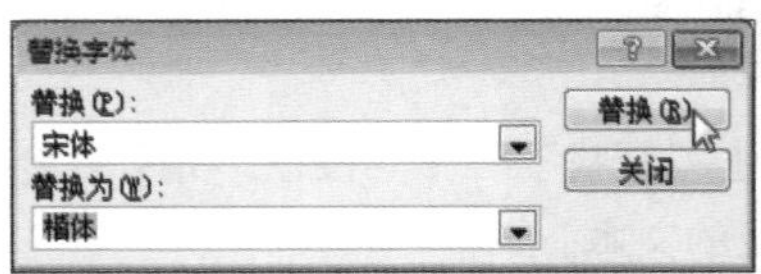

步骤06 关闭对话框，此时演示文稿中的“宋体”文本均被替换为了“楷体”。

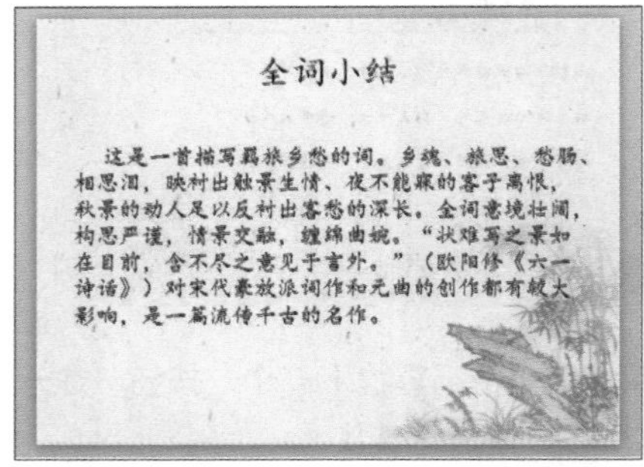

3.2.4 撤消与恢复

用户在编辑文稿的时候难免会出现操作失误，这时可以利用“撤消”功能来返回上一步或上几步操作。与“撤消”功能相反的是“恢复”功能，可以恢复撤消的步骤。

❶撤消与恢复上一步操作

步骤01 单击快速访问工具栏中的“撤消”按钮，即可撤消上一步操作。需要撤消几步，即单击几次“撤消”按钮。

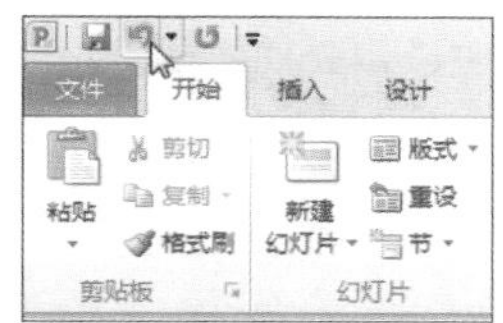

步骤02 单击“撤消”下拉按钮，在展开的下拉列表中可以选择具体撤消到哪一步操作。

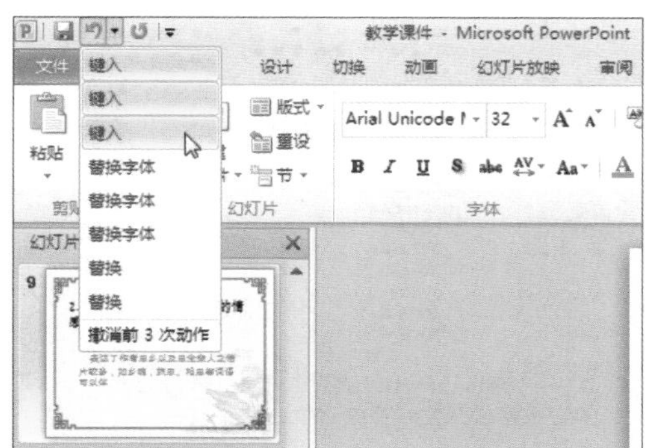

步骤03 单击“恢复”按钮，可恢复上一步撤消的操作。

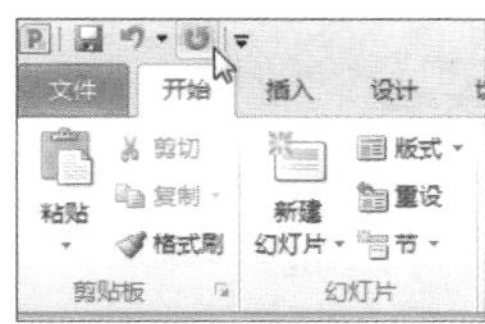

❷修改默认撤消次数

PowerPoint 2010默认最多撤消20步操作，用户可以根据需要设置撤消次数。需要注意的是，如果撤消的数值设置得过大，会占用较大的系统内存，从而影响PowerPoint的反应速度。

步骤01 打开“文件”菜单，单击“选项”选项。

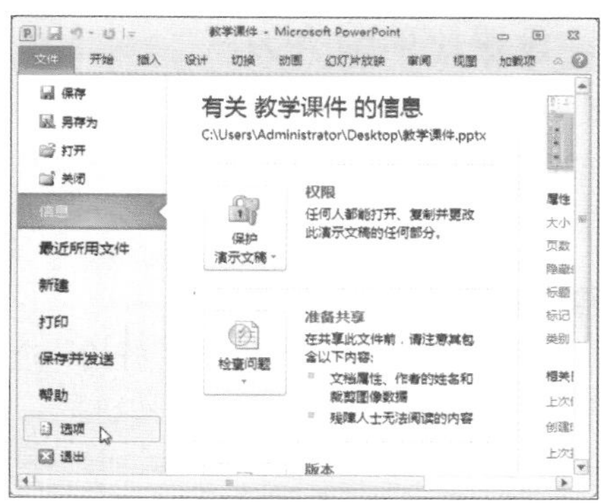

步骤02 弹出“PowerPoint选项”对话框，切换至“高级”选项面板。随后设置“编辑选项”组中的“最多可取消操作数”数值框。

步骤03 单击“确定”按钮，关闭该对话框，完成最大撤消步数的设置。

3.3 文本段落的设置

对演示文稿中的段落进行设置，可以使页面看上去更美观。设置文本的段落格式，顾名思义就是设置成段文字的格式，包括段落的对齐方式、段落中的行间距等。

3.3.1 设置段落对齐方式

设置合理的段落对齐方式，将对页面的美观性起到很大的作用。段落的对齐方式有水平对齐、垂直对齐等。

❶使用功能区“居中”按钮设置

步骤01 选中文本所在文本框，在“开始”选项卡的“段落”组中单击“居中”按钮。

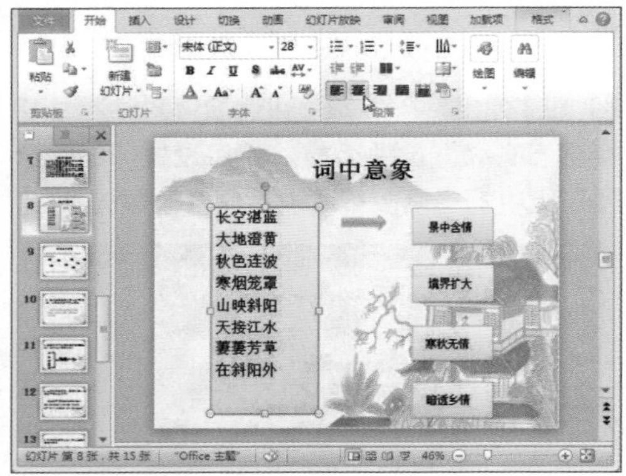

步骤02 文本框中的文本随即变为居中显示。

步骤03 保持文本框的选中状态，在“段落”组中单击“对齐文本”下拉按钮。

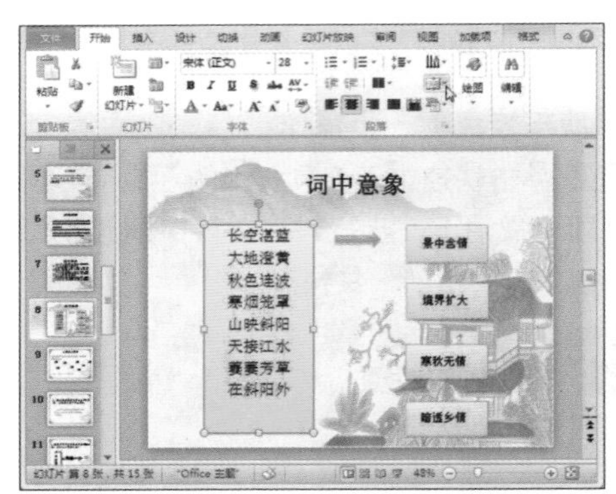

步骤04 在展开的下拉列表中选择“底端对齐”选项。文本随即应用该对齐方式。

❷使用右键快捷菜单设置

步骤01 选中需要设置段落对齐方式的文本。

步骤 02 右击选中的文本，在弹出的快捷菜单中选择“段落”选项。

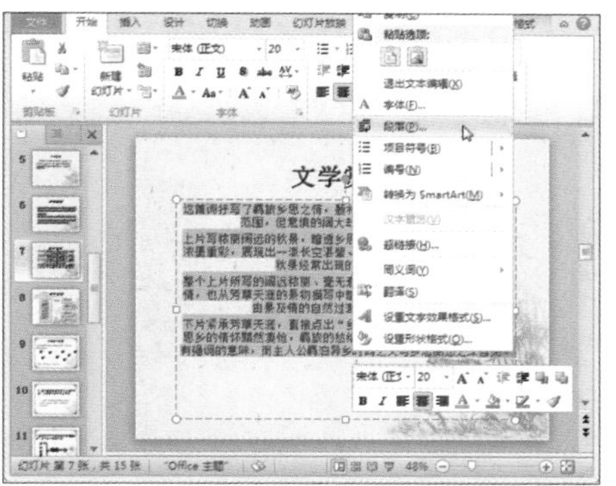

步骤 03 弹出“段落”对话框，打击“对齐方式”下拉按钮，在展开的下拉列表中选择“左对齐”选项。

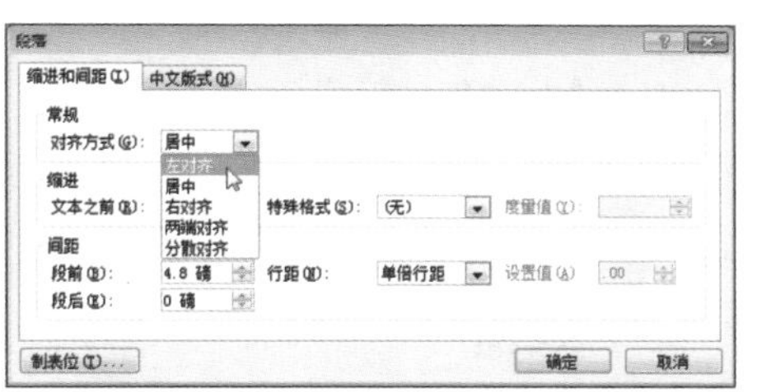

步骤 04 单击“特殊格式”下拉按钮，选择“首行缩进”选项。

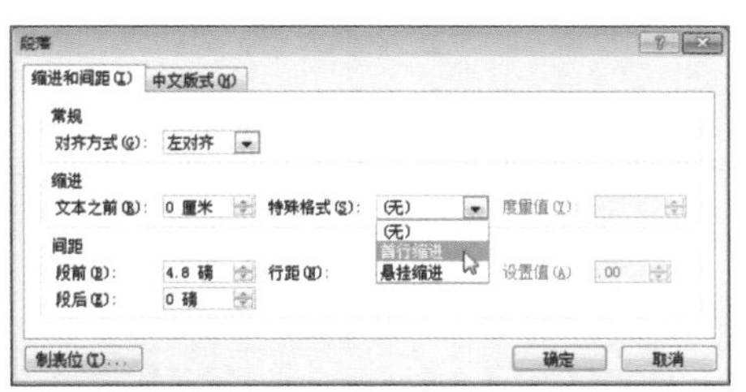

步骤 05 单击“确定”按钮，关闭该对话框。

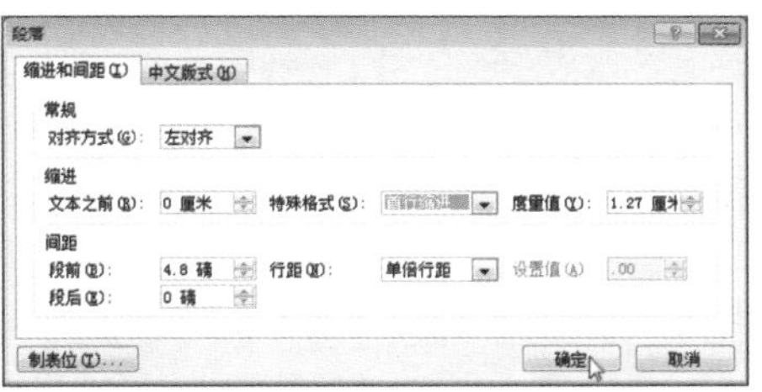

步骤 06 此时的文本已经被设置为首行缩进、左距中的对齐方式。

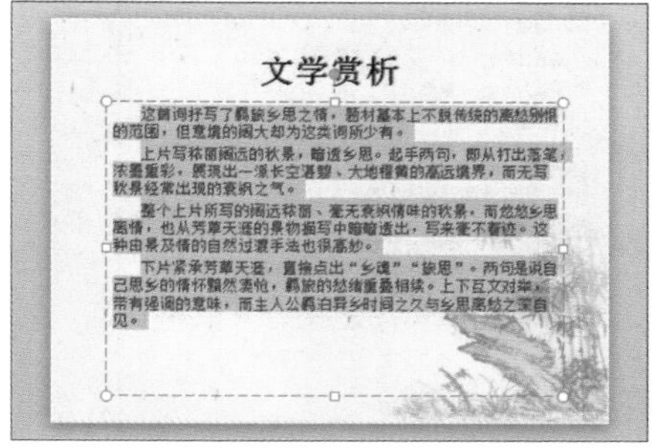

步骤 07 保持文本为选中状态，右击选中的文本，在展开的快捷菜单中选择“设置文字效果格式”选项。

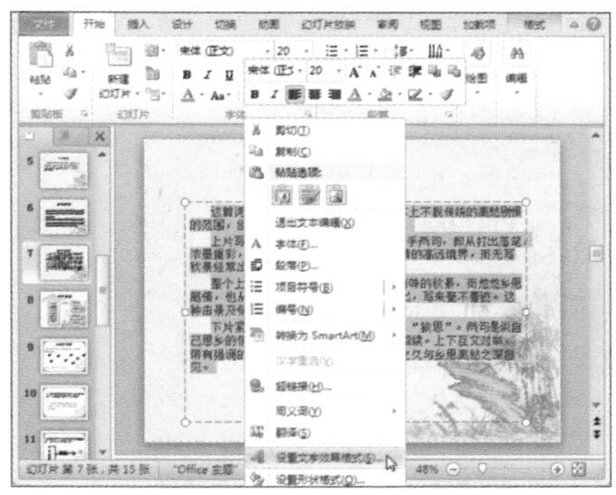

步骤 08 弹出“设置文本效果格式”对话框，在“文本框”选项面板中，单击“垂直对齐方式”下拉按钮，在展开的下拉列表中选择“中部对齐”选项。

步骤 09 单击“关闭”按钮，关闭该对话框。

步骤 10 返回演示文稿，文本已经应用了中部对齐的垂直对齐方式。

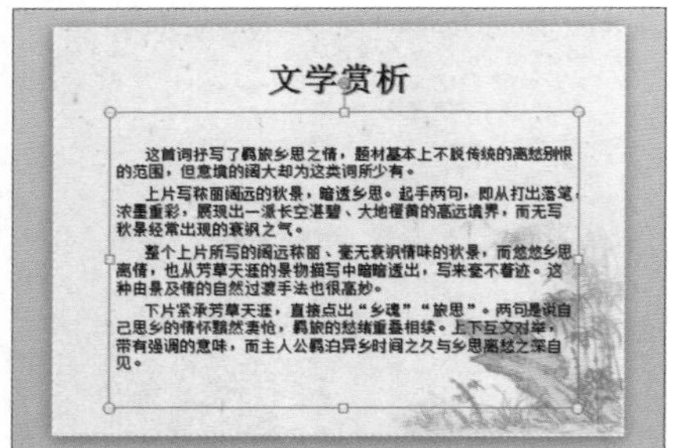

3.3.2 设置段落中的行间距

若用户觉得演示文稿中的文本行与行之间的距离过于紧密，可以对行距进行调整。

❶使用功能区选项设置

步骤 01 选中文本所在文本框，在“开始”选项卡的“段落”组中，单击“行距”下拉按钮。

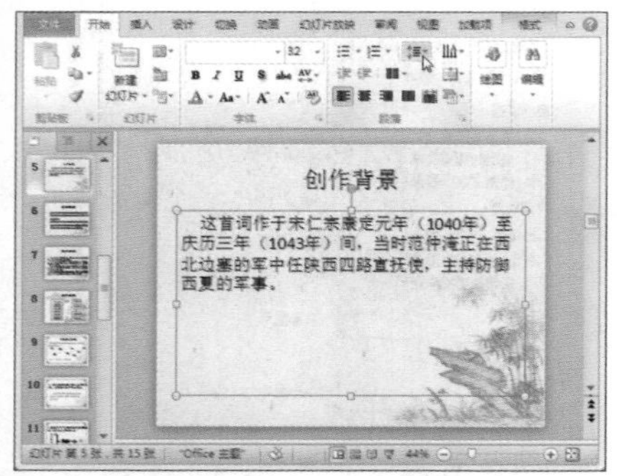

步骤 02 在展开的下拉列表中选择“2.0”选项。文本框中的文本随即应用该行距。

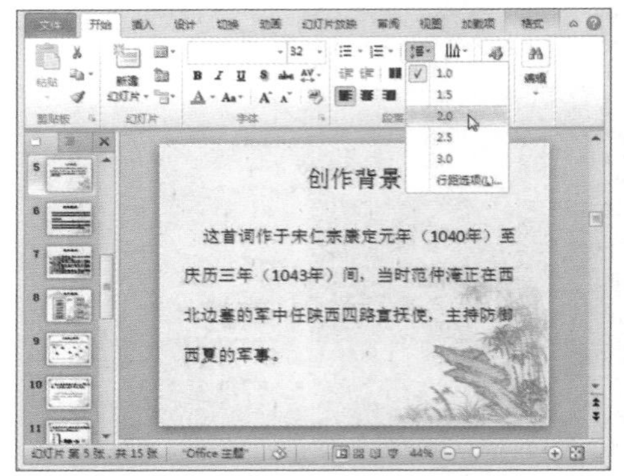

步骤 03 选择“行距选项”选项，打开“段落”对话框，可以对行距进行更多的设置。

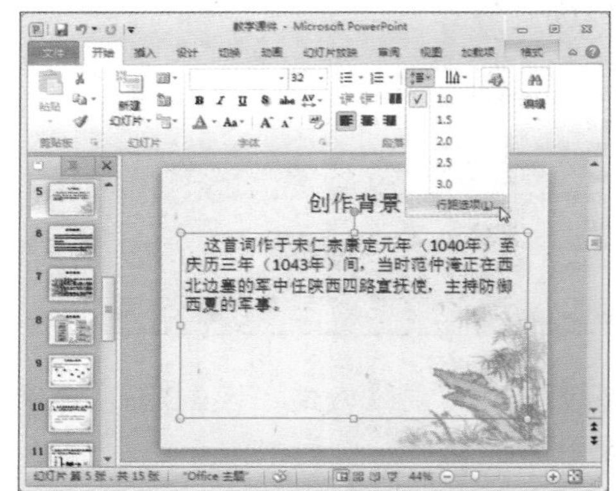

❷使用右键快捷菜单设置

步骤 01 选中需要设置行距的文本并右击，在展开的快捷菜单中选择“段落”选项。

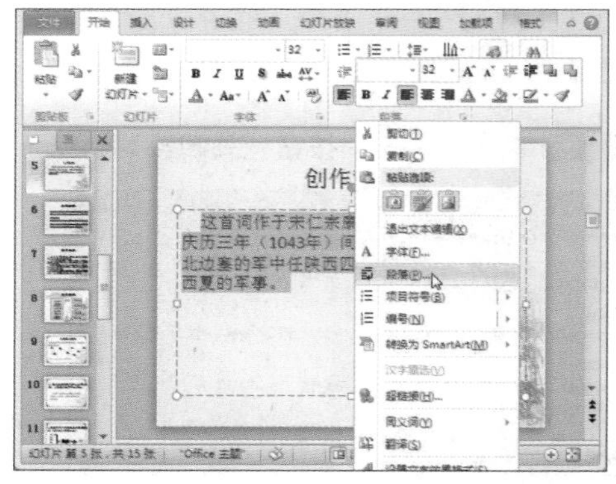

步骤02 弹出“段落”对话框，在“间距”组中，单击“行距”下拉按钮，选择“固定值”选项。

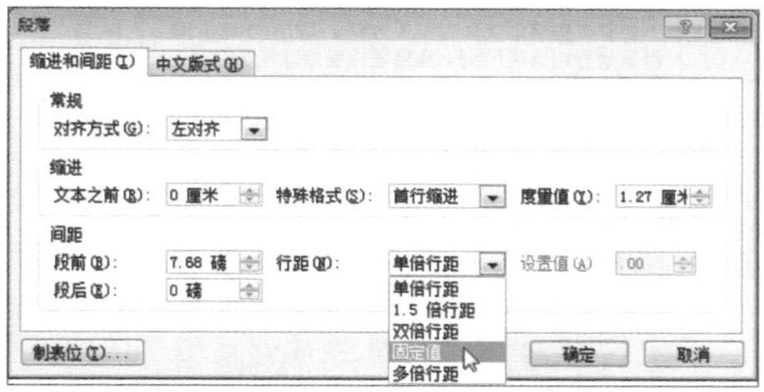

步骤03 在“设置值”微调框中输入“60磅”。

步骤04 单击“确定”按钮，关闭该对话框。

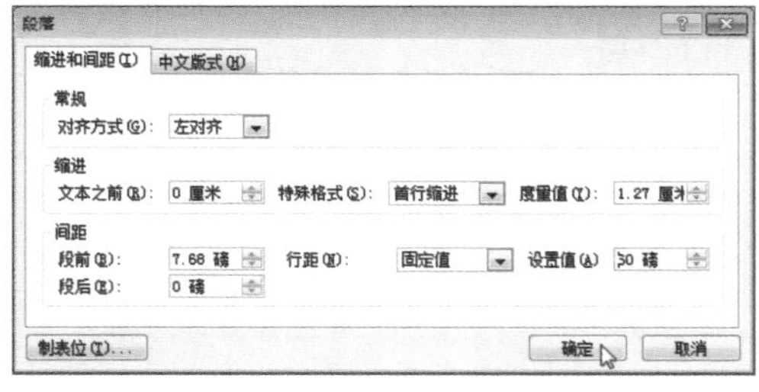

步骤05 返回演示文稿，此时选中的文本段落行间距被设置为了“60磅”。

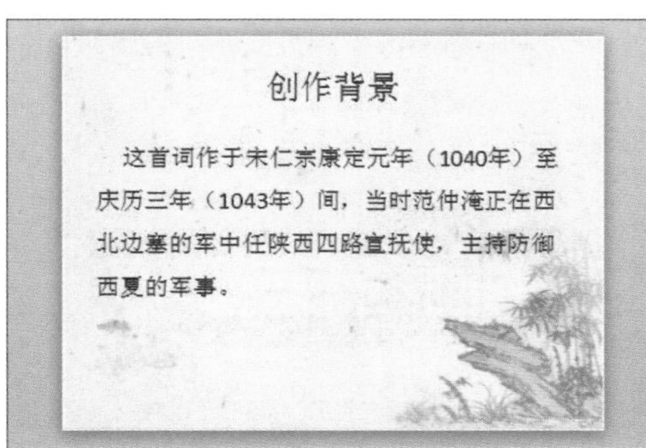

3.3.3 设置换行格式

在PowerPoint 2010文本框中输入文本时，直接调整文本框大小，文字会自动适应文本框宽度，并在超过文本框宽度时自动换行。用户也可以根据需要将自动换行模式改为手动换行。

步骤01 右击需设置换行格式的文本框，在弹出的快捷菜单中选择“设置形状格式”选项。

步骤02 弹出“设置形状格式”对话框，选择“文本框”选项。

步骤03 在“文本框”选项面板，取消“形状中的文字自动换行”复选框的勾选。

步骤 04 单击“关闭”按钮，关闭该对话框。

步骤 05 此时文本框中的文本变为一行显示。

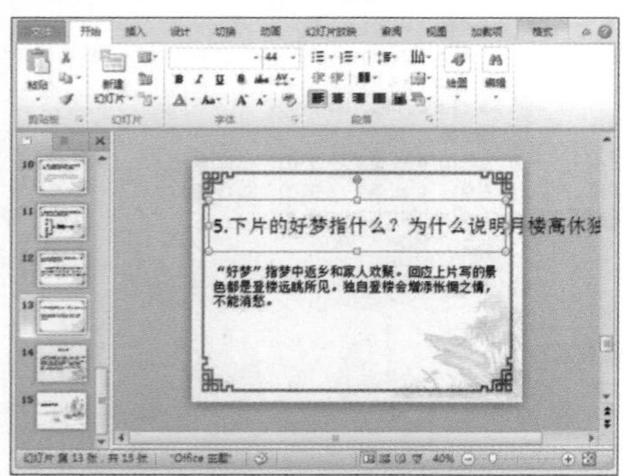

步骤 06 将光标置于需要换行的文本的第一个字之前，按下 “Enter” 键，光标之后的文本随即被转为下一行显示。

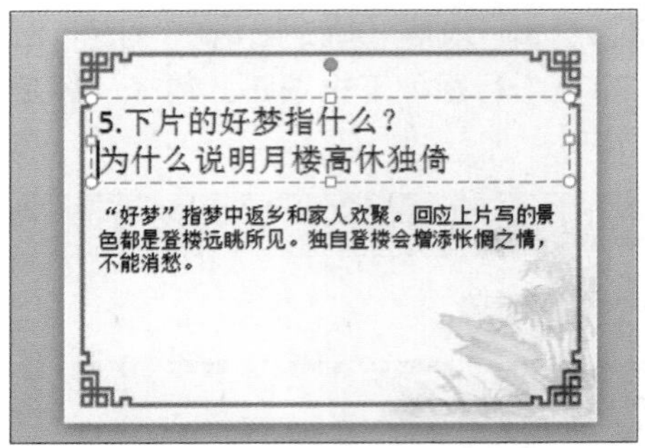

3.3.4 设置项目符号和编号

当一张幻灯片的文本有多个段落时，为了便于阅读，可以为这些段落添加项目符号或编号。

❶ 为段落设置项目符号

步骤 01 选中段落文本所在文本框，在“开始”选项卡的“段落”组中单击“项目符号”。

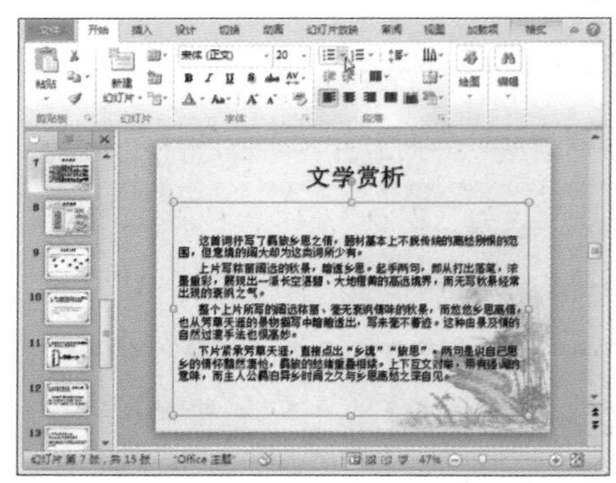

步骤 02 在展开的下拉列表中选择“带填充效果的钻石型项目符号”选项。

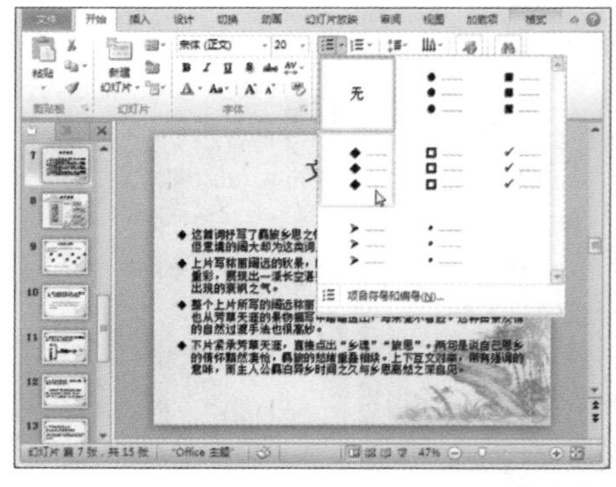

步骤 03 文本框中的段落随即应用该项目符号。在“项目符号”下拉列表中选择“项目符号和编号”选项。

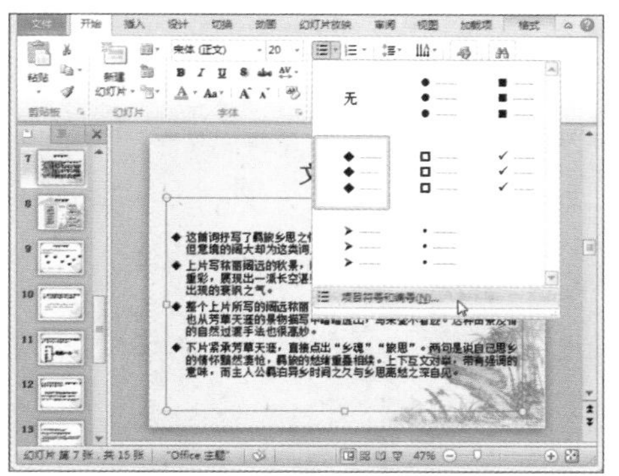

步骤 04 弹出“项目符号和编号”对话框，在“项目符号”选项卡中单击“颜色”下拉了按钮，在展开的列表中选择“红色”选项。

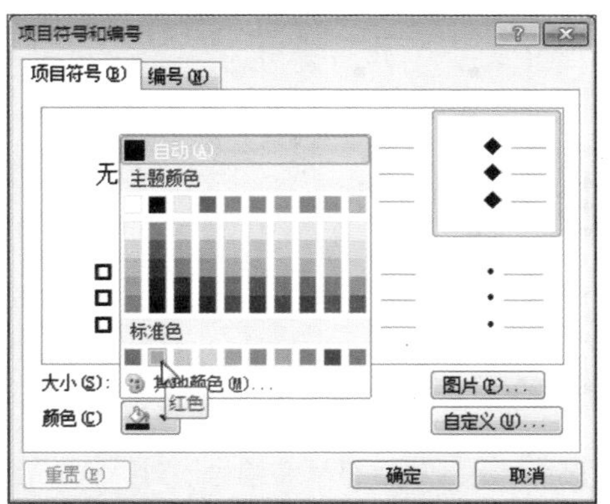

步骤 05 单击“确定”按钮，关闭对话框。

步骤 06 文本框中的段落符号颜色即被设置成红色。

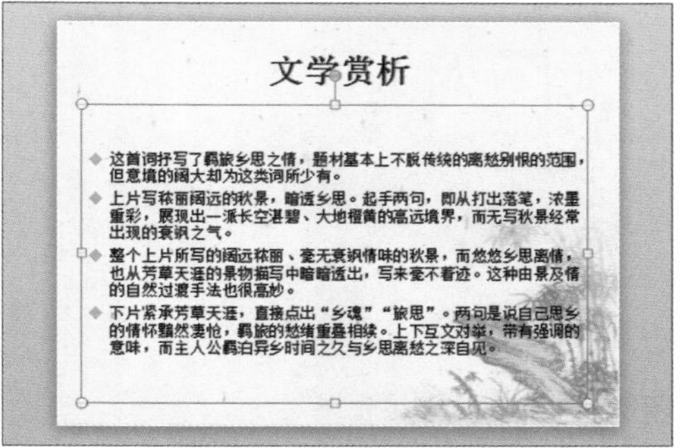

❷为段落设置编号

步骤 01 选中文本所在文本框，单击“段落”组中的“编号”下拉按钮。

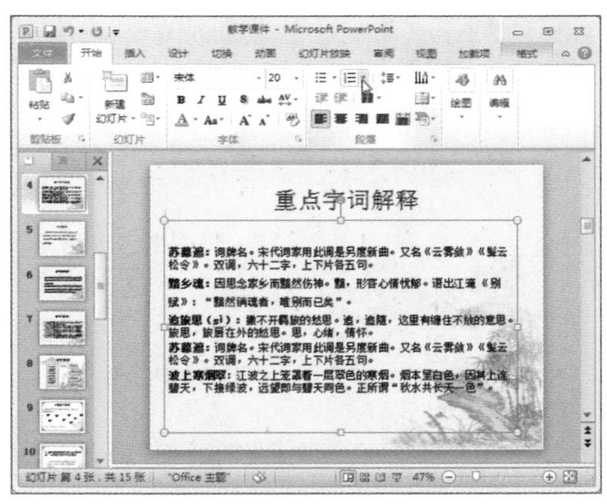

步骤 02 在展开的下拉列表中选择合适的编号类型。

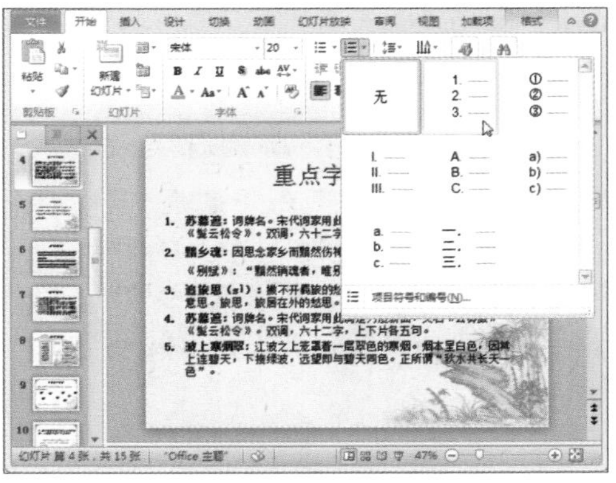

步骤 03 文本段落随即应用该编号，再次打开“编号”下拉列表，选择“项目符号和编号”选项。

步骤 04 弹出“项目符号和编号”对话框，在“编号”选项卡的“起始编号”微调框中调整数值为“4”。单击“确定”按钮。

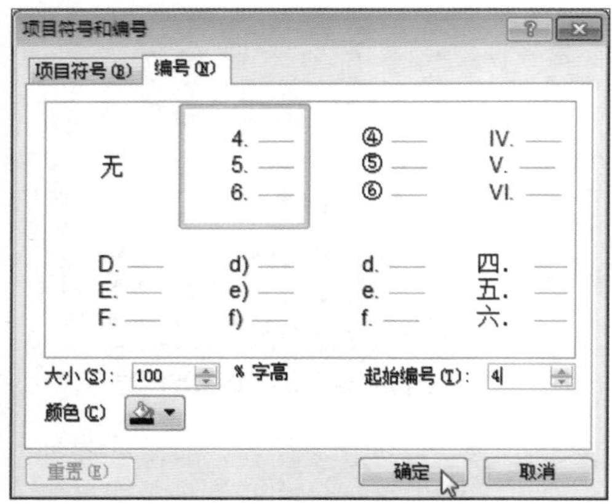

步骤 05 返回演示文稿，文本框中的段落编号即从“4”开始向下进行编号。

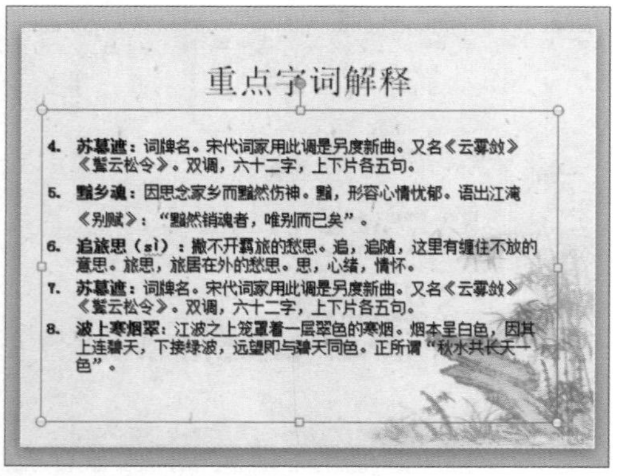

③设置图片项目符号

步骤 01 选中需要设置项目符号的文本并右击，在弹出的快捷菜单中选择“项目符号”选项。

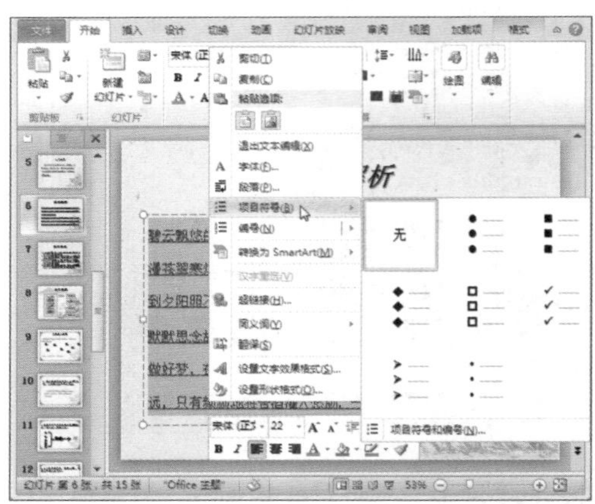

步骤 02 在“项目符号”下级菜单中选择“项目符号和编号”选项。

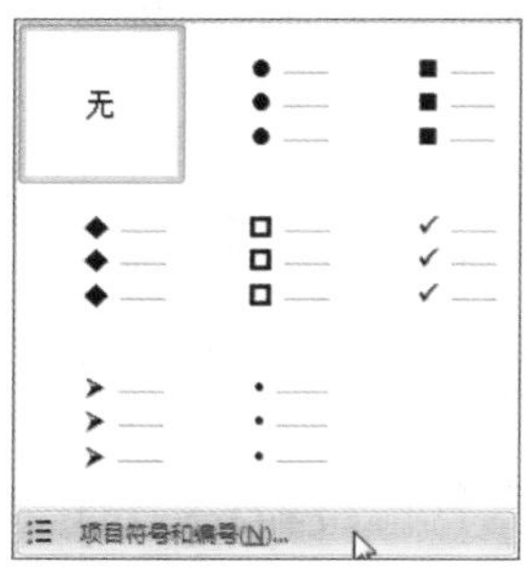

步骤 03 弹出“项目符号和编号”对话框，在“项目符号”选项卡中单击“图片”按钮。

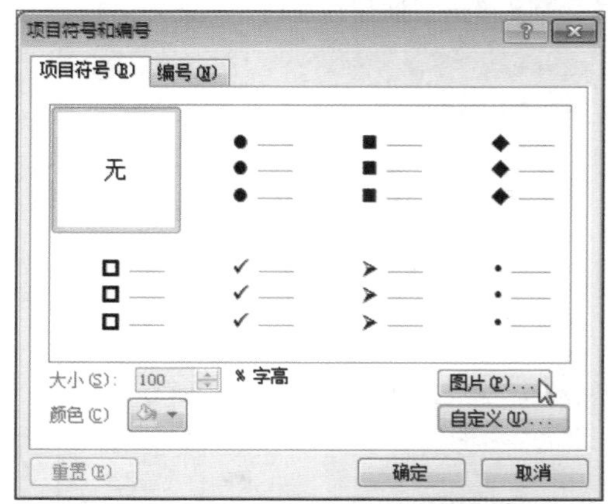

步骤04 弹出“图片项目符号”对话框，单击“导入”按钮。

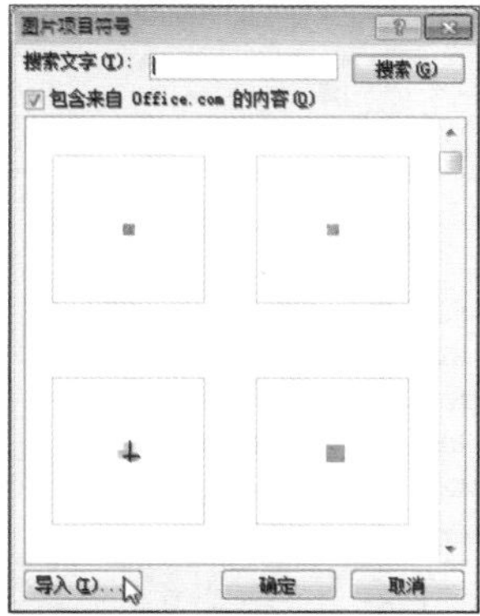

步骤05 弹出“将剪辑添加到管理器”对话框，选中图片，单击“添加”按钮。

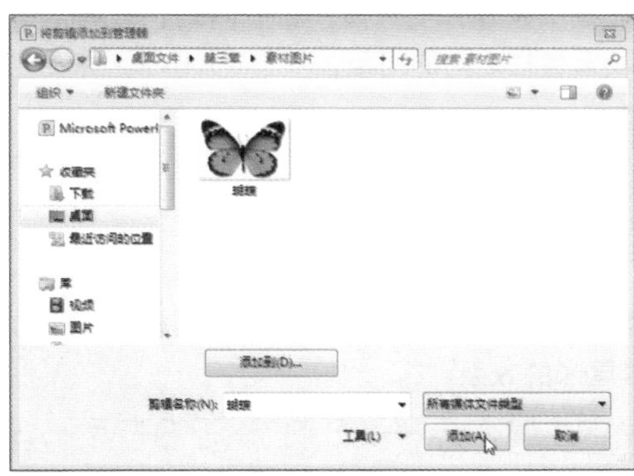

步骤06 可以查看到选中的图片已经被添加到了“图片项目符号”对话框中。选中该图片，单击“确定”按钮。

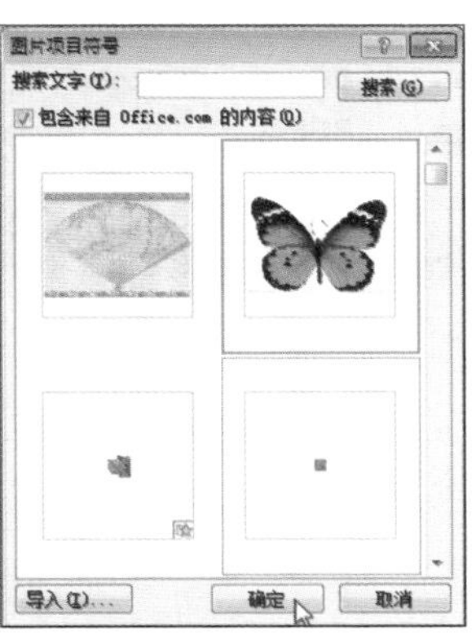

步骤07 文本段落随即应用了该图片作为项目符号。再次右击选中的文本。

步骤08 选择“项目符号”选项，在其下级菜单中选择“项目符号和编号”选项。

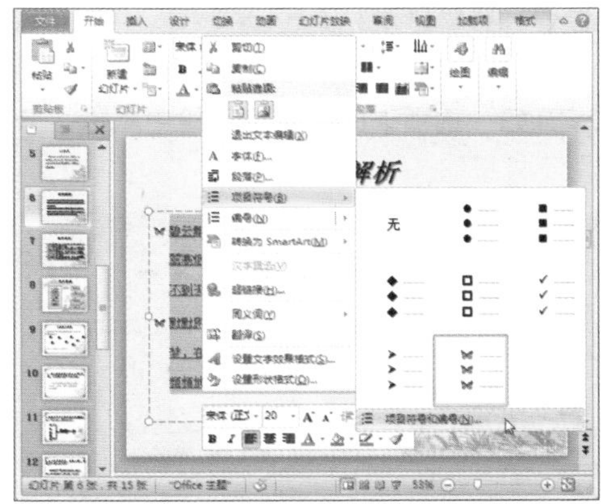

步骤09 弹出“项目符号和编号”对话框，在“项目符号”选项卡中，调整“大小”值为“200”。单击“确定”按钮。

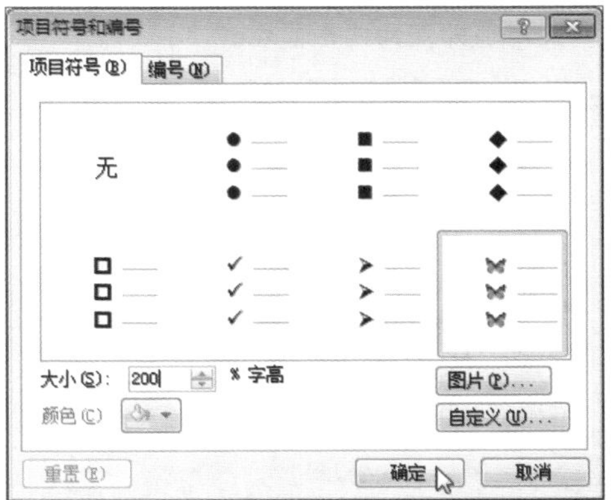

步骤10 设置了图片项目符号的文本段落效果如下图所示。

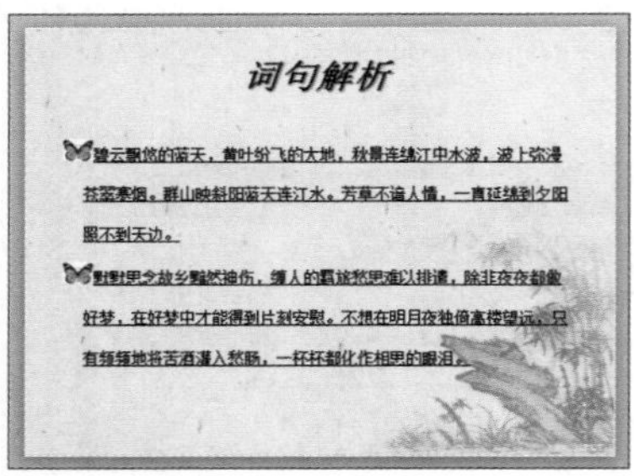

3.3.5 设置分栏

当一页幻灯片中输入了大量的文本内容以后，为了使页面看上去更美观，可以将文本设置为分栏显示。

步骤01 选中需要分栏的文本所在的文本框，在“开始”选项卡的“段落”组中单击“分栏”下拉按钮。

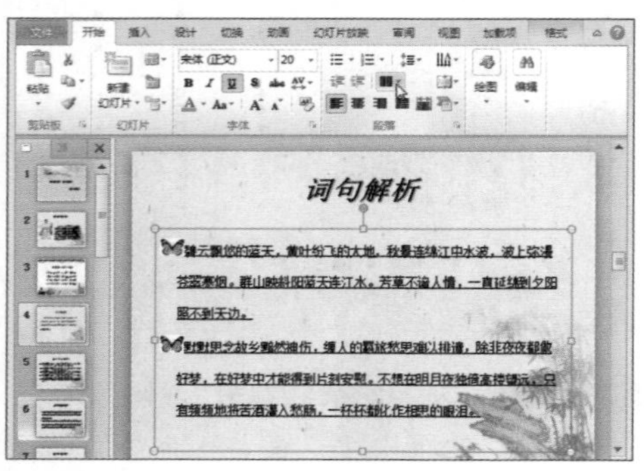

步骤02 在展开的下拉列表中选择“两栏”选项。文本随即变为两栏显示。

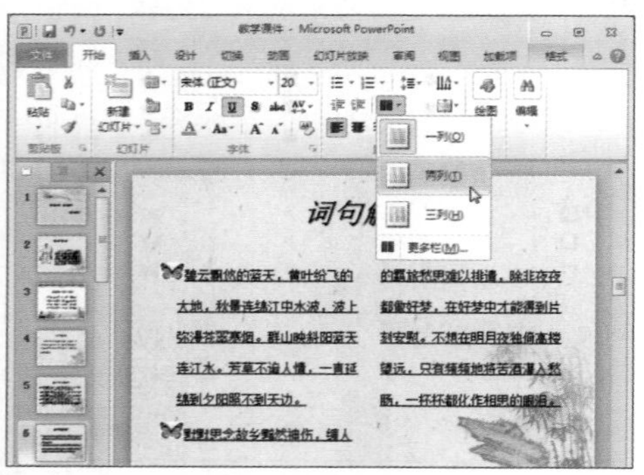

步骤03 若要进行更多分栏设置，则单击“分栏”下拉列表中的“更多分栏”选项。

步骤04 弹出“分栏”对话框，在“数字”微调框中设置分栏数量。在“间距”微调框中设置各栏之间的间距。

步骤05 下图所示为将文本分为两栏，间距为1厘米的效果。

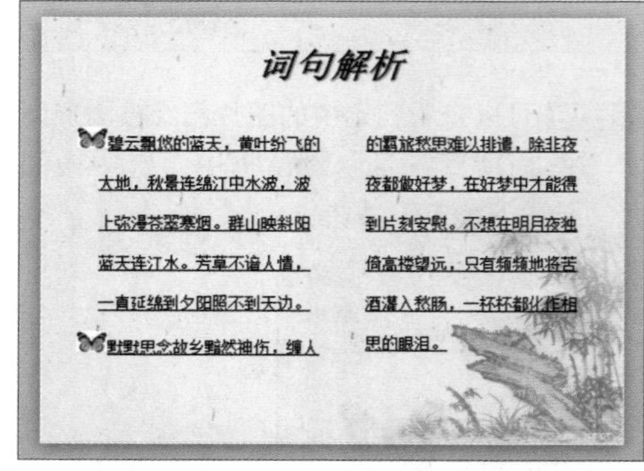

3.4 文本框的应用

文本框在演示文稿中起着举足轻重的作用，想要在一张空白的幻灯片中输入文本内容，就需要先插入一个文本框，然后在文本框中对文字进行编辑。文本框可以移动位置，也可以改变大小。默认插入的文本框是透明的，用户也可以通过设置使其变为彩色的。

3.4.1 插入文本框

文本框分为横排文本框和垂直文本框，用户可根据实际需要选择插入文本框类型。

步骤01 在演示文稿中新建一张空白幻灯片。打开“插入”选项卡，在“文本”组中单击“文本框”下拉按钮，选择“横排文本框”选项。

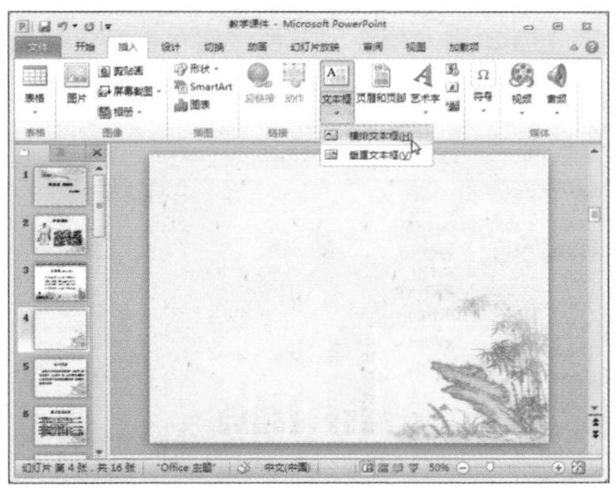

步骤02 将光标移动至幻灯片中，按住鼠标左键不放，拖动鼠标绘制文本框。

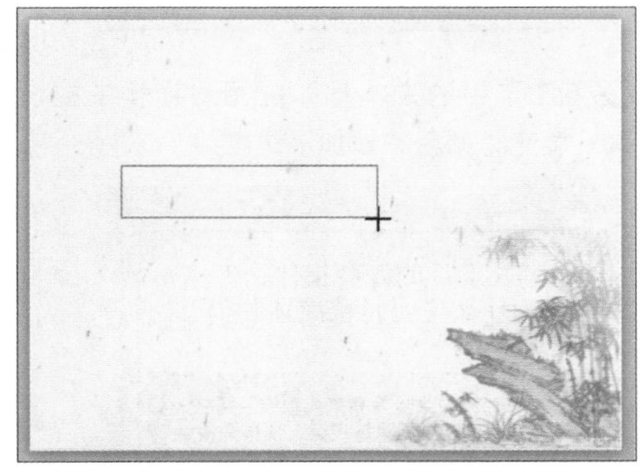

步骤03 松开鼠标左键，一个横排文本框即被插入到了幻灯片中。

步骤04 将光标置于文本框的边框线上，当光标变为“✥”形状时按住鼠标左键不放，拖动鼠标即可移动文本框的位置。

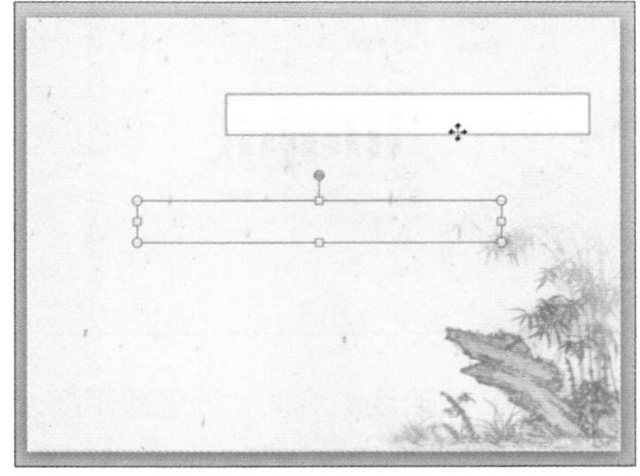

单击“文本框”下拉按钮后，若选择“垂直文本框”选项，即可在幻灯片中绘制一个垂直文本框。

3.4.2 设置文本框的属性

通过属性的设置可以为文本框填充颜色、改变文本框大小、设置内部边距等。

❶ 设置填充效果

步骤01 右击文本框，在弹出的快捷菜单中选择“设置形状格式”选项。

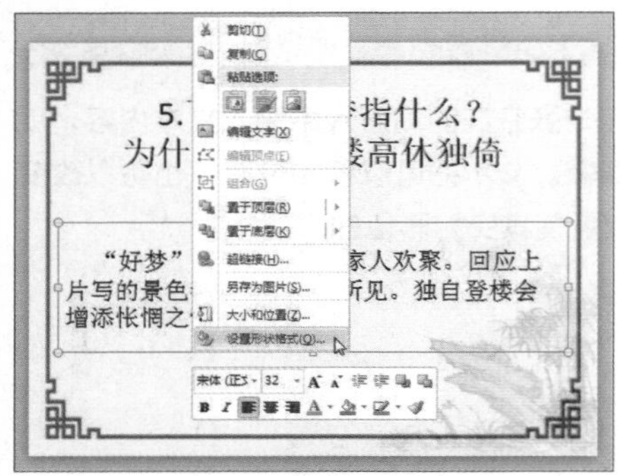

步骤 02 弹出“设置形状格式”对话框。在“填充”选项面板单击“纯色填充”单选按钮。随后单击“颜色”下拉按钮，在颜色列表中选择合适的颜色。

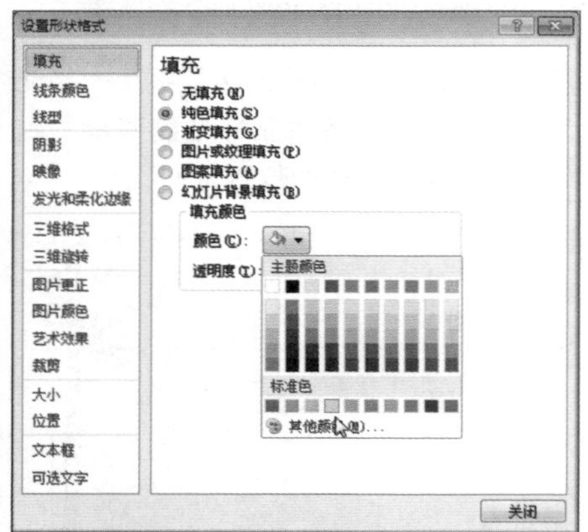

步骤 03 拖动“透明度”滑块，调整透明度为“20%”。

步骤 04 单击“线条颜色”选项切换到“线条颜色”选项面板。选中“实线”单选按钮。

步骤 05 单击“颜色”下拉按钮，在颜色列表中选择合适的颜色。单击“关闭”按钮关闭对话框。

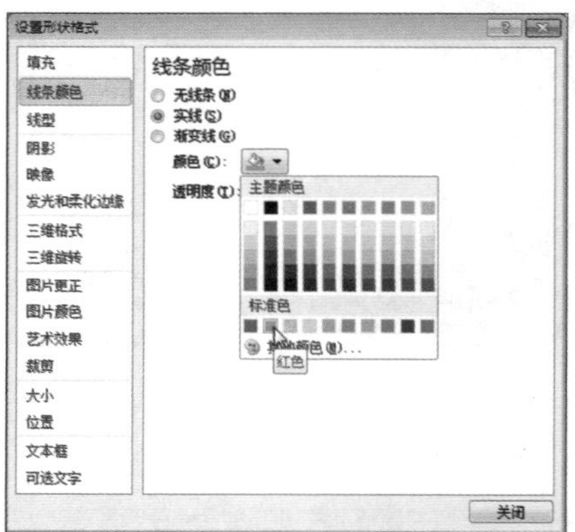

步骤 06 选中的文本框即应用对话框中的设置，填充了颜色并添加了边框线。

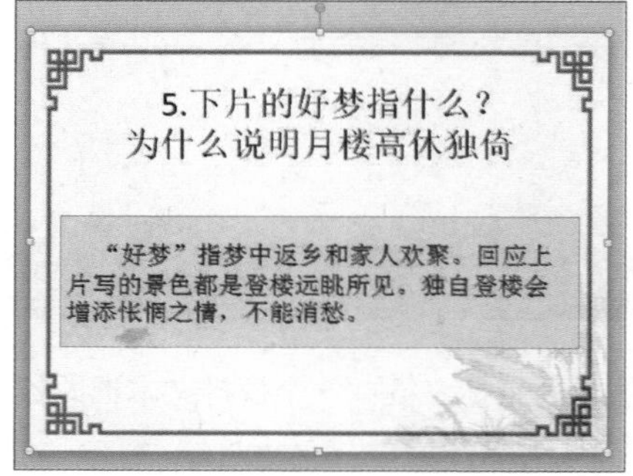

❷ 设置大小和位置

步骤 01 右击文本框，在弹出的快捷菜单中选择“大小和位置”选项。

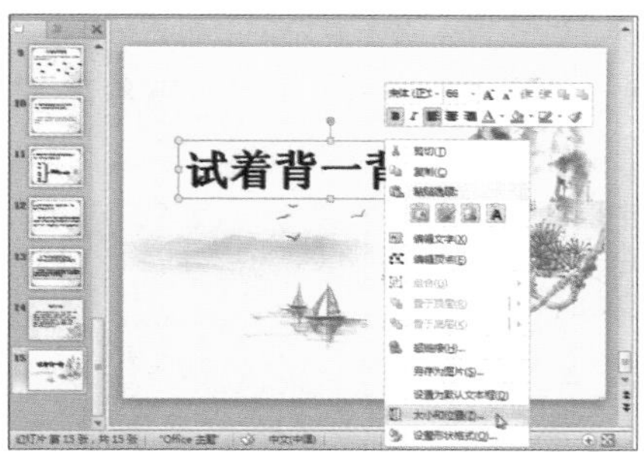

步骤 02 弹出“设置形状格式”对话框，在“大小”选项面板中设置“高度”为“5厘米”、“宽度”为“14”厘米。

步骤 03 单击“位置”选项切换到“位置”选项面板，设置“水平”位置为自“左上角”“3厘米”、“垂直”位置为自“左上角”“5厘米”。

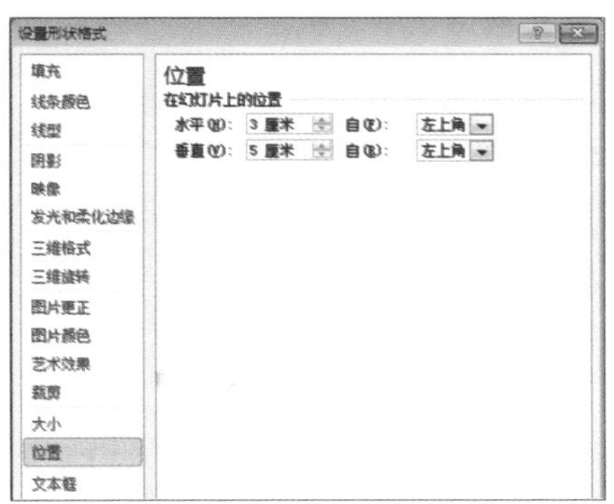

步骤 04 切换到“文本框”选项面板。设置内部边距，左、右、上、下均为“1厘米”。

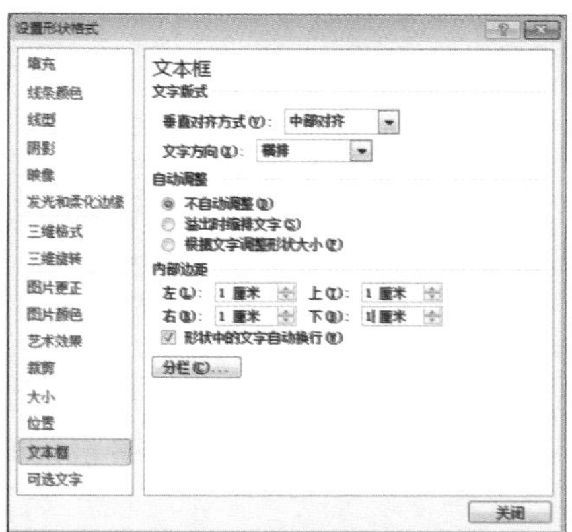

步骤 05 单击“垂直对齐方式”下拉按钮，在展开的下拉列表中选择“中部居中”选项，单击“关闭”按钮。

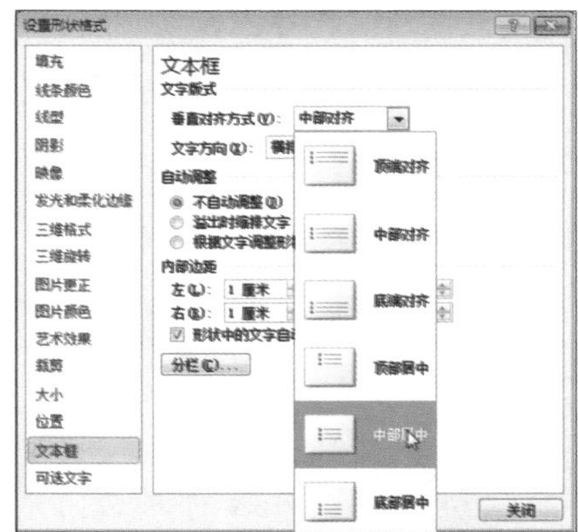

步骤 06 选中的文本框随即应用了对话框中的设置。

3.5 艺术字的应用

要想制作一份优秀的演示文稿，除了图片之外，文字也是占有很大分量的。如何迅速的创建出多姿多彩的文字？利用PowerPoint 2010提供的艺术字功能就能够轻松实现。

3.5.1 插入艺术字

用户可为已有文本设置艺术字样式，也可以通过艺术字样式直接插入艺术字文本。

❶插入艺术字

步骤 01 选项第一页幻灯片，打开“插入”选项卡，在“文本”组中单击“艺术字”下拉按钮。

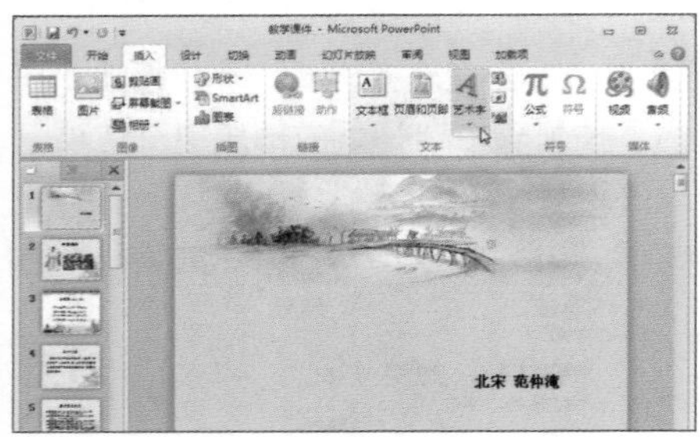

步骤 02 在列表中选择合适的艺术字样式。

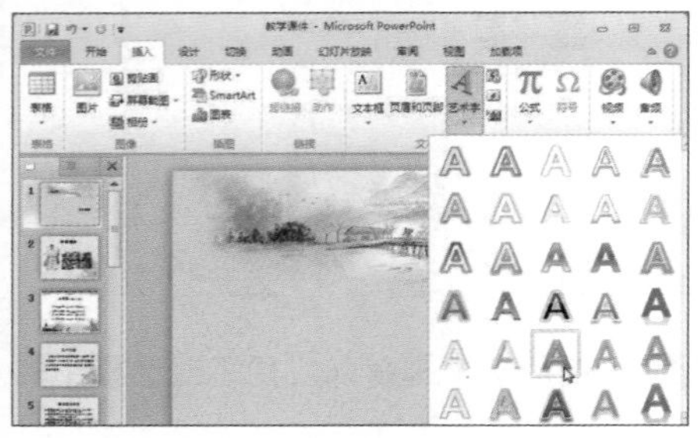

步骤 03 幻灯片中即出现一个艺术字文本框。

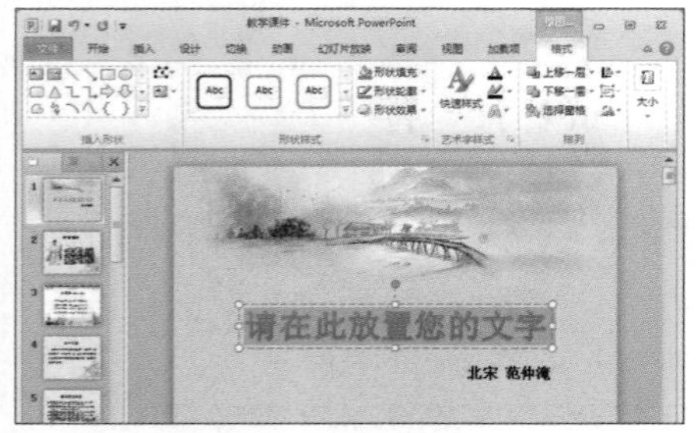

步骤 04 在该文本框中输入文字“苏幕遮 碧云天”。

步骤 05 选中艺术字文本框，打开“开始”选项卡，单击“字体”下拉按钮，在展开的列表中选择“华文隶书”选项。

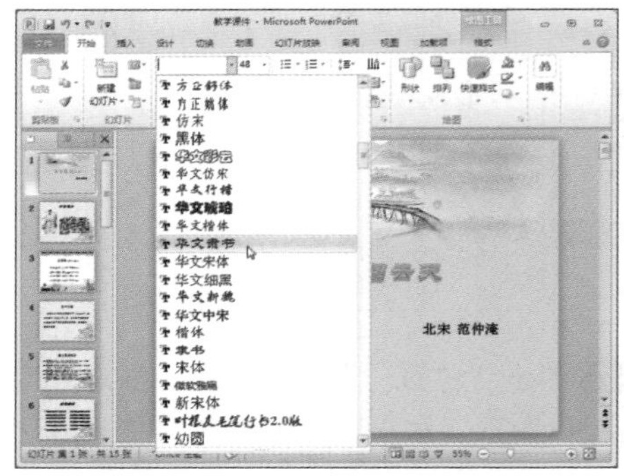

步骤 06 单击“字号”下拉按钮，在展开的列表中选择字号为“72”号。

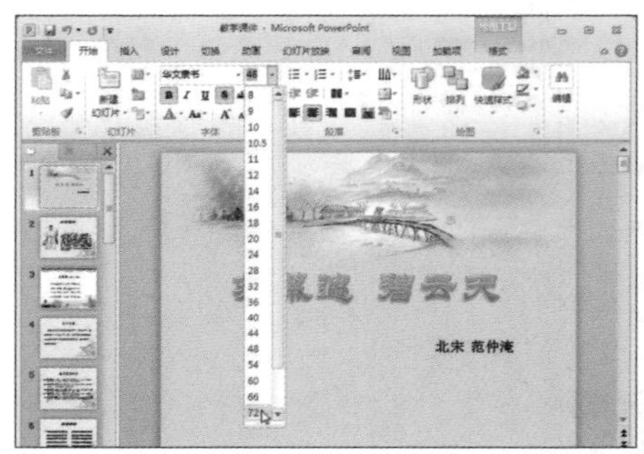

步骤07 插入的艺术字效果如下图所示。

❷为普通文本设置艺术字样式

步骤01 选中文本框打开“绘图工具-格式”选项卡，单击“艺术字样式”组中的“其他”下拉按钮。

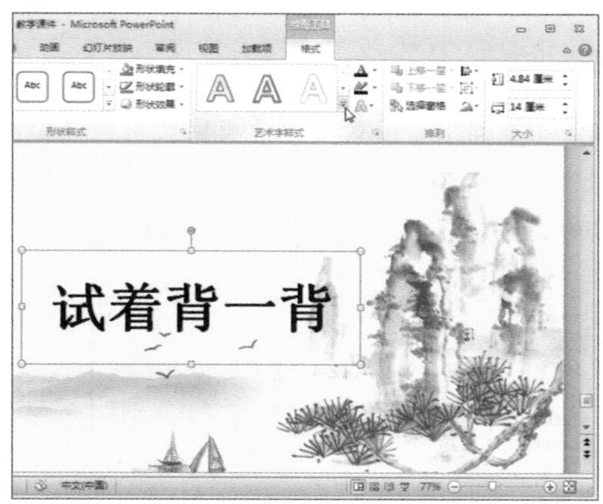

步骤02 在展开的下拉列表中选择合适的艺术字样式。

步骤03 单击“艺术字样式”组中的“文本填充”下拉按钮，在展开的列表中选择“图片”选项。

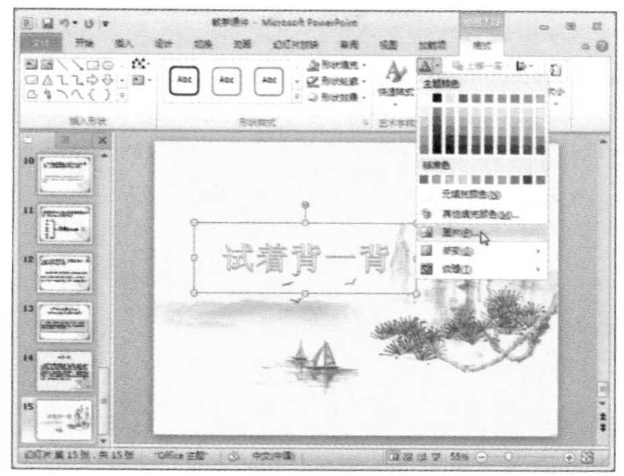

步骤04 弹出“插入图片”对话框，选中需要的图片。单击“插入”按钮。

步骤05 单击“艺术字样式”组中的“文本效果”下拉按钮，在展开的列表中选择“转换”选项，在其下级列表中选择“倒V型”选项。

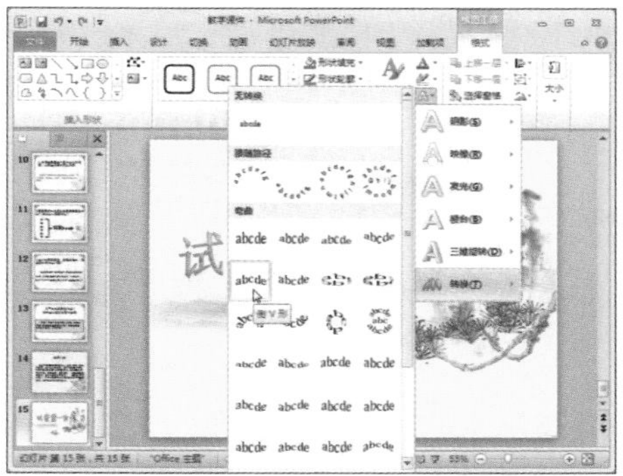

步骤 06 按住鼠标左键拖动文本框，调整好艺术字大小，最后将文本框移动至合适位置。

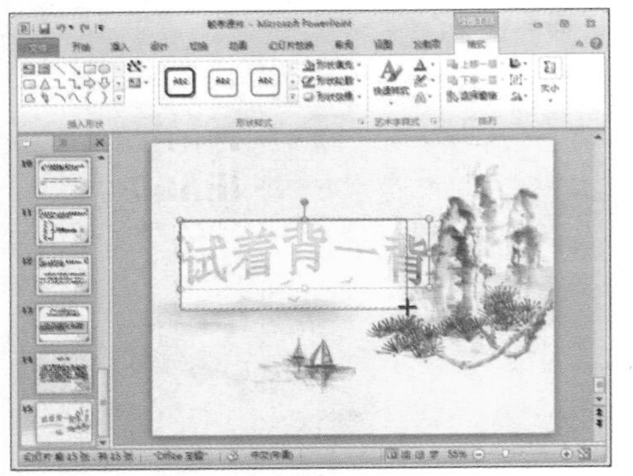

步骤 07 设置好艺术字效果的文本如下图所示。

3.5.2 编辑艺术字

插入艺术字后还可以对艺术字的形状轮廓、形状效果、文本效果等进行编辑。

步骤 01 选中艺术字文本框，打开“格式”选项卡，单击“艺术字样式”组中的“文本填充”下拉按钮，在展开列表中选择“深蓝”。

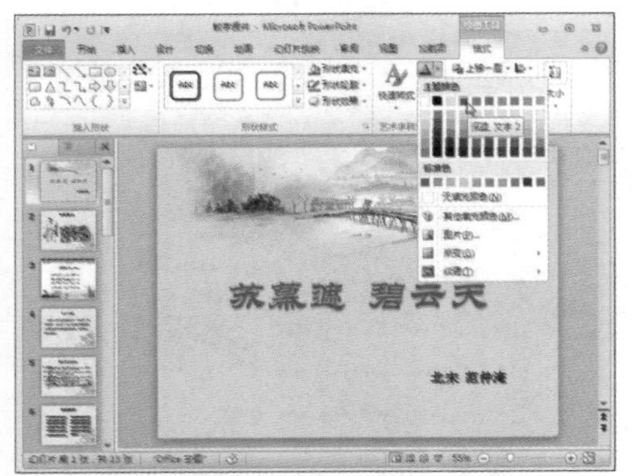

步骤 02 单击“艺术字样式”组中的“文本轮廓”下拉按钮，在展开的列表中选择“无轮廓”选项。

步骤 03 单击“格式”选项卡下“艺术字样式”组中的“对话框启动器”按钮。

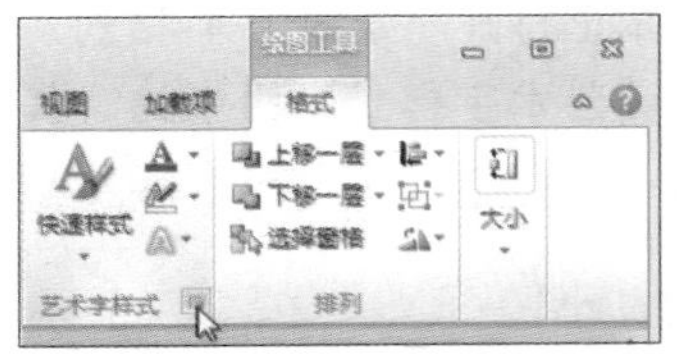

步骤 04 弹出“设置文本效果格式”对话框，打开“阴影”选项面板单击“预设”下拉按钮。

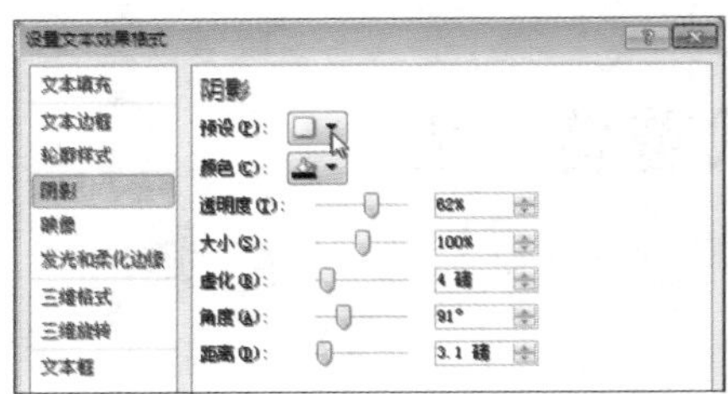

步骤 05 在展开的列表中选择“左上对角透视”选项。

步骤06 打开“三维格式”选项面板，单击“顶端”下拉按钮。

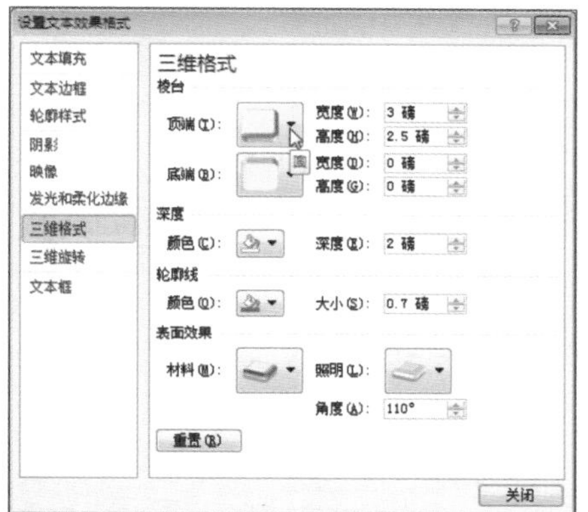

步骤07 在展开的列表中选择“斜面”选项，单击“关闭”按钮。

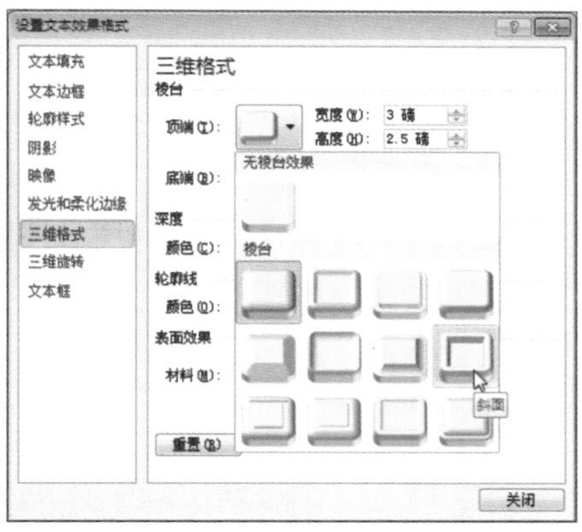

步骤08 选中幻灯片中位置靠下方的文本框，单击“格式”选项卡中的“文本填充”下拉按钮，在展开的列表中选择合适的颜色。

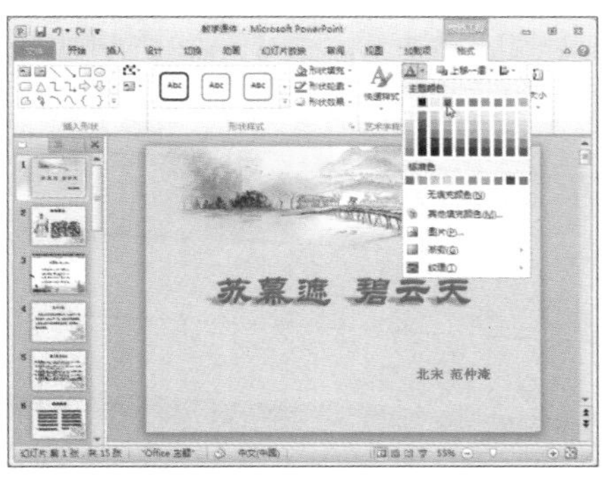

步骤09 单击“文字效果”下拉按钮，在展开的列表中选择“映象”选项，在其下级列表中选中合适的映象效果。

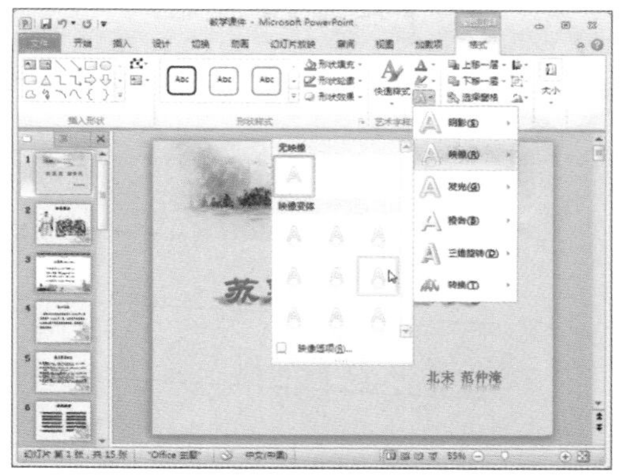

步骤10 设置完成后，艺术字效果如下图所示。

步骤11 若要清除艺术字效果，则选中文本框，在“艺术字样式”组中打开“快速样式”下拉列表，选择“清除艺术字”选项。

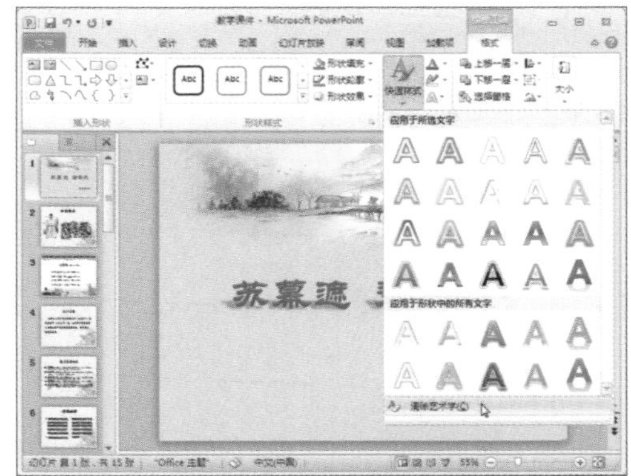

读书笔记

Chapter 04

制作产品展示演示文稿

本章概述

如果用户需要对某些创新产品进行详细展示，让更多的人更直观地了解这些创新产品是何种规格、款式和颜色，那么便可以利用图片和文字介绍的方式来展示产品。这时候PowerPoint就可以派上大用场啦！PowerPoint强大的图文编辑功能可以满足用户的需求，最终制作出一份完美的产品展示演示文稿。

本章要点

图片的应用
图片的美化
图形的绘制
图形的编辑
图形样式的应用
SmartArt图形的创建

4.1 插入图片

观看一份制作精良的幻灯片时，也许你会被其中各式各样精致的图片所吸引。那么你知道这些图片是如何被插入到幻灯片中的吗？除了计算机中保存的图片，还能不能插入其他类型的图片？通过下面的学习，即可掌握向幻灯片中添加图片的技巧。

4.1.1 插入本地图片

将计算机中提前保存的图片插入到幻灯片中，称为插入本地图片，其操作步骤如下。

步骤01 打开第11页幻灯片，打开“开始”选项卡，在“图像”组中单击“图片”按钮。

步骤02 弹出“插入图片”对话框，选中需要插入到幻灯片中的图片，单击“插入”按钮。

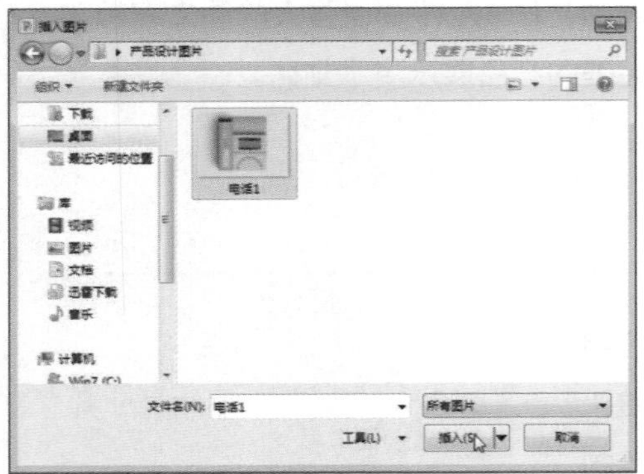

步骤03 选中的图片随即被插入到幻灯片中。

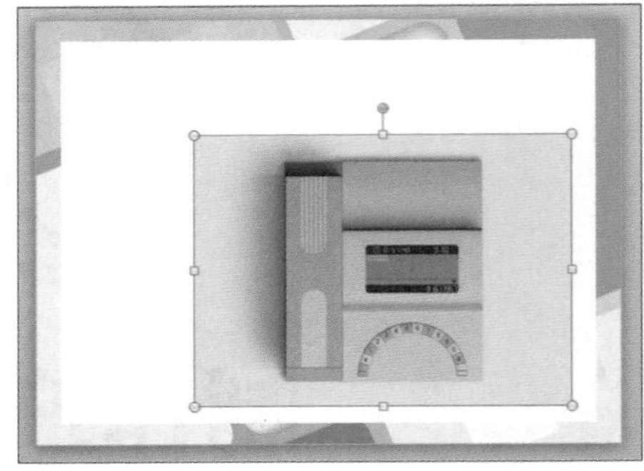

步骤04 将光标置于图片四个角的任意控制点上。光标变为“⤡”形状时按住鼠标左键。

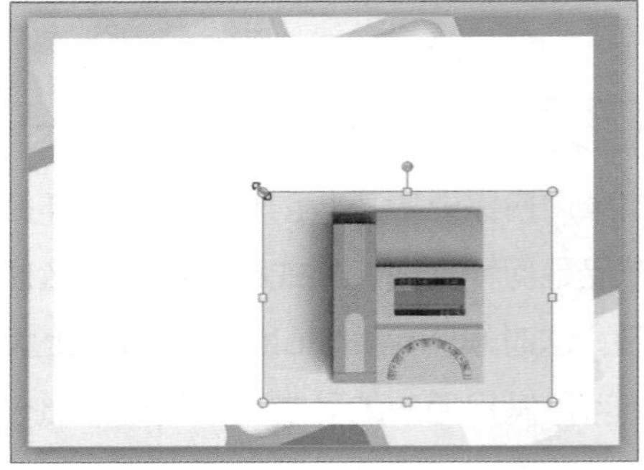

步骤05 光标变为“+”形状时拖动鼠标即可调整图片的大小。

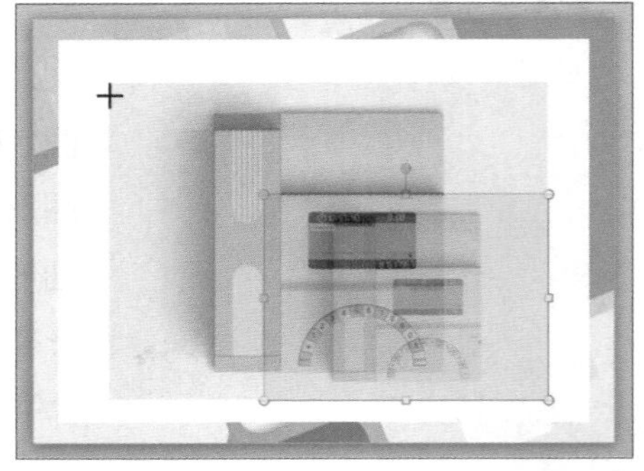

步骤 06 若要精确调整图片大小，则右击图片，在快捷菜单中选择“大小和位置”选项。

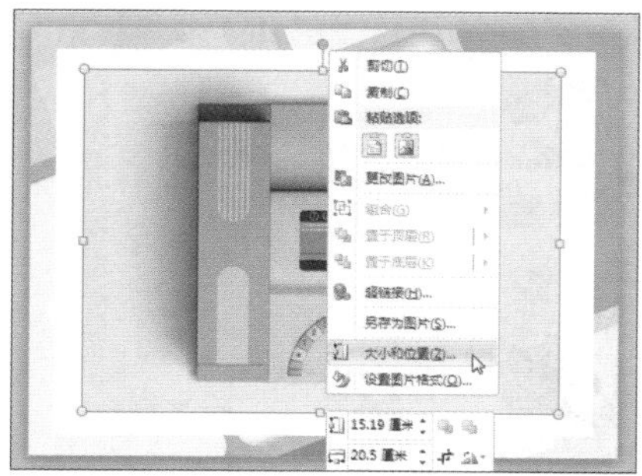

步骤 07 弹出“设置图片格式”对话框，在“大小”选项面板中的“尺寸和旋转”组中设置“高度”和“宽度”数值。

步骤 08 切换到“位置”选项面板，在“在幻灯片上的位置”组中设置“水平”和“垂直”数值，设置完成之后单击“关闭”按钮。

步骤 09 调整好大小和位置的图片效果如下图所示。

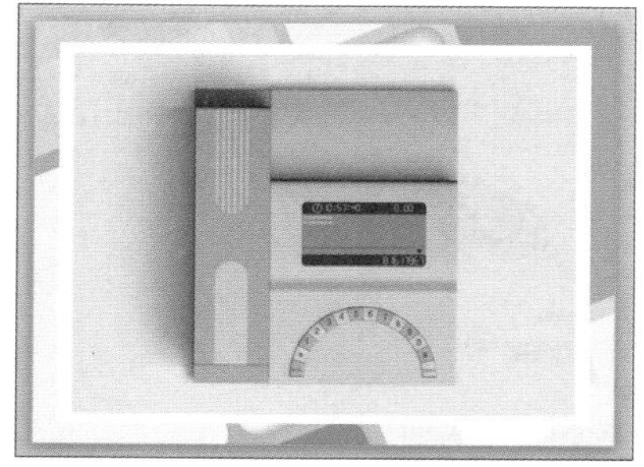

4.1.2 插入剪贴画

PowerPoint 2010提供了大量人物、花草、图形、建筑等不同类型的剪贴画供用户使用，用户只需要选择合适的剪切画即可将其插入幻灯片中。操作起来方便快捷。

❶使用“插入”选项卡插入

步骤 01 选择第3页幻灯片，打开“插入”选项卡，在“图像”组中单击“剪贴画”按钮。

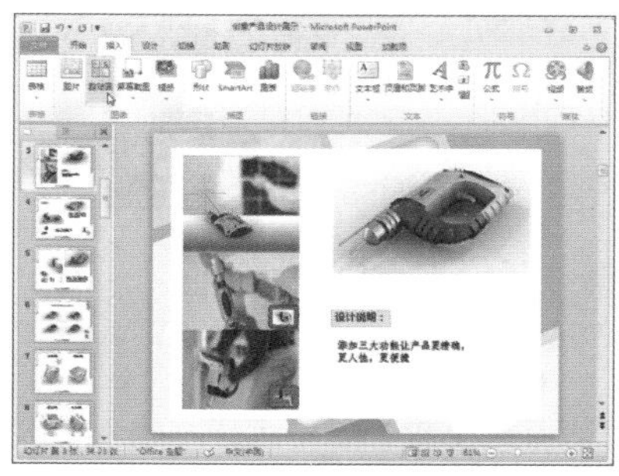

步骤 02 在工作区的右侧，打开了“剪贴画”窗格。

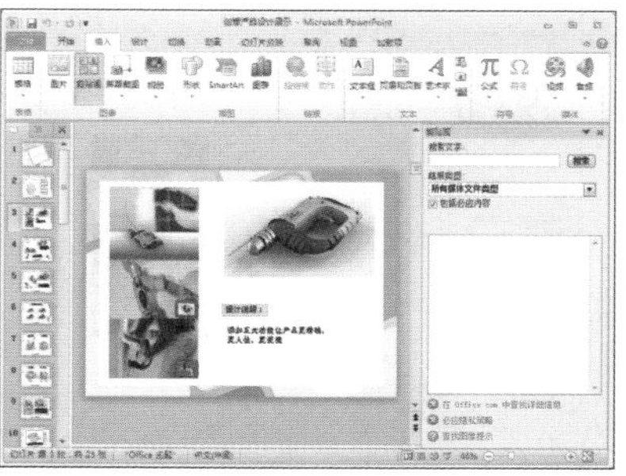

步骤03 在“搜索文字”文本框中输入“电钻”，单击“搜索”按钮。

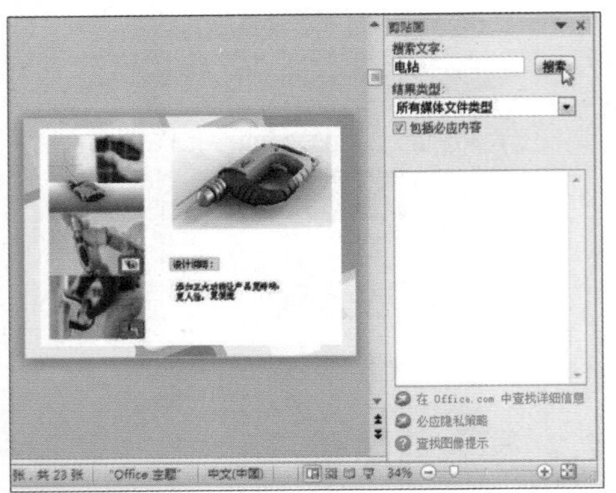

步骤04 下面的列表框中随即出现了与电钻有关的剪贴画，选择合适的剪贴画，单击其右侧下拉按钮。

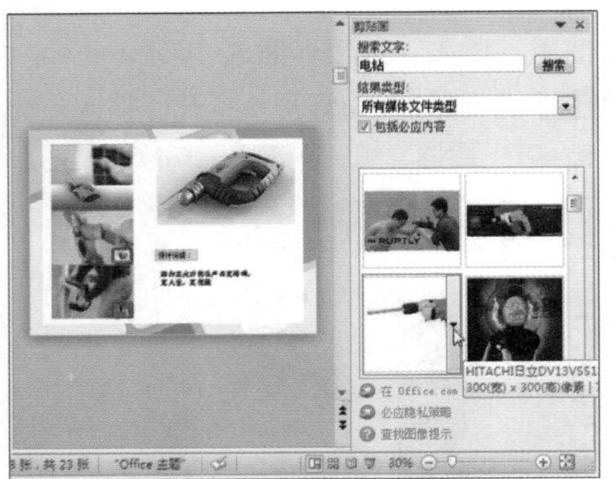

步骤05 在展开的下拉列表中选择“插入”选项。该图片随即被插入到幻灯片中。

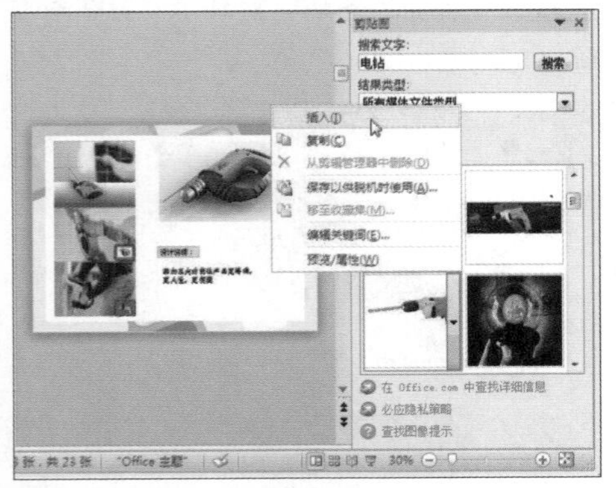

步骤06 调整好图片的大小，并将图片拖动到合适的位置即可。

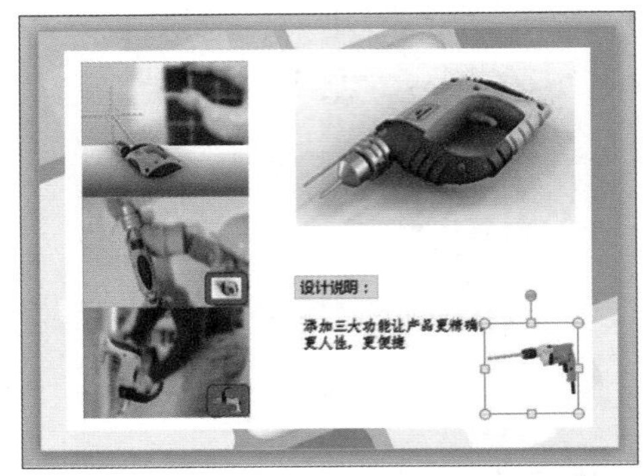

②使用“Microsoft 剪辑管理器”插入

步骤01 单击“开始”选择“所有程序”，选中Microsoft Office。打开“Microsoft Office 2010工具”文件夹，选择“Microsoft剪辑管理器”。

步骤02 打开“Office收藏集-Microsoft剪辑管理器”对话框，双击“Office收藏集”选项。

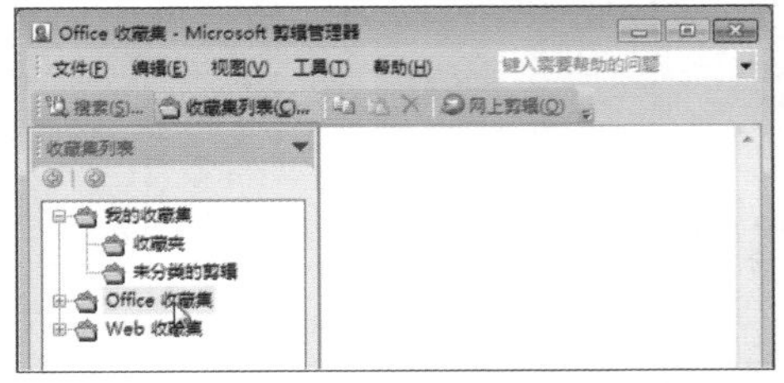

步骤03 在展开的列表中选择“符号”文件夹，右侧界面中即可显示出属于该类别的所有剪贴画。

步骤04 单击图片右侧的下拉按钮，在展开的列表中选择“复制”选项，返回到演示文稿，即可将该剪贴画粘贴到幻灯片中。

步骤05 单击“搜索”按钮，在“搜索文字”文本框中输入文字，还可搜索出与之相关的其他剪贴画。

4.1.3 插入屏幕截图

新版Office增加了“屏幕截图”功能，使用该功能可以捕获在计算机上打开的全部或部分窗口的图片，并插入到幻灯片中。

❶ 截取整个窗口

步骤01 打开“插入”选项卡，在“图像”组中单击“屏幕截图”下拉按钮。在展开的列表中选择需要截取的窗口。

步骤02 选中的窗口随即以图片形式被插入到幻灯片中。

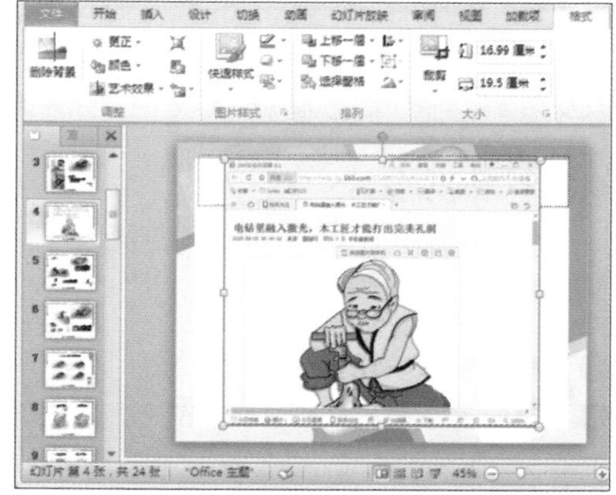

❷ 剪辑屏幕任意位置

步骤01 单击“图像”组中的“屏幕截图”下拉按钮，在展开的下拉列表中选择“屏幕剪辑”选项。

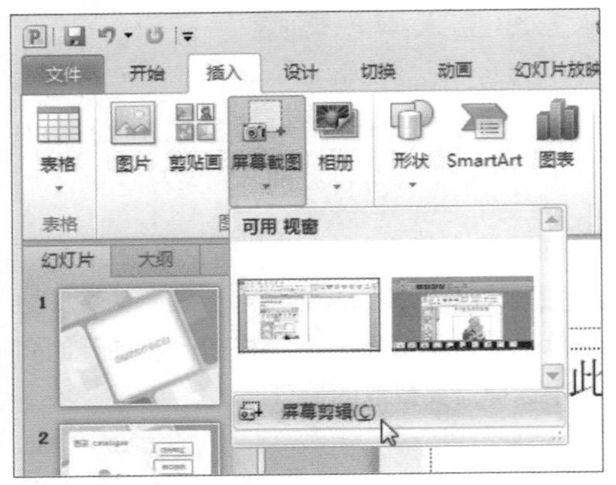

步骤02 此时屏幕变为半透明状态，光标变为“十”形状。

步骤03 按住鼠标左键，拖动鼠标截取图片，被截取的部分变为透明显示。

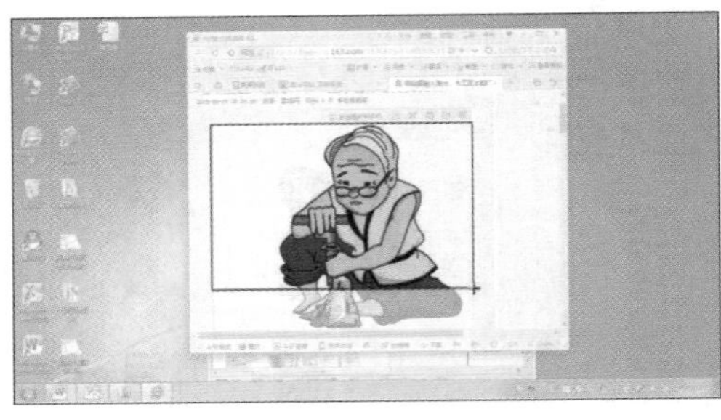

步骤04 松开鼠标左键，截取的图片随即被插入到了幻灯片中。

4.2 美化图片

当图片被插入到幻灯片中后，也许有的用户还会被图片的尺寸大小、图片的色彩、饱和度以及亮度等问题所困扰。那么这些问题究竟该如何解决，下面就带领你寻找解决的办法。

4.2.1 裁剪图片

当幻灯片中的图片尺寸太大，影响到整体的布局时可以对图片进行裁剪。

❶鼠标拖曳裁剪图片

步骤01 打开“插入”选项卡，在“图像”组中单击“图片”按钮。

步骤02 弹出“插入图片”对话框，选中需要的图片，单击“插入”按钮。

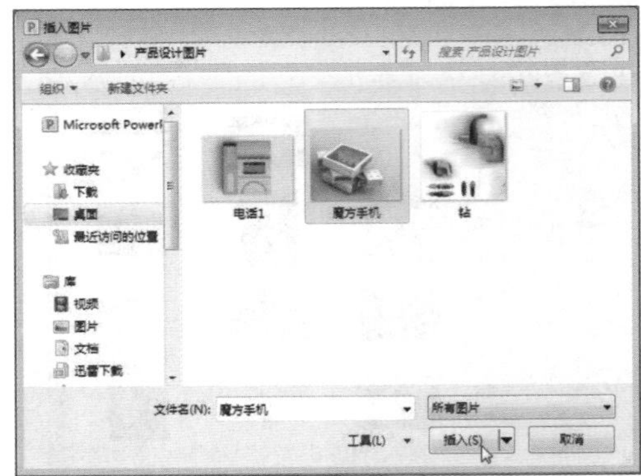

步骤03 选中该图片，打开“格式”选项卡，单击“裁剪”下拉按钮，在展开的下拉菜单中选择“裁剪”选项。

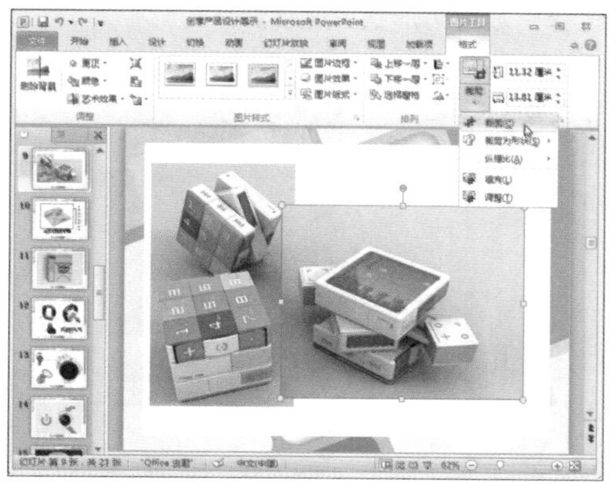

步骤04 图片的周围随即出现了裁剪控制点，将光标置于图片右侧的控制点旁边，光标变为“⊩”形状时按住鼠标左键。

步骤05 移动鼠标对图片进行裁剪，裁剪到合适大小时松开鼠标。

步骤06 若在裁剪控制点附近按住鼠标左键并向相反的方向拖动鼠标，则可恢复被裁剪的部分。

步骤07 在裁剪模式下，按住鼠标左键移动图片，可以重新选取图片的保留部分。

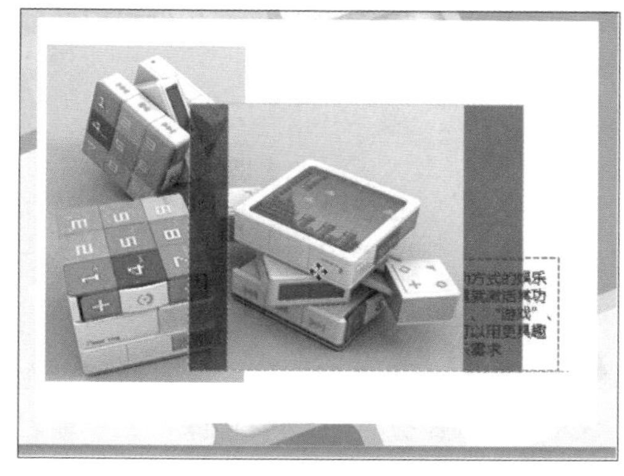

步骤08 图片裁剪好之后，在幻灯片中空白位置单击即可退出裁剪。

❷精确设置图片尺寸

步骤01 选中图片，在“格式”选项卡的“大小”组中的“高度”和“宽度”微调框中输入精确数值，即可将图片裁剪为相应大小。

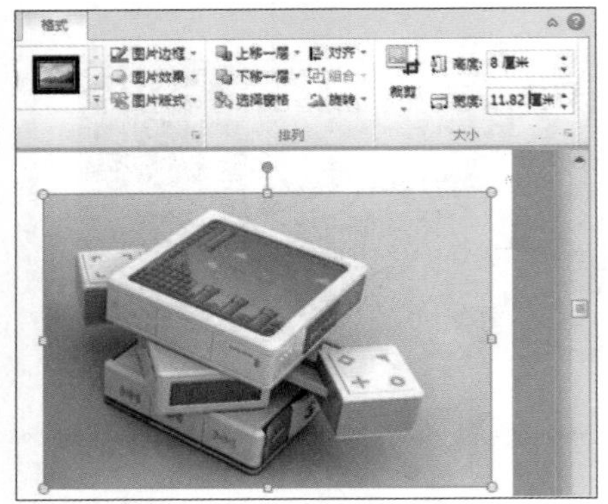

步骤02 选中图片，单击“图形工具-格式”选项卡下“大小”组中的“对话框启动器”按钮。

步骤03 弹出“设置图片格式”对话框，在“大小”选项面板的“尺寸和旋转”组中输入“高度”和“宽度”值，也可以精确设置图片的大小。

❸将图片裁剪为形状

步骤01 选中图片，打开“格式”选项卡，单击“裁剪”下拉按钮，在展开的下拉列表中选择“裁剪为形状”选项。

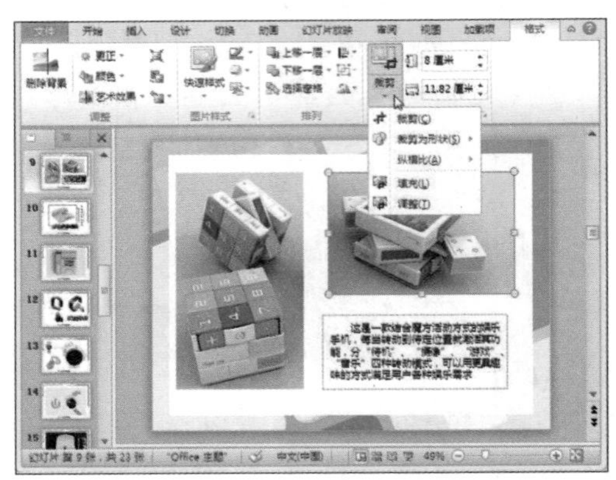

步骤02 在“裁剪为形状”下级列表中选择“椭圆”选项。

步骤03 选中的图片随即被裁剪为椭圆形。

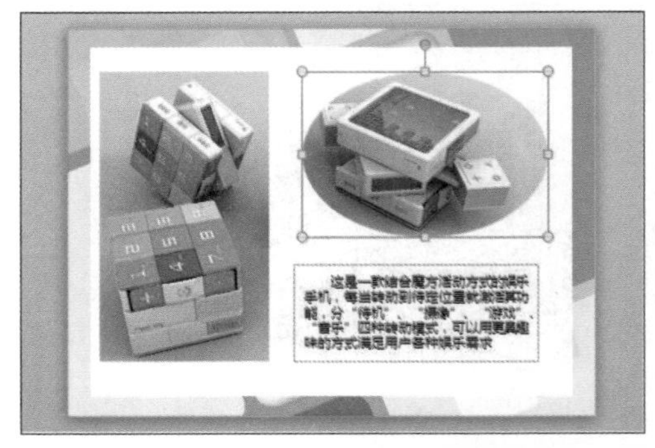

4.2.2 调整图片亮度与对比度

假如幻灯片中的某张图片被过度曝光显得很白，或者光线不足显得很暗，这个时候可以通过调节图像的亮度与对比度来获得整体效果的提升。

步骤01 选中图片，打开“格式”选项卡，在“调整”组中单击“更正”下拉按钮。

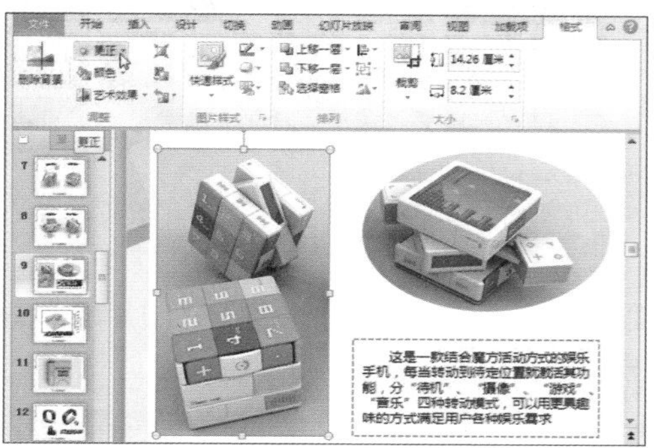

步骤02 在展开列表“亮度和对比度”组中选择“亮度：+20%对比度：0%（正常）选项。”

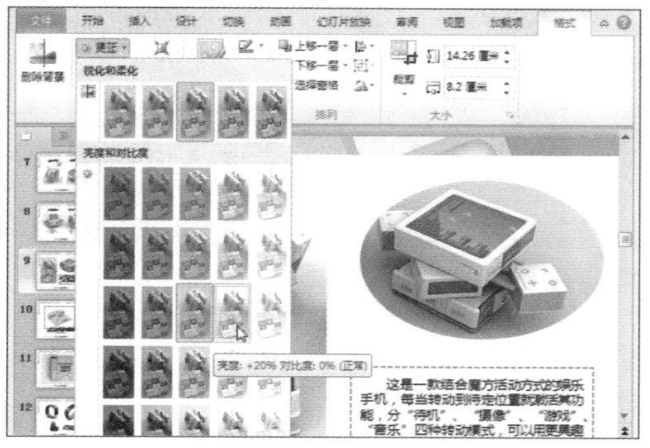

步骤03 再次单击“更正”下拉按钮，在展开的下拉列表中选择“图片更正”选项。

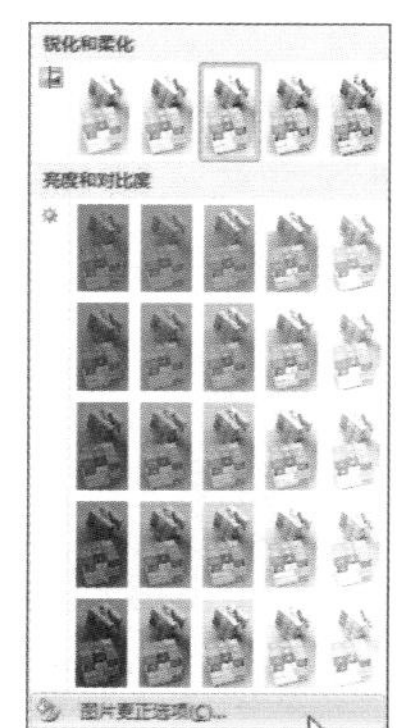

步骤04 弹出“设置图片格式”对话框，在“图片更正”选项面板的“亮度和对比度”组中移动“亮度”和“对比度”滑块，设置好百分比，单击“关闭”按钮。

步骤05 设置好亮度和对比度的图片效果如下图所示。

4.2.3 调整图片颜色

如果用户对幻灯片中图片的颜色浓度和色调不满意，可以通过设置饱和度和色温或者更改图片中某个颜色的透明度对图片进行调整。

步骤01 选中图片，打开“格式”选项卡，在“调整”组中单击“颜色”下拉按钮。

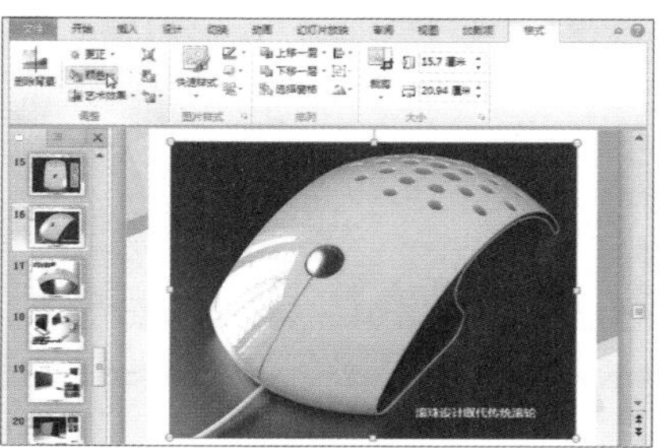

步骤 02 在展开的列表“颜色饱和度”组中选择“饱和度：66%”选项。

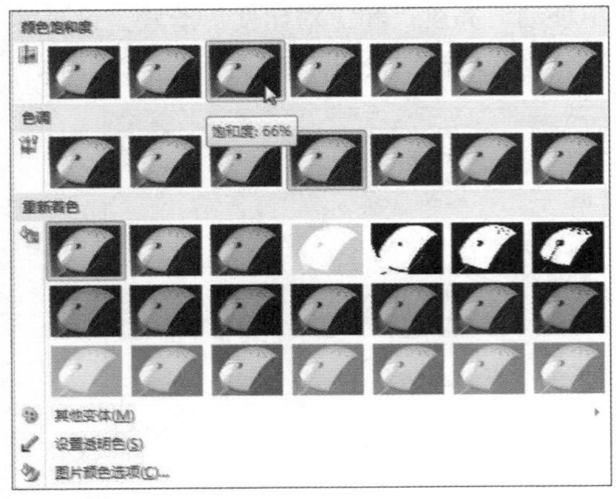

步骤 03 在“重新着色”组中选择“深蓝，文本颜色2深色”选项。

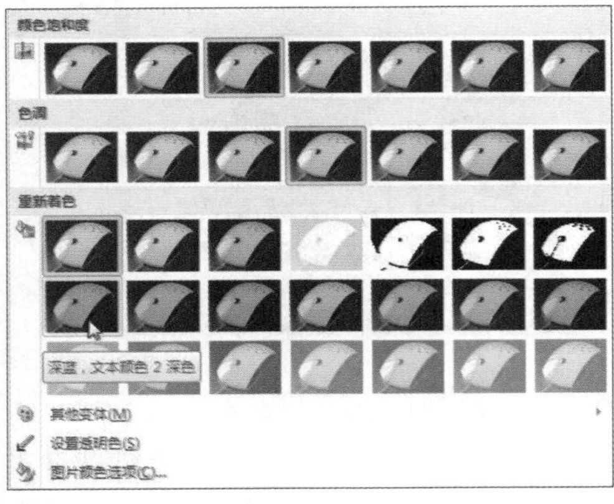

步骤 04 调整了图片颜色的效果如下图所示。

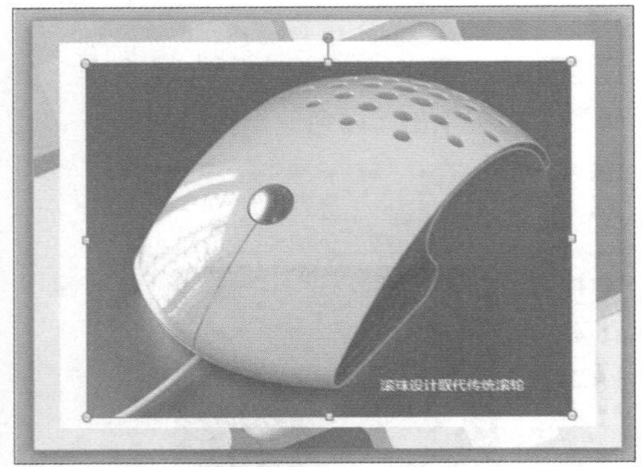

步骤 05 再次单击“颜色”下拉按钮，在展开的列表中选择“设置透明色”选项。

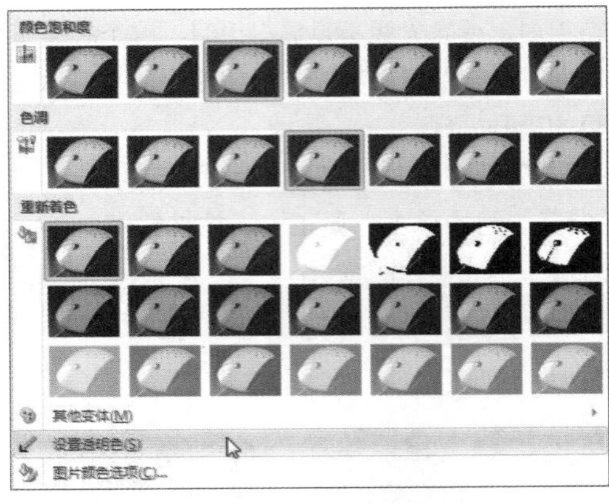

步骤 06 光标变为“■”形状，在图片黑色部分单击。

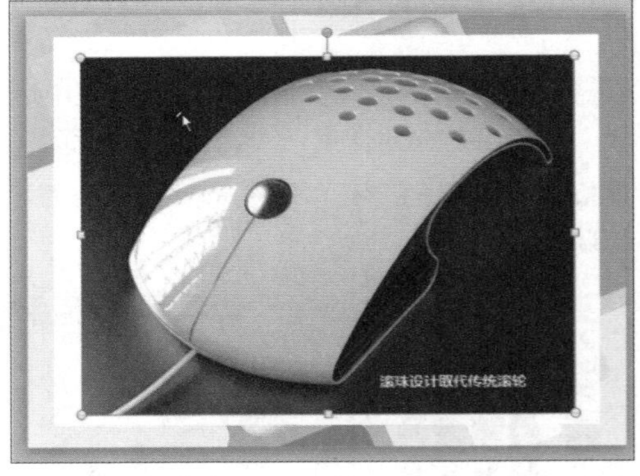

步骤 07 设置图片部分颜色透明的效果如下图所示。

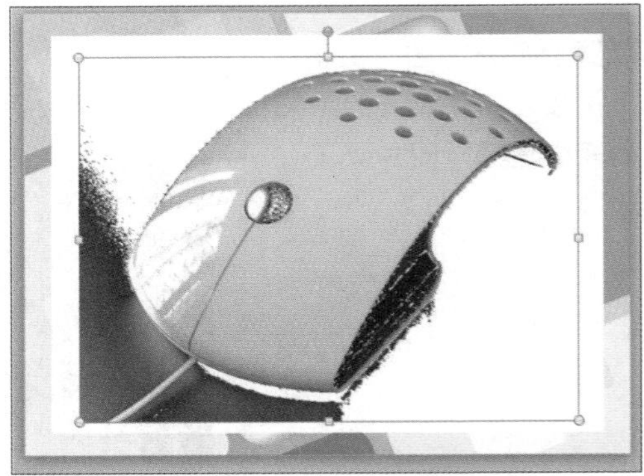

4.2.4 删除图片背景

在PowerPoint 2010中为了强调突出图片的主题中可以删除图片背景，对于背景相对复杂的图片，可以手动删除背景。

❶ 自动删除背景

步骤01 选中图片，打开“格式”选项卡，单击“删除背景”按钮。

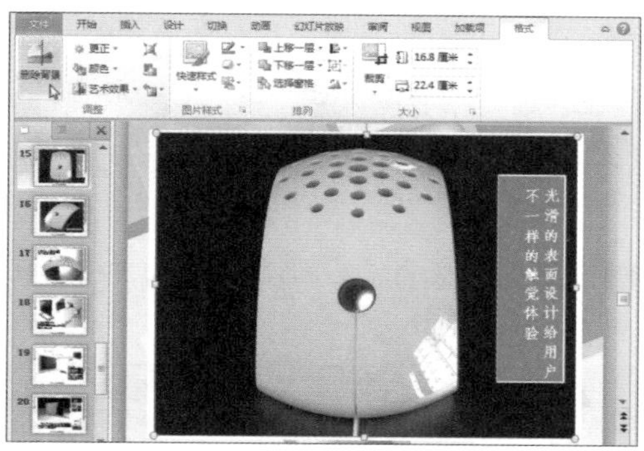

步骤02 图片中出现一个控制框，将光标置于控制点上。

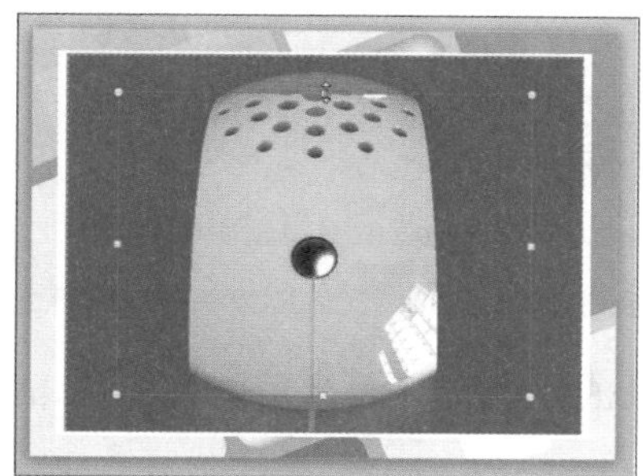

步骤03 按住鼠标左键拖动鼠标，使图片中要保留的对象全部被控制框包围。

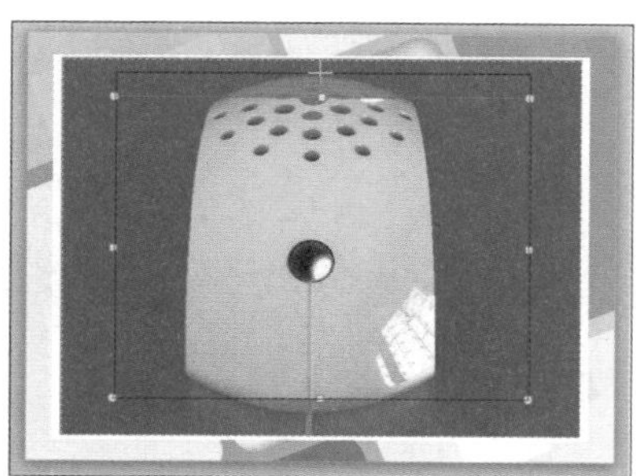

步骤04 单击“背景消除”选项卡中的“保留更改”按钮。

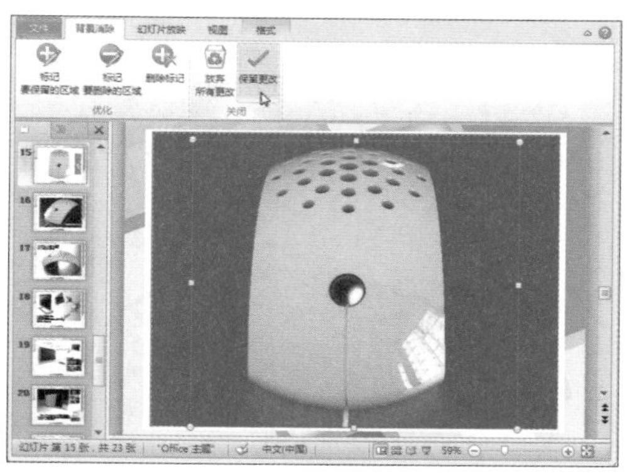

步骤05 此时图片的背景即被删除，效果如下图所示。

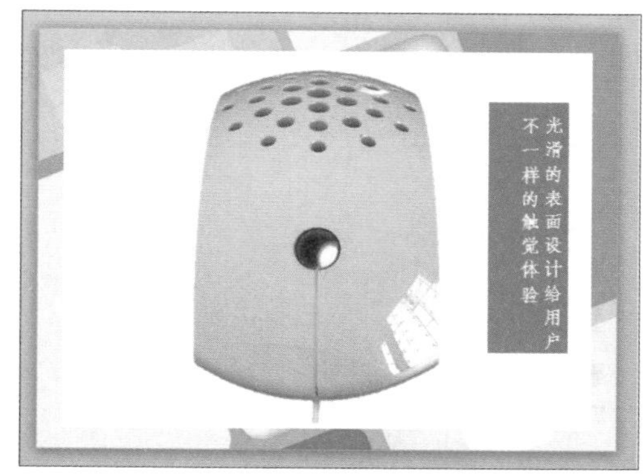

❷ 手动删除背景

步骤01 选中图片，打开“图片工具-格式”选项卡，单击“删除背景”按钮。

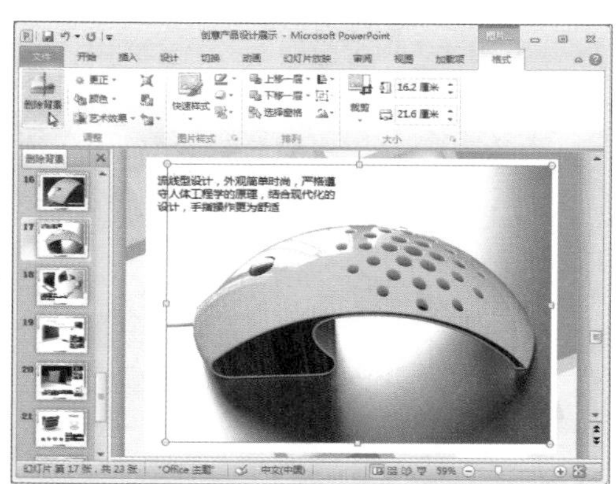

步骤 02 拖动控制框，使之包围住需要保留的对象。

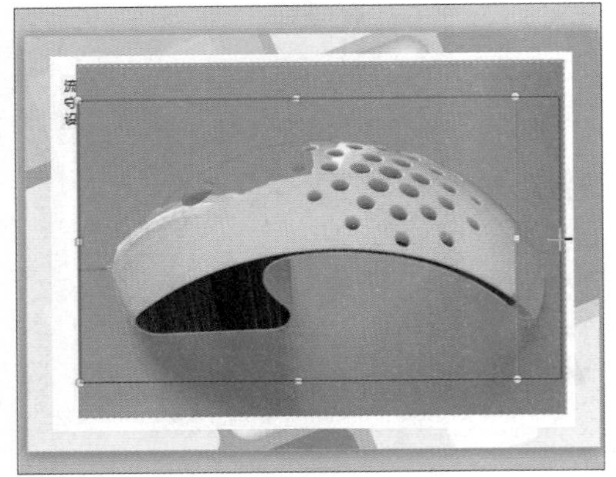

步骤 03 单击“背景消除”选项卡中的“标记要保留的区域”按钮。

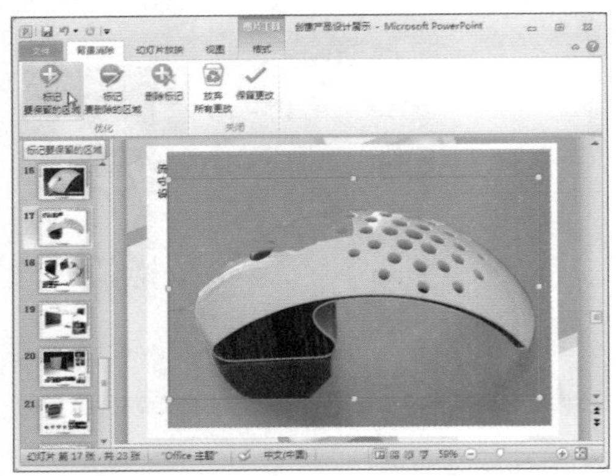

步骤 04 光标变为“✎”形状，在图片中需要保留的部分单击。

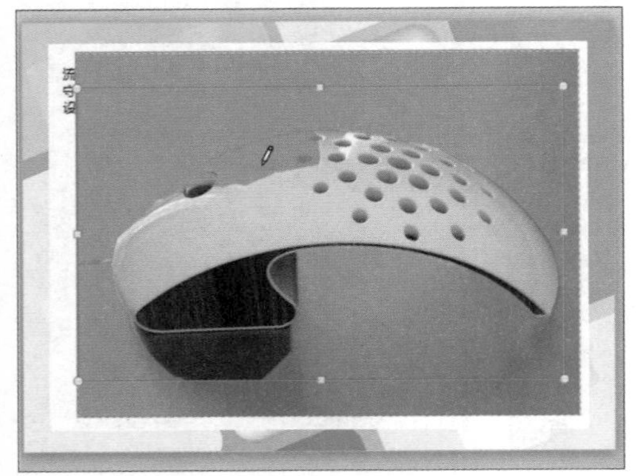

步骤 05 单击“背景消除”选项卡中的“标记要删除的区域”按钮。

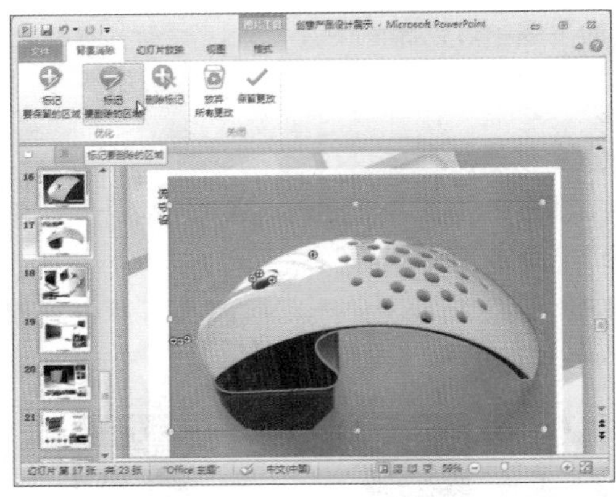

步骤 06 光标变为“✎”形状，在图片中需要删除的部分单击。

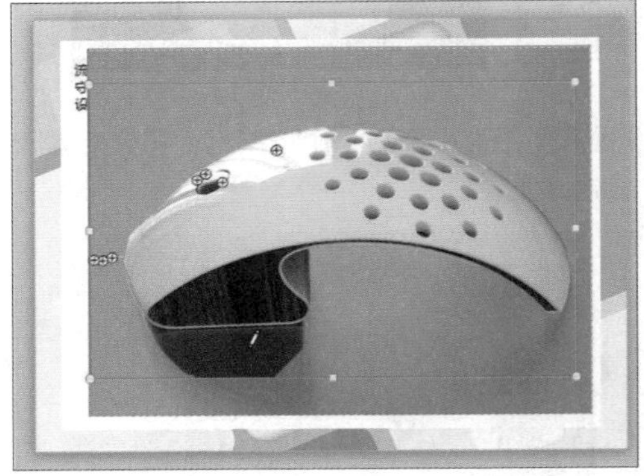

步骤 07 单击“背景消除”选项卡中的“保留更改”按钮。

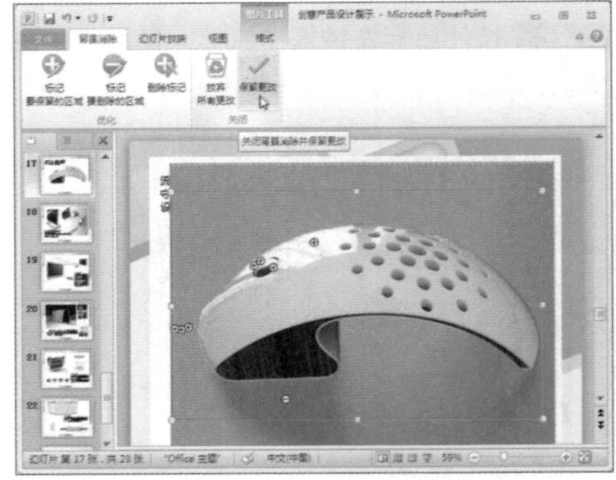

步骤08 手动删除图片背景效果如下图所示。

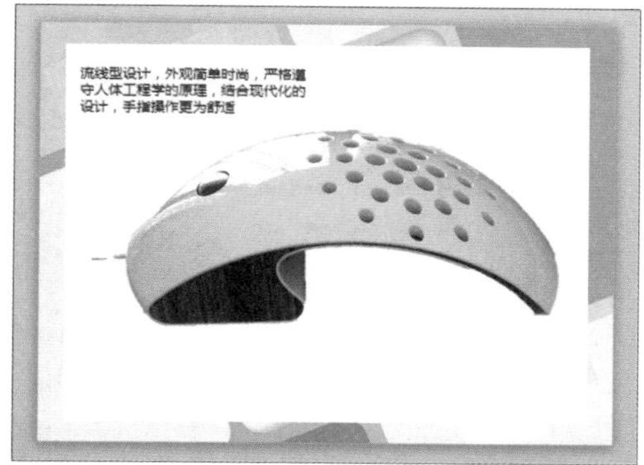

4.2.5 图片的艺术化处理

幻灯片中的图片经过简单的设置即可显示出素描或油画的效果，让普通的图片蒙上一层艺术色彩。下面将介绍为图片添加艺术效果的具体操作方法。

步骤01 选中图片，打开“格式”选项卡，在“调整”组中单击“艺术效果”下拉按钮。

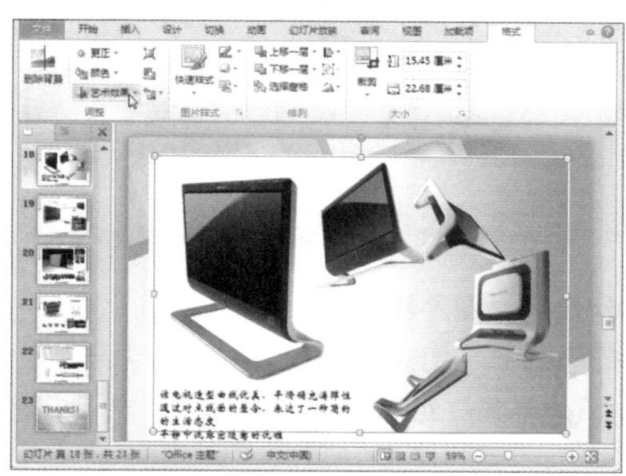

步骤02 在展开的下拉列表中选择合适的艺术效果选项。

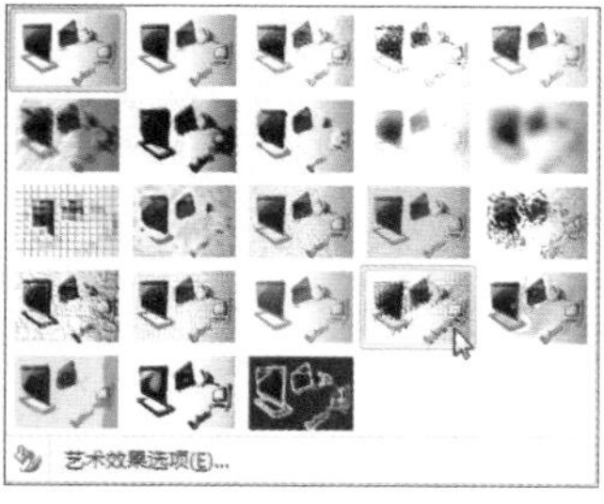

步骤03 设置了“蜡笔平滑”艺术效果的图片如下图所示。

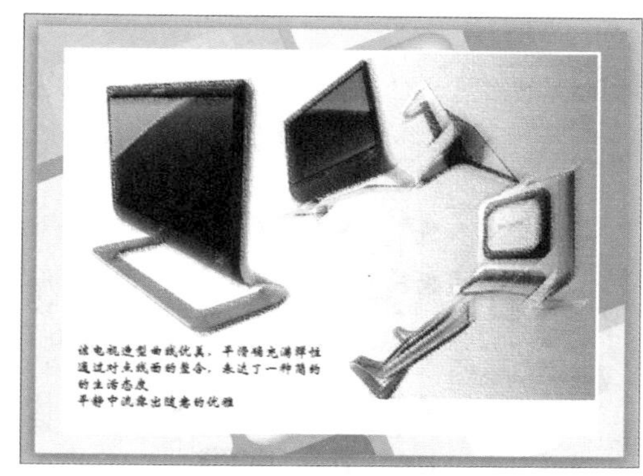

步骤04 若要对图片进行更多艺术效果设置，则在“艺术效果”下拉列表中选择“艺术效果选项”选项。

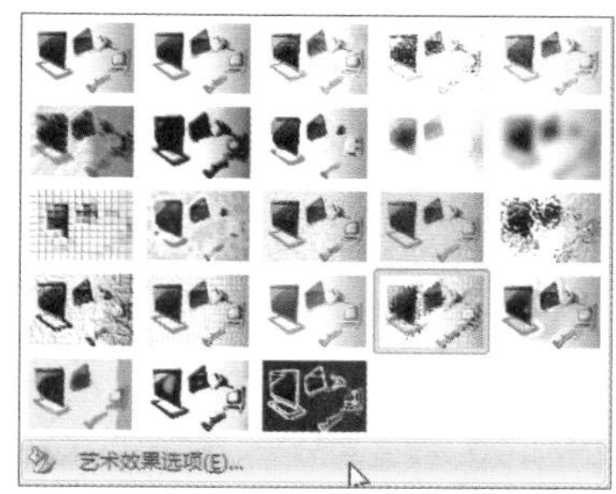

步骤05 弹出“设置图片格式”对话框，在“艺术效果”选项面板中进行设置。

步骤06 若要去除图片上的艺术效果，则单击“艺术效果”下拉按钮，在展开的列表中选择“无”选项。

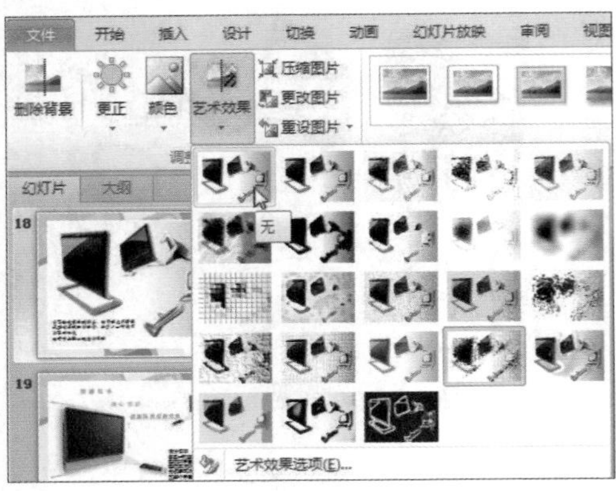

4.2.6 快速添加图片样式

用户可以发现演示文稿中的图片都是规则的长方形或正方形样式。那么有没有可能让这些图片变换一下样式，使之成为圆形、菱形或者其他不规则形状？答案是肯定的。下面就来学习一下怎样快速添加图片的样式。

❶使用内置图片样式

步骤01 选中图片，打开“格式”选项卡，在“图片样式”组中单击“其他”下拉按钮。

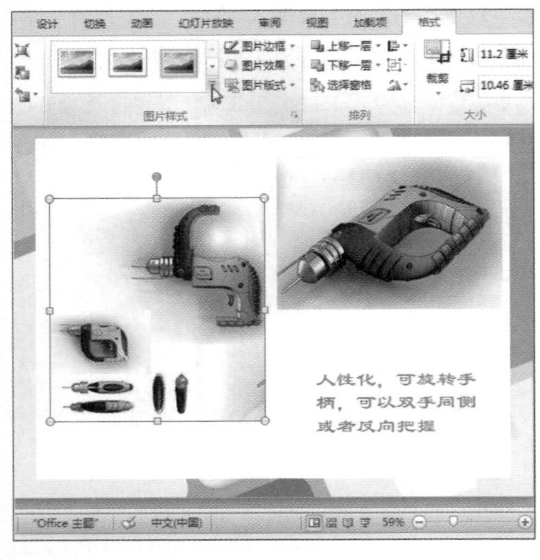

步骤02 在展开的列表中选择“旋转，白色”选项。

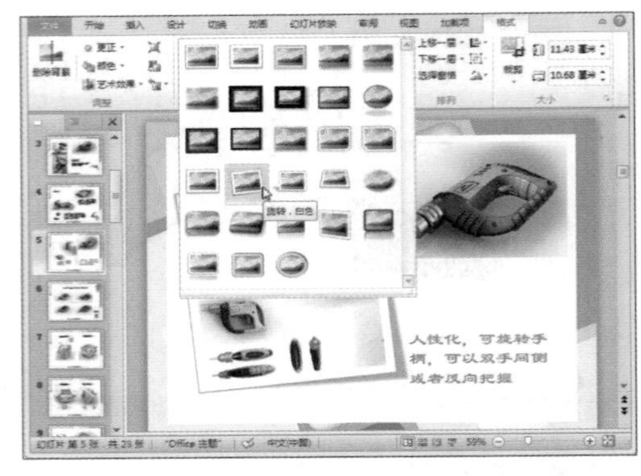

步骤03 为图片设置了内置样式的效果如下图所示。

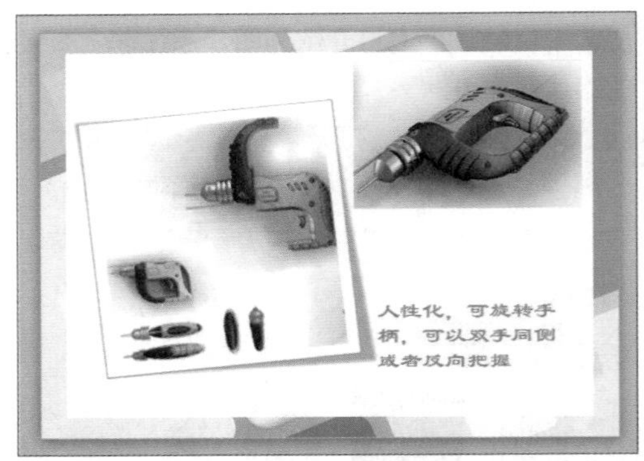

❷自定义图片样式

步骤01 选中图片，打开“格式”选项卡，在“图片样式”组中，单击“图片边框”下拉按钮。

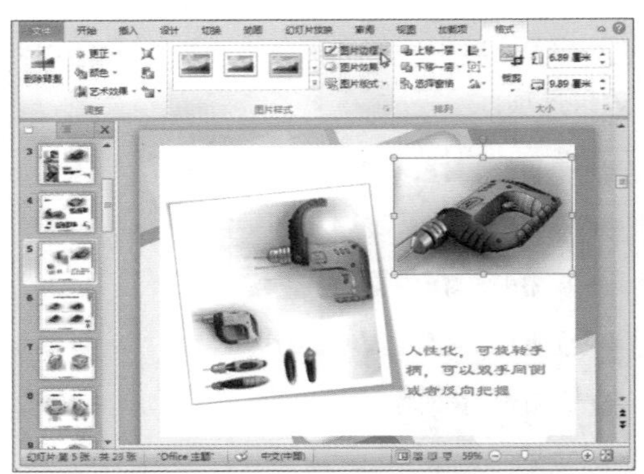

步骤02 在展开的列表“主题颜色”组中选择合适的颜色。

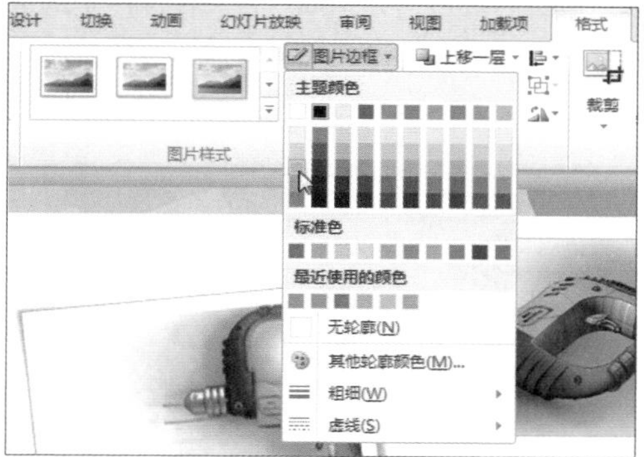

步骤03 展开“图片边框”下拉列表，选择“粗细”选项，然后在其下级列表中选择“1.5磅”选项。

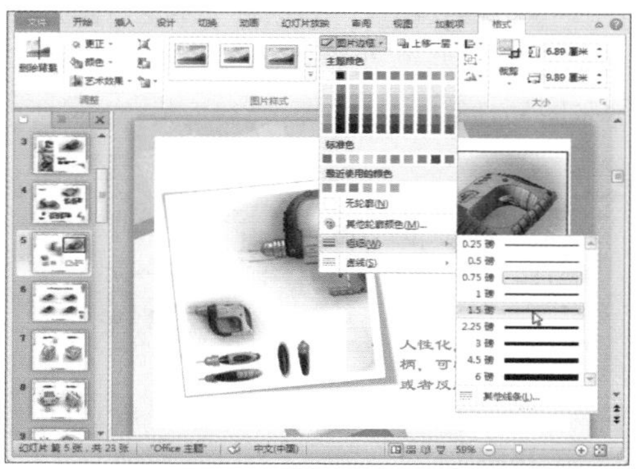

步骤04 单击“图片效果”下拉按钮，在展开的列表中选择“映象”选项，在其下级列表中选择“紧密映象，4pt偏移量”选项。

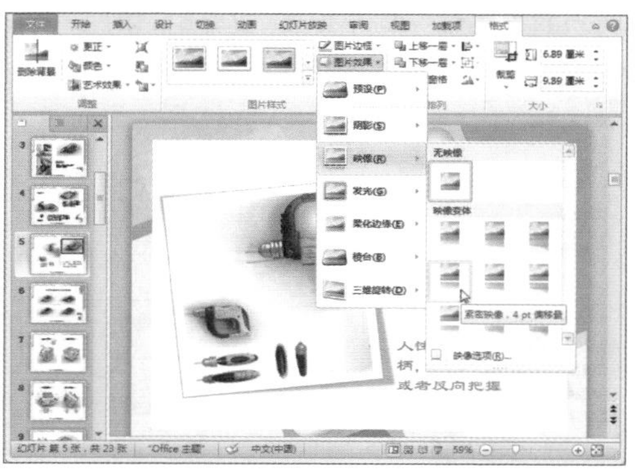

步骤05 展开“图片效果”下拉列表，选择“棱台”选项，然后在其下级列表中选择“圆”选项。

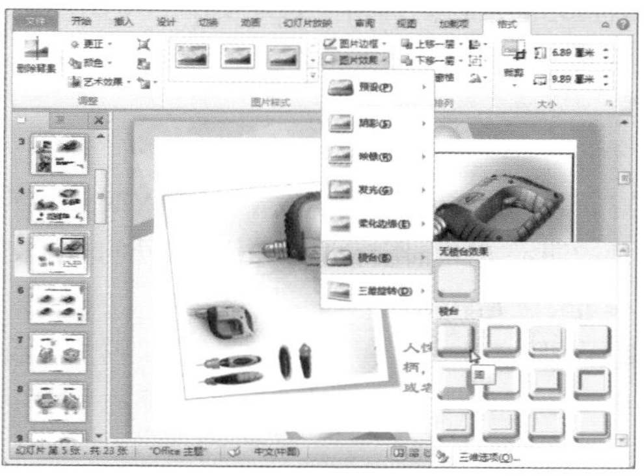

步骤06 在“图片效果”下拉列表中选择“三维旋转”选项，在其下级列表中选择“左向对比透视”选项。

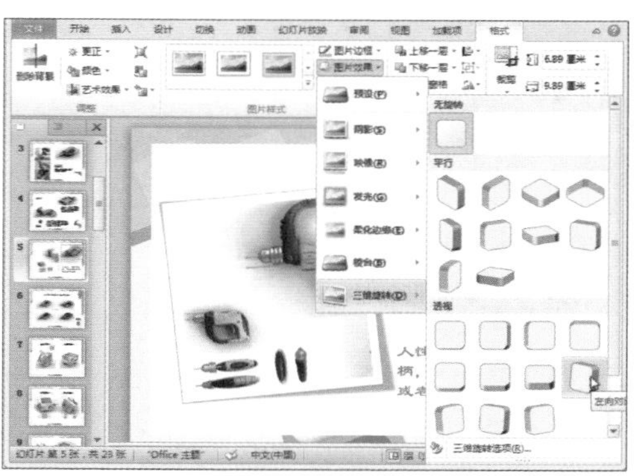

步骤07 完成自定义样式设置的图片效果如下图所示。

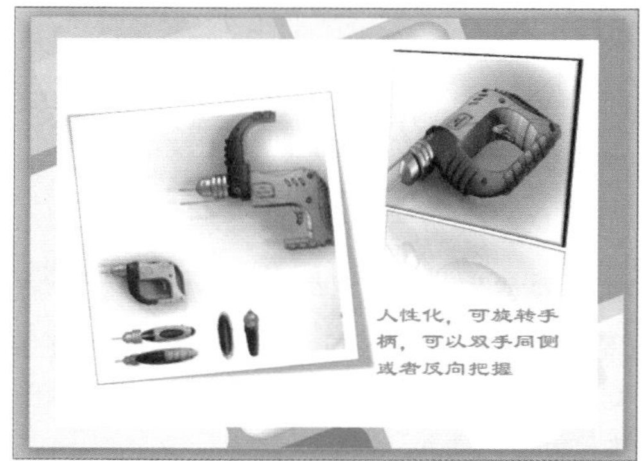

4.3 创建相册

当用户在制作图片数量较多的演示文稿时，如果选择将图片一张张插入，这样操作不仅费时费力而且容易出错。如果使用PowerPoint 2010中的“相册”功能，便可轻松将图片批量导入，并将每一张图片都生成一张幻灯片。

4.3.1 插入相册

PowerPoint相册是用来显示个人或业务照片的演示文稿，用户可以利用已打开的演示文稿进行创建。

步骤 01 打开“插入”选项卡，在“图像”组中单击“相册”下拉按钮，在展开的列表中选择“新建相册”选项。

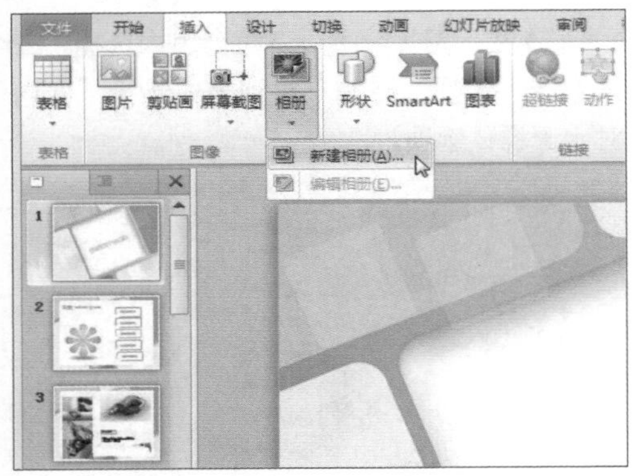

步骤 02 弹出“相册”对话框，单击“文件/磁盘”按钮。

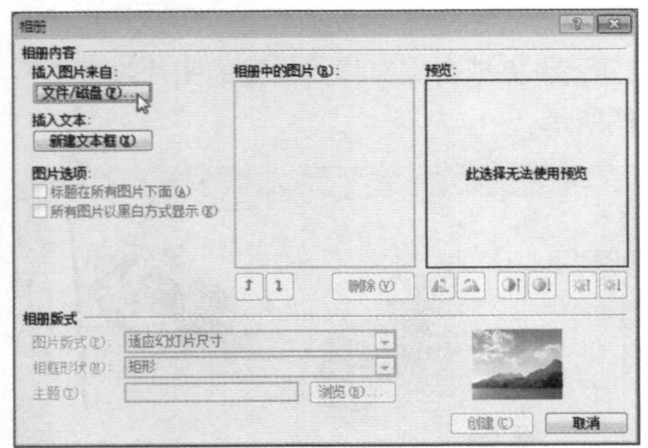

步骤 03 弹出“插入新图片”对话框，按住“Ctrl”键选中多张需要插入到幻灯片中的图片，单击“插入”按钮。

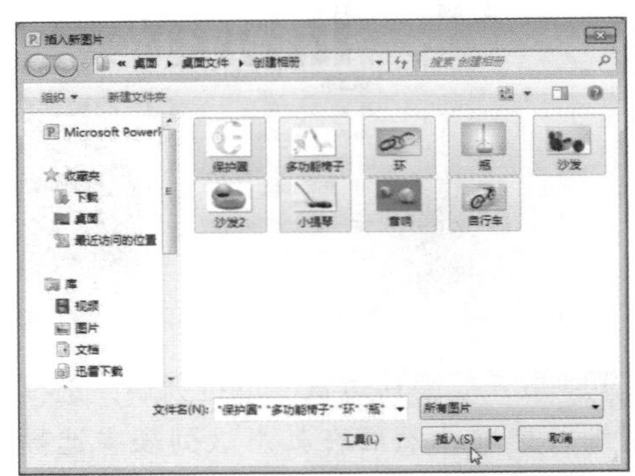

步骤 04 返回“相册”对话框，单击“图片版式”下拉按钮，在展开的下拉列表中选择“1张图片（带标题）”选项。

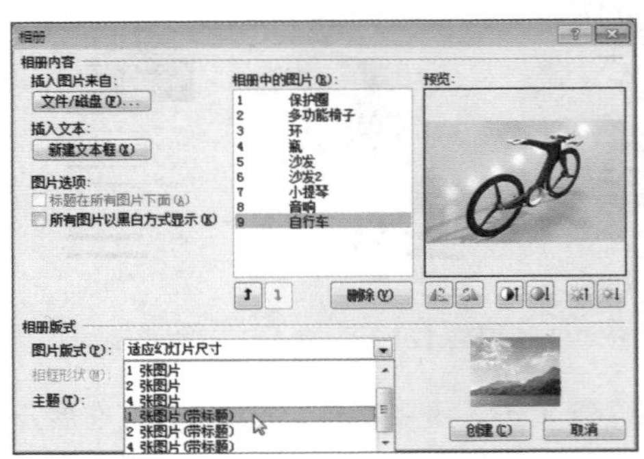

步骤 05 单击“相框形状”下拉按钮，在展开的列表中选择“简单框架，白色”选项。

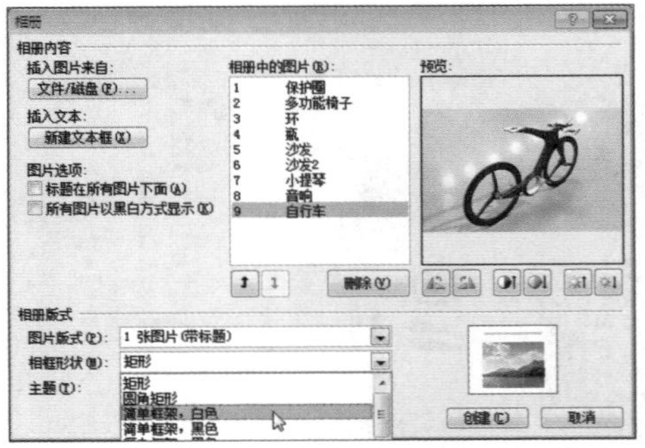

步骤05 单击“创建”按钮，关闭该对话框。

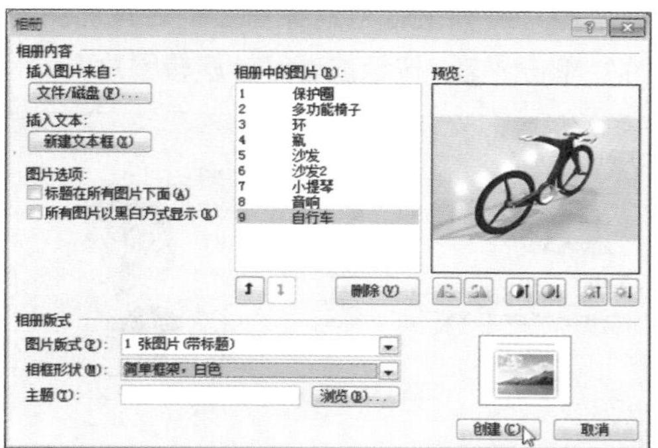

步骤06 系统自动创建一份新的演示文稿，此演示文稿即为新建的相册，相册中包含了选中的所有图片。效果如下图所示。

4.3.2 编辑相册

将图片添加到相册中后，可添加标题、调整顺序和版式、在图片周围添加相框，甚至可以应用主题。

❶添加标题

步骤01 在“单击此处添加标题”文本框中单击，然后直接输入标题即可。

步骤02 标题输入完成之后，选中文本框，打开“开始”选项卡，在“字体”组中设置标题的“字体”、“字号”、“加粗”等。

❷调整图片顺序

步骤01 打开“插入”选项卡，单击“相册”下拉按钮，在展开的列表中选择“编辑相册”选项。

步骤02 弹出“编辑相册”对话框，在“相册中的图片”列表框中选中需要调整位置的选项，单击“↑”按钮，将图片位置上移。

步骤03 选中需要调整位置的选项，单击“”按钮，将图片位置下移。

步骤04 调整好顺序后，单击“更新”按钮，即可返回相册。

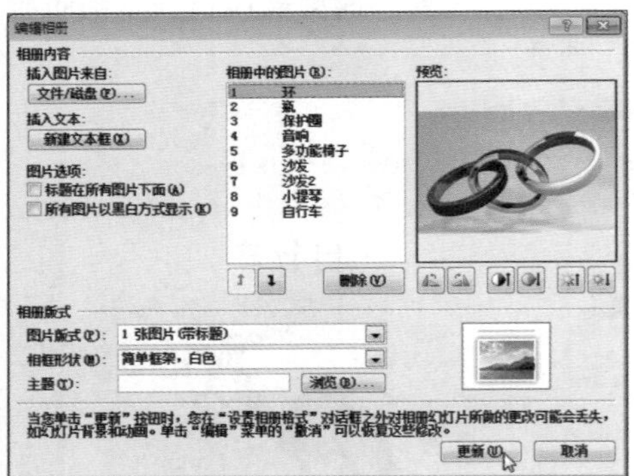

③设置相册属性

步骤01 打开“插入”选项卡，单击“相册”下拉按钮，在展开的列表中选择“编辑相册”选项。

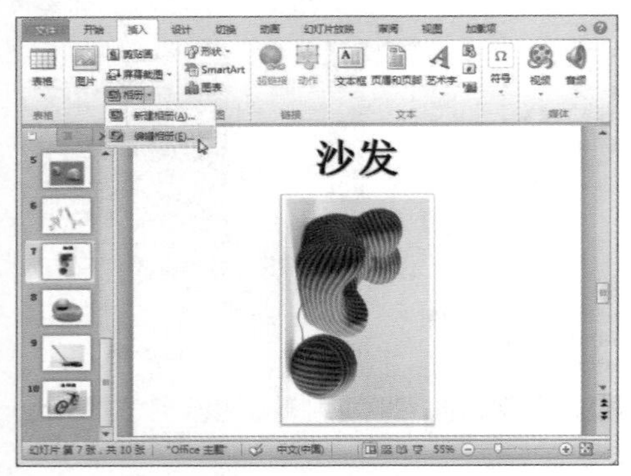

步骤02 弹出“编辑相册”对话框，在“相册中的图片”列表框中选择需要旋转角度的图片，单击“”按钮按逆时针旋转图片。

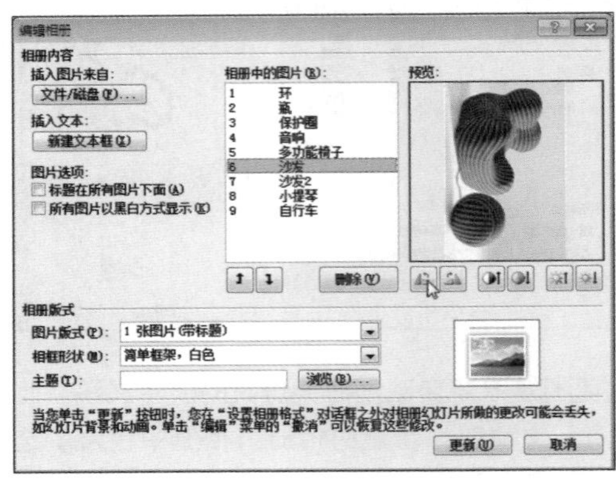

步骤03 单击“”按钮增加图片对比度，单击“”按钮增加图片亮度。

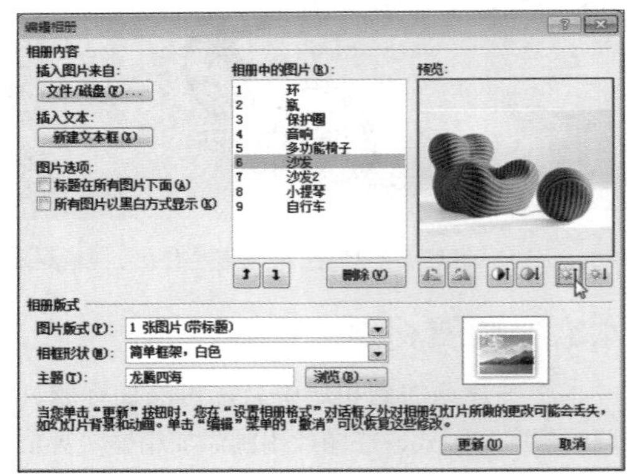

步骤04 旋转了图片角度的效果如下图所示。

④为相册添加主题

步骤01 打开“编辑相册”对话框，单击“浏览”按钮。

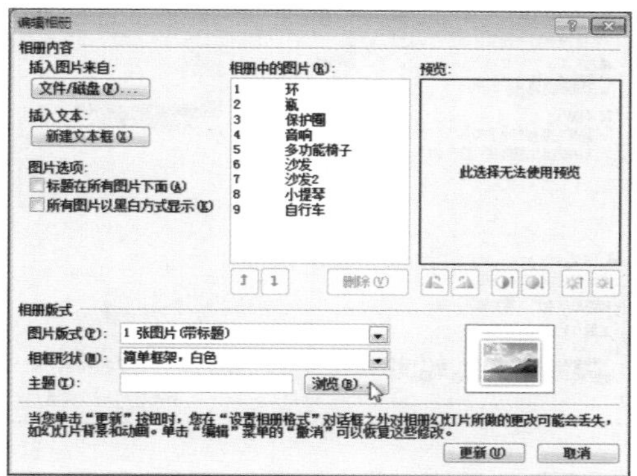

步骤02 弹出“选择主题”对话框，选中合适的主题，单击“选择”按钮。

步骤04 返回“编辑相册”对话框，单击“更新”按钮。

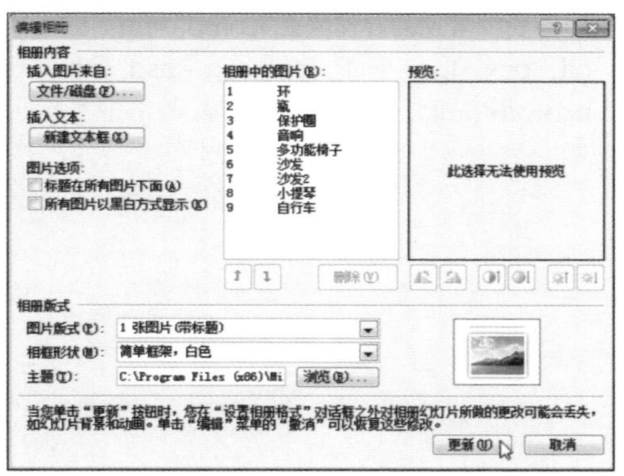

步骤05 此时的相册已经应用了选中的主题。

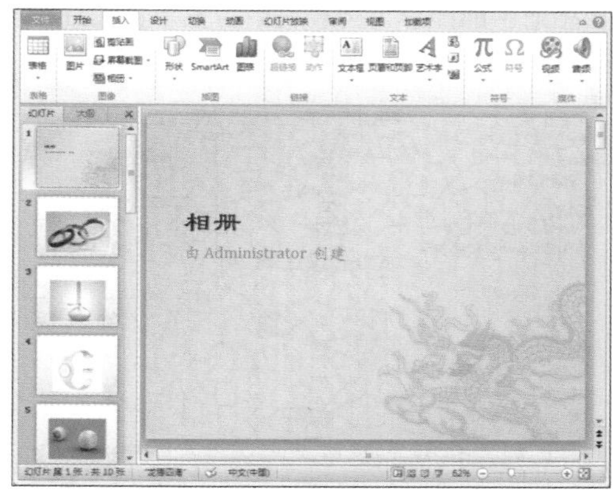

⑤添加和删除图片

步骤01 打开“编辑相册”对话框，单击“文件/磁盘”按钮。

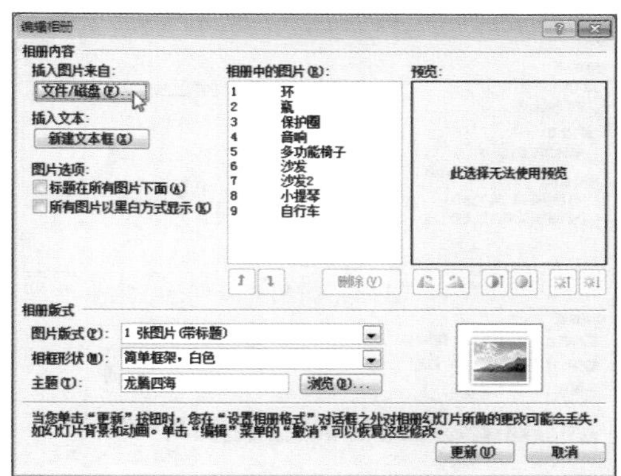

步骤02 弹出“插入图片”对话框，选中需要插入到相册中的图片，单击“插入”按钮。

步骤 03 选中的图片随即插入到相册中，在"相册中的图片"列表框中可显示该图片。

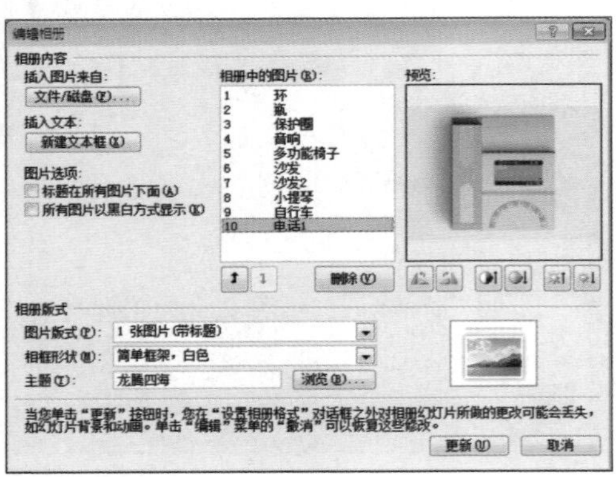

步骤 04 在"相册中的图片"列表框中选中需要删除的图片，单击"删除"按钮，即可将该图片删除。

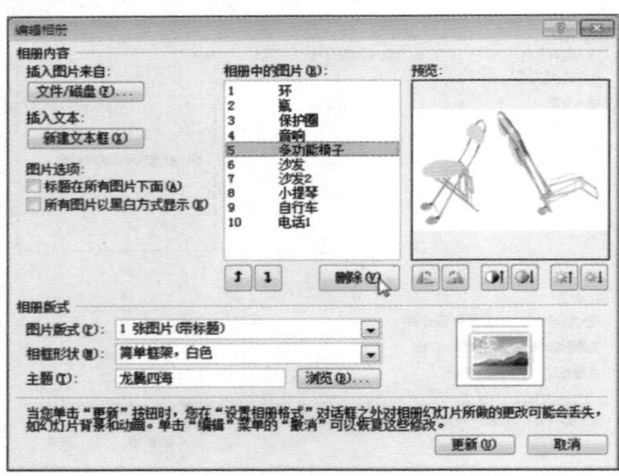

步骤 05 单击"新建文本框"按钮，可向相册中新建一页包含文本框的幻灯片。

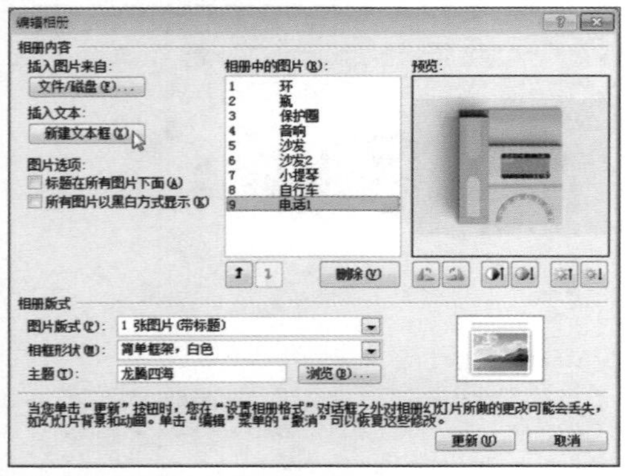

步骤 06 单击"更新"按钮，关闭该对话框，并更新相册。

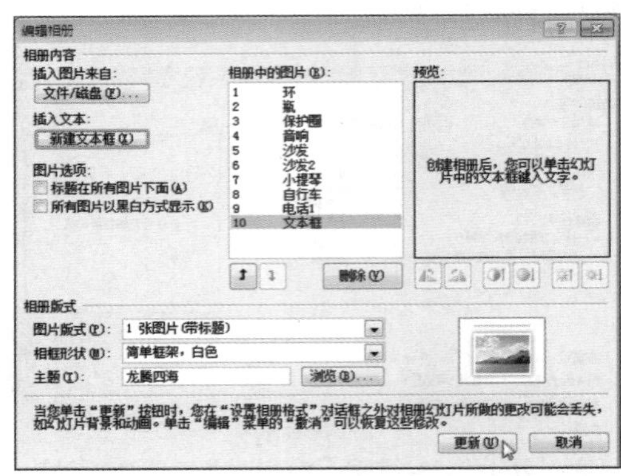

步骤 07 此时的相册中被插入了新的图片，并添加了一页含有文本框的幻灯片。

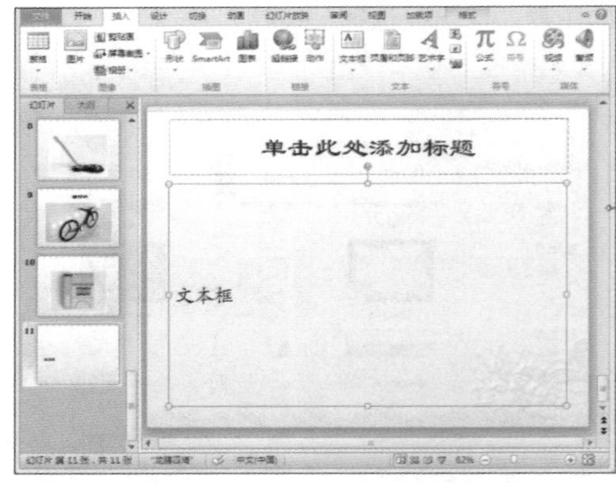

办公助手 PPT相册图片格式

在PPT相册中可以插入不同风格的图片，使PPT更加美观。图片格式是计算机存储图片的格式，常见的存储格式有bmp、jpg、tiff、gif、pcx、tga、exif、fpx、svg、psd、cdr、pcd、dxf、ofo、eps、ai、raw等。

4.4 绘制与编辑图形

为了制作更丰富的页面效果，用户可以利用PowerPoint 2010提供的绘图工具向幻灯片中插入线条、几何图形、箭头、流程图形、旗帜和标注等形状，还可以使用这些基本形状绘制更复杂的图形。

4.4.1 绘制自选图形

自选图形的种类有很多，用户可以根据制作需要使用不同的图形。那么如何在幻灯片中绘制自选图形呢？下面将演示具体步骤。

步骤01 打开“插入”选项卡，单击“形状”下拉按钮，在展开的列表“基本形状”组中选择“椭圆”选项。

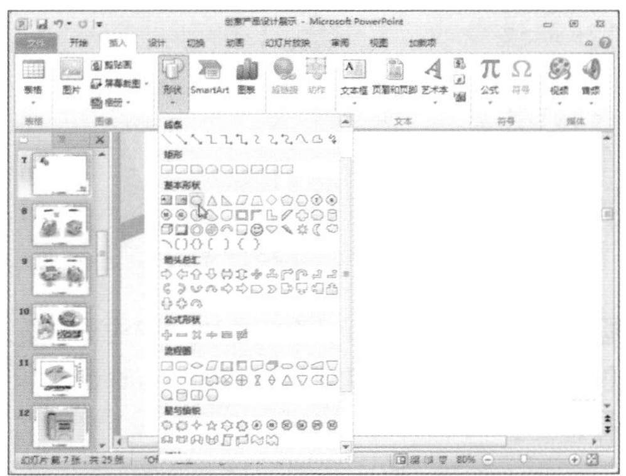

步骤02 将光标移动到工作区中单击，即可自动绘制出一个圆形。

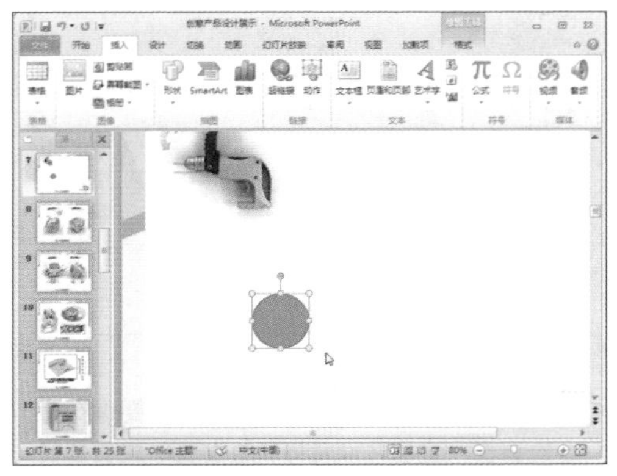

步骤03 展开“形状”下拉列表，在“箭头总汇”组中选择“右箭头”选项。

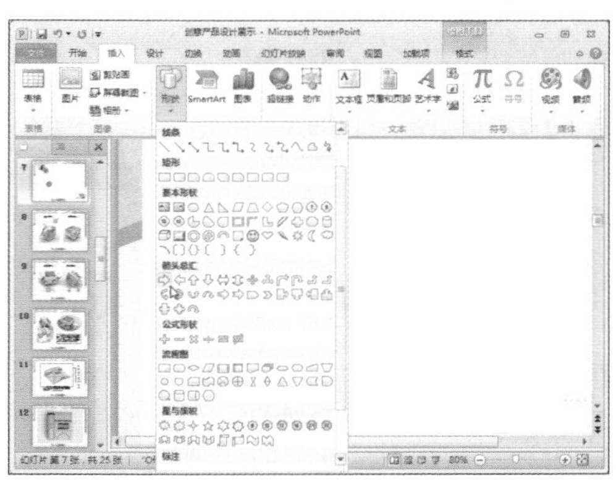

步骤04 将光标移动至工作区，按住鼠标左键拖动，绘制图形。

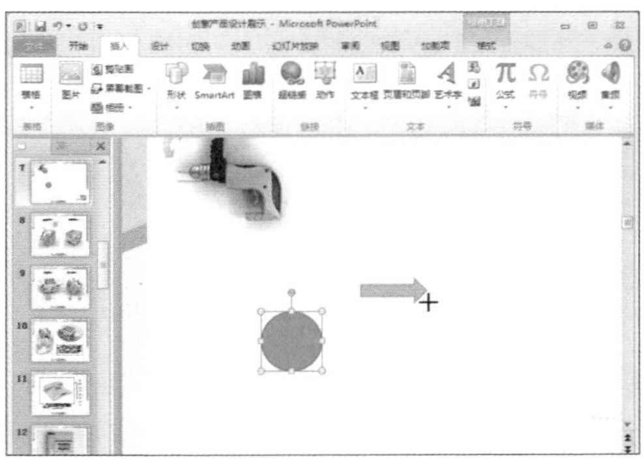

步骤05 当绘制到合适大小时松开鼠标即可。

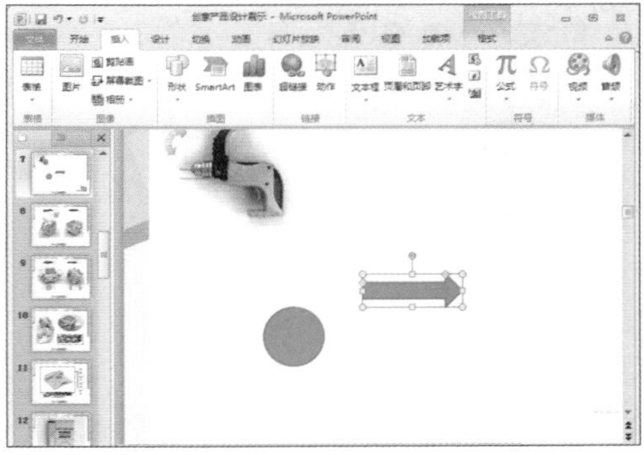

步骤06 参照此方法可以继续向幻灯片中添加其他图形。

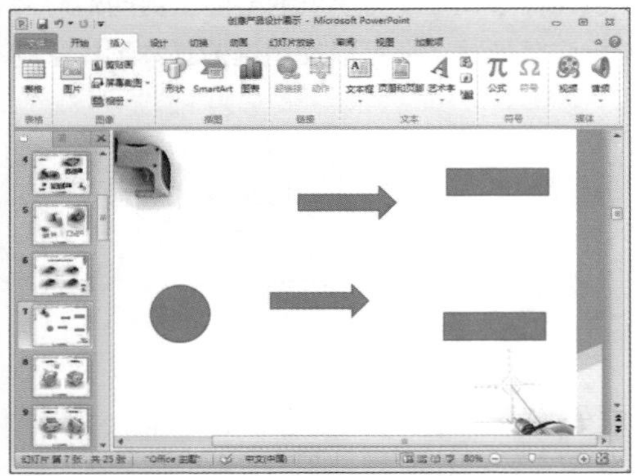

步骤07 打开“形状”下拉列表，在“线条”组中单击“自由曲线”选项。

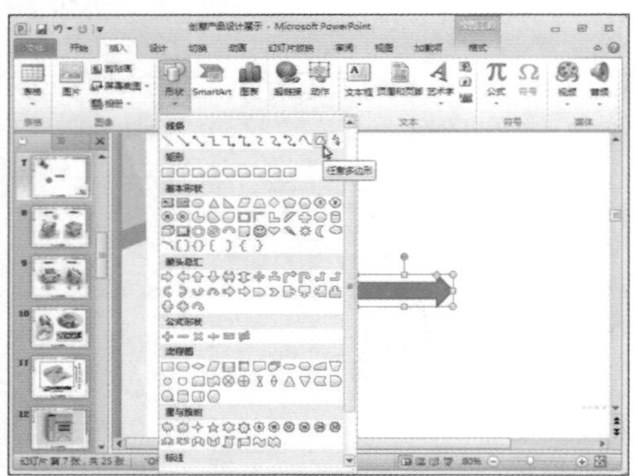

步骤08 按住鼠标左键移动鼠标，可以在幻灯片中绘制任意图形。绘制完成后，双击鼠标左键，可退出绘图模式。

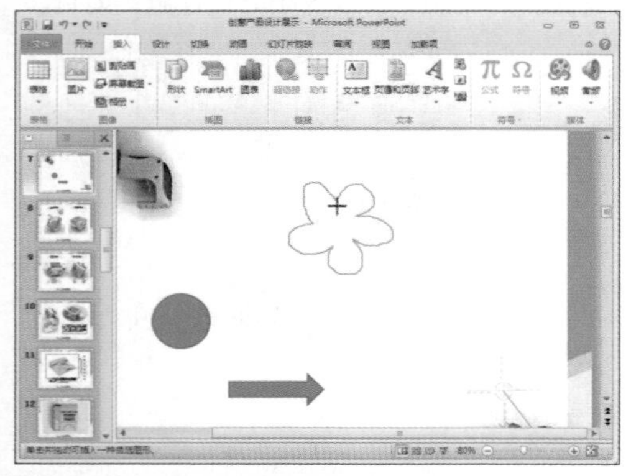

4.4.2 调整位置与大小

图形绘制完成之后，要根据整体构思对图形的位置及大小进行调整，为后期的制作做好准备。

❶使用鼠标拖动调整

步骤01 选中圆形，将光标置于控制框右下角的控制点上，光标将变为“⤡”形状。

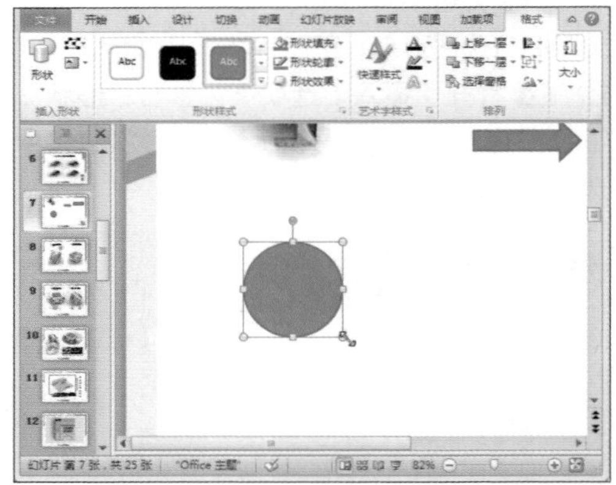

步骤02 按住“Shift”键的同时，按住鼠标左键，拖动鼠标调整图形至合适大小时松开鼠标即可。

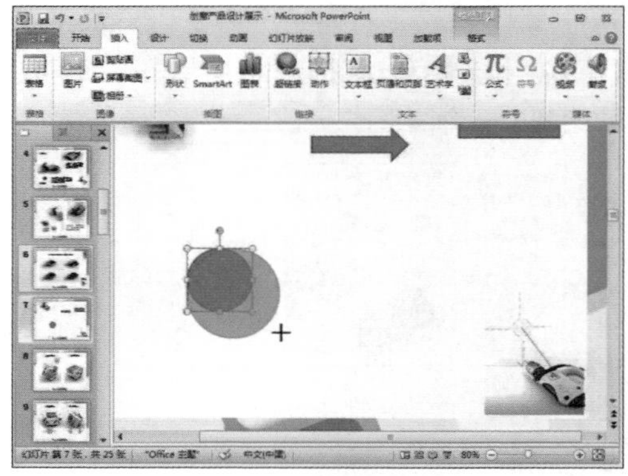

办公助手 适度调整

在PPT设计中，图形的位置与大小需要进行适当的调整，这样才能使PPT的表现形式更加灵活美观。

步骤 03 将光标指向圆形，当光标变为“![cursor]”形状时按住鼠标左键，拖动鼠标，将图形移动至合适位置时松开鼠标即可。

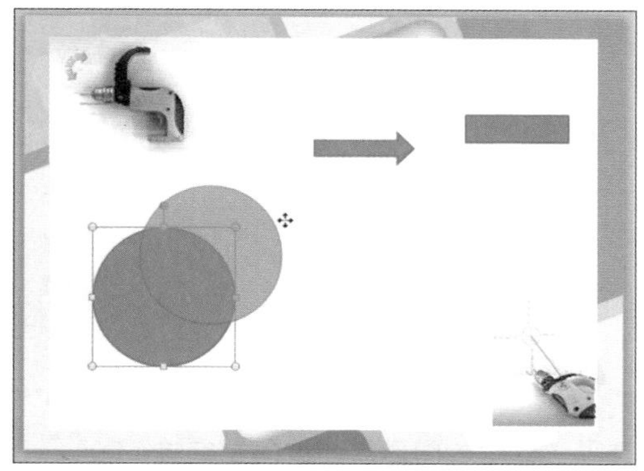

步骤 04 选中箭头图形，将光标置于控制框右下角，当光标变为“![cursor]”形状时按住鼠标左键，拖动鼠标即可更改图形大小。

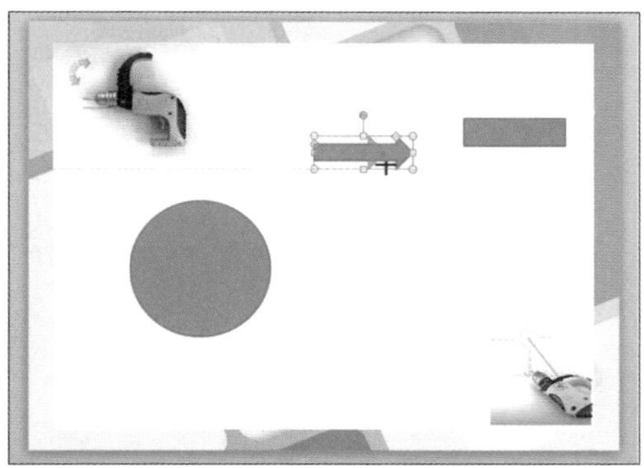

步骤 05 选中箭头图形，按住鼠标左键，移动鼠标，即可更改该图形的位置。

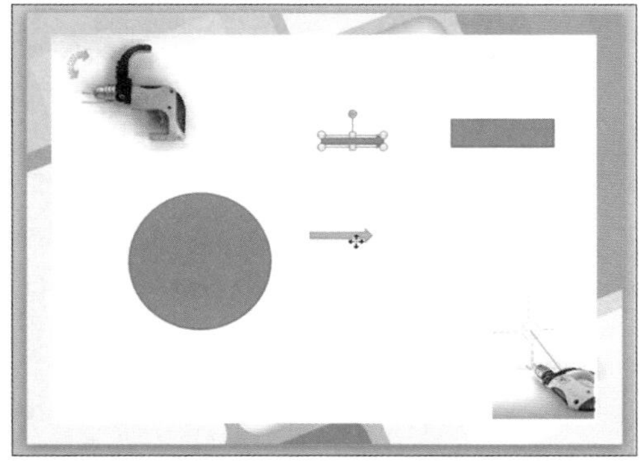

❷ 使用对话框调整

步骤 01 右击矩形，在弹出的快捷菜单中选择“大小和位置”选项。

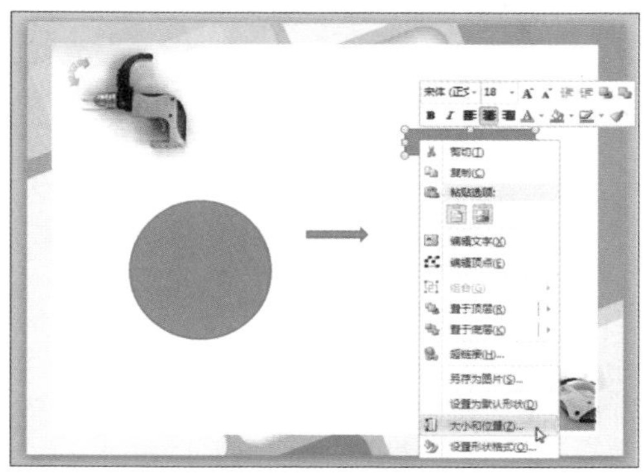

步骤 02 弹出“设置形状格式”对话框，在“大小”选项面板的“尺寸和旋转”组中输入“高度”和“宽度”数值。

步骤 03 切换到“位置”选项面板，在“在幻灯片上的位置”组中输入“水平”和“垂直”数值，单击“关闭”按钮。

步骤04 返回幻灯片，选中的图形已经应用对话框中的设置自动调整了位置。

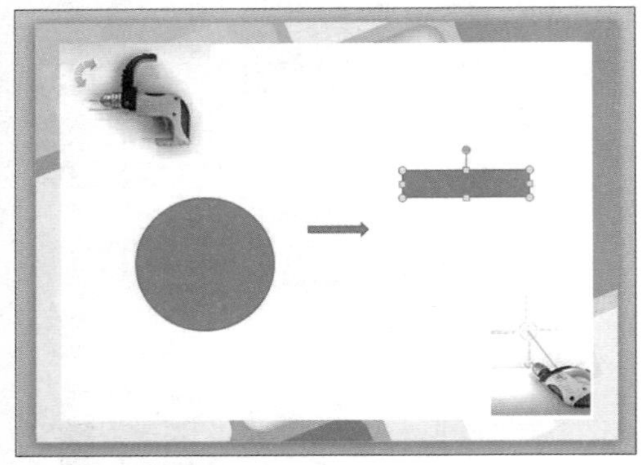

③使用选项卡设置

选中图形，打开“绘图工具-格式”选项卡，在“大小”组中“高度”和“宽度”微调框中输入数值，即可调整图片的大小。

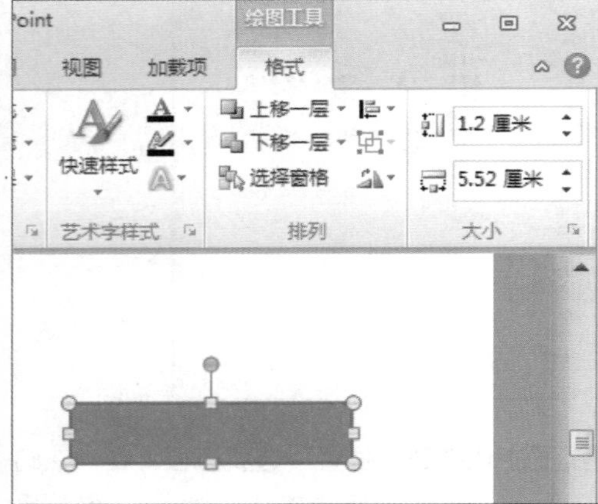

4.4.3 旋转与翻转图形

在编辑图形时可以让幻灯片中的图形变换“姿势”，由原本的“立正站齐”变倾斜。或直接将图形翻转。

①使用“格式”选项卡设置

步骤01 选中图形，打开“绘图工具-格式”选项卡，在“排列”组中单击“旋转”下拉按钮。

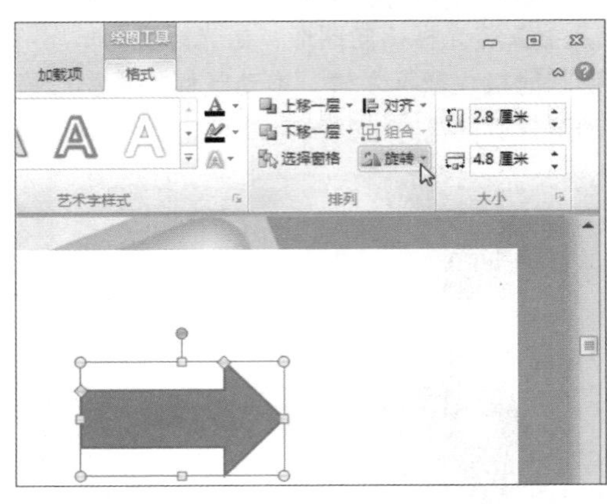

步骤02 在展开的列表中选择“向右旋转90°”选项，选中的图形随即被向右旋转了90°。

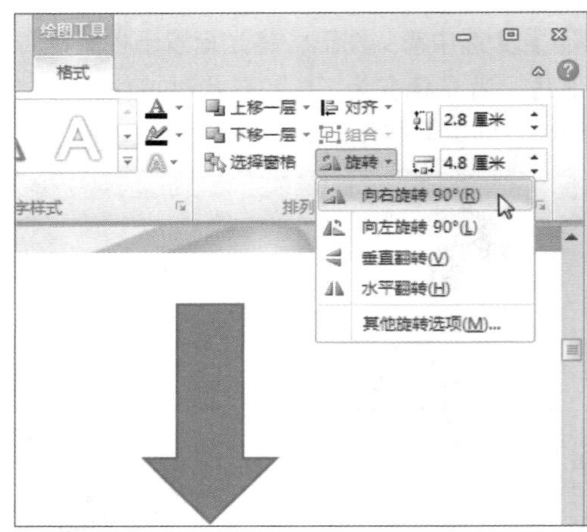

步骤03 在“旋转”下拉列表中选择“水平翻转”选项，选中的图形随即被水平翻转。

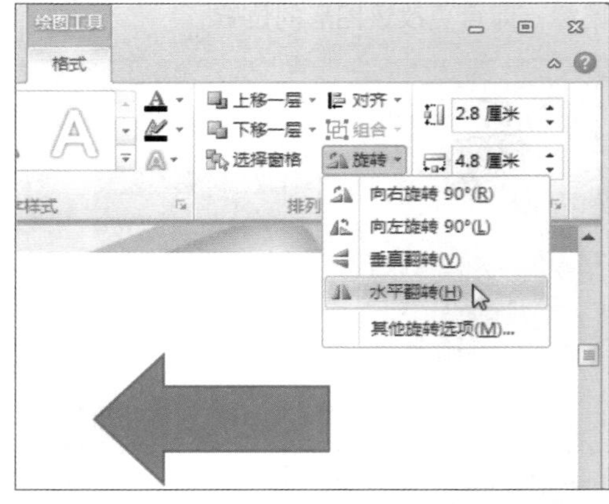

②使用对话框设置旋转

步骤01 右击图形，在弹出的快捷菜单中选择“大小和位置”选项。

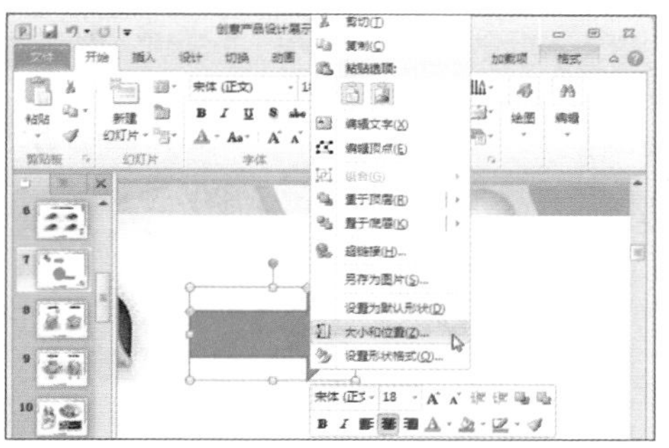

步骤02 弹出“设置形状格式”对话框，在“大小”选项面板的“尺寸和选择”组中的“旋转”微调框中输入数值。单击“关闭”按钮，即可将图像旋转对应度数。

③使用鼠标控制旋转

步骤01 选中图形，将光标指向旋转控制点，光标变为“↻”形状时按住鼠标左键。

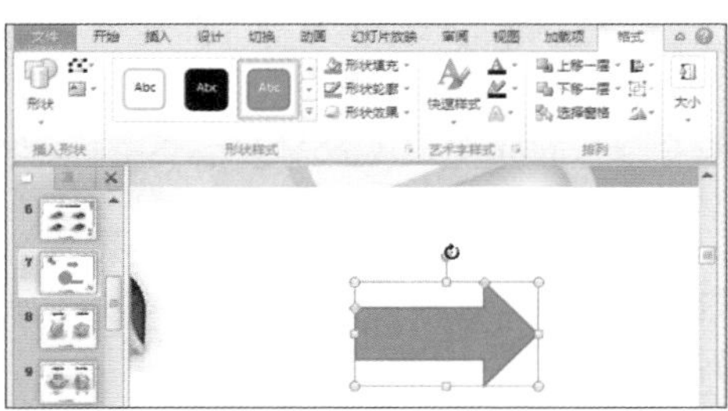

步骤02 移动鼠标，将图形旋转到合适角度后松开鼠标左键。

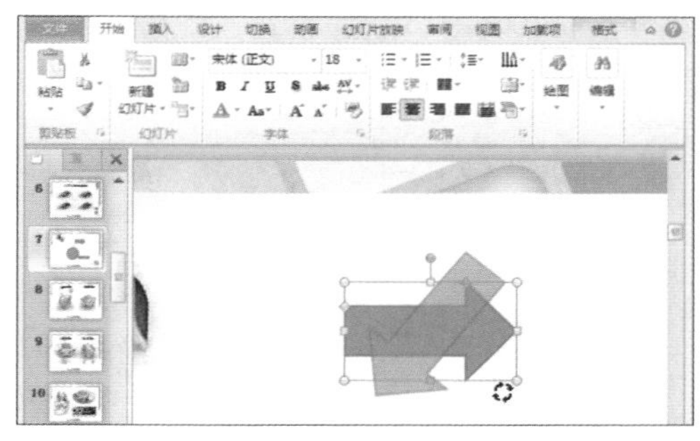

步骤03 被旋转后的图形效果如下图所示。

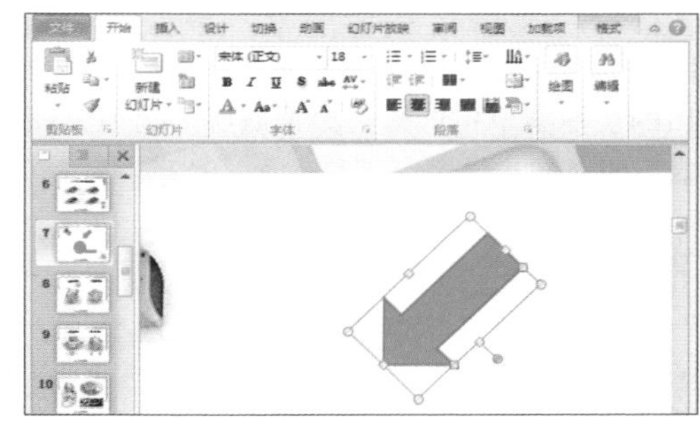

4.4.4 调整叠放次序

在幻灯片中编辑图形的时候经常会遇到将多个图形叠加摆放的情况，但是这些图形会根据插入到幻灯片中的时间自动安排叠放次序，那么如何让这些图形根据用户的需要进行叠放呢？下面将带领你寻找解决的办法。

步骤01 选中组合图形最顶层的平行四边形。

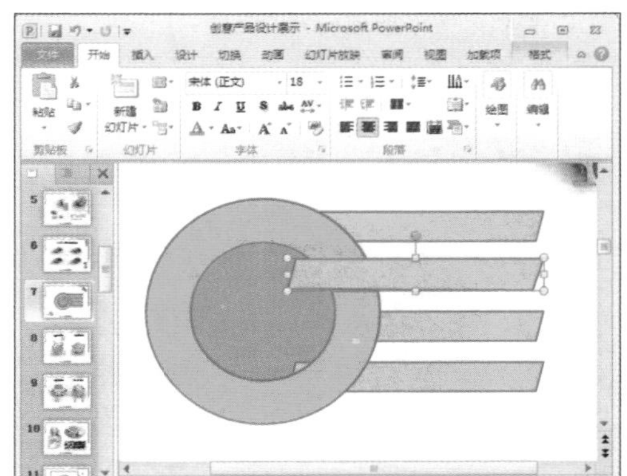

步骤 02 右击该图形，在弹出的快捷菜单中选择“置于底层”选项，在展开的下级菜单中选择“置于底层”选项。

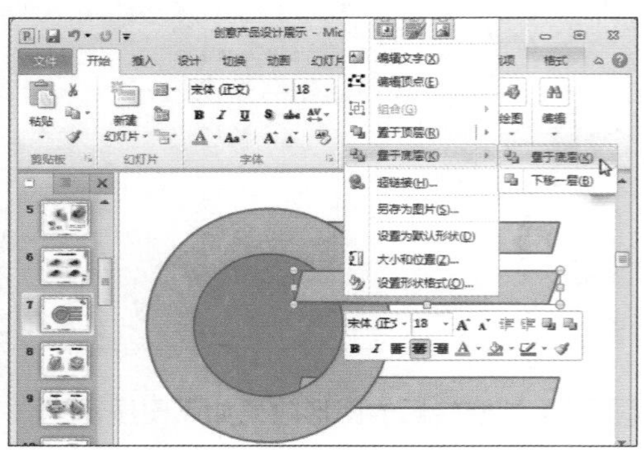

步骤 03 右击最下方的一个平行四边形，在弹出的快捷菜单中选择“置于底层”选项，在其下级菜单中选择“下移一层”选项。

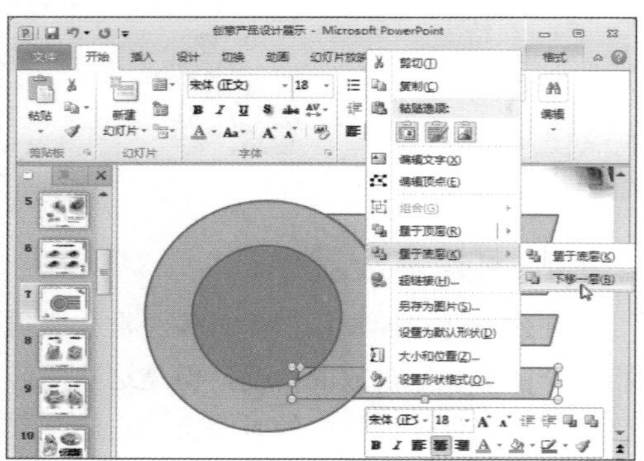

步骤 04 右击位于底层的圆形，在弹出的快捷菜单中选择“置于顶层”选项，在其下级菜单中选择“置于顶层”选项。

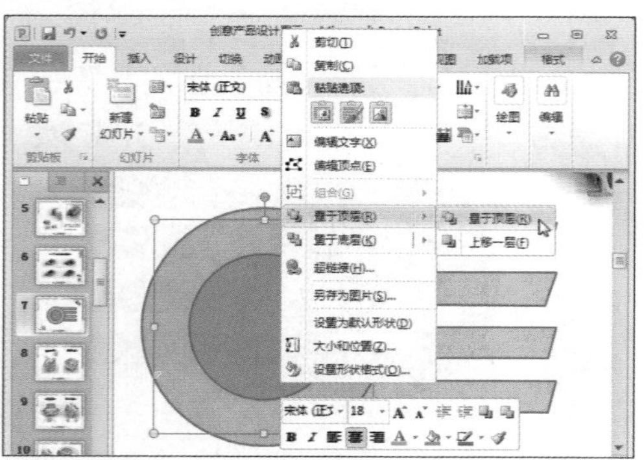

步骤 05 按照需求设置好叠放次序的图形效果如下图所示。

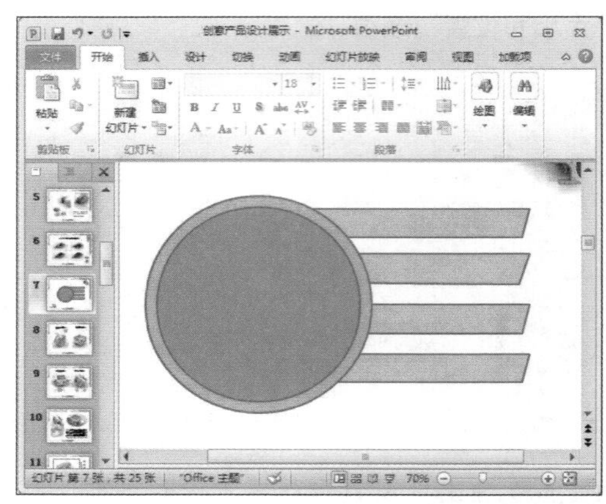

4.4.5 组合与取消组合

安排好图形叠放次序后，如果想将这些图形统一移动位置，一张一张地移动然后再重新叠放会非常麻烦，这时候用户可以将图形进行组合，使她们成为一个整体。当需要将图形分解的时候只要取消组合即可。

❶使用右键菜单组合

步骤 01 按住“Ctrl”键，依次单击幻灯片中的图形，将图形全部选中。

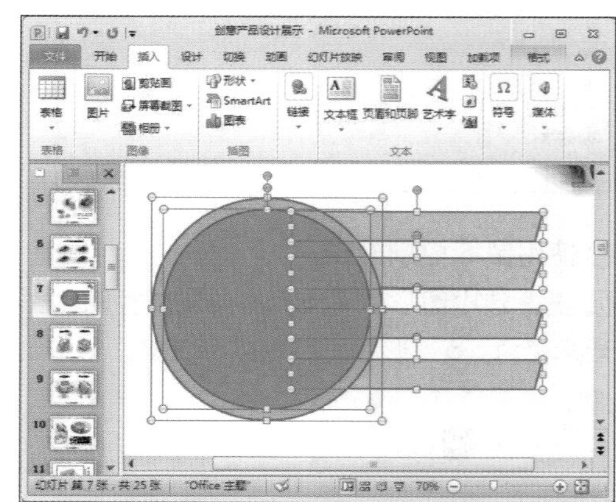

步骤 02 右击选中的图形，在弹出的快捷菜单中选择“组合”选项，在其下级菜单中选择“组合”选项。

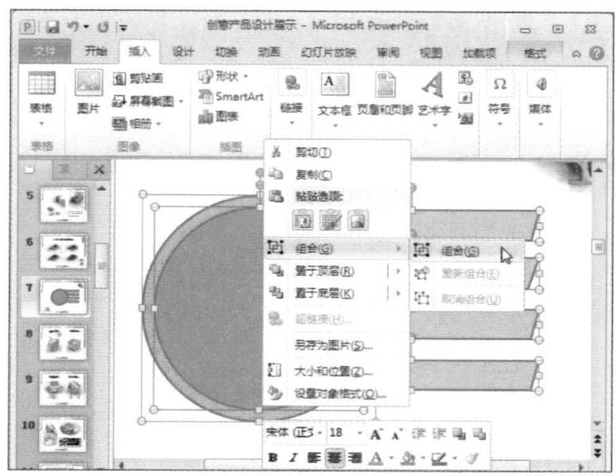

步骤03 所有选中的图形随即被组合为一个整体了。

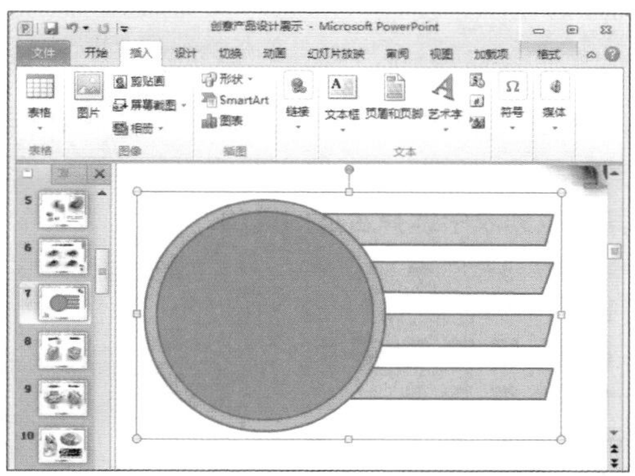

步骤04 选中图形，按住鼠标左键，拖动鼠标可移动该组合图形。

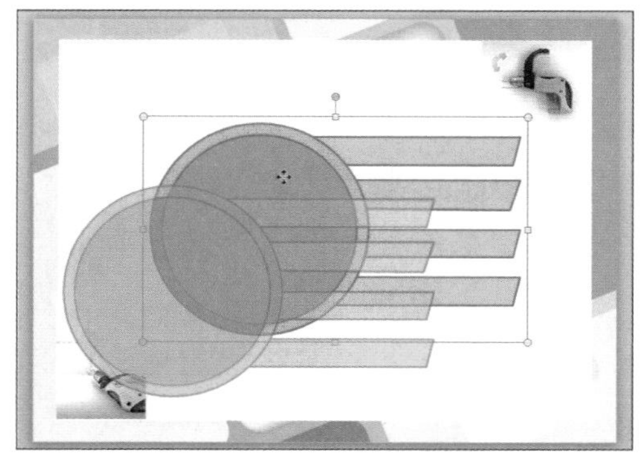

步骤05 右击组合图形，在弹出的快捷菜单中选择“组合”选项，在展开的下级菜单中选择“取消组合”即可取消组合。

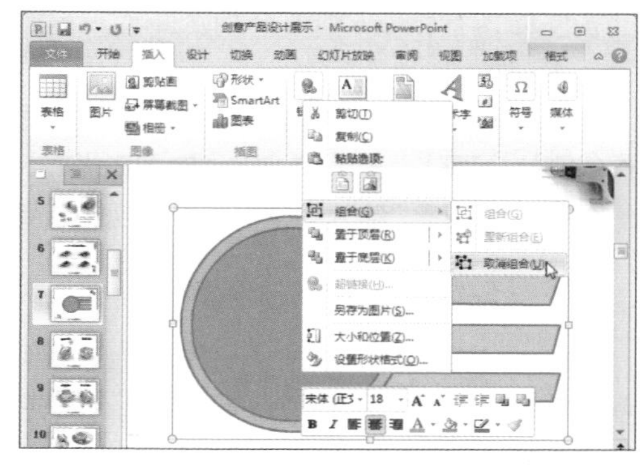

②使用“格式”选项卡组合

步骤01 按住“Ctrl”键选中所有图形，打开“绘图工具-格式”选项卡，在“排列”组中单击“组合”下拉按钮，在展开的列表中选择“组合”选项，即可将选中的图形组合。

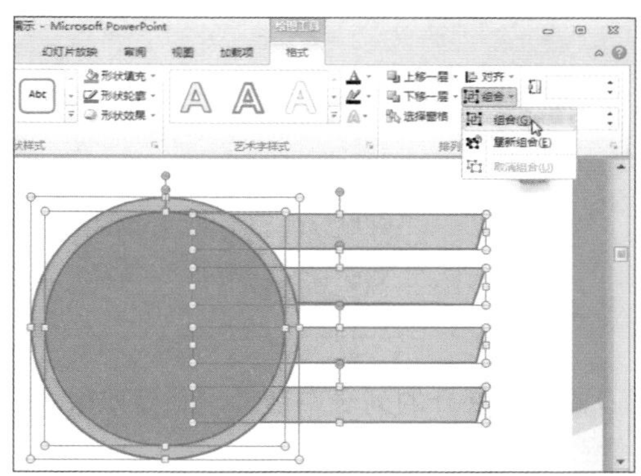

步骤02 选中组合图形，在“绘图工具-格式”选项卡中单击“组合”下拉按钮，在展开的列表中选择“取消组合”选项，即可取消组合。

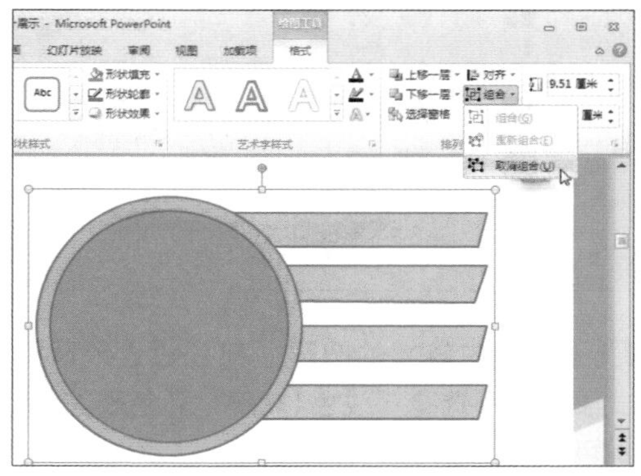

4.5 设置图形样式

在幻灯片中初始绘制的图形都保持着一致的填充色和轮廓，如果只应用原始的图形样式制作幻灯片，那就太无趣了。经过对图形样式、填充效果、线条样式以及特殊效果的设置，可以使图形改头换面，给人完全不一样的视觉感受。

4.5.1 快速更改图形样式

PowerPoint 2010内置了一些设置好图形效果的快速样式，用户只需要选择某一个样式就可以直接应用。具体设置方法如下。

步骤 01 选中所有平行四边形，打开“格式”选项卡，在“形状样式”组中单击“其他”下拉按钮。

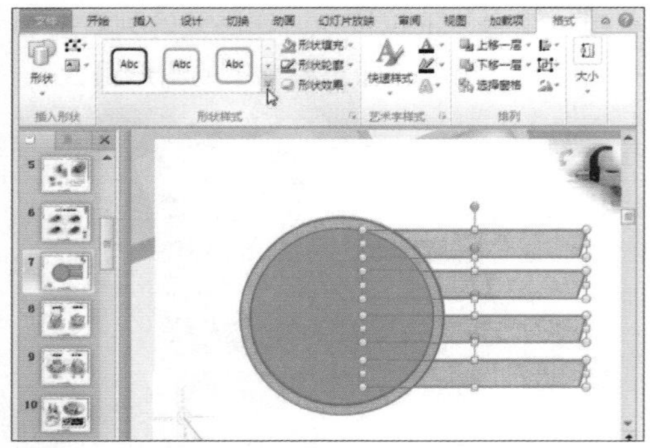

步骤 02 在展开的列表中选择“强烈效果-水绿色，强调颜色5”选项。

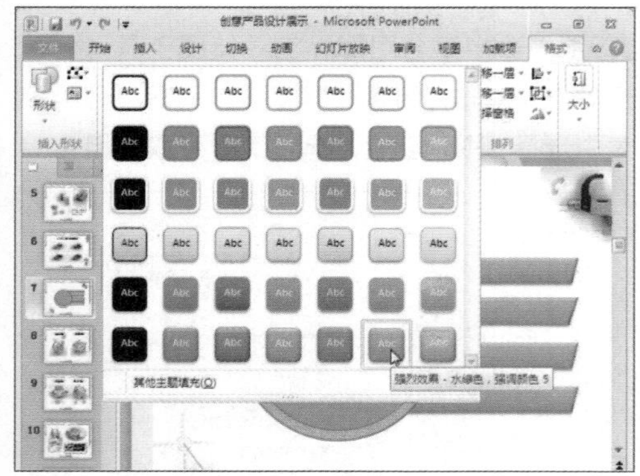

步骤 03 选中较大的圆形，在“快速形状样式”列表中选择“浅色1轮廓，彩色填充-水绿色，强调颜色5”选项。

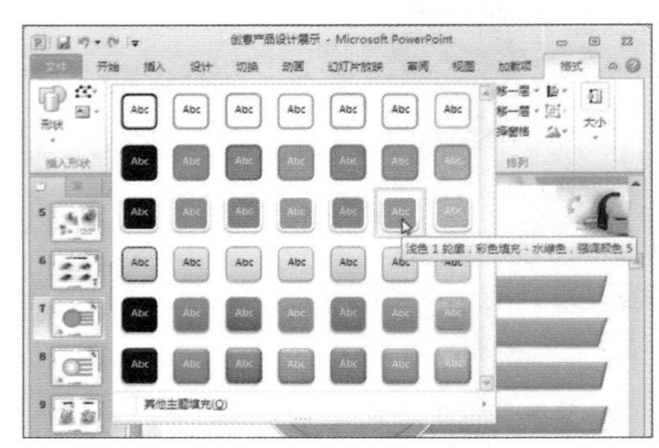

步骤 04 选中较小的圆形。在“其他形状样式”列表中选择“其他主题填充”选项，在其下级列表中选择合适的选项。

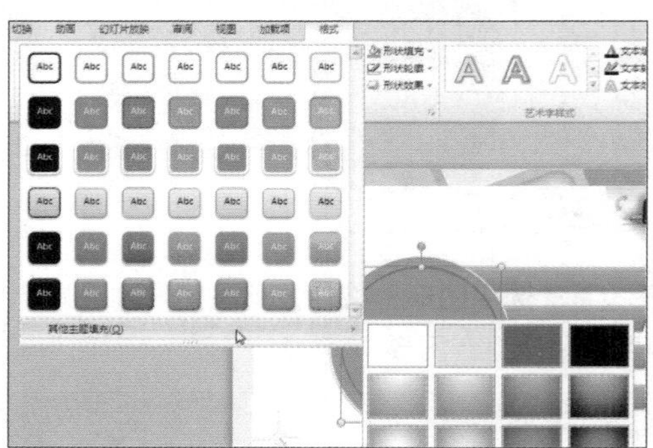

步骤 05 设置好内置样式的图形如下图所示。

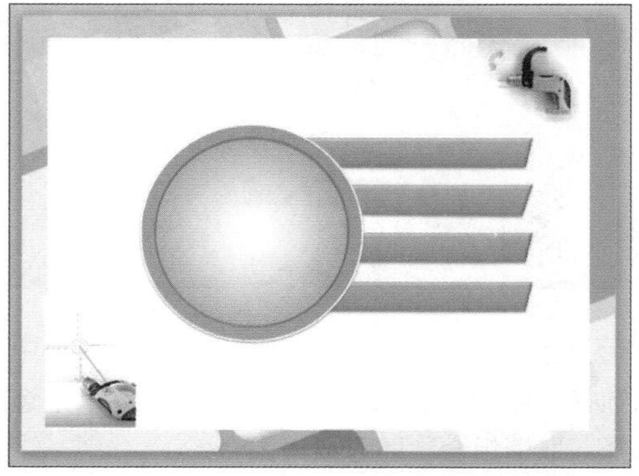

4.5.2 设置图形填充

图形的填充效果非常丰富，用户可选择纯色填充、渐变填充、图片或纹理填充等。

❶ 设置渐变填充

步骤01 选中需要设置填充色的图形，打开“绘图工具-格式”选项卡，在“形状样式”组中单击“形状填充”下拉按钮。

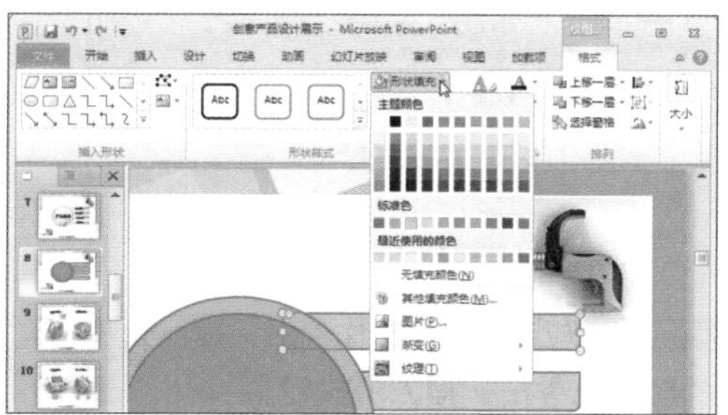

步骤02 在展开的下拉列表中选择“渐变”选项，在其下级列表中选择“其他渐变”选项。

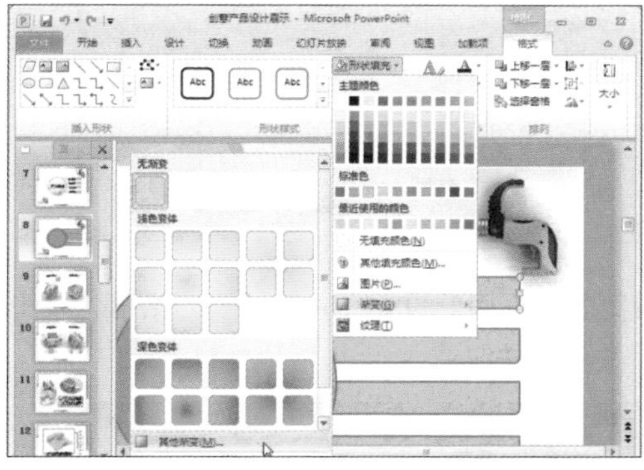

步骤03 弹出“设置形状格式”对话框，在“填充”选项面板选中“渐变填充”单选按钮。

步骤04 单击“类型”下拉按钮，在展开的列表中选择“射线”选项。

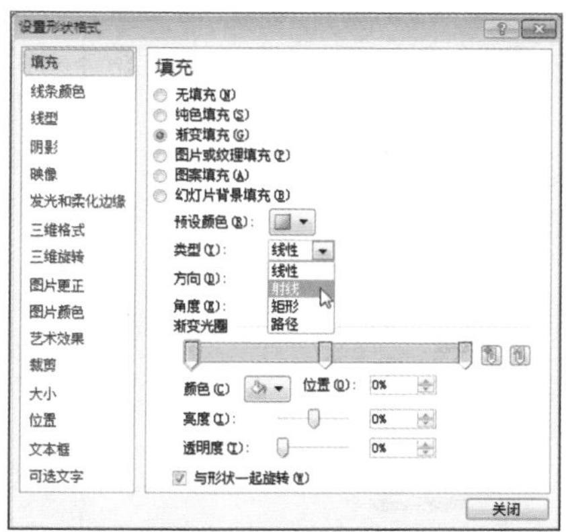

步骤05 选中“渐变光圈”上的第一个滑块，单击“颜色”下拉按钮，在展开的列表中选择“其他颜色”选项。

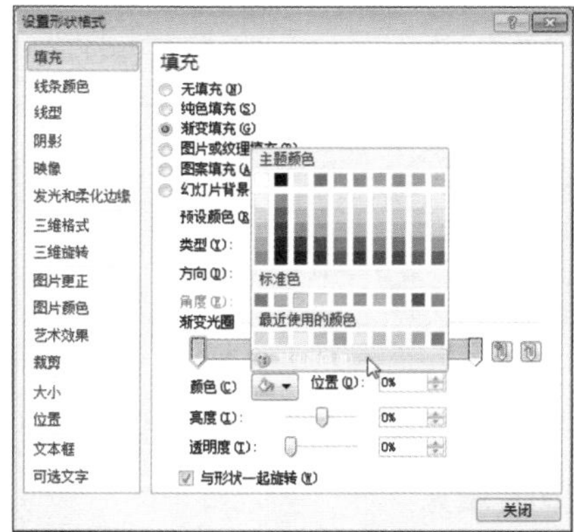

步骤06 弹出“颜色”对话框，在“标准”选项卡中选合适的颜色，单击“确定”按钮。

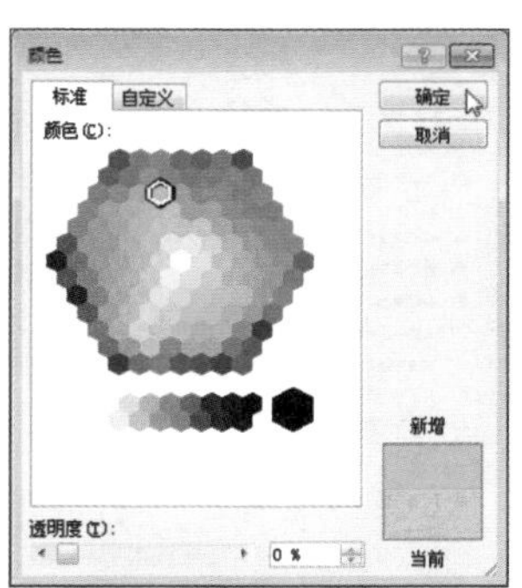

步骤07 参照此法依次设置“渐变光圈”上的其他滑块颜色，最后单击“关闭”按钮。

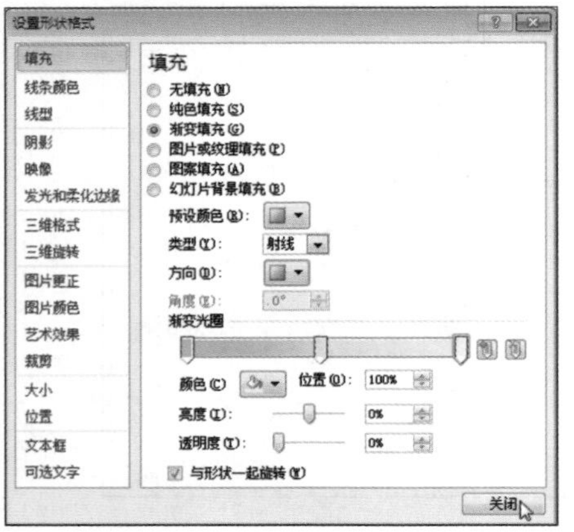

步骤08 返回编辑区，查看幻灯片中图形的渐变效果。

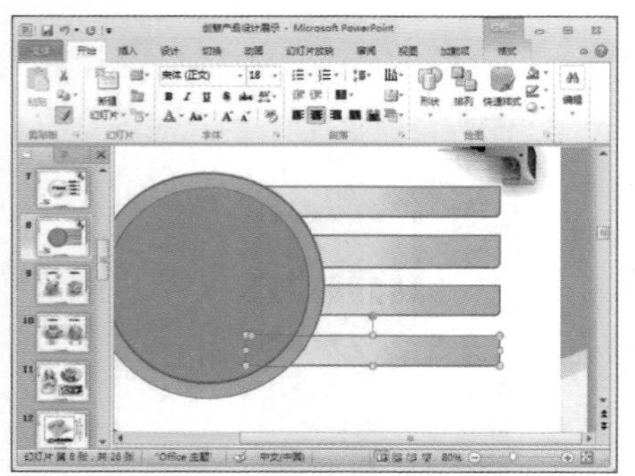

❷设置图片填充

步骤01 右击需要设置图片填充的图形，在弹出的快捷菜单中选择“设置形状格式”选项。

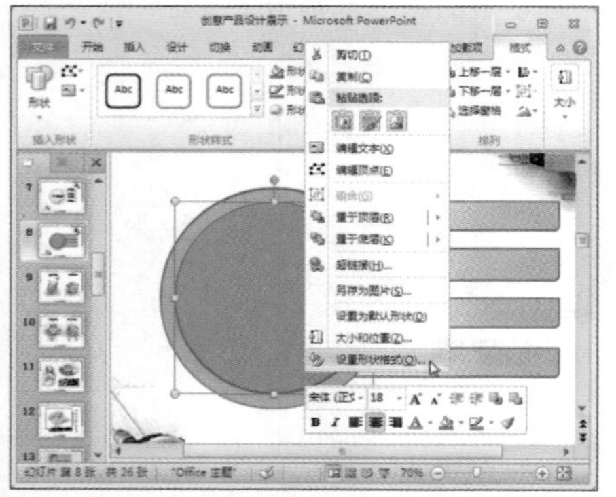

步骤02 弹出“设置图片格式”对话框，在“填充”选项面板中选中“图片或纹理”填充单选按钮，单击“文件”按钮。

步骤03 弹出“插入图片”对话框，选中合适的图片，单击“插入”按钮。

步骤04 返回“设置图片格式”对话框，单击“关闭”按钮。

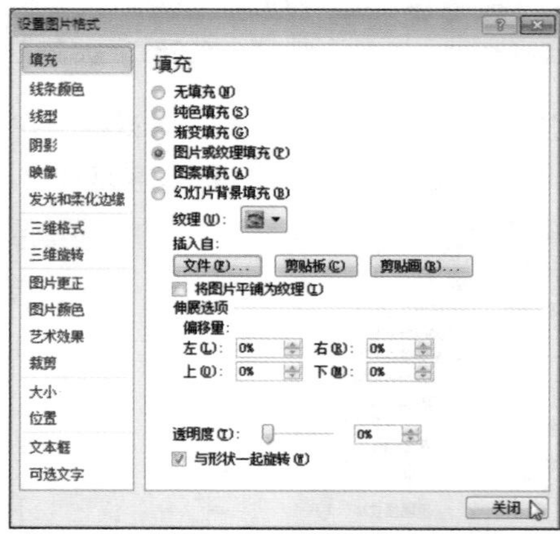

步骤05 返回演示文稿，此时选中的图形已经被图片填充。

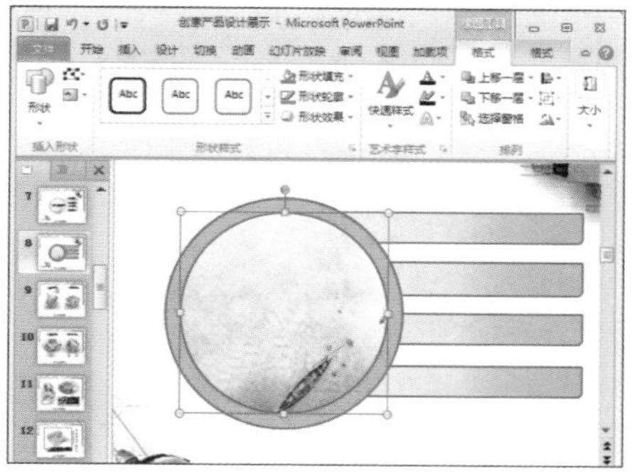

③设置图案填充

步骤01 右击需要设置图案填充的图形，在弹出的快捷菜单中选择“设置形状格式”选项。

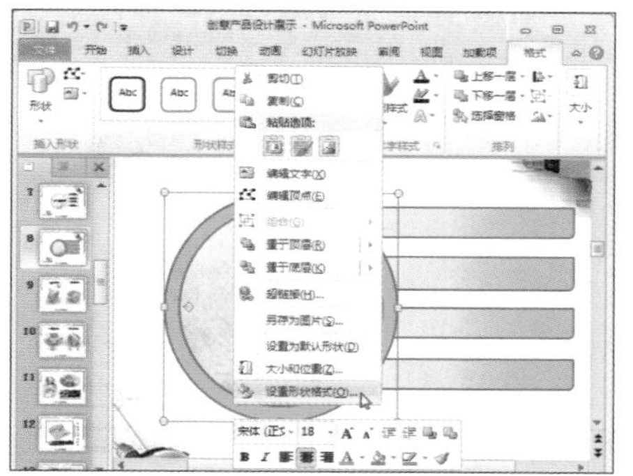

步骤02 弹出“设置形状格式”对话框，在“填充”选项面板中选中“图案填充”单选按钮。选择合适的图案。

步骤03 单击“前景色”下拉按钮，在展开的列表中选择合适的颜色。

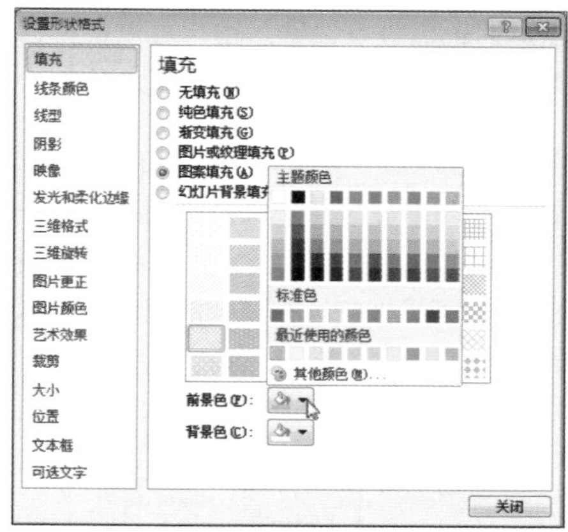

步骤04 单击“关闭”按钮，关闭该对话框。

步骤05 此时，选中的图形应用了对话框中的设置被填充了图案。

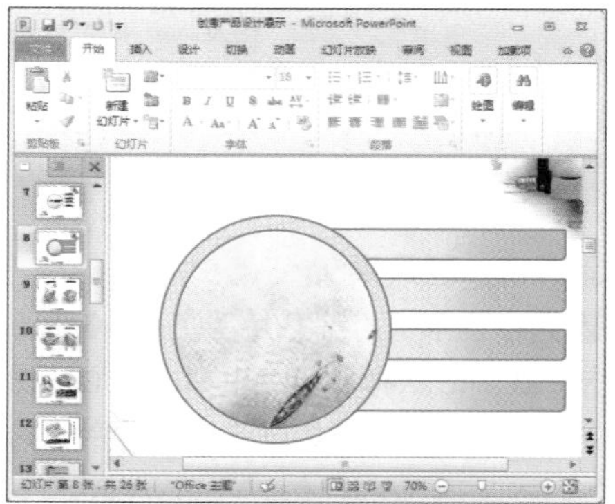

4.5.3 设置轮廓样式

为图形设置好不同的填充效果后，还可以对图形的轮廓进行设置。用户可以根据需要设置不同的轮廓效果。具体操作如下：

①设置轮廓颜色

步骤 01 选中需要设置轮廓颜色的图形，打开“格式”选项卡，在“形状样式”组中单击“形状轮廓”下拉按钮，在展开的列表中选择合适的颜色。

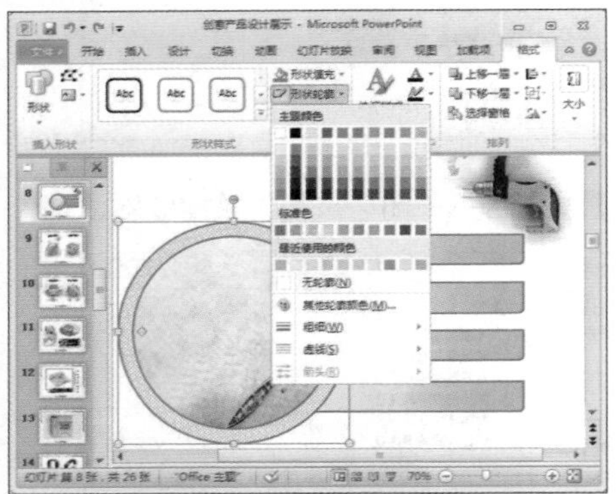

步骤 02 设置轮廓颜色为“水绿色，强调文字颜色5，单色80%”，效果如下图所示。

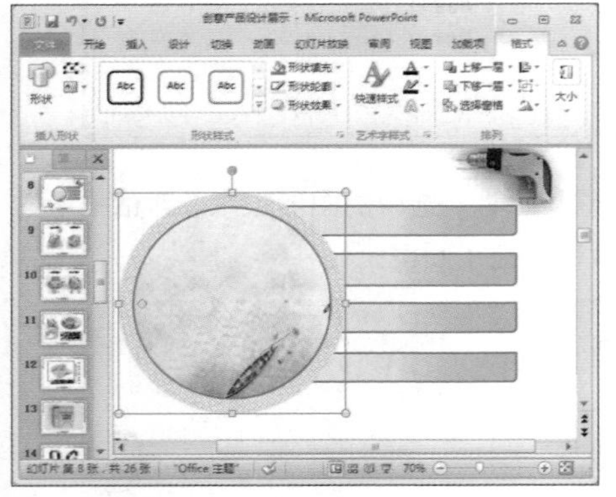

②设置轮廓加粗效果

步骤 01 选中图形，打开“绘图工具-格式”选项卡，在“形状样式”组中单击“形状轮廓”下拉按钮，在展开的列表中选中合适的颜色。

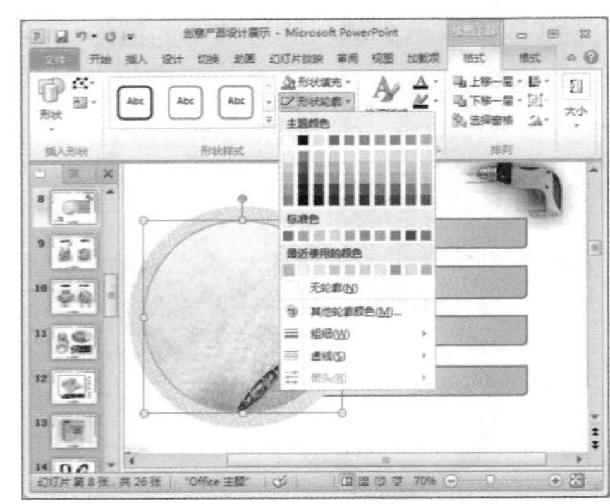

步骤 02 保持图形在选中状态，再次打开“形状轮廓”下拉列表，选择“粗细”选项，在其下级列表中选择“4.5磅”选项。

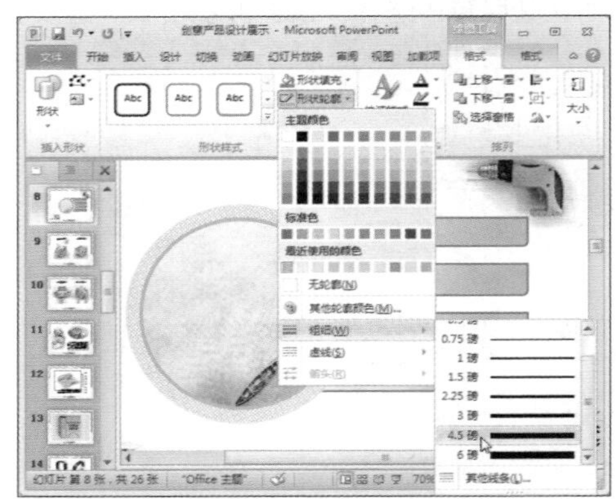

③设置无轮廓效果

步骤 01 右击需要去除轮廓的图形，在弹出的快捷菜单中选择“设置形状格式”选项。

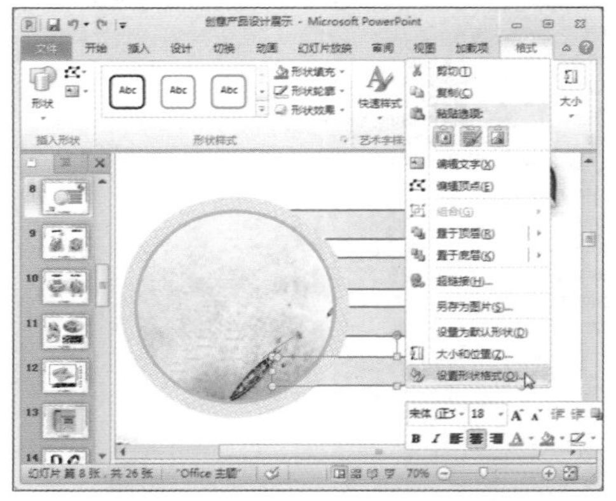

步骤02 弹出“设置形状格式”对话框，在“线条颜色”选项面板中选中“无线条”单选按钮。单击“关闭”按钮。

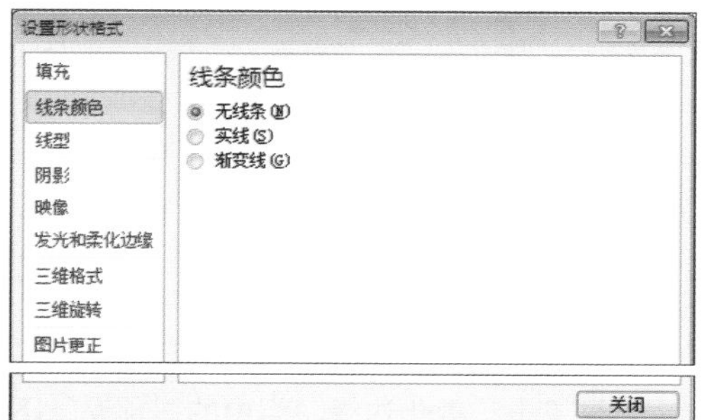

步骤03 选中其他带有轮廓的图形，单击“形状样式”组中的“形状轮廓”下拉按钮，在展开的列表中选择“无轮廓”选项。

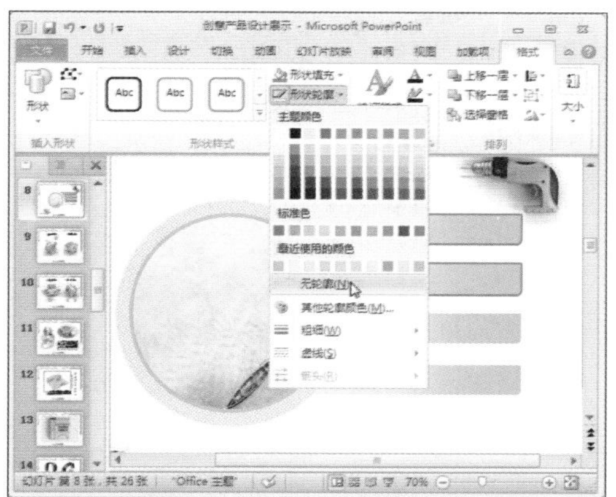

步骤04 设置好轮廓效果的图形如下图所示。

4.5.4 设置特殊效果

为图形设置特殊效果可以起到美化图形的作用，图形的特殊效果包括为图形添加映象、柔化边缘、添加棱台等。

❶ 设置映象效果

步骤01 选中需要设置映象效果的图形，单击“格式”选项卡下“形状样式”组中的“形状效果”下拉按钮。

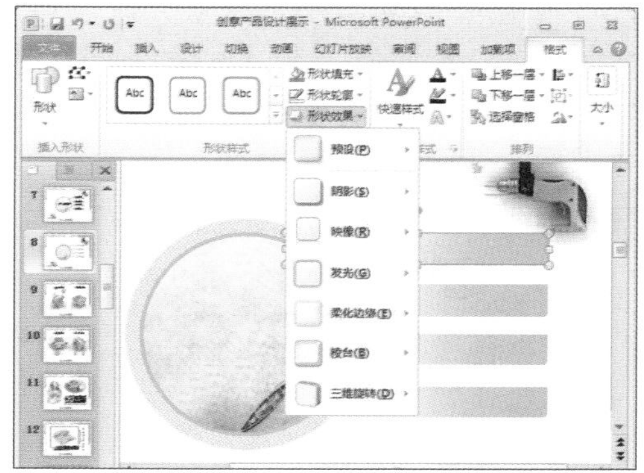

步骤02 在展开的下拉列表中选择“映象”选项，在其下级列表中选择“紧密映象，接触”选项。

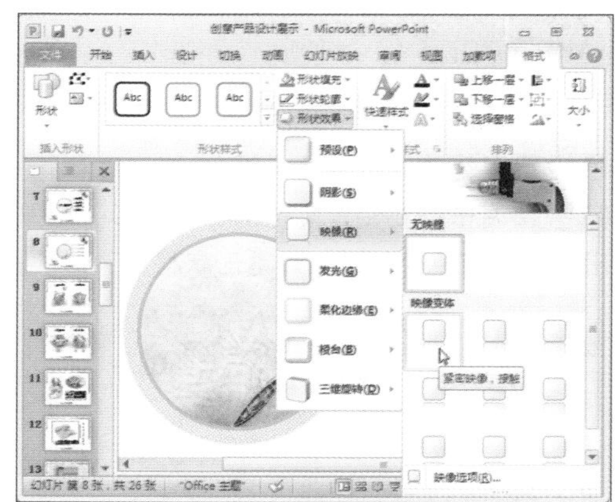

❷ 设置三维效果

步骤01 选中需要设置三维效果的图形并右击，在弹出的快捷菜单中选择“设置图片格式”选项。

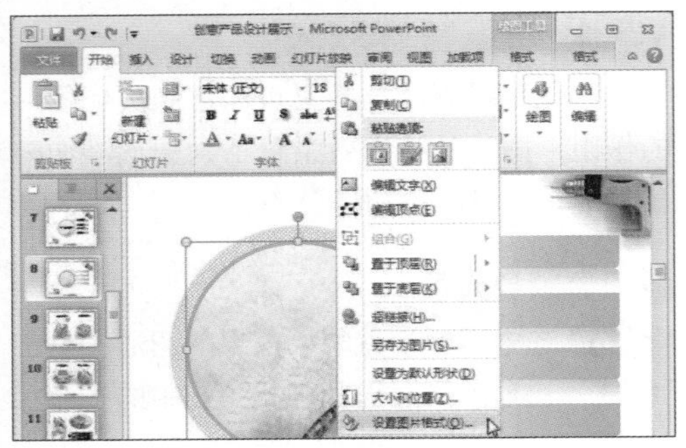

步骤02 弹出“设置图片格式”对话框，打开“三维格式”选项面板，在“棱台”组中单击“顶端”下拉按钮，在展开的列表中选择“斜面”选项。单击“关闭”按钮。

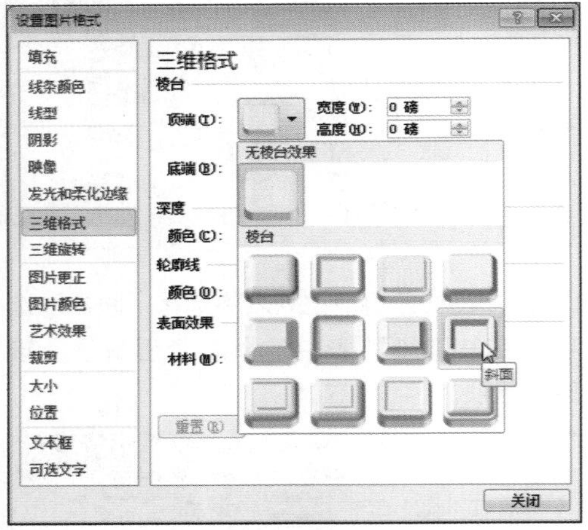

③设置柔化边缘效果

步骤01 右击需要设置柔化边缘的图形，在弹出的快捷菜单中选择“设置形状格式”选项。

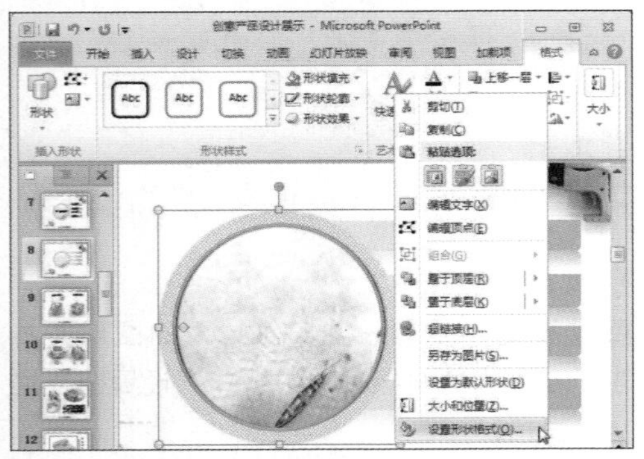

步骤02 弹出“设置形状格式”对话框，打开“发光和柔化边缘”选项面板。

步骤03 单击“柔化边缘”组中的“预设”下拉按钮，在展开的列表中选择“10磅”选项。单击“关闭”按钮。

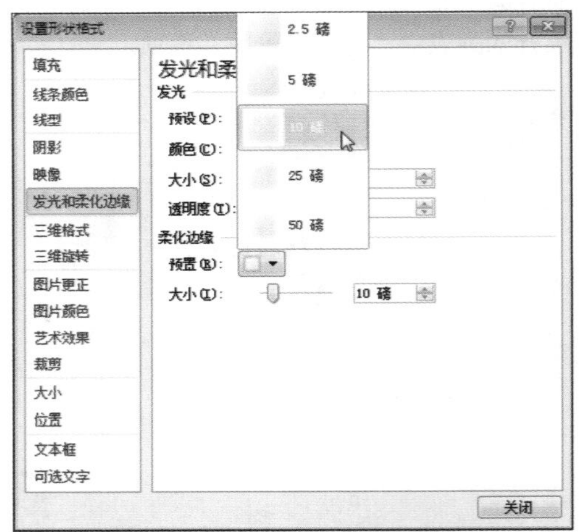

步骤04 设置好图形效果并在图形上添加了文本框输入文字后的效果如下图所示。

4.6 打造立体化幻灯片

对于新手用户而言，自己动手打造一份立体化幻灯片是很困难的，这时可使用SmartArt图形创建各种图形图表。SmartArt 图形是信息和观点的视觉表示形式。可以通过从多种不同布局中进行选择来创建 SmartArt 图形，从而快速、轻松、有效地打造立体化幻灯片。

4.6.1 创建SmartArt图形

PowerPoint 2010提供了列表、流程、循环、层次结构、关系、矩阵、棱锥图、图片这8种不同类型的图形。每种类型中又都包含了各种不同布局和结构的图形。下面就教给用户创建SmartArt图形的方法：

步骤01 打开空白幻灯片，切换到“插入”选项卡，在“插图”组中单击“SmartArt”按钮。

步骤02 弹出“选择SmartArt图形”对话框，单击“图片”选项。

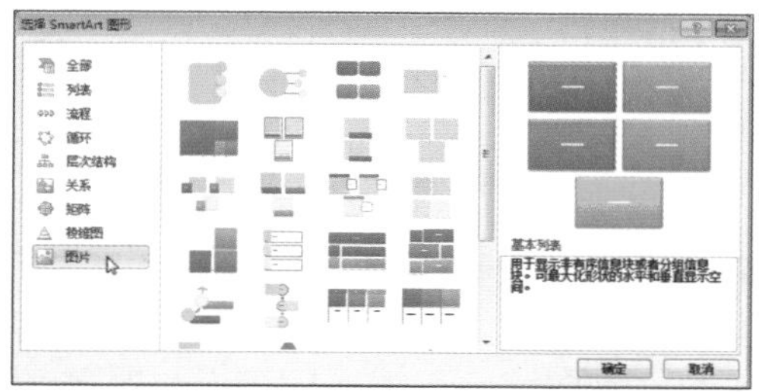

步骤03 在中间列表框中选择“快照图片列表”选项。

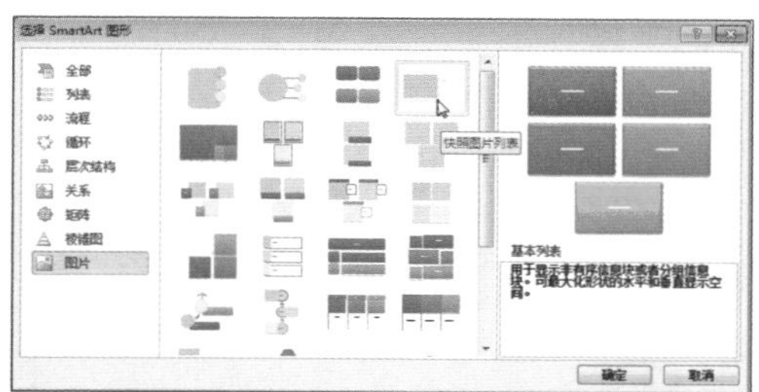

步骤04 对话框右侧将出现选中的放大图形以及说明，单击“确定”按钮。

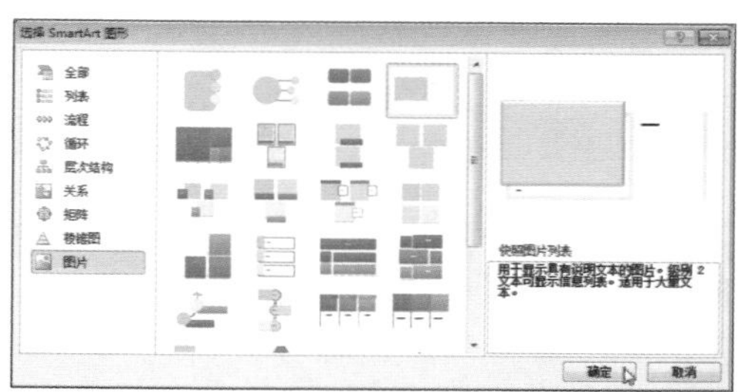

步骤05 幻灯片中随即创建所选择的SmartArt图形。

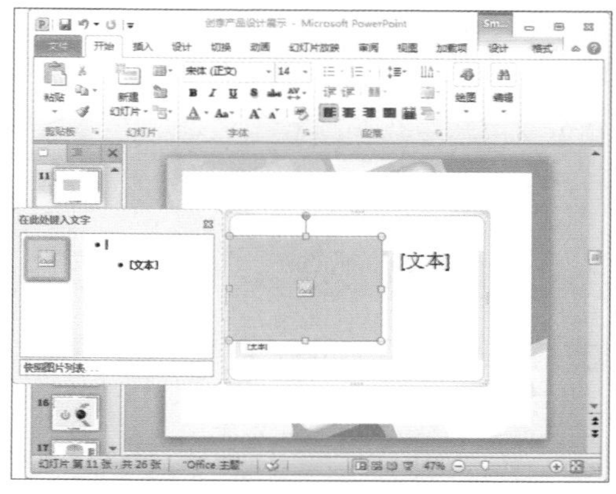

4.6.2 编辑SmartArt图形

创建SmartArt图形以后，如果对默认的图形样式不满意还可以手动进行编辑。例如，调整图形的结构、更改布局和颜色、应用样式等，直到达到自己满意为止。

❶添加形状

步骤01 选中SmartArt图形，打开“SmartArt工具-设计”选项卡，单击“文本窗格”按钮，关闭图形左侧的文本窗格。

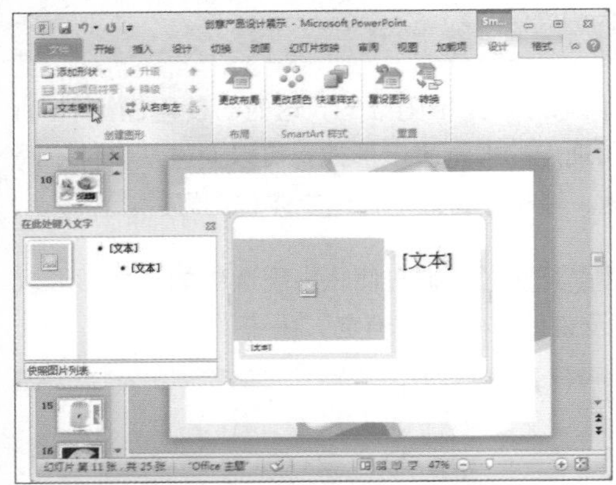

步骤 02 单击“添加形状”下拉按钮，在展开的列表中选择“在后面添加形状”选项。

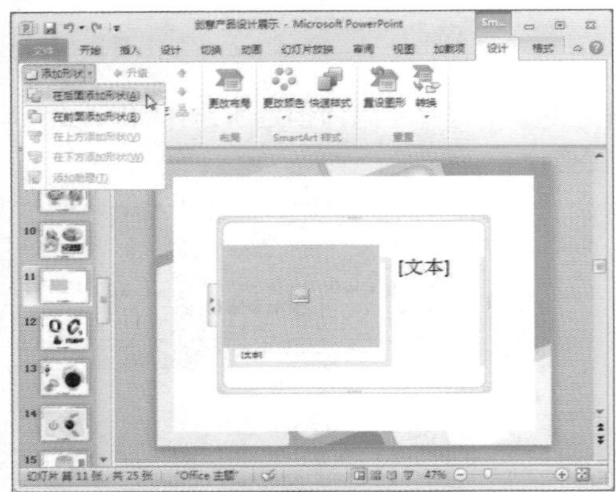

步骤 03 此时，在选中图形的下方即被插入了一个新的图形。

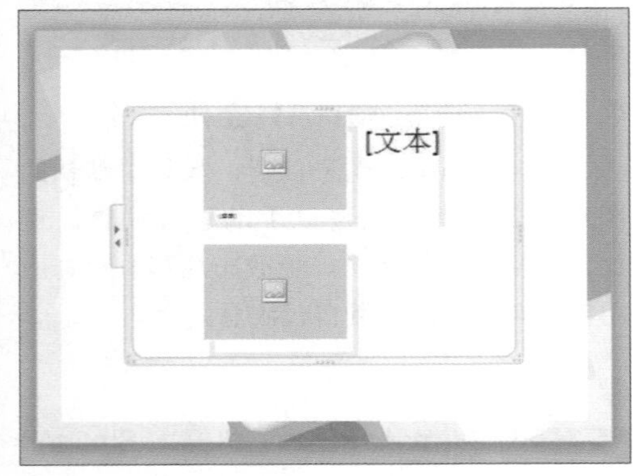

❷ 更改布局和样式

步骤 01 打开“SmartArt工具-设计”选项卡，在“布局”组中单击“其他”下拉按钮。

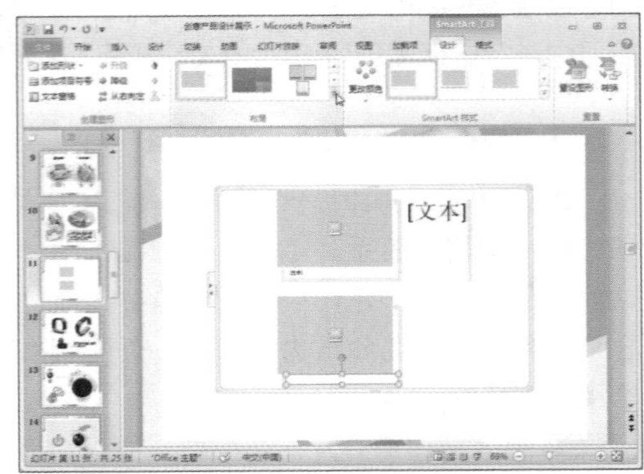

步骤 02 在展开的列表中选择“交替图片圆形”选项。

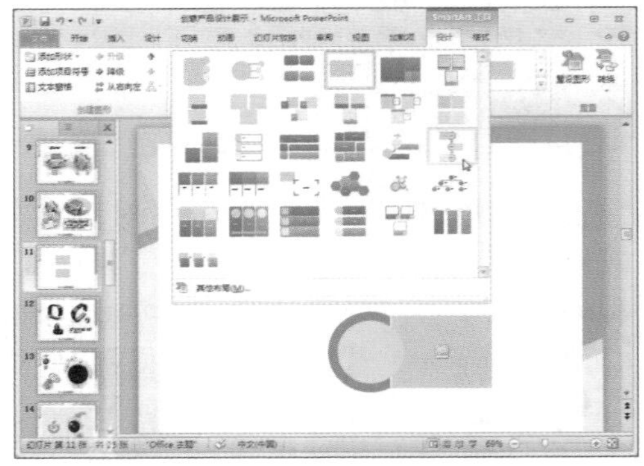

步骤 03 单击“更改颜色”下拉按钮，在展开的列表“彩色”组中选择“彩色-强调文字颜色”选项。

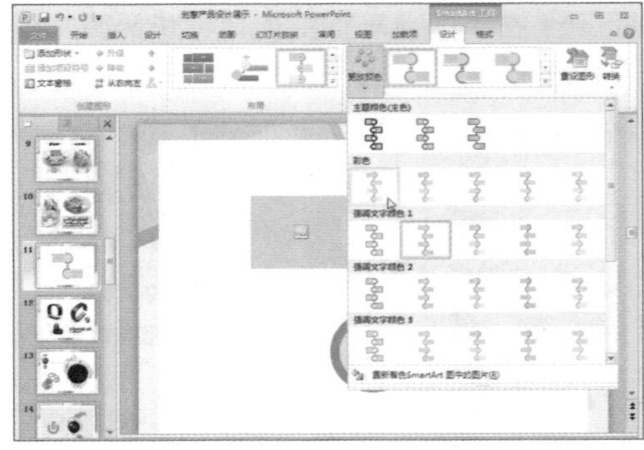

步骤04 在“SmartArt样式”组中单击“其他”下拉按钮，在展开的列表“三维”组中选择“卡通”选项。

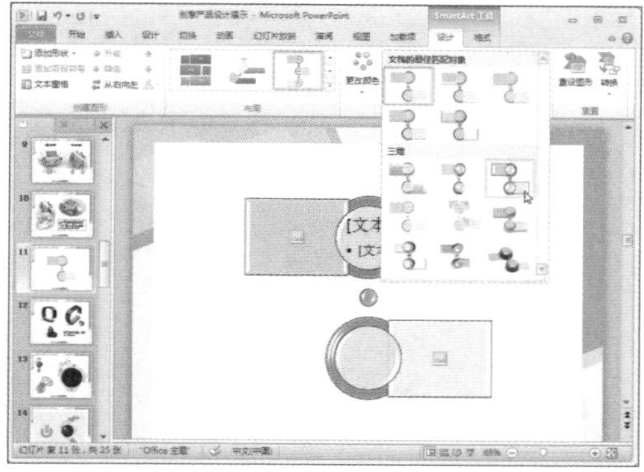

步骤05 更改图形布局，应用颜色和样式的效果如下图所示。

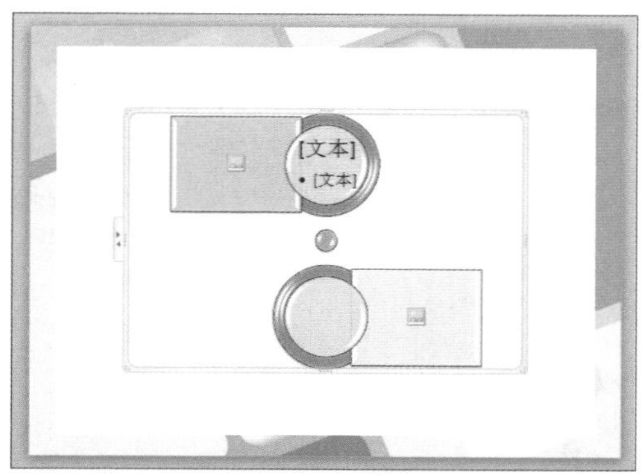

步骤06 若对设置的颜色和样式不满意，单击“重置”组中的“重置图形”按钮，可将设置好的颜色和样式去除。

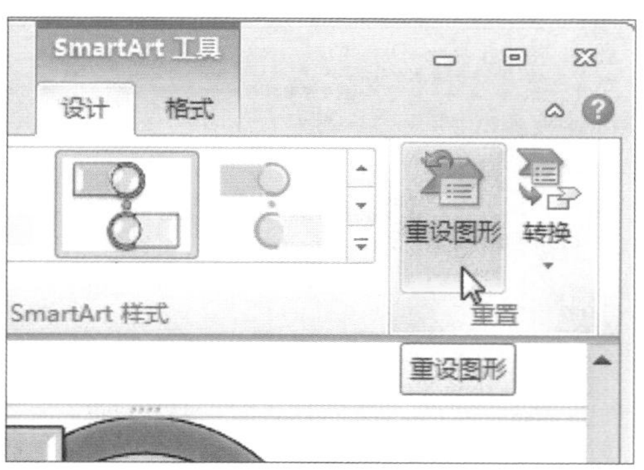

③降级图形

步骤01 单击SmartArt图形边框左侧的小三角扩展按钮。

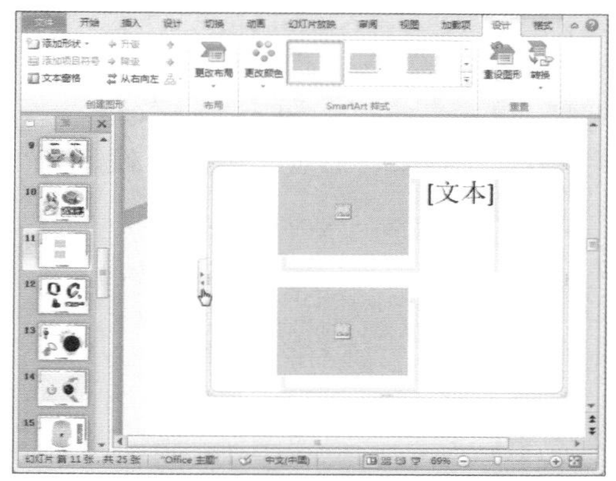

步骤02 弹出文本窗格，右击位于下方的图形，在弹出的快捷菜单中选择“降级”选项。

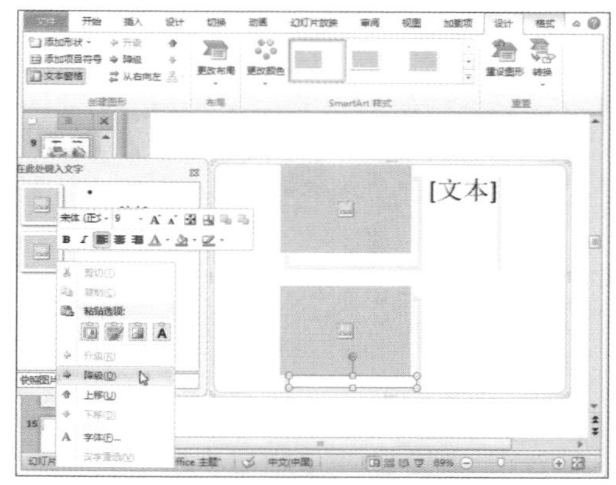

步骤03 图形随即被降级，效果如下图所示。

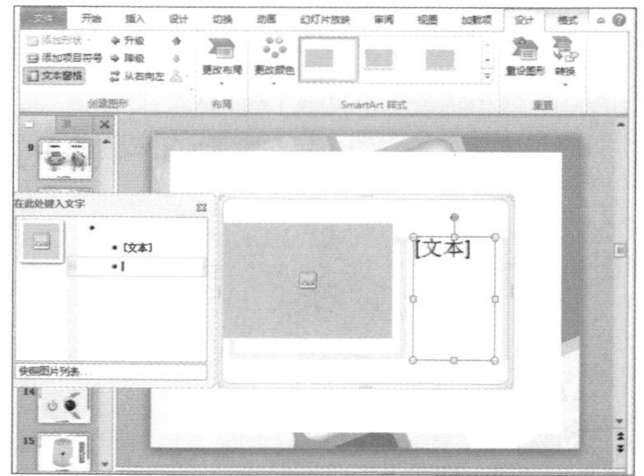

④插入图片和文字

步骤01 在文本窗格中单击图片标志，或者直接在SmartArt图形中单击图形。

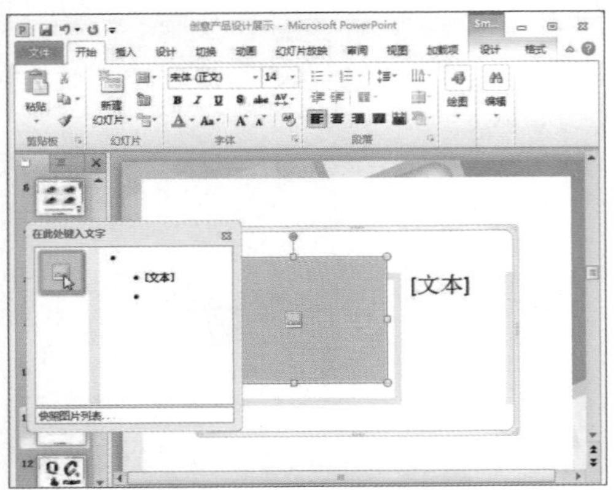

步骤02 弹出“插入图片”对话框，选中合适的图片，单击“插入”按钮。

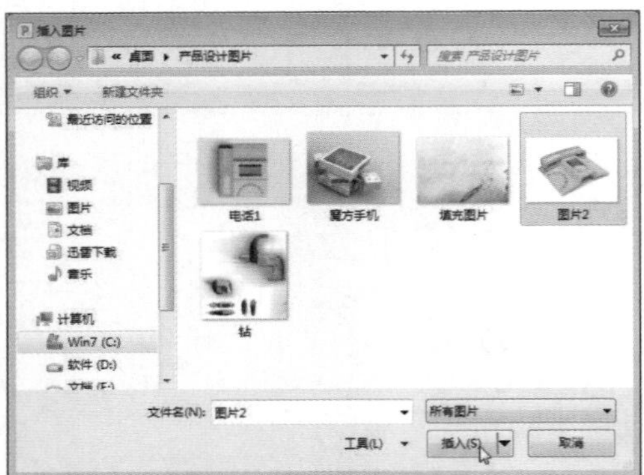

步骤03 选中的图片随即被插入到SmartArt图形中。

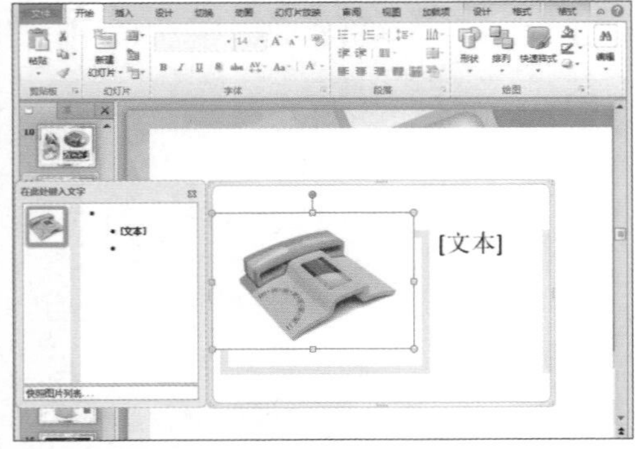

步骤04 在文本窗格中的项目符号后单击，或者直接在图形中的文本框内单击，即可输入文本内容。

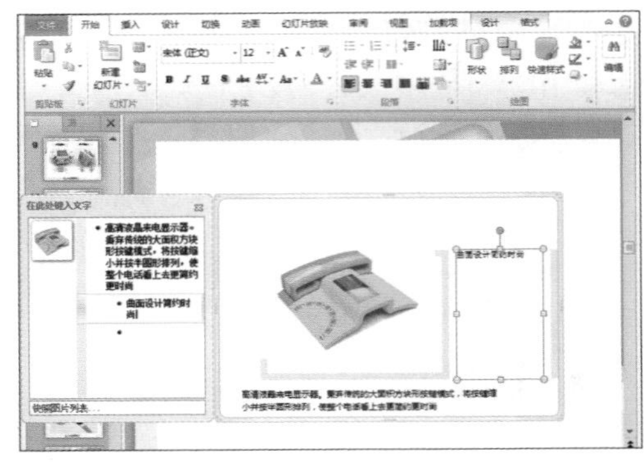

⑤转换为文本或形状

步骤01 打开“SmartArt工具-设计”选项卡，在“重置”组中单击“转换”下拉按钮，在弹出的列表中选择“转换为文本”选项。

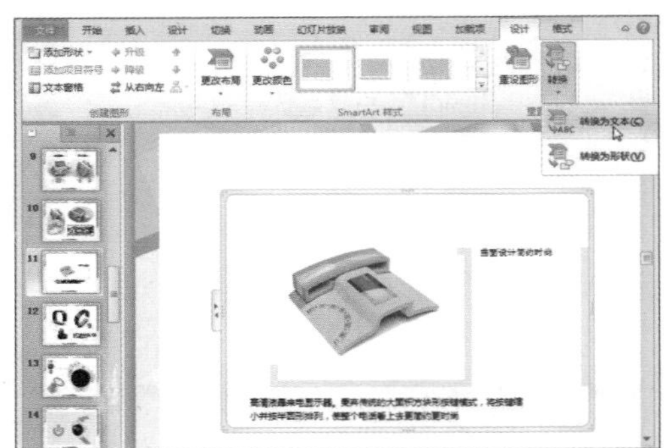

步骤02 幻灯片中的SmartArt图形随即转换为文本形式。

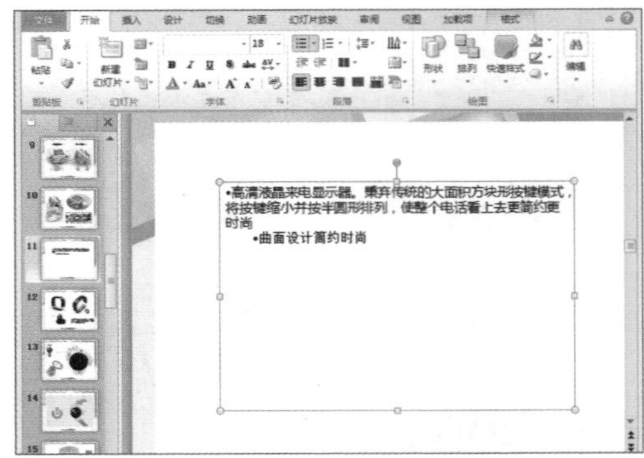

步骤03 单击“转换”下拉按钮，在展开的下拉列表中选择“转换为形状”选项。

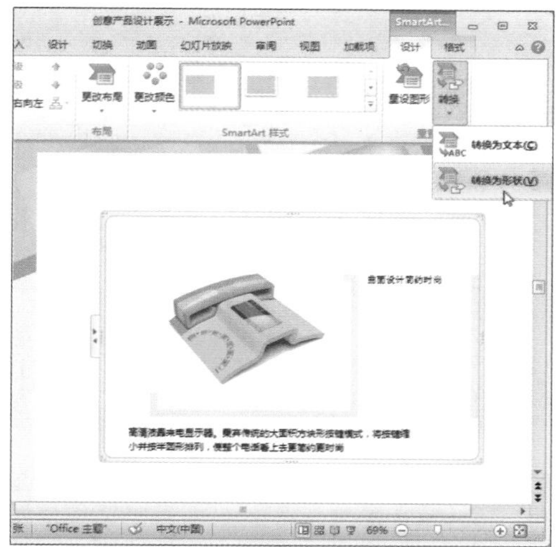

步骤04 幻灯片中的SmartArt图形随即转换为图形。效果如下图所示。

4.6.3 美化SmartArt图形

为了使插入到幻灯片中的SmartArt图形能够融入到演示文稿整体的设计风格中，还需要对图形外观进行美化。具体步骤如下：

步骤01 选中图片所在图形，在“SmartArt图形-格式”选项卡，单击“形状样式”组中的“形状轮廓”下拉按钮。

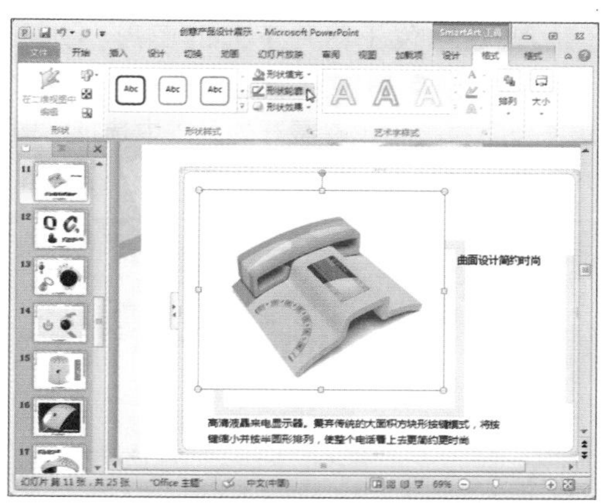

步骤02 在展开的列表中选择“深蓝，文字2，单色40%”选项。

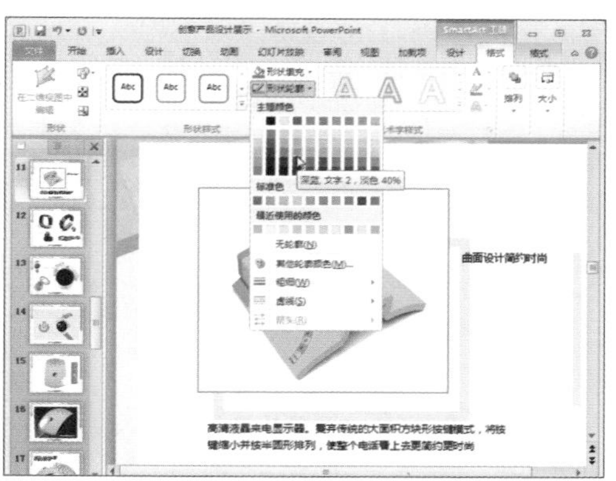

步骤03 单击“形状样式”组中的“形状效果”下拉按钮，在下拉列表中选择“阴影”选项，在其下级列表中选择“左上倾斜偏移”选项。

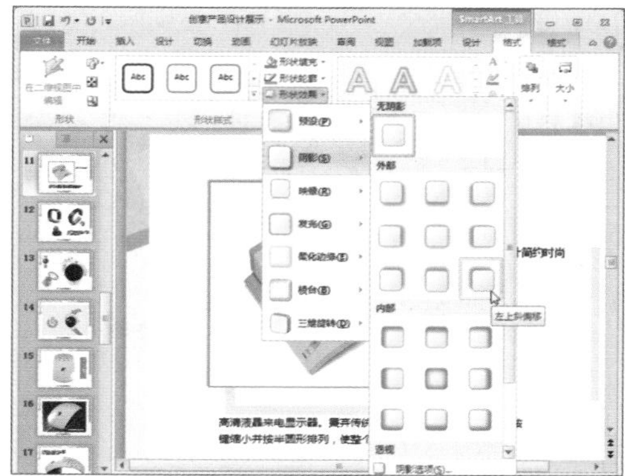

步骤04 选中位于图片下方的图形，并在"SmartArt工具-格式"选项卡中单击"形状填充"下拉按钮，在展开的列表中选择"图片"选项。

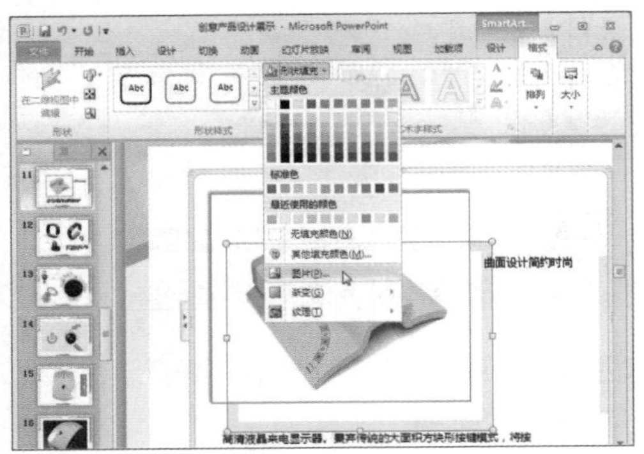

步骤05 弹出"插入图片"对话框，选中合适的图片，单击"插入"按钮。

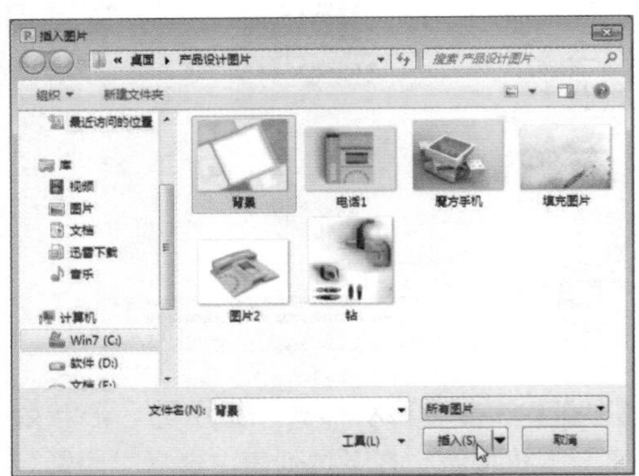

步骤06 选中最右侧的矩形，单击"形状填充"下拉按钮，在展开的列表中选择合适的填充色。

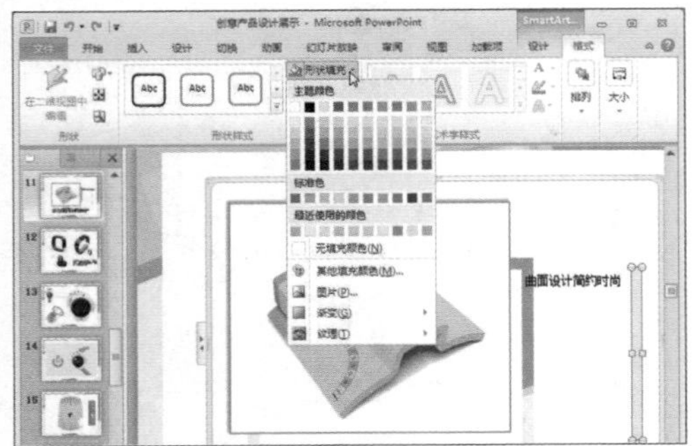

步骤07 选中上方的文本框，打开"开始"选项卡，单击"文字方向"下拉按钮。

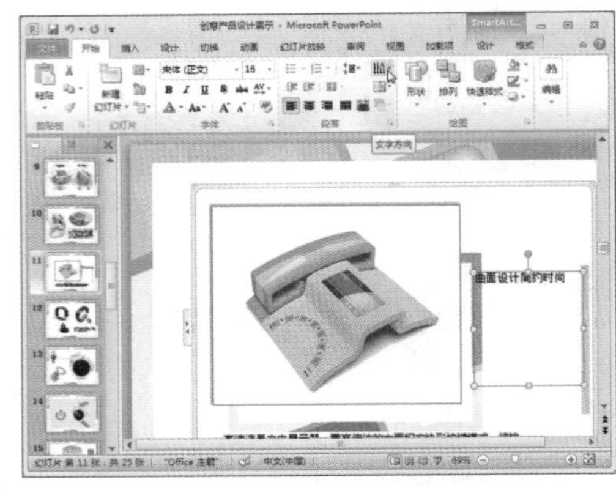

步骤08 在展开的下拉列表中选择"竖排"选项，文字随即变为竖排显示。

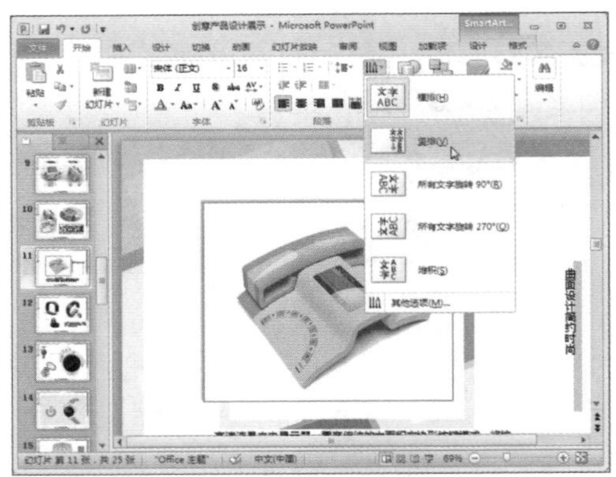

步骤09 在"开始"选项卡中单击"字号"下拉按钮，在展开的列表中选择"40"号。

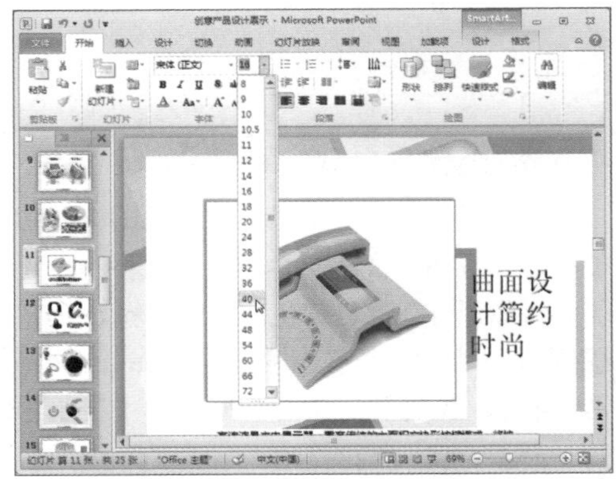

步骤10 切换到"SmartArt工具-格式"选项卡，单击"艺术字样式"组中的"其他"下拉按钮。

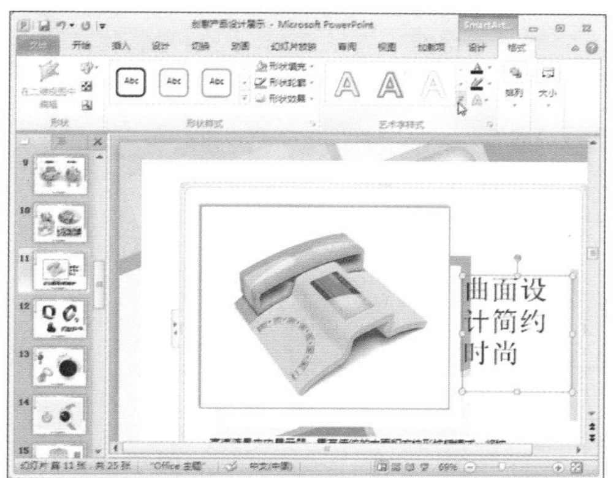

步骤11 在展开的列表中选择"填充-蓝色，强调文字颜色1，内部阴影-强调文字颜色1"选项。

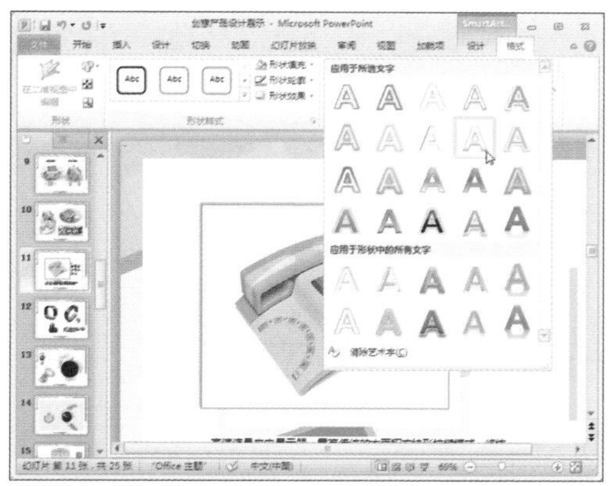

步骤12 调整文本框大小，并将文本框移动至合适的位置。

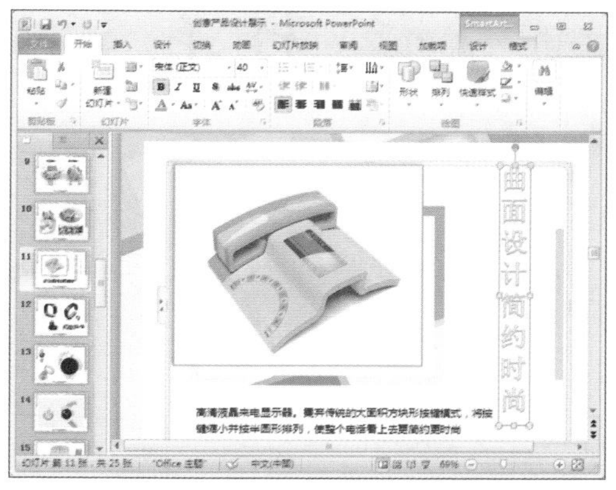

步骤13 调整好其他图形的大小和位置，SmartArt图形的最终美化效果如下图所示。

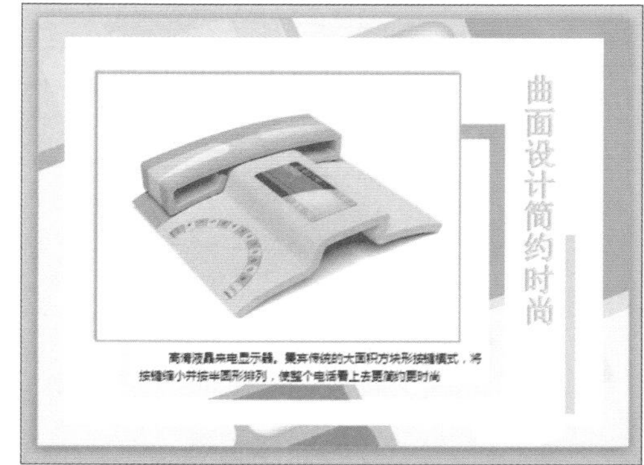

读书笔记

Chapter 05

制作年终销售报告演示文稿

本章概述

每到年终，每个公司内部总会对全年的经济效益进行汇总核算，统计出整个年度的收益，以便为来年做出更有效的利益规划。这样的一份总结报告往往需要容纳入文字、图片、表格和图表等多种元素的内容。在前面的章节里我们已经学习了如何在幻灯片中编辑文字和图片，本章就让我们通过这份销售报告的制作，掌握幻灯片中表格和图表的应用。

本章要点

表格的创建
表格的编辑
表格的美化
图表的创建
图表的编辑
图标的美化

5.1 创建并编辑表格

演示文稿中的表格可以对大量的数据进行分门别类的管理，对于在幻灯片中进行数据分析提供了很大的便利。PowerPoint 2010中，用户可以通过不同的途径向幻灯片中添加表格，还可以利用表格工具对新插入的表格进行编辑，以满足用户在不同环境中的应用。

5.1.1 插入表格

向幻灯片中插入表格的方法有很多。用户即可以通过占位符插入，也可以利用选项卡中的命令按钮插入，还可以直接绘制需要的表格形状。

❶使用占位符插入

步骤01 打开空白幻灯片，在“开始”选项卡中单击“幻灯片版式”下拉按钮，在展开的列表中选择“标题和内容”选项。

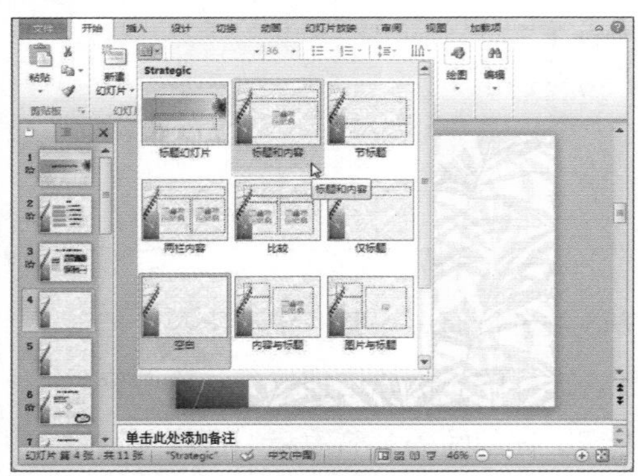

步骤02 在幻灯片中单击内容占位符中的“插入表格”按钮。

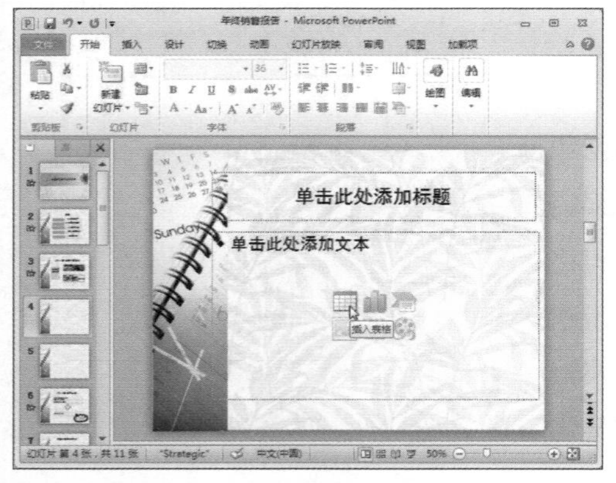

步骤03 弹出“插入表格”对话框，在微调框中输入“列数”为“4”，“行数”为“15”，单击“确定”按钮。

步骤04 幻灯片中随即被插入一个15行4列的表格。

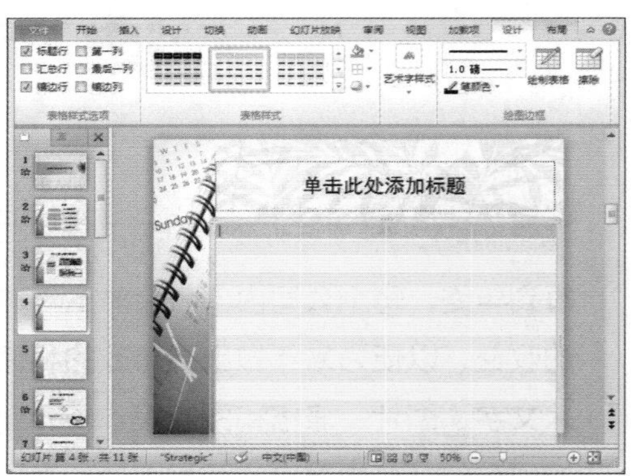

步骤05 将光标置于表格右侧边框上，当光标变为“⟺”形状时按下鼠标左键。

步骤 06 按住鼠标左键不放拖动，将表格调整到合适宽度时松开鼠标左键。

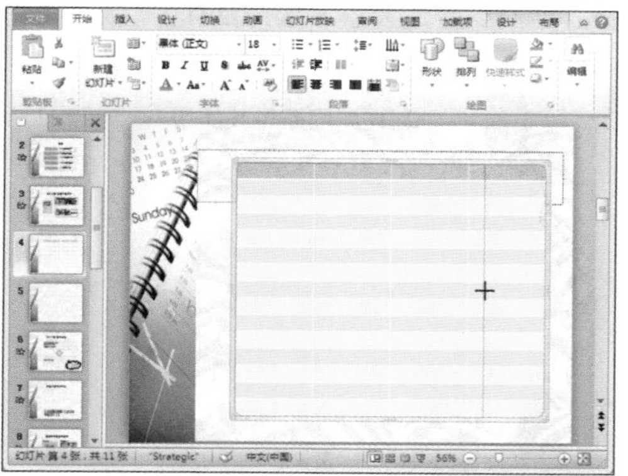

步骤 07 当通过鼠标拖曳无法再调整表格高度时，打开“开始”选项卡，缩小字号即可缩小高度。

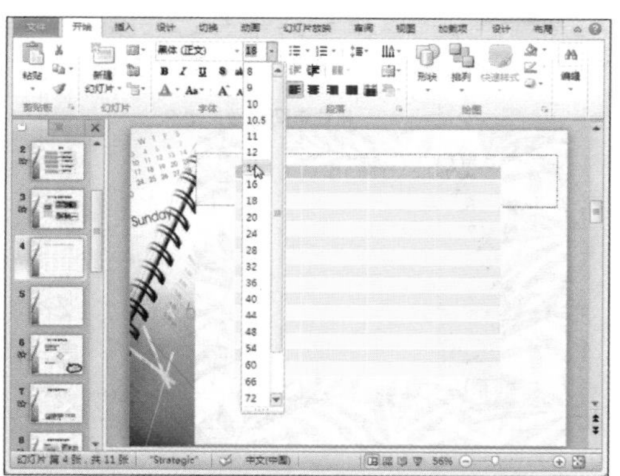

步骤 08 调整好表格的大小，将表格拖动至合适的位置，输入内容效果如下图所示。

员工销售业绩

编号	销售员	成交面积/平方米	销售金额
001	李广云	740	¥5,920,000.00
002	张扬	1829	¥14,632,000.00
003	李敏	1225	¥9,800,000.00
004	刘国明	608	¥4,864,000.00
005	谢洋洋	2021	¥16,168,000.00
006	潘晓磊	1179	¥9,432,000.00
007	金鑫	1508	¥12,064,000.00
008	赵长乐	1230	¥9,840,000.00
009	刘红	1039	¥8,312,000.00
010	乔乐乐	1931	¥15,448,000.00
011	赵传江	807	¥6,456,000.00
012	蒋丽丽	708	¥5,664,000.00
013	秦磊	354	¥2,832,000.00
014	刘敏丽	789	¥6,312,000.00

❷ 使用“表格”按钮插入

步骤 01 打开“插入”选项卡，单击“表格”下拉按钮。

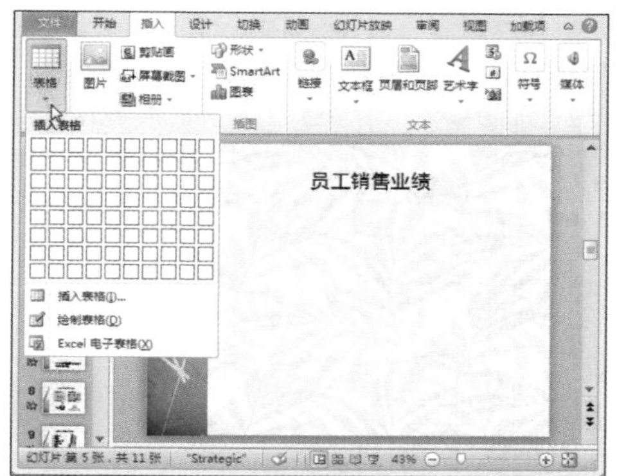

步骤 02 在展开列表的表格框中，移动鼠标选择好表格的行数和列数后，单击鼠标。

步骤 03 幻灯片中随即被插入相应行数与列数的表格。

③使用“插入表格”对话框插入

步骤01 在“插入”选项卡中，单击“表格”下拉按钮，在展开的下拉列表中选择“插入表格”选项。

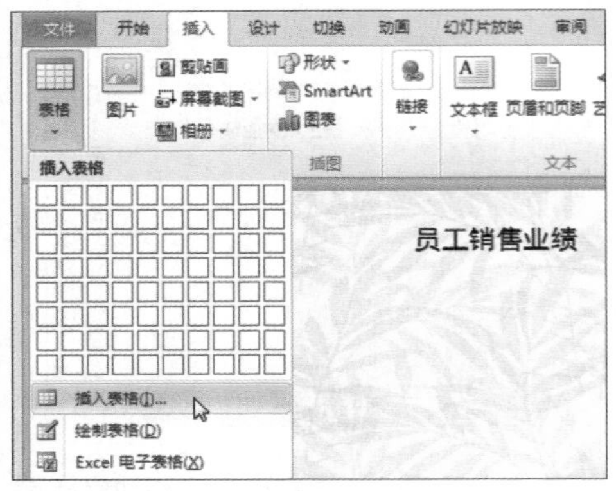

步骤02 弹出“插入表格”对话框，在“列数”和“行数”微调框中输入数值，单击“确定”按钮，即可向幻灯片中插入相应行数与列数的表格。

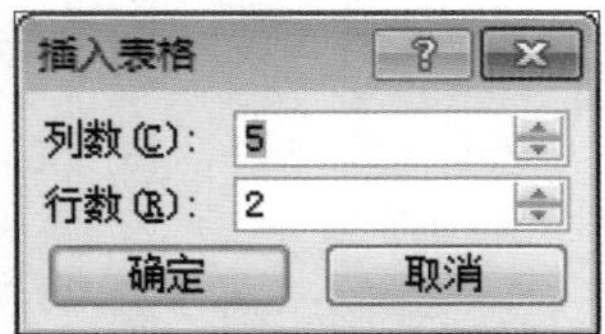

④手动绘制表格

步骤01 打开“插入”选项卡，单击“表格”下拉按钮，在展开的列表中选择“绘制表格”选项。

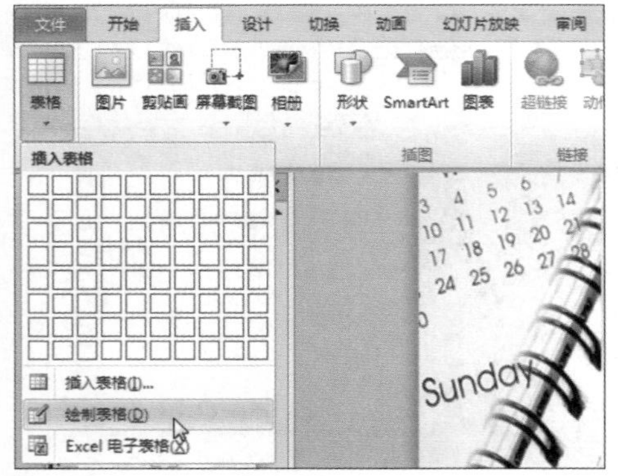

步骤02 将光标移动至幻灯片中，当光标变为“✎”形状时按住鼠标左键，拖动鼠标绘制表格。绘制到合适大小后松开鼠标。

步骤03 打开“表格工具-设计”选项卡，单击“绘图边框”组中的“绘制表格”按钮。

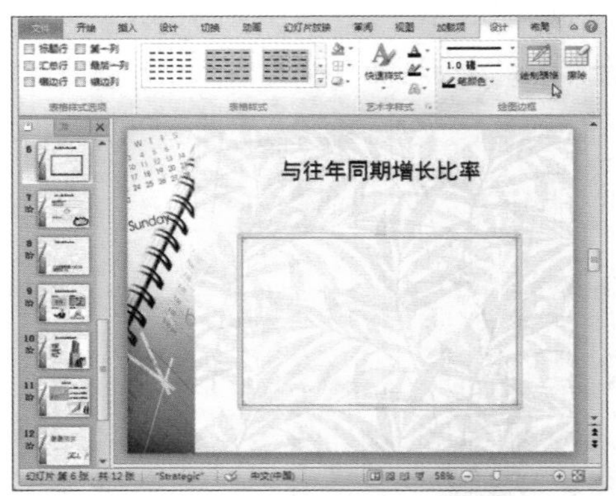

步骤04 按住鼠标左键拖动鼠标，在表格边框中绘制行与列。绘制完成后，在空白处单击退出绘制模式。

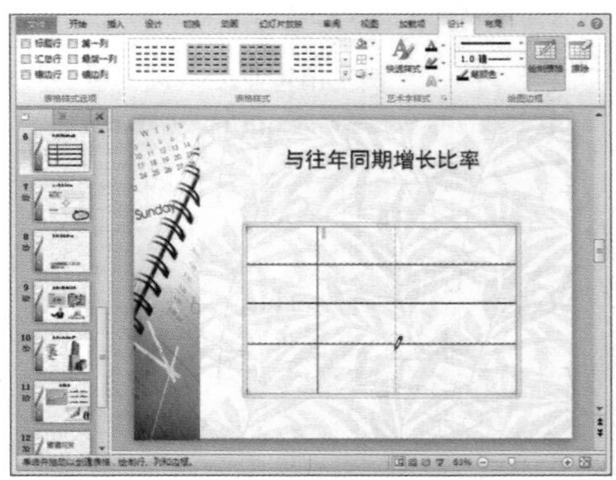

步骤05 单击“绘图边框”组中的“笔样式”下拉按钮，在展开的列表中选择合适样式。

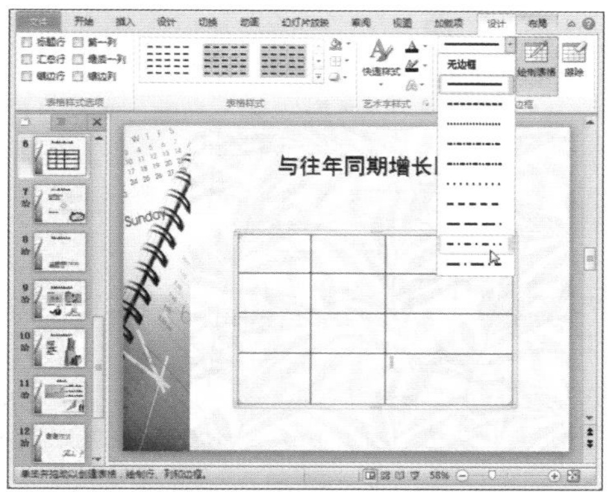

步骤06 单击“笔画粗细”下拉按钮，在展开的列表中选择“3.0磅”选项。

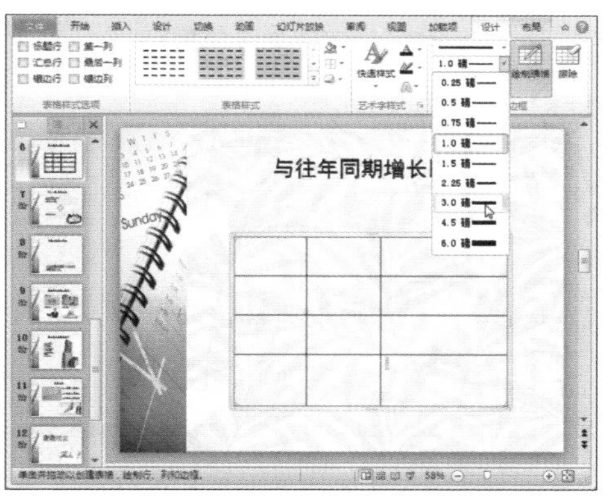

步骤07 单击“笔颜色”下拉按钮，在展开的列表中选择合适的颜色。

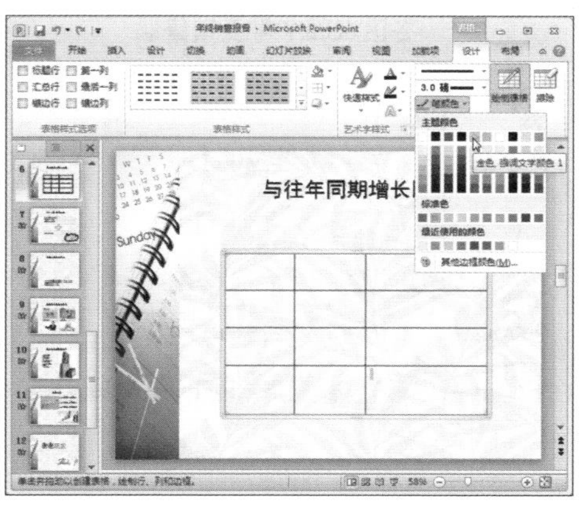

步骤08 在表格中绘制的线条即应用了选项卡中的设置。

步骤09 如果在“绘图边框”组中单击“擦除”按钮。

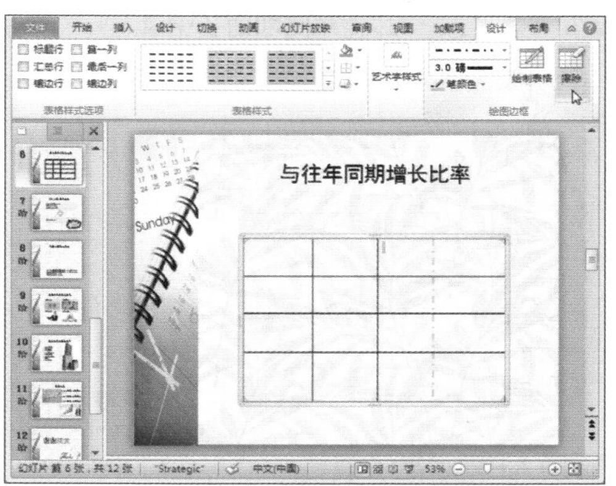

步骤10 单击表格中的线条，即可将相应的线条擦除。

步骤11 切换到“表格工具-布局”选项卡，依次单击“单元格大小”组中的“分布行”和“分布列”按钮。

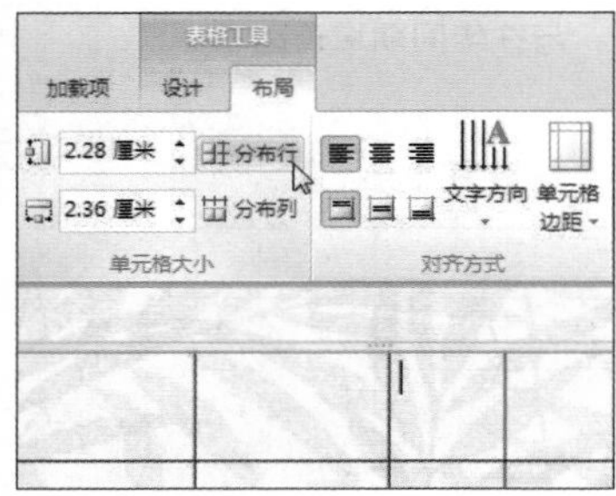

步骤12 绘制好的表格中的行与列随即被平均分布。

⑤插入Excel电子表格

步骤01 打开“插入”选项卡，单击“表格”下拉按钮，在展开的列表中选择“Excel电子表格”选项。

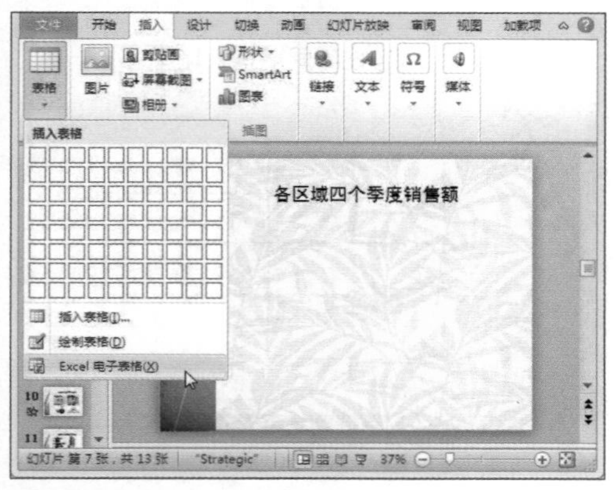

步骤02 幻灯片中随即被插入一个Excel表格。

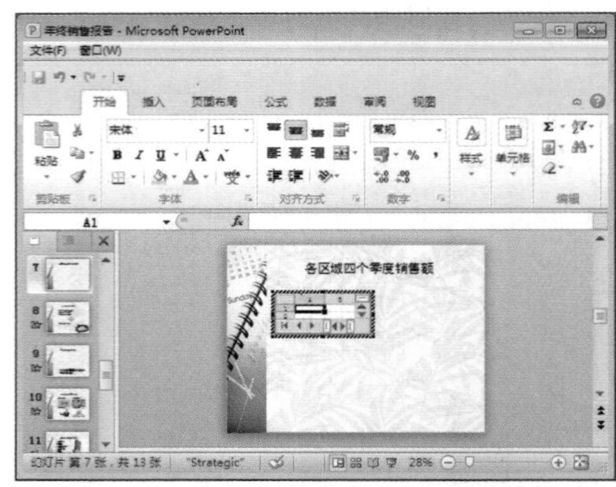

步骤03 将光标置于Excel表格右下角，按住鼠标左键拖动鼠标。

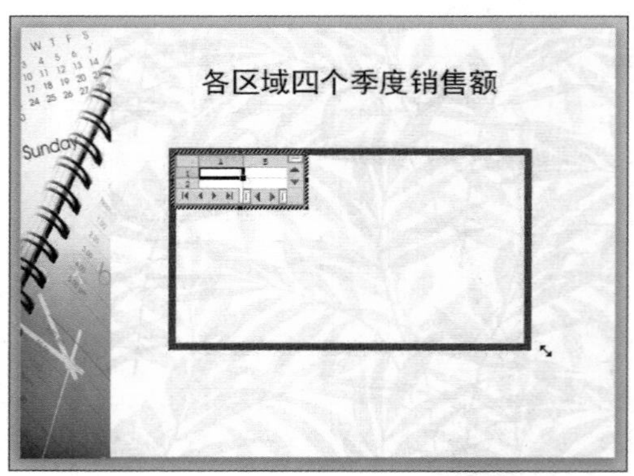

步骤04 松开鼠标左键，Excel表格被添加了若干可显示的行和列。

步骤05 单击表格下方的“插入工作表”按钮，可向工作簿中插入一页空白的工作表。

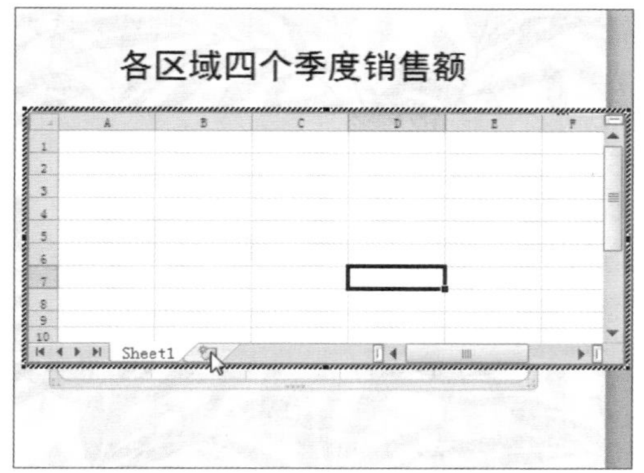

步骤06 若要将该工作表删除，则右击工作表标签，在快捷菜单中选择“删除”选项。

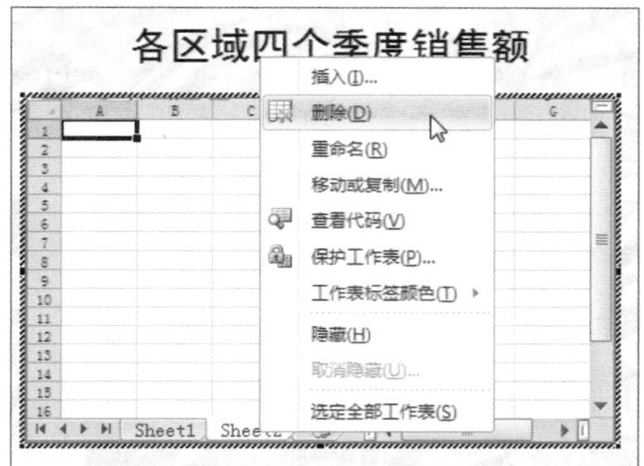

步骤07 返回工作表“Sheet1”，将光标移动至列标上方，当光标变为“⬇”形状时，按住鼠标左键拖动鼠标，选中多列。

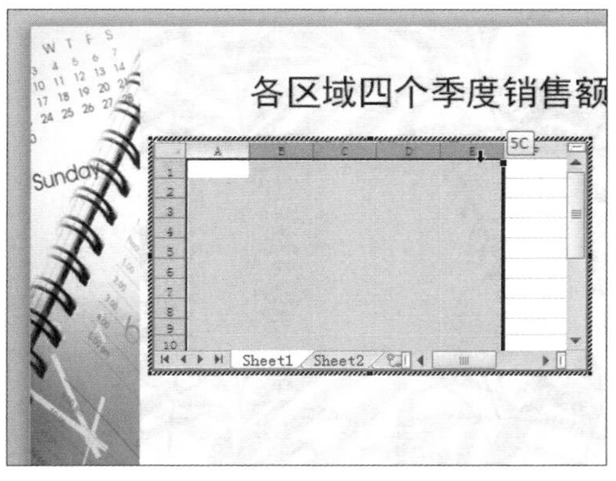

步骤08 右击选中的列，在弹出的快捷菜单中选择“列宽”选项。

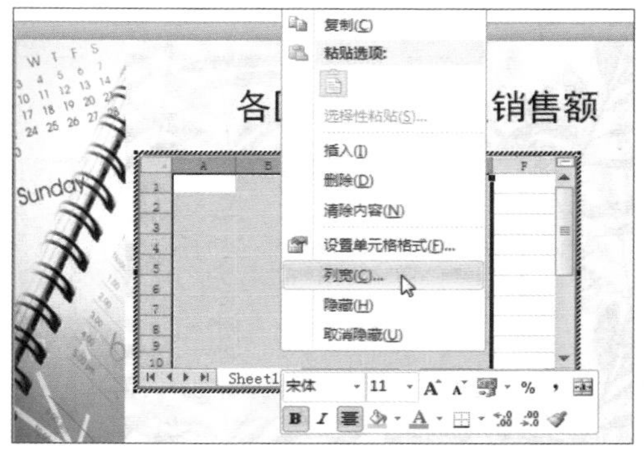

步骤09 弹出“列宽”对话框，在“列宽”数值框中输入“12.5”，单击“确定”按钮。

步骤10 将光标置于行标上方，当光标变为“➡”形状时按住鼠标左键选中适当的行并右击，在快捷菜单中选择“行高”选项。

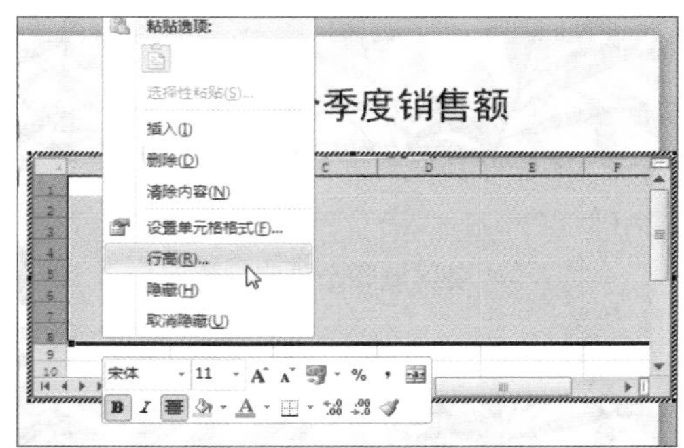

步骤11 弹出“行高”对话框，在“行高”数值框输入“27”，单击“确定”按钮。

步骤12 向表格中输入数值，将光标置于表格右侧边框，当光标变为“⟷”形状时按住鼠标左键，拖动鼠标隐藏表格中的空白列。

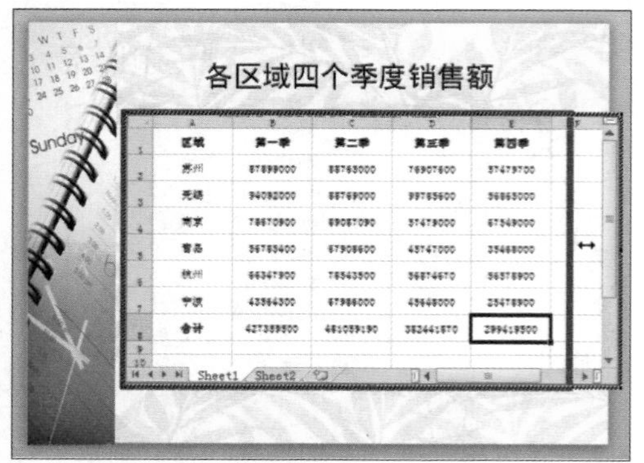

步骤13 将光标置于表格下方边框上，当光标变为“↕”形状时，按住鼠标左键向上拖动鼠标，隐藏表格中的空白行。

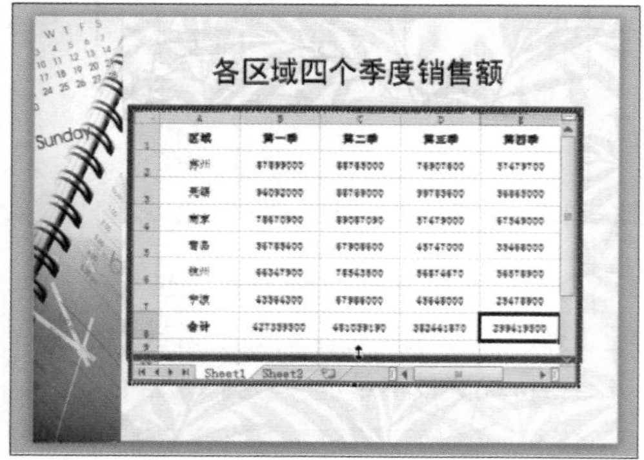

步骤14 单击幻灯片空白处，退出Excel表格模式，调整好表格的大小和位置即可。

5.1.2 编辑表格

表格创建完成之后，因为需要在表格中输入不同类型的内容，所以为了适应表格内容还需要对表格的格式进行编辑，例如合并单元格、添加或删除行与列等。

❶ 选择单元格

步骤01 将光标置于单元格内，按住鼠标左键拖动鼠标，可选中多个相邻的单元格。

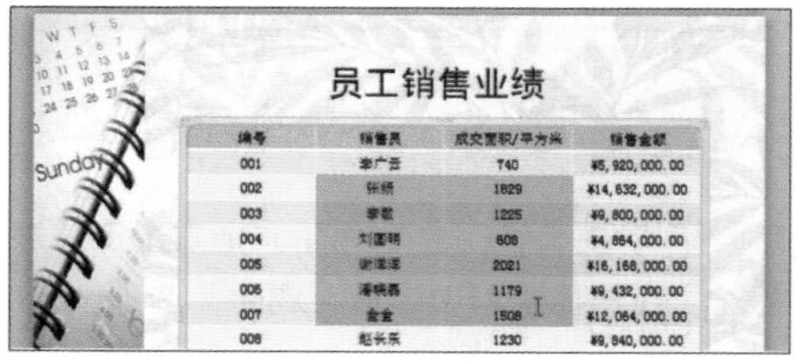

步骤02 将光标置于单元格内，打开“表格工具-布局”选项卡，单击“选择”下拉按钮，选择“选择列”选项。

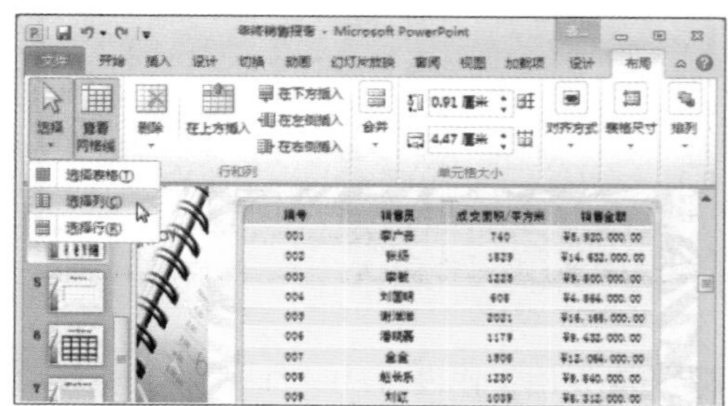

步骤03 表格中光标所在列随即被全部选中。

步骤 04 将光标置于单元格内，单击“选择”下拉按钮，在展开的列表中选择“选择行”选项。

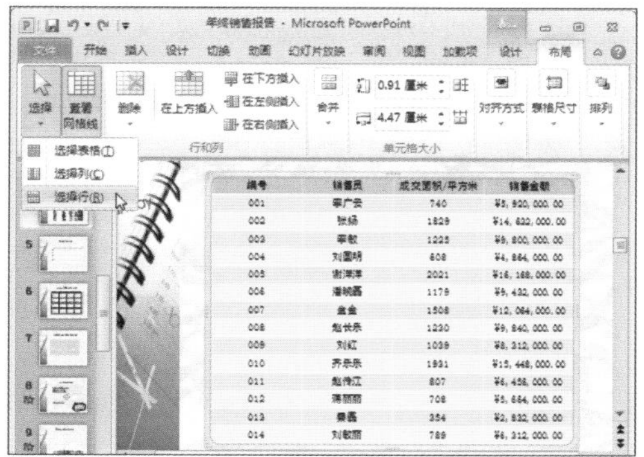

步骤 05 表格中，光标所在的整行随即被全部选中。

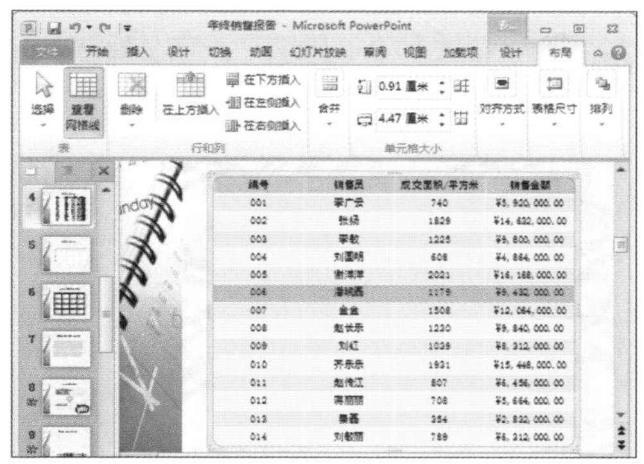

步骤 06 若要选中多行，则将光标移动到表格边框左侧，当光标变为“➡”形状时按住鼠标左键，拖动鼠标进行选中。

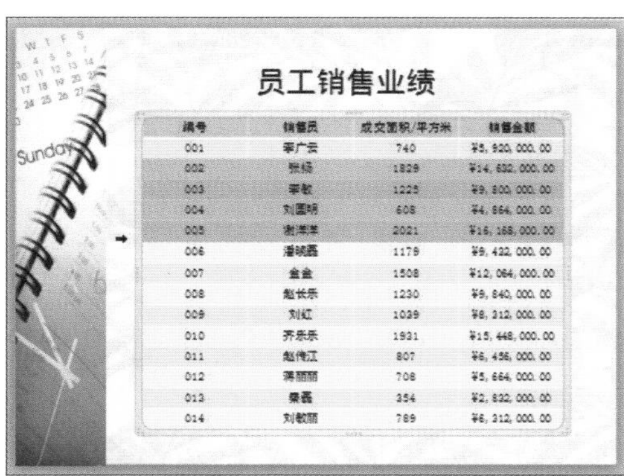

步骤 07 将光标移动至表格边框上方，光标变为“⬇”形状时按住鼠标左键，移动鼠标，可同时选择多个列。

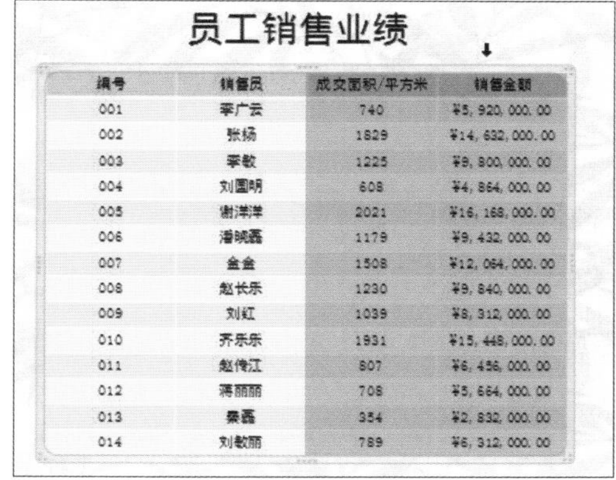

编号	销售员	成交面积/平方米	销售金额
001	李广云	740	¥5,920,000.00
002	张扬	1829	¥14,632,000.00
003	李敏	1225	¥9,800,000.00
004	刘国明	608	¥4,864,000.00
005	谢洋洋	2021	¥16,168,000.00
006	潘晓磊	1179	¥9,432,000.00
007	金金	1508	¥12,064,000.00
008	赵长乐	1230	¥9,840,000.00
009	刘红	1039	¥8,312,000.00
010	齐乐乐	1931	¥15,448,000.00
011	赵伟江	807	¥6,456,000.00
012	蒋丽丽	708	¥5,664,000.00
013	秦磊	354	¥2,832,000.00
014	刘敏丽	789	¥6,312,000.00

❷添加和删除行与列

步骤 01 将光标置于任意单元格内，在“表格工具-布局”选项卡，在“行和列”组中单击“在下方插入”选项。

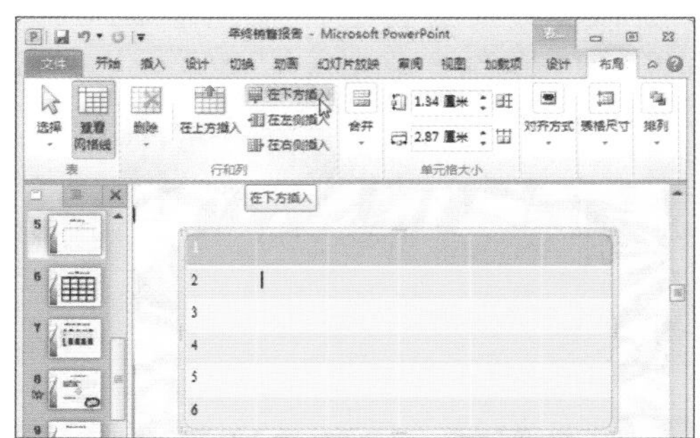

步骤 02 光标所在单元格的下方随即被新插入了一行。

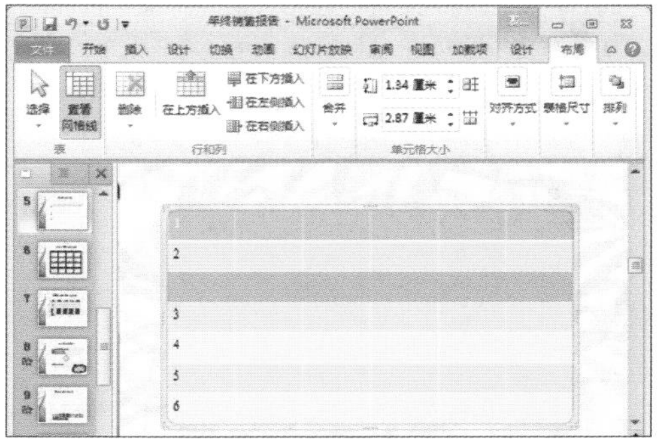

步骤 03 若要插入多行，则在相邻行内任意位置选中多个连续单元格，单击“行和列”组中的“在上方插入”选项。

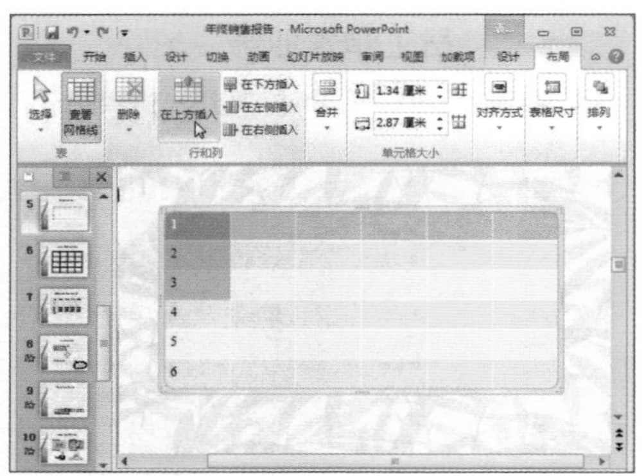

步骤 04 在选中单元格上方被插入了多行。选中几行则可插入几行。

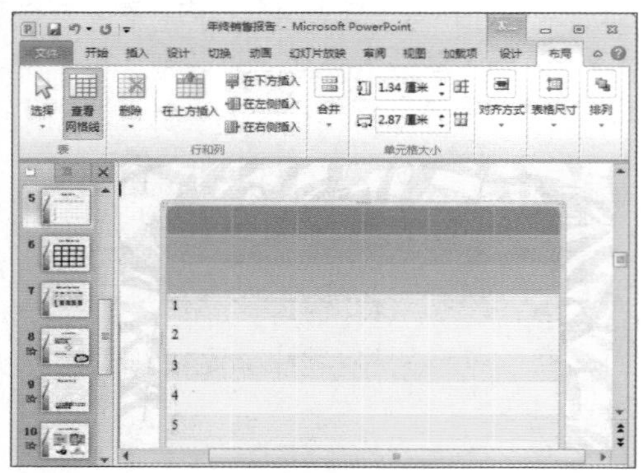

步骤 05 将光标置于任意单元格内，单击“行和列”组中的“在左侧插入”选项。

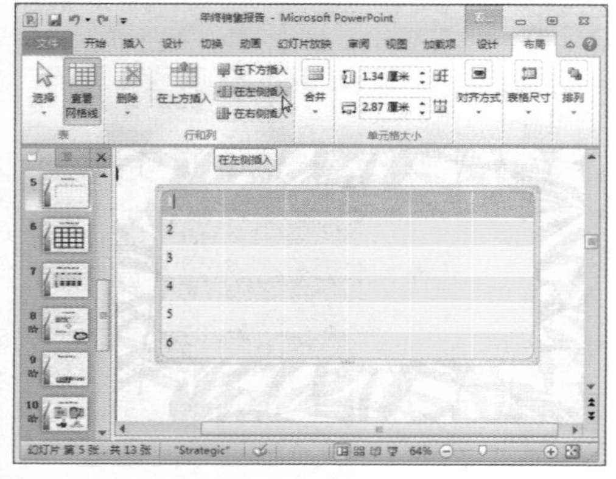

步骤 06 光标所在列的左侧随即被插入了新的一列。

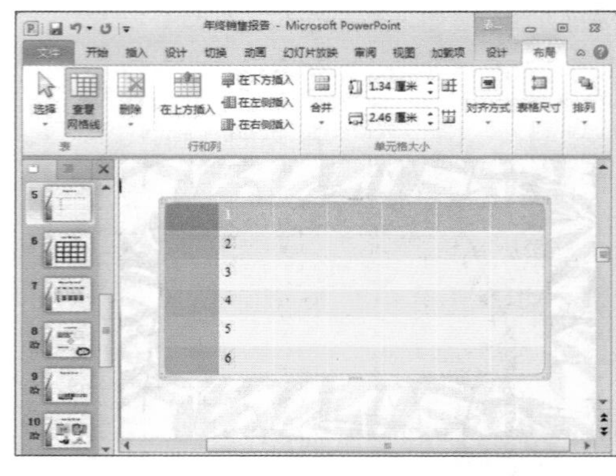

步骤 07 在相邻列内任意位置选中多个连续单元格，单击“行和列”组中的“在右侧插入”按钮。

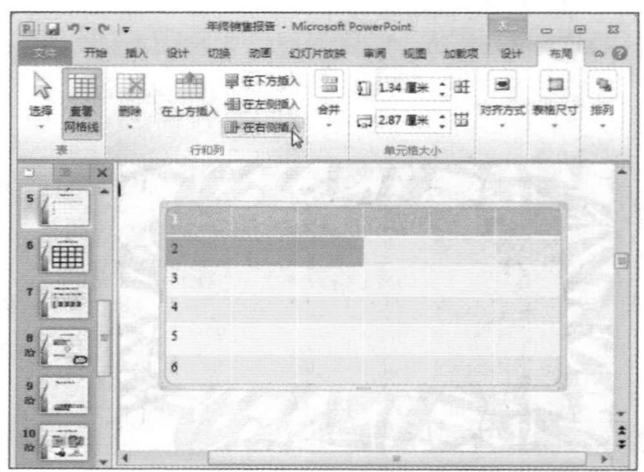

步骤 08 选中单元格右侧随即被插入了多列，选中几列即可插入几列。

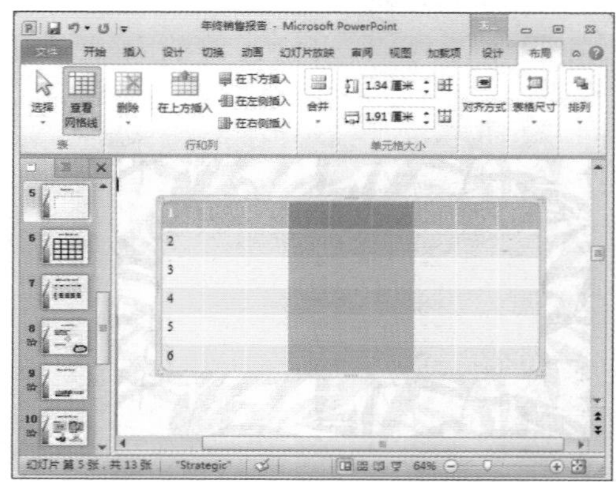

步骤 09 将光标置于需要删除行的任意单元格内，单击“行和列”组中的“删除”下拉按钮，在展开的列表中选择“删除行”选项。即可删除该行。

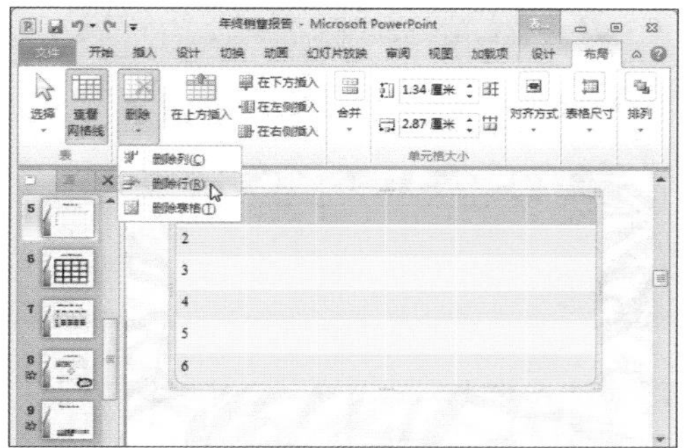

步骤 10 若要删除多行，则选中这些行，在“行和列”组中单击“删除”下拉按钮，在展开的列表中选择“删除行”选项。

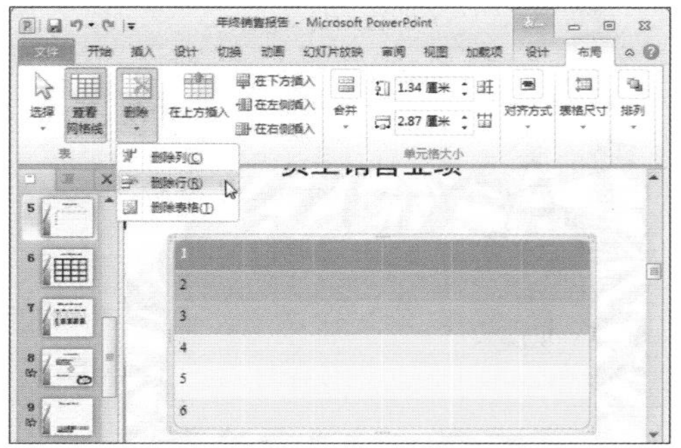

步骤 11 若要删除多列，则选中这些列，单击“行和列”组中的“删除”下拉按钮，在展开的列表中选择“删除列”选项即可。

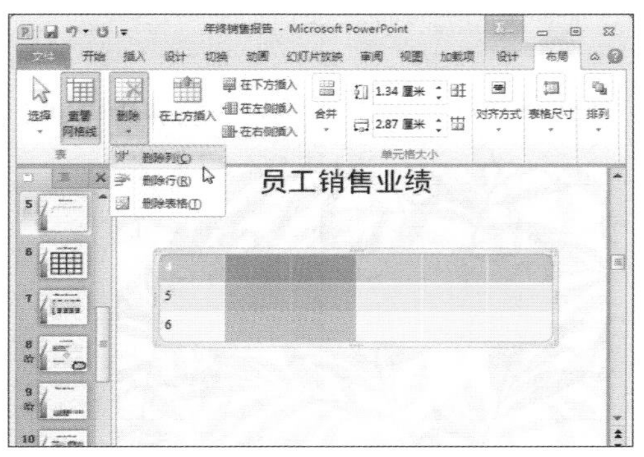

步骤 12 在表格中右击，在弹出的快捷菜单中也可以对行和列进行插入和删除操作。具体步骤和选项卡操作相同。

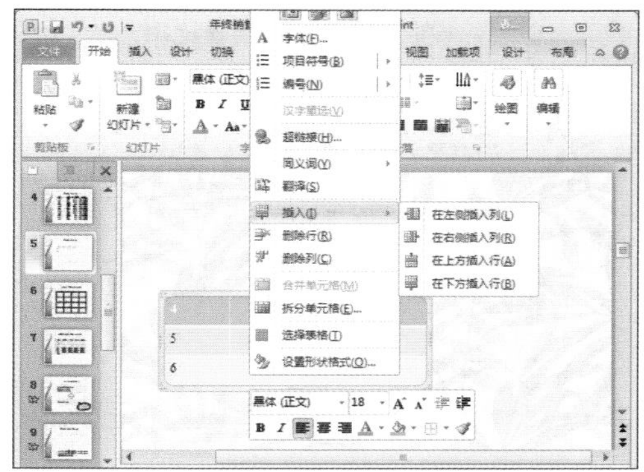

❸调整行高和列宽

步骤 01 将光标置于需要调整宽度的列的边线上。光标将变成“⊪”形状。

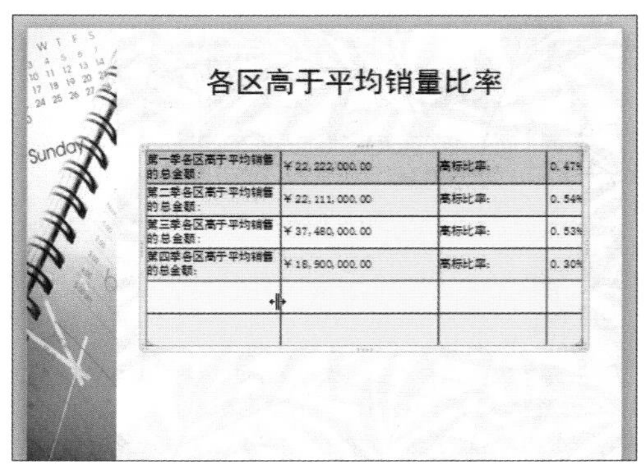

步骤 02 按住鼠标左键，拖动鼠标将边线向右移动。

步骤03 松开鼠标后，列宽被调整到了合适的宽度。

步骤04 将光标置于需要调整高度的行的边线上。光标变为“÷”形状。

步骤05 按住鼠标左键，拖动鼠标，将边线向下移动。

步骤06 松开鼠标，整行的高度即得到调整。

步骤07 选中多行，打开“表格工具-布局”选项卡，单击“单元格大小”组中的“分布行”按钮。

步骤08 选中的行的高度随即在所选行的总高度内被平均分布。

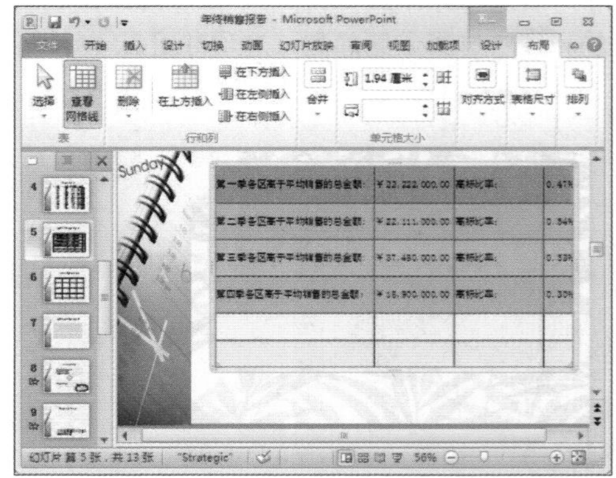

步骤 09 选中需要调整列宽的单元格，单击“单元格大小”组中的“分布列”按钮。

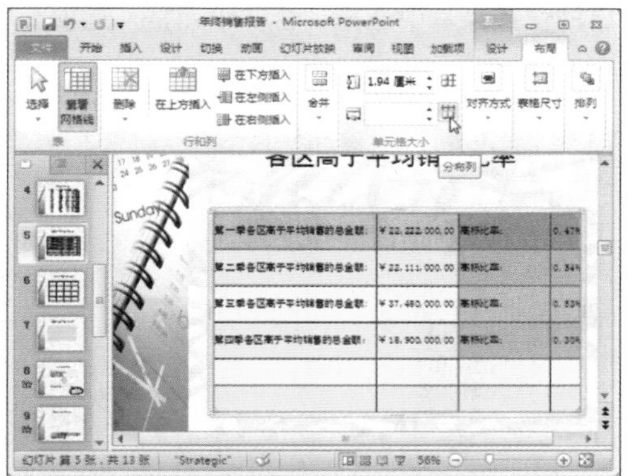

步骤 10 选中单元格所在列随即被平均分布。

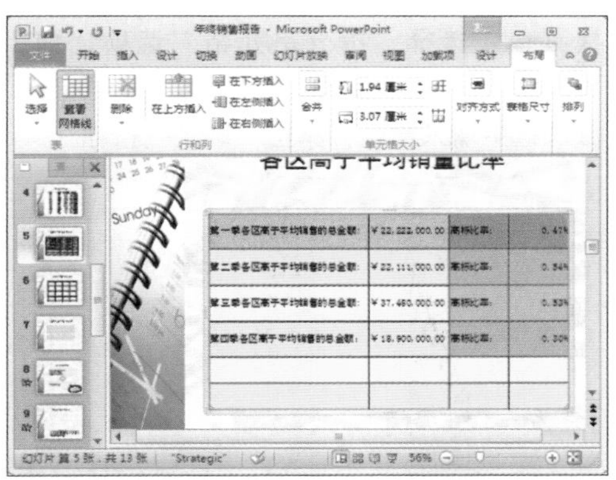

步骤 11 选中单元格，在“单元格大小”组中的“高度”和“宽度”微调框中直接输入数值，可精确调整行高和列宽。

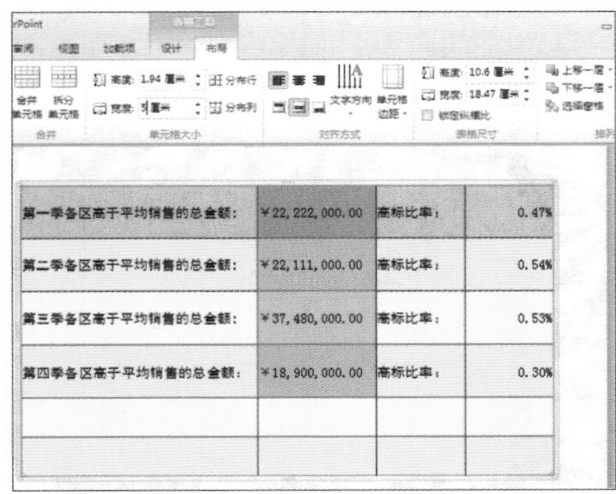

❹设置文本对齐方式

步骤 01 选中表格，打开“表格工具-布局”选项卡，在“对齐方式”组中单击“垂直居中”按钮。

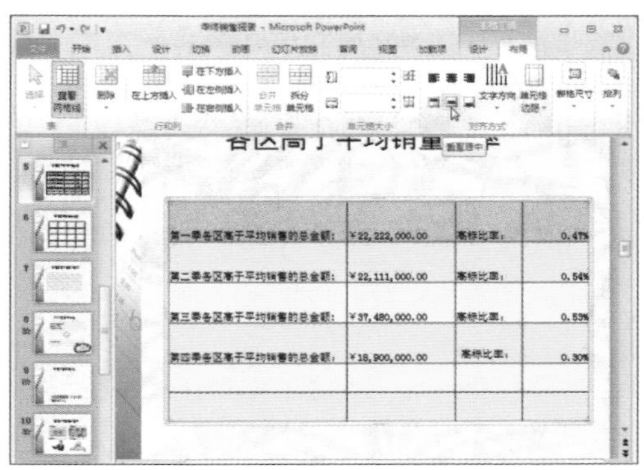

步骤 02 表格中的所有文本随即变为垂直居中显示。

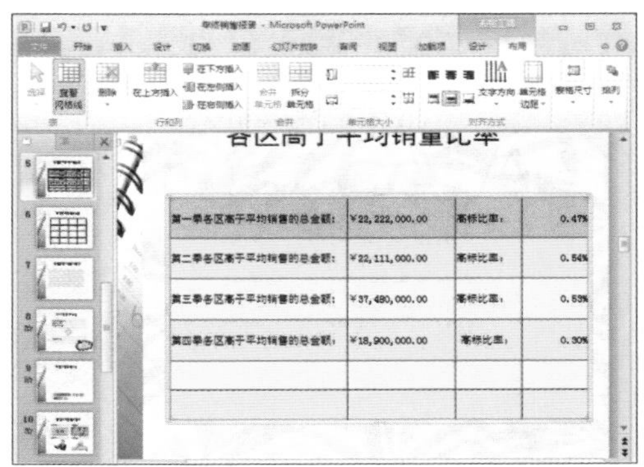

步骤 03 选中需要设置对齐方式的单元格，在“对齐方式”组中单击“居中”按钮。

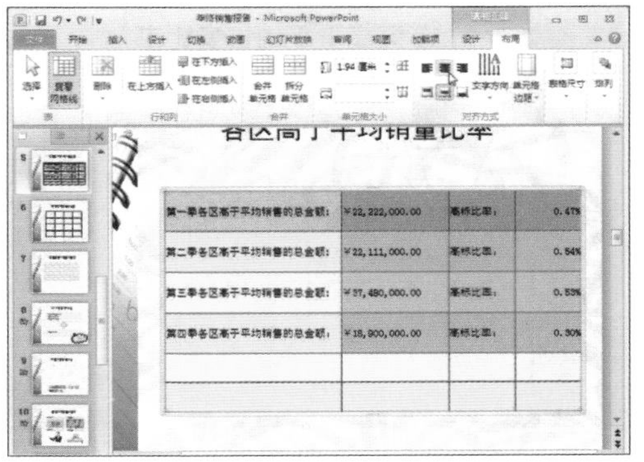

步骤 04 选中单元格内的文本，水平对齐方式随即变为居中。

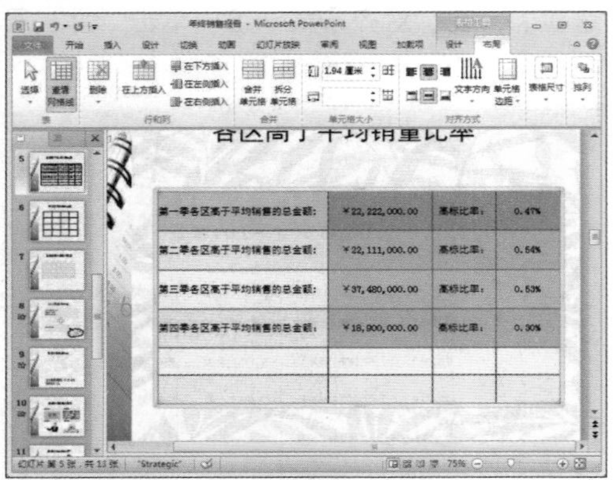

步骤 05 选中单元格，单击“对齐方式”组中的“单元格边距”下拉按钮，在展开的列表中选择合适的选项。

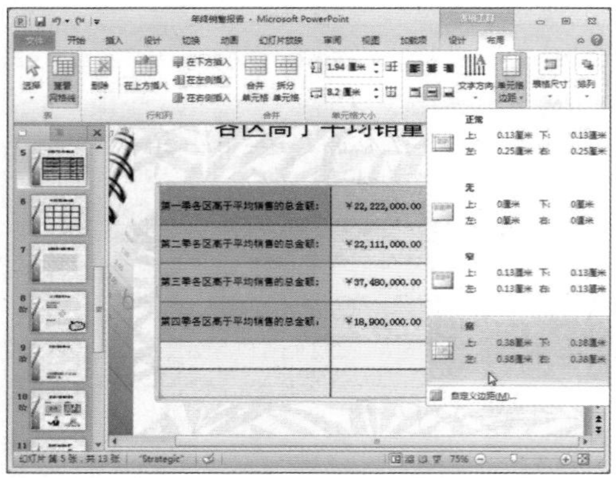

步骤 06 设置好对齐方式的表格如下图所示。

第一季各区高于平均销售的总金额：	￥22,222,000.00	高标比率：	0.47%
第二季各区高于平均销售的总金额：	￥22,111,000.00	高标比率：	0.54%
第三季各区高于平均销售的总金额：	￥37,480,000.00	高标比率：	0.53%
第四季各区高于平均销售的总金额：	￥18,900,000.00	高标比率：	0.30%

⑤合并和拆分单元格

步骤 01 选中需要合并的单元格并右击，在弹出的快捷菜单中选择“合并单元格”选项。

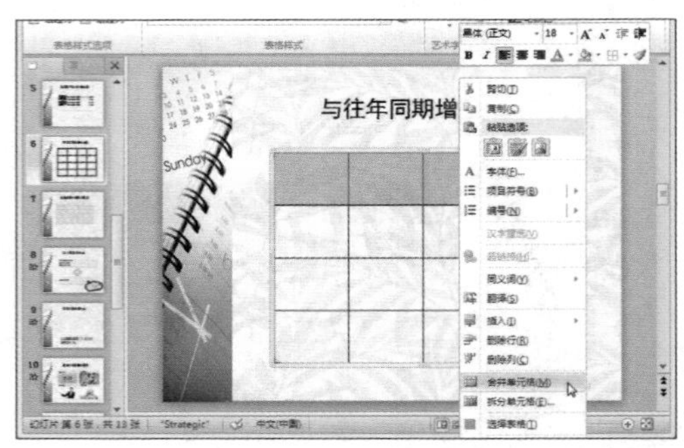

步骤 02 选中的单元格随即被合并。将光标置于需要拆分的单元格中并右击，在弹出的快捷菜单中选择“拆分单元格”选项。弹出“拆分单元格”对话框，在“列数”和“行数”微调框中输入数值，单击“确定”按钮。

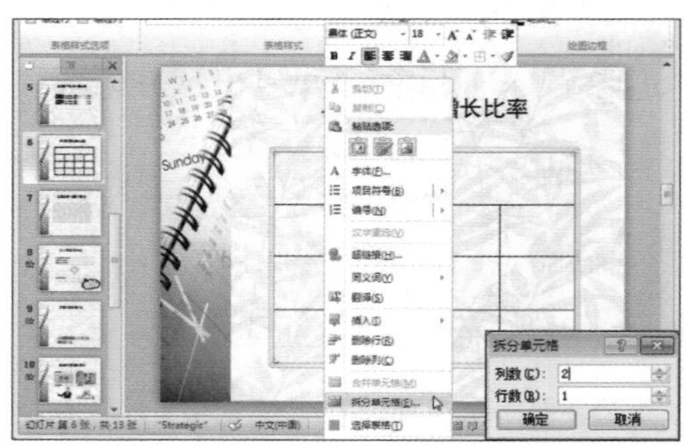

步骤 03 单元格随即按照“拆分单元格”对话框中的设置被拆分。

步骤 04 打开“表格工具-布局”选项卡。单击“合并”组中的按钮，也可以对表格进行合并或拆分操作。

❻调整表格大小并移动表格

步骤 01 将光标置于表格边框任意一个角上。

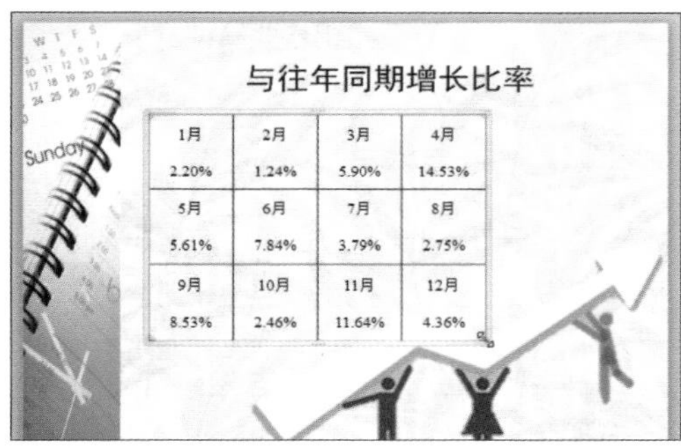

步骤 02 光标变为“⤡”形状时，按住鼠标左键拖动鼠标，调整表格大小。

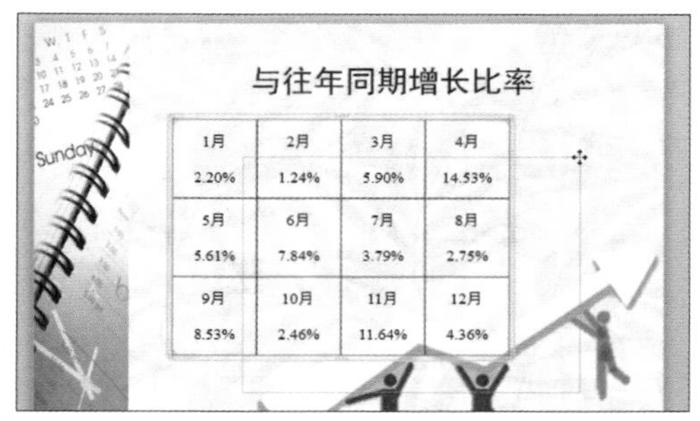

步骤 03 将光标置于表格任意一个角上，光标变为“✥”形状时按住鼠标左键拖动鼠标，可将表格移动至幻灯片中任意位置。

步骤 04 调整好大小和位置的表格效果如下图所示。

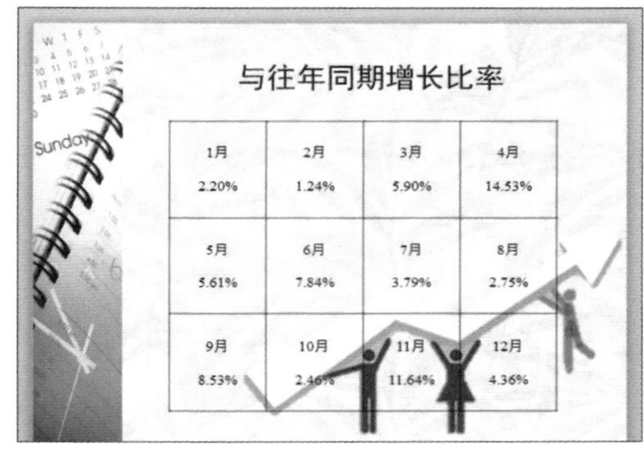

5.1.3 美化表格

为了使幻灯片中的表格能够快速吸引观众眼球，用户可以为表格穿上各种不同效果的“外衣”。通过对表格外观的设置和表格中文本样式的设置就可以让表格“变美”。

❶使用表格样式

步骤 01 选中表格，打开“表格工具-设计”选项卡，在“表格样式”组中单击“其他”下拉按钮。

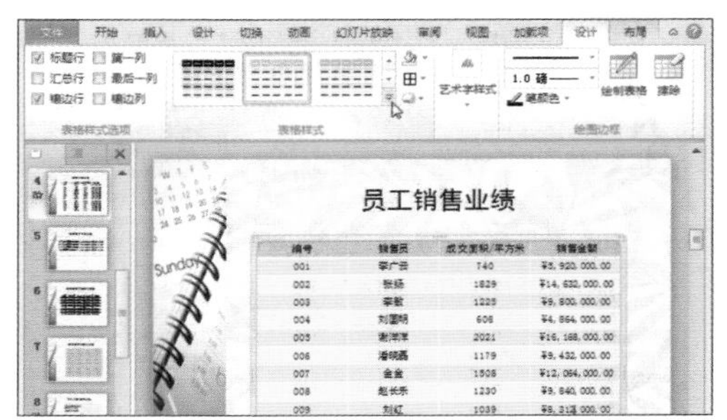

步骤02 在展开的列表中选择“浅色样式1-强调4”选项。

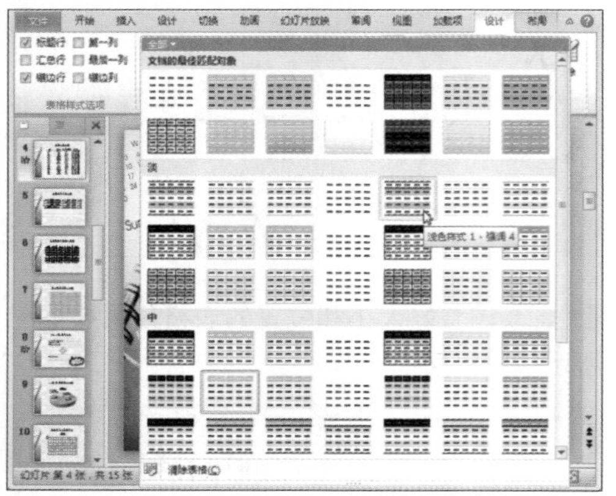

步骤03 选择好表格样式后，还可以在“表格样式选项”组中勾选不同的复选框，对样式进行修改。

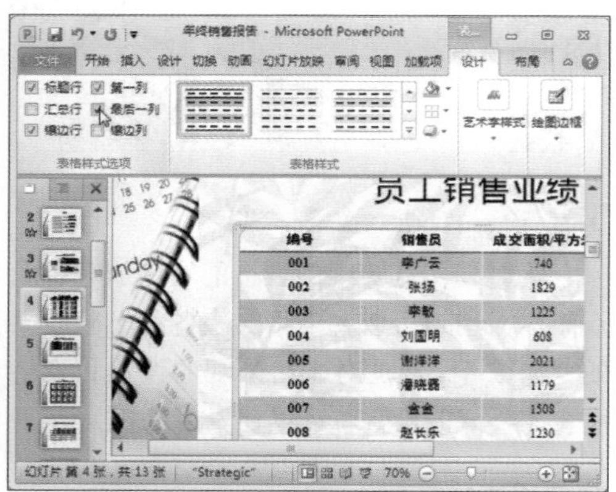

步骤04 设置了样式的表格效果如下图所示。

员工销售业绩

编号	销售员	成交面积/平方米	销售金额
001	李广云	740	¥5,920,000.00
002	张扬	1829	¥14,632,000.00
003	李敏	1225	¥9,800,000.00
004	刘国明	608	¥4,864,000.00
005	谢洋洋	2021	¥16,168,000.00
006	潘晓磊	1179	¥9,432,000.00
007	金金	1508	¥12,064,000.00
008	赵长乐	1230	¥9,840,000.00
009	刘红	1039	¥8,312,000.00
010	齐乐乐	1931	¥15,448,000.00
011	赵伟江	807	¥6,456,000.00
012	蒋丽丽	708	¥5,664,000.00
013	秦磊	354	¥2,832,000.00
014	刘敏丽	789	¥6,312,000.00

步骤05 若要删除表格样式，则在表格样式列表中选择“清除表格”样式选项。

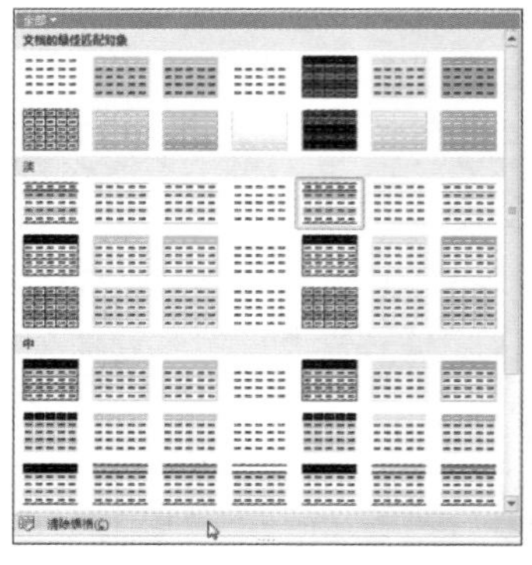

步骤06 进行了清除样式操作后，会将最初创建表格时默认的样式一起清除。

员工销售业绩

编号	销售员	成交面积/平方米	销售金额
001	李广云	740	¥5,920,000.00
002	张扬	1829	¥14,632,000.00
003	李敏	1225	¥9,800,000.00
004	刘国明	608	¥4,864,000.00
005	谢洋洋	2021	¥16,168,000.00
006	潘晓磊	1179	¥9,432,000.00
007	金金	1508	¥12,064,000.00
008	赵长乐	1230	¥9,840,000.00
009	刘红	1039	¥8,312,000.00
010	齐乐乐	1931	¥15,448,000.00
011	赵伟江	807	¥6,456,000.00
012	蒋丽丽	708	¥5,664,000.00
013	秦磊	354	¥2,832,000.00
014	刘敏丽	789	¥6,312,000.00

❷设置边框样式

步骤01 选中表格，打开“表格工具-设计”选项卡，在“绘图边框”组中单击“笔样式”下拉按钮，在展开的列表中选择一个点画线样式。

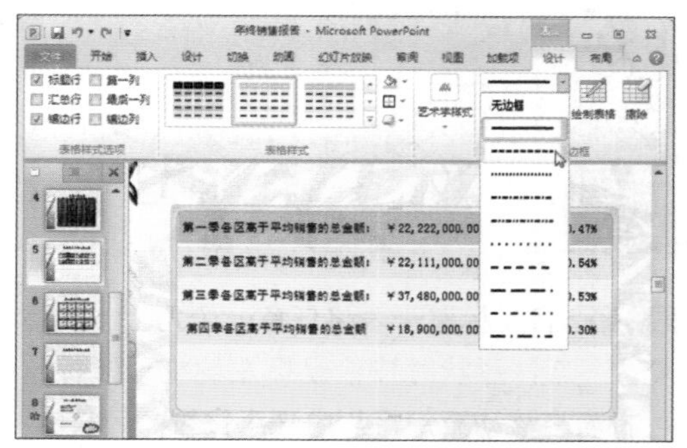

步骤02 在“绘图边框”组中，单击“笔划粗细”下拉按钮，在展开的列表中选择“0.5磅”选项。

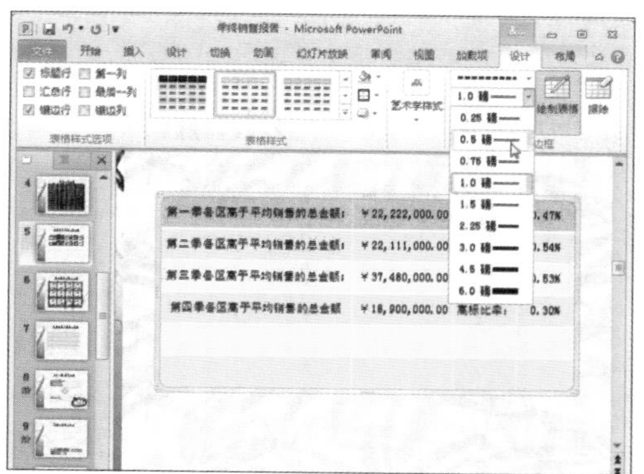

步骤03 单击“笔颜色”下拉按钮，在展开的列表中选择“红色”。

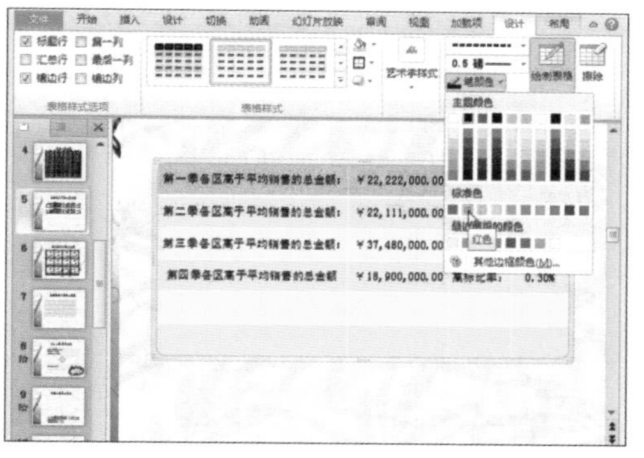

步骤04 在“表格样式”组中单击“边框”下拉按钮，在展开的列表中选择“内部框线”选项。

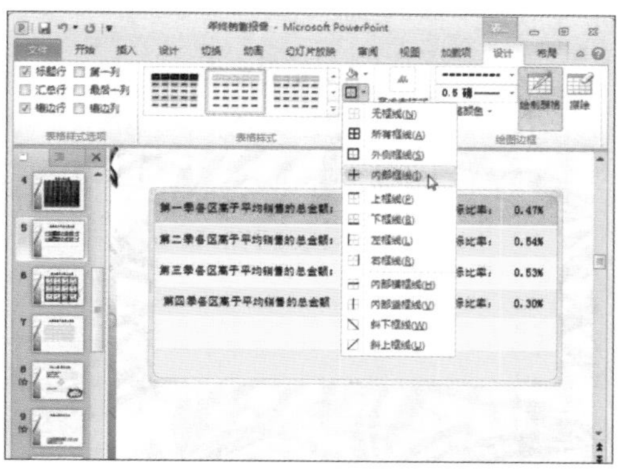

步骤05 在“绘图边框”组中单击“笔样式”下拉按钮，在展开的列表中选择实线样式。

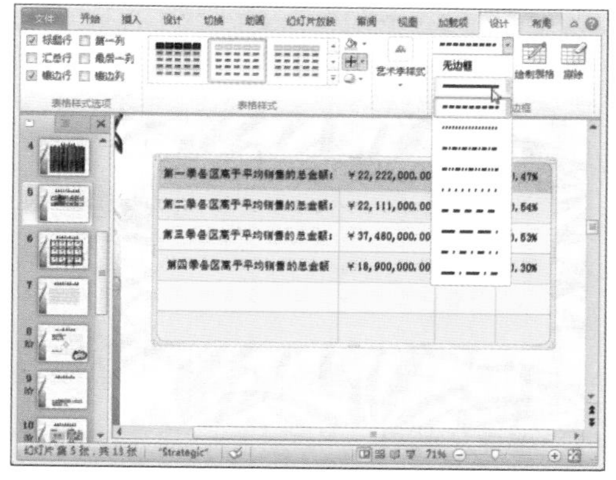

步骤06 单击“笔划粗细”下拉按钮，在展开的列表中选择“4.5磅”选项。

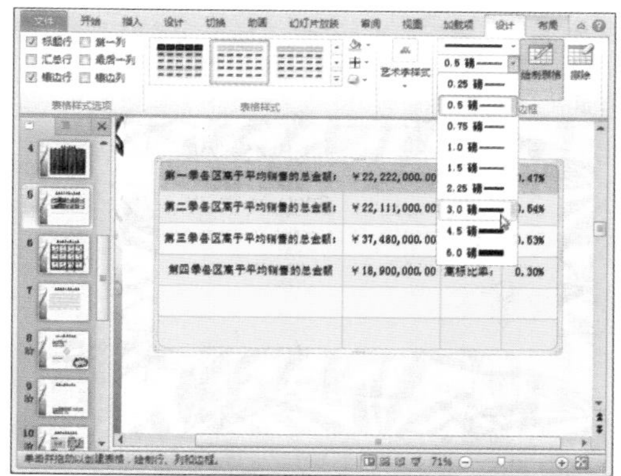

步骤07 在“表格样式”组中的“边框”下拉列表中选择“外侧框线”选项。

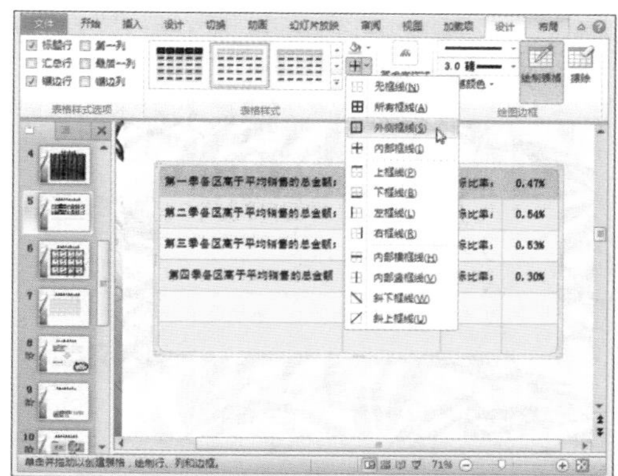

步骤 08 设置好表格边框线颜色和线条样式的效果如下图所示。

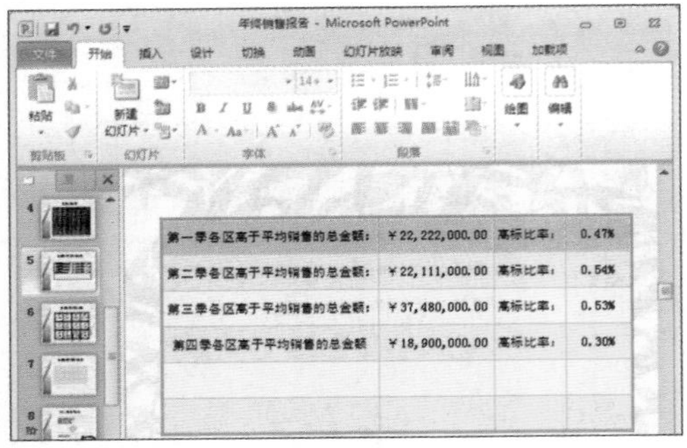

第一季各区高于平均销售的总金额：	￥22,222,000.00	高标比率：	0.47%
第二季各区高于平均销售的总金额：	￥22,111,000.00	高标比率：	0.54%
第三季各区高于平均销售的总金额：	￥37,480,000.00	高标比率：	0.53%
第四季各区高于平均销售的总金额	￥18,900,000.00	高标比率：	0.30%

❸设置底纹效果

步骤 01 选中表格，打开“表格工具-设计”选项卡，在“表格样式”组中单击“底纹”下拉按钮。

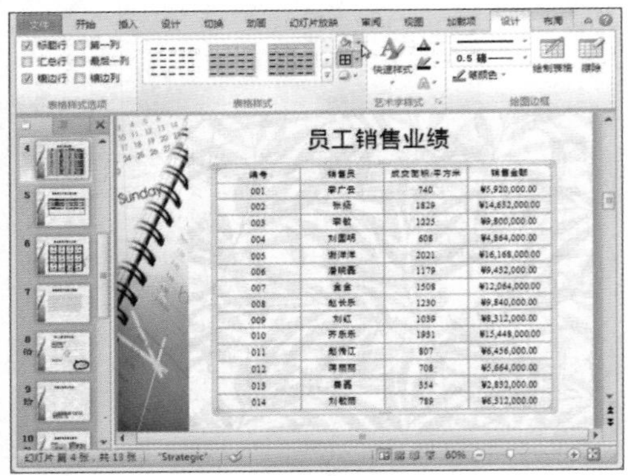

步骤 02 在展开的列表“主题颜色”组中，选择合适颜色即可为表格填充该颜色填底纹。

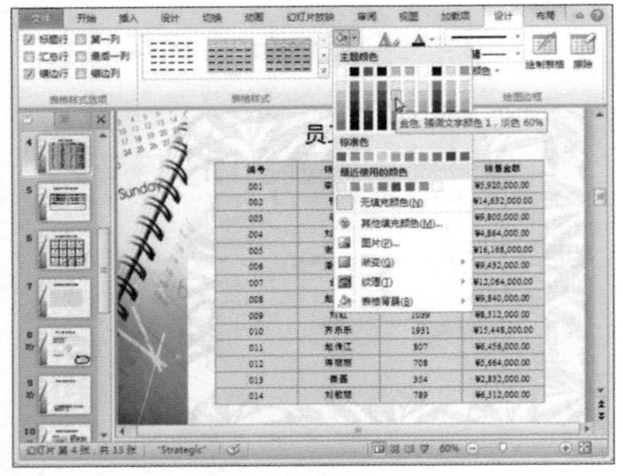

步骤 03 在“底纹”下拉列表中，将光标指向“表格背景”选项，在其下级列表中选择“图片”选项。

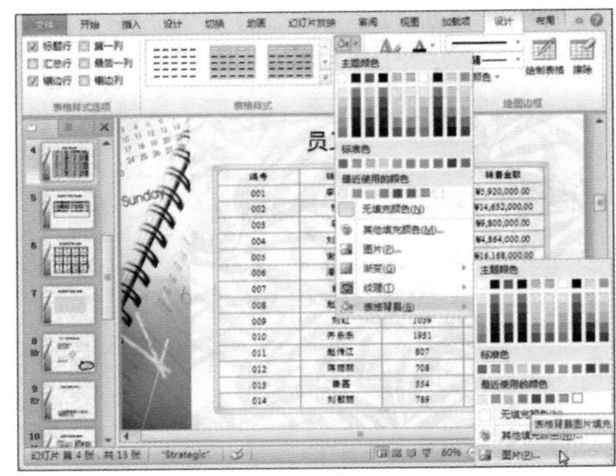

步骤 04 弹出“插入图片”对话框，选中合适的图片，单击“插入”按钮。

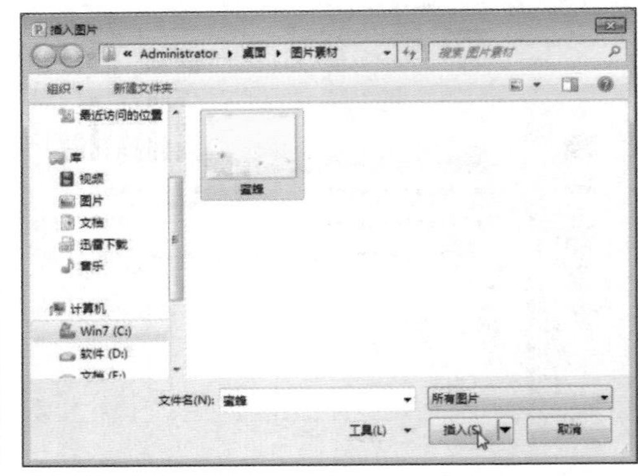

步骤 05 表格随即被在对话框中所选中的图片填充。

员工销售业绩

编号	销售员	成交面积/平方米	销售金额
001	李广云	740	¥5,920,000.00
002	张扬	1829	¥14,632,000.00
003	李敏	1225	¥9,800,000.00
004	刘国明	608	¥4,864,000.00
005	谢洋洋	2021	¥16,168,000.00
006	潘晓磊	1179	¥9,432,000.00
007	金鑫	1508	¥12,064,000.00
008	赵长乐	1230	¥9,840,000.00
009	刘红	1039	¥8,312,000.00
010	齐乐乐	1931	¥15,448,000.00
011	赵传江	807	¥6,456,000.00
012	蒋丽丽	708	¥5,664,000.00
013	秦磊	354	¥2,832,000.00
014	刘敏丽	789	¥6,312,000.00

④ 设置Excel表格的边框和底纹

步骤 01 双击Excel表格进入编辑模式，打开“页面布局”选项卡，在“页面设置”组中单击“背景”按钮。

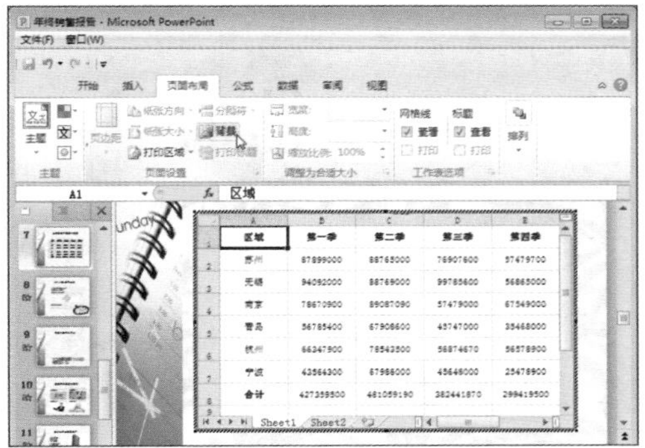

步骤 02 弹出“工作表背景”对话框，选中背景图片，单击“插入”按钮。

步骤 03 表格背景随即被选中的图片填充。选中文本所在区域，打开“开始”选项卡，在“字体”组中单击“边框”下拉按钮。

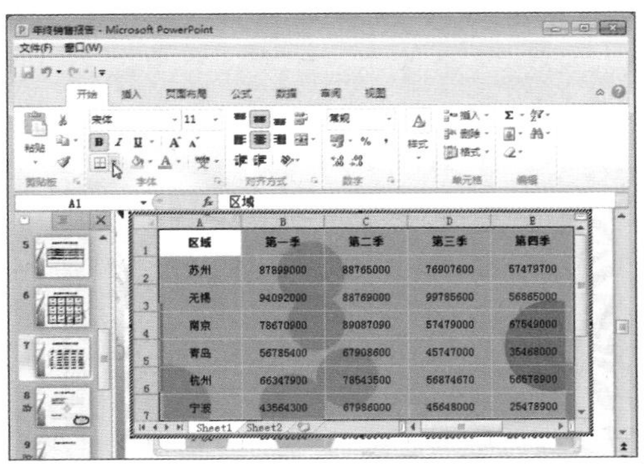

步骤 04 在展开的下拉列表“绘制边框”组中选择“线条颜色”选项，在其下级列表中选择合的颜色。

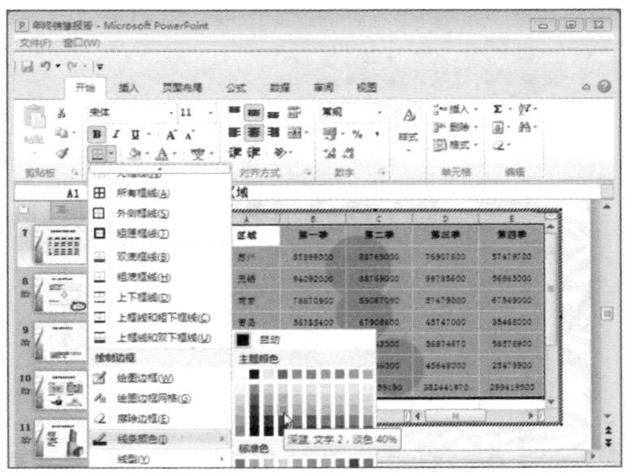

步骤 05 在“边框”下拉列表中选择“线型”选项，在下级列表中选择合适的线型。

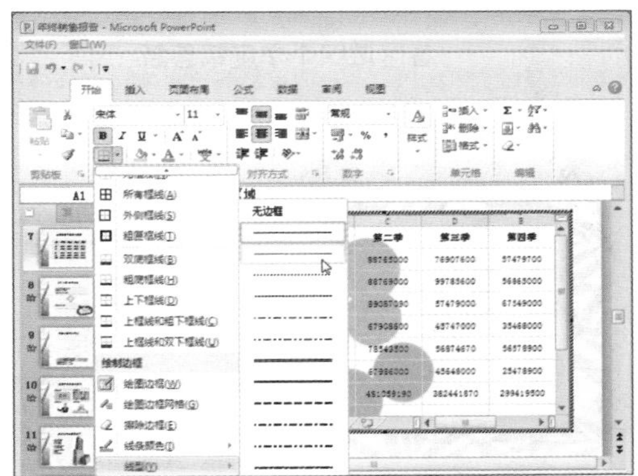

步骤 06 在“边框”下拉列表中选择“所有框线”选项。

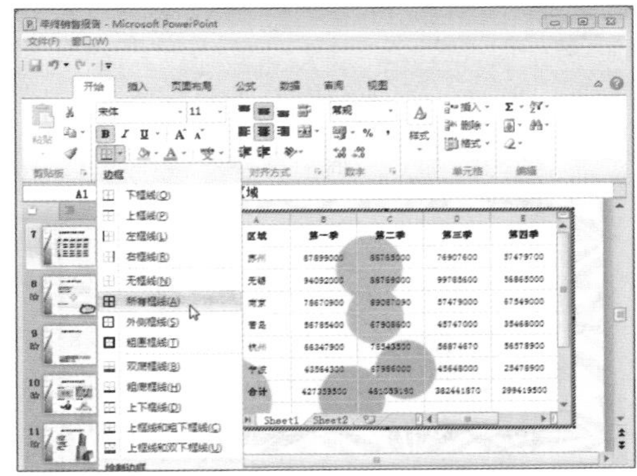

步骤 07 再次打开“边框”下拉列表，选择“粗匣框线”选项。

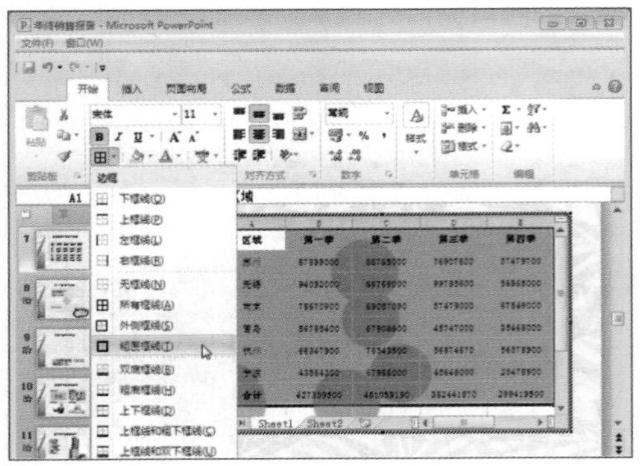

步骤 08 在幻灯片空白处单击，退出Excel表格编辑模式。设置好背景和边框线的效果如下图所示。

区域	第一季	第二季	第三季	第四季
苏州	87899000	88765000	76907600	57479700
无锡	94092000	88769000	99785600	56865000
南京	78670900	89087090	57479000	67549000
青岛	56785400	67908600	45747000	35468000
杭州	66347900	78543500	56874670	56578900
宁波	43564300	67986000	45648000	25478900

步骤 09 若对Excel表格中的背景不满意，可以单击“页面布局”选项卡中的“删除背景”按钮，将背景删除。

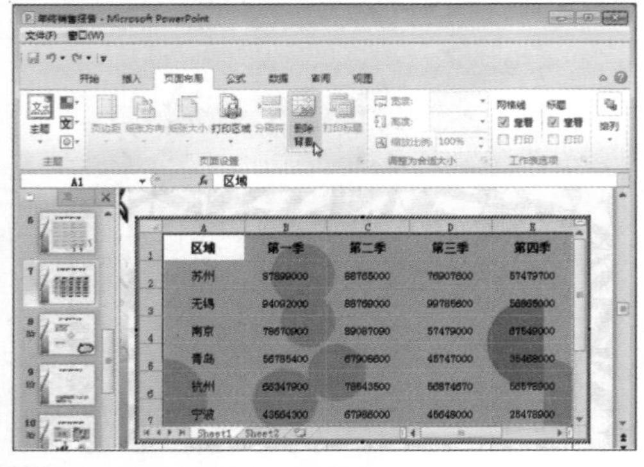

步骤 10 也可以在不打开Excel表格的情况下设置背景。打开“绘图工具-格式”选项卡，单击“形状样式”组中的“形状填充”下拉按钮，在展开的列表中选择“图片”选项。

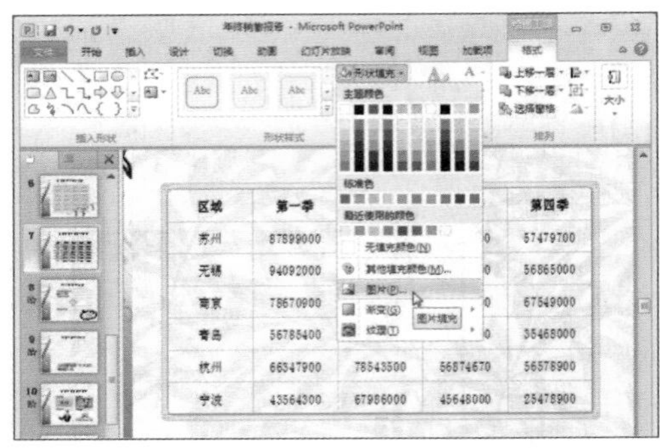

步骤 11 弹出“插入图片”对话框，选中图片，单击“插入”按钮。

步骤 12 关闭对话框，表格随即被选中的图片填充。

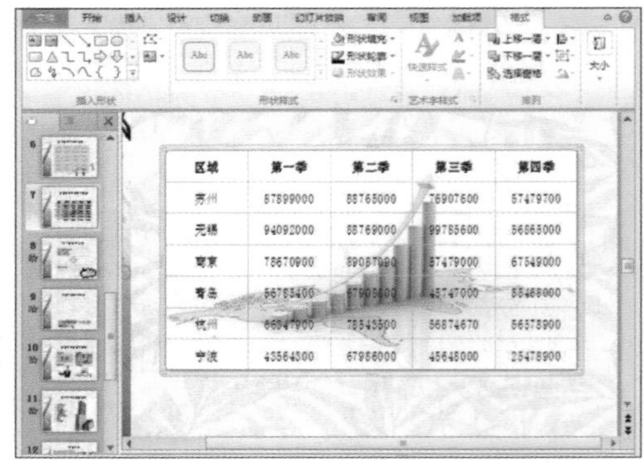

⑤设置表格立体效果

步骤01 选中表格，打开“表格工具-设计”选项卡，在“表格样式”组中单击“其他”下拉按钮。

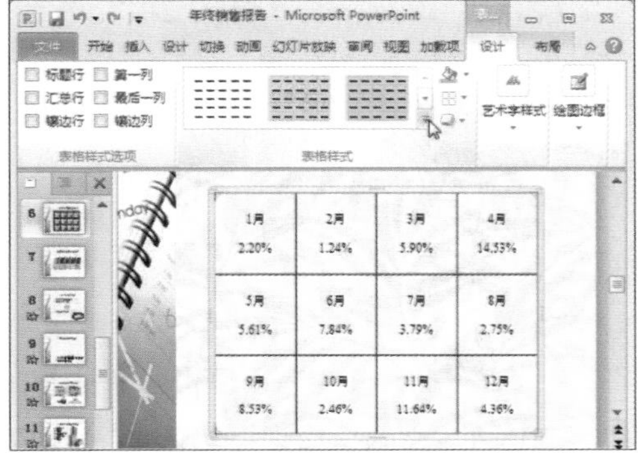

步骤02 在展开的列表中选择“中度样式2-强调4”选项。

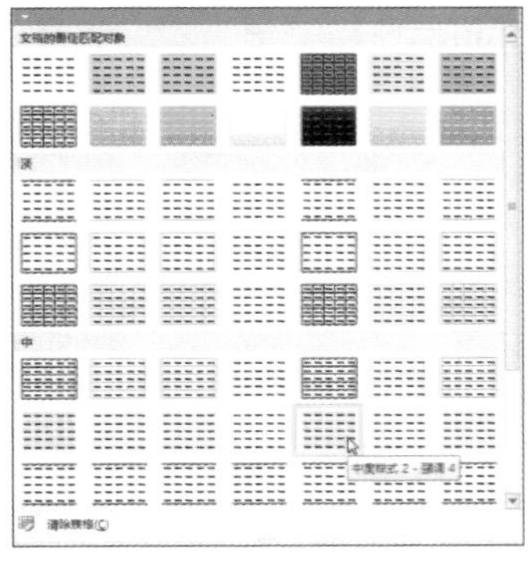

步骤03 单击“表格样式”组中的“效果”下拉按钮。

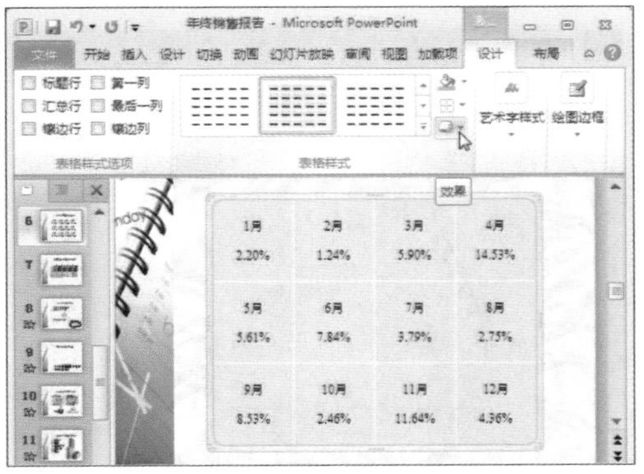

步骤04 在展开的下拉列表中选择“单元格凹凸效果”选项，然后在其下级列表中选择“圆”选项。

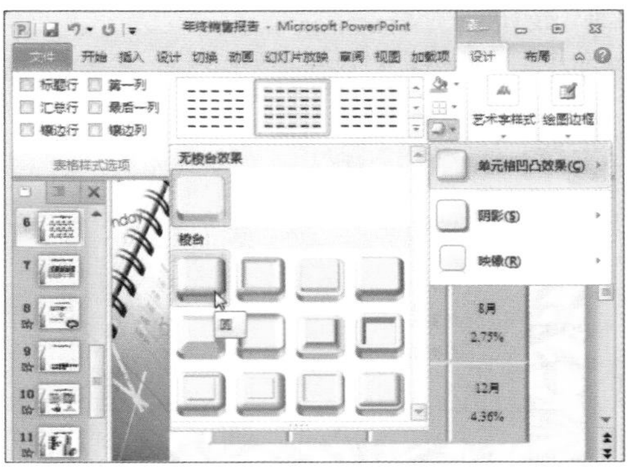

步骤05 在“效果”下拉列表中选择“阴影”选项，并在其下级列表中选择“向右偏移”选项。

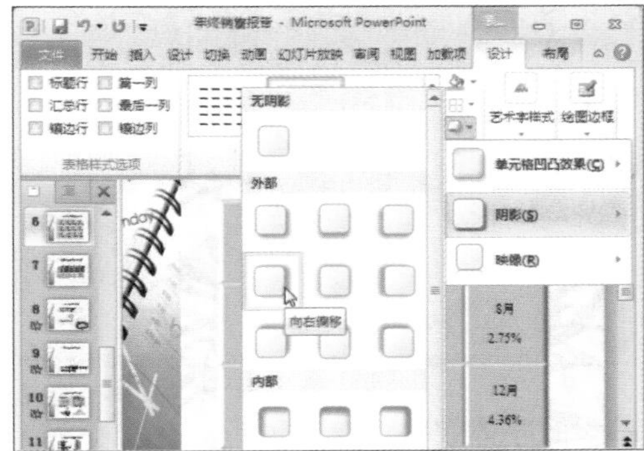

步骤06 在“阴影”下级列表中选择“阴影选项”选项。

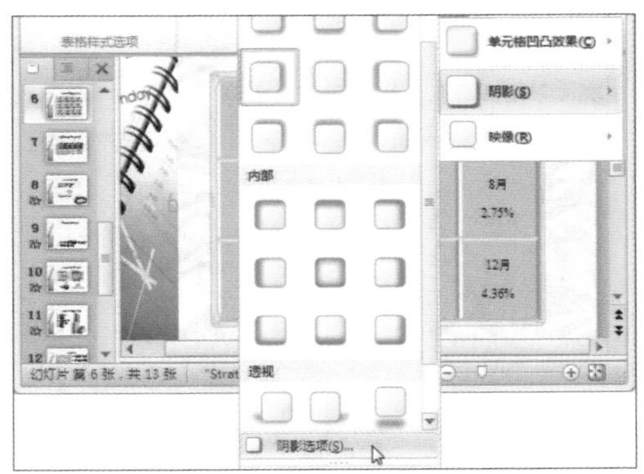

步骤07 弹出“设置形状格式”对话框，在“阴影”选项面板中，移动滑块重新设置“透明度”、“大小”、“虚化”等数值，单击“关闭”按钮。

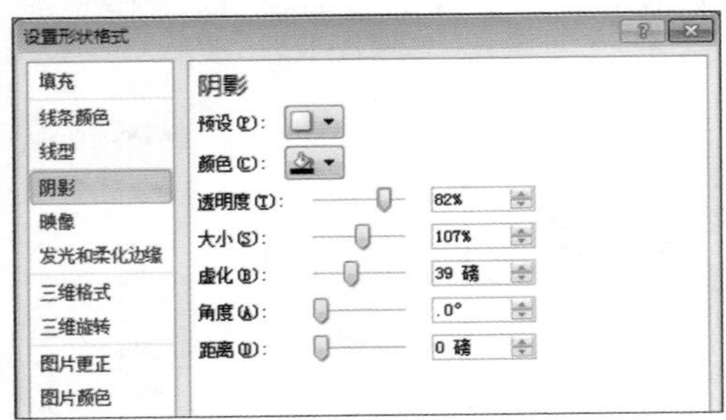

步骤08 关闭对话框，此时幻灯片中的表格已经被设置为立体效果。

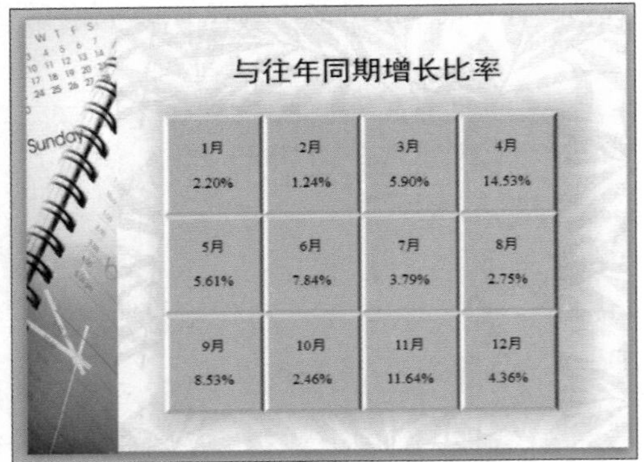

❻设置字体效果

步骤01 选中表格，打开“表格工具-设计”选项卡，单击“艺术字样式”组中的“快速样式”下拉按钮。

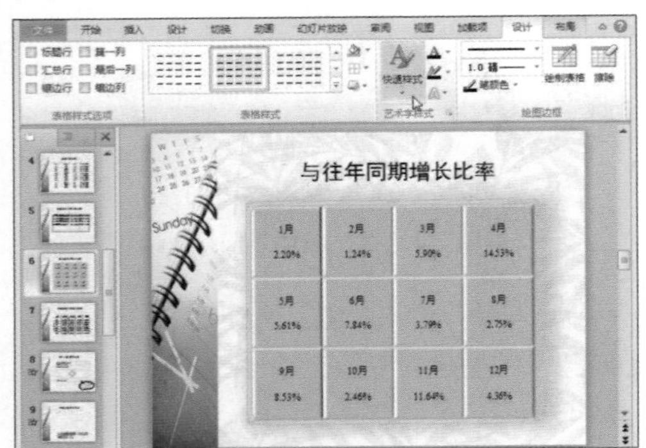

步骤02 在展开的列表中选择合适的艺术字样式。此处选择“填充-白色，轮廓-强调文字颜色1”选项。

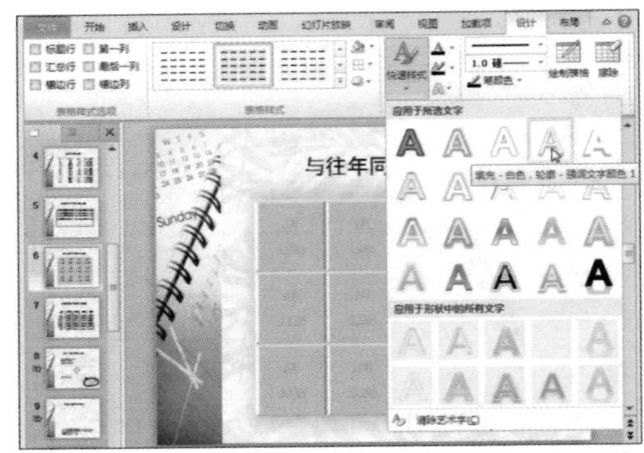

步骤03 单击“艺术字样式”组中的“文字效果”下拉按钮，选择“阴影”选项，在其下级列表中选择“向左偏移”选项。

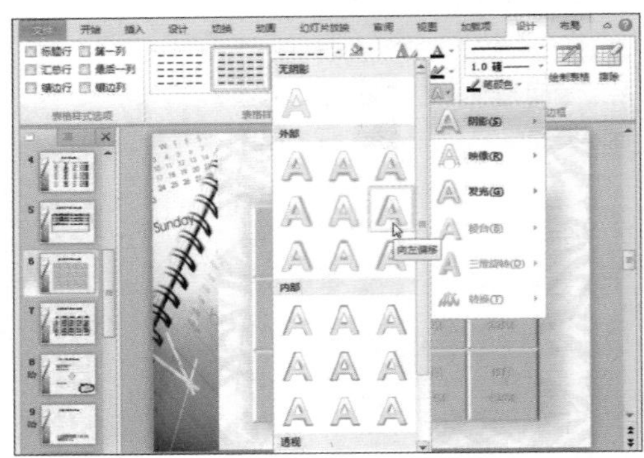

步骤04 在“文字效果”下拉列表中选择“映像”选项，在其下级列表中选择“紧密映像，接触”选项。

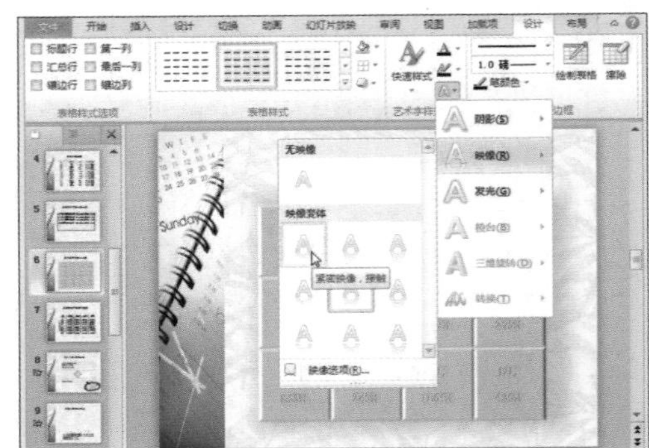

步骤 05 单击“艺术字样式”组中的“对话框启动器”按钮。

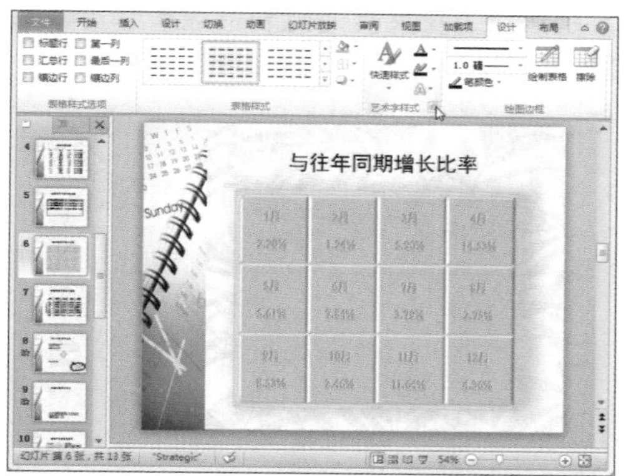

步骤 06 弹出“设置文本效果格式”对话框，在“阴影”和“映像”选项面板中可以进行更详尽的设置。

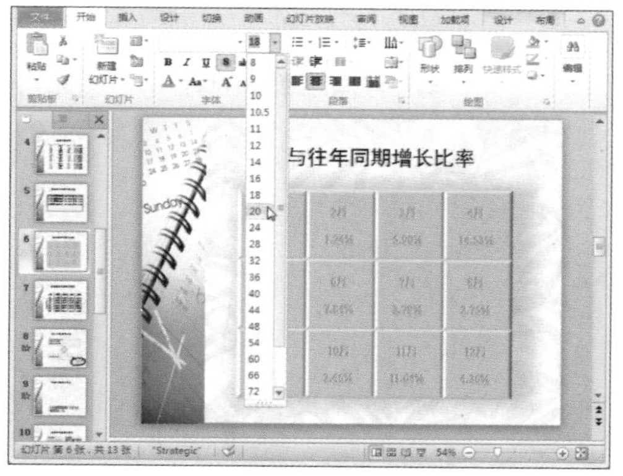

步骤 07 关闭对话框，切换到“开始”选项卡，在“字体”组中单击“字号”下拉按钮，在展开的列表中选择“20”选项。

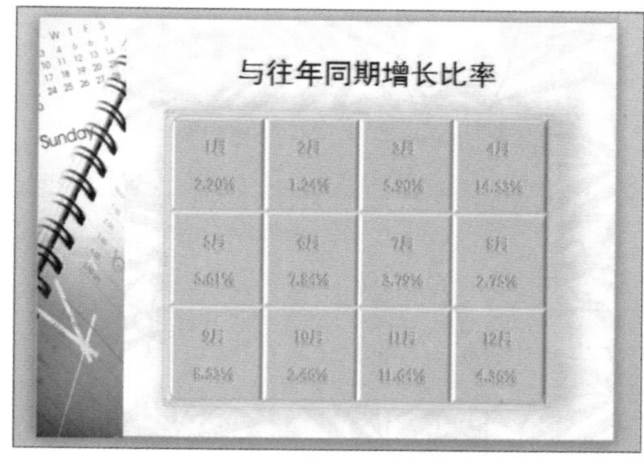

步骤 08 至此表格内文本效果就设计完成了。

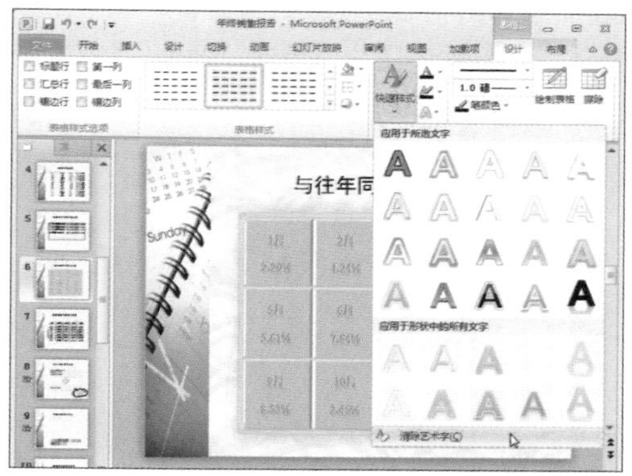

步骤 09 若要清除文字的样式，则在“快速样式”下拉列表中选择“清除艺术字”选项。

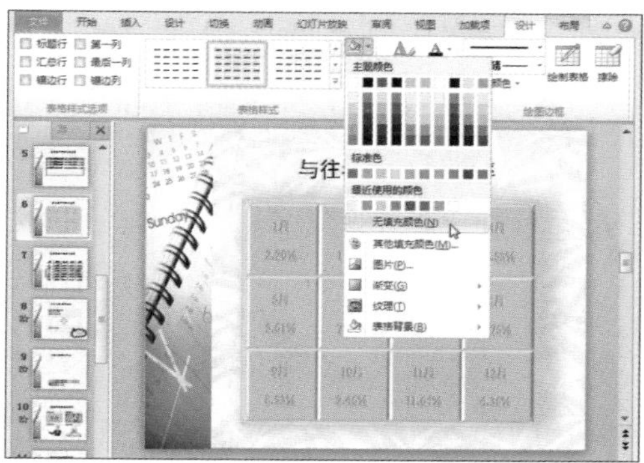

⑦ 设置表格排列顺序

步骤 01 选中表格，打开“表格工具-设计”选项卡，在“表格样式”组中单击“底纹”下拉按钮，在展开的列表中选择“无填充颜色”选项。

步骤02 打开“插入”选项卡，单击“图像”组中的“图片”按钮。

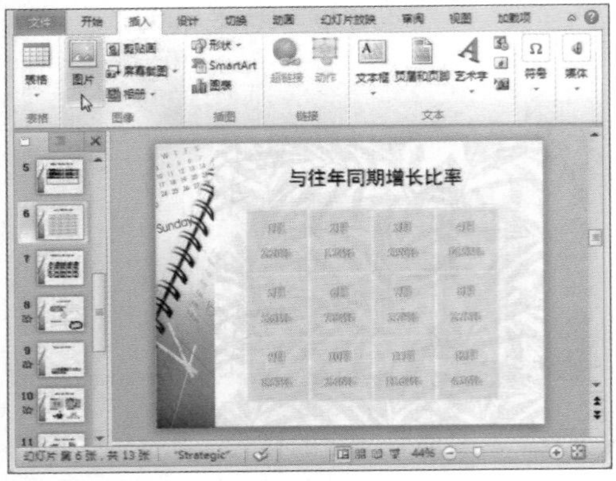

步骤03 弹出“插入图片”对话框，选中需要插入到幻灯片中图片，单击“插入”按钮。

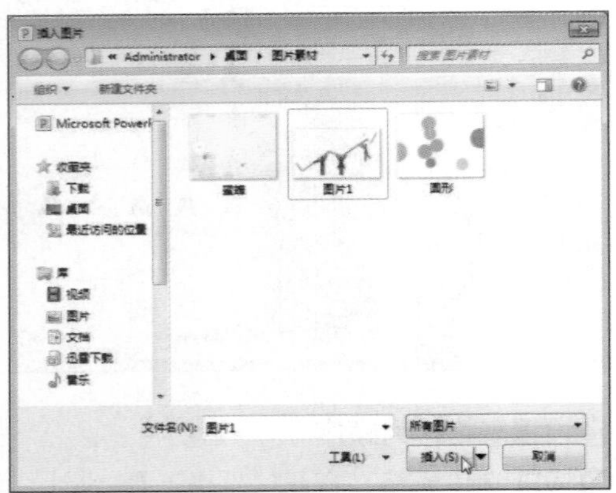

步骤04 此时插入的图片显示在表格的上方。调整好图片的大小及位置。

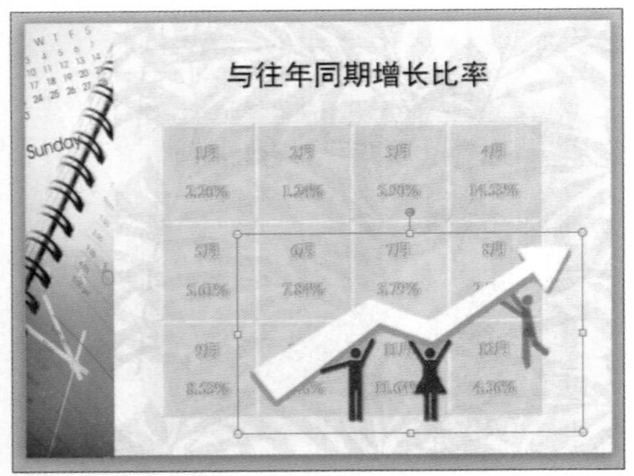

步骤05 选中表格，打开“表格工具-布局”选项卡，单击“排列”组中的“上移一层”下拉按钮，在展开的列表中选择“上移一层”选项。

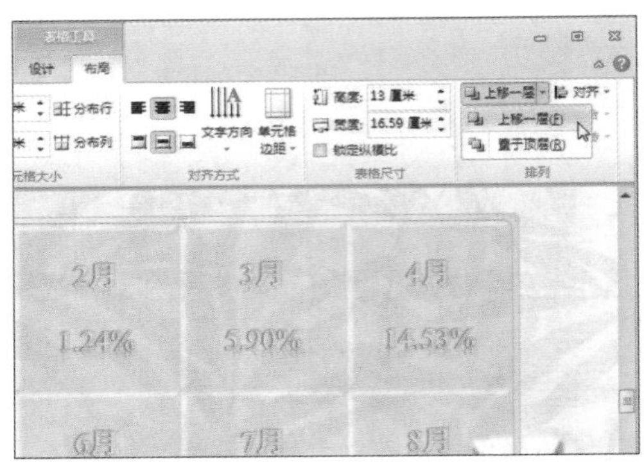

步骤06 单击“排列”组中的“对齐”下拉按钮，在下拉列表中选择“左右居中”选项。

步骤07 排列好顺序并设置了对齐方式的表格效果如下图所示。

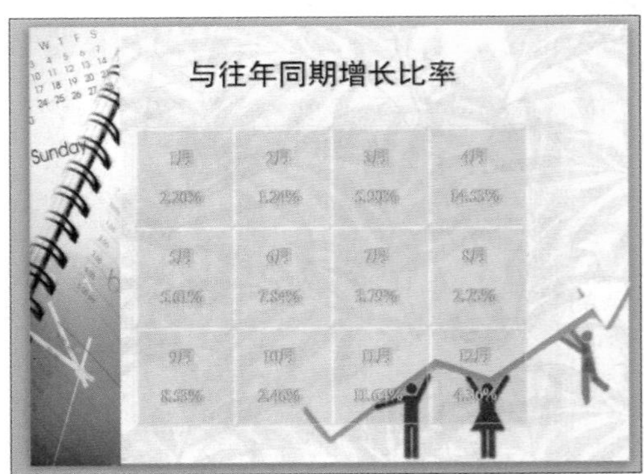

5.2 在幻灯片中应用图表

当用户需要对大量的数据进行分析时，为了能够清晰地表现出数据的变化趋势，可以将数据以图表的方式表达出来。利用图表分析数据，不仅很直观，而且可以形象地体现数据之间的关系，在很大程度上增强幻灯片内容的说服力。

5.2.1 创建图表

PowerPoint 2010内置了多种不同类型的图表，其中包括柱形图、折线图、饼图、条形图等，每种图表都有不同的应用场合，用户可以根据需要选用合适的图表。

❶ 创建柱形图

柱形图用于显示一段时间内的数据变化或说明各项之间的比较情况。

步骤01 选择需要插入图表的幻灯片，打开"插入"选项卡，在"插图"组中单击"图表"按钮。

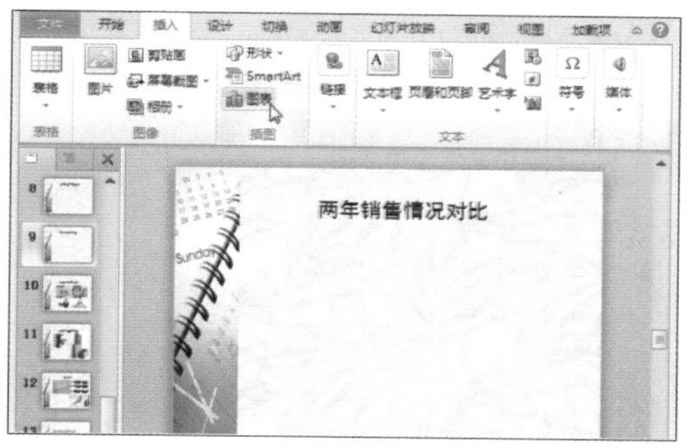

步骤02 弹出"插入图表"对话框，打开"柱形图"选项面板，选择"簇状柱形图"选项，单击"确定"按钮。

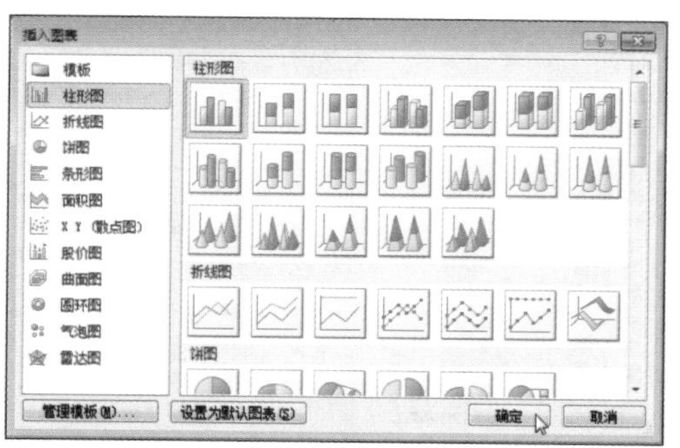

步骤03 幻灯片中随即被插入了一张簇状柱形图表。

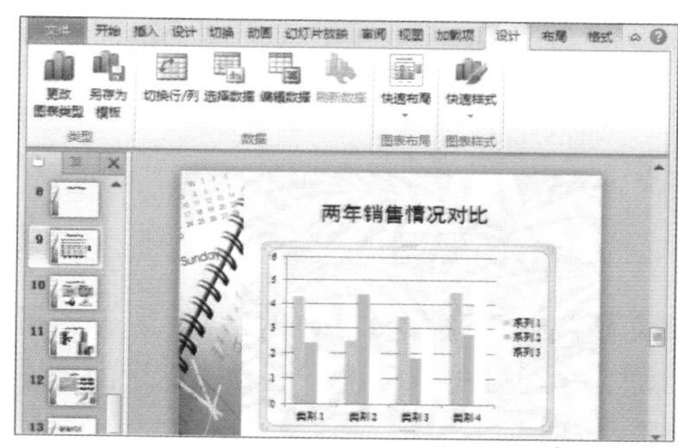

步骤04 同时弹出一张Excel工作表，可在表格中蓝色线条区域内输入与图表相关的数据。

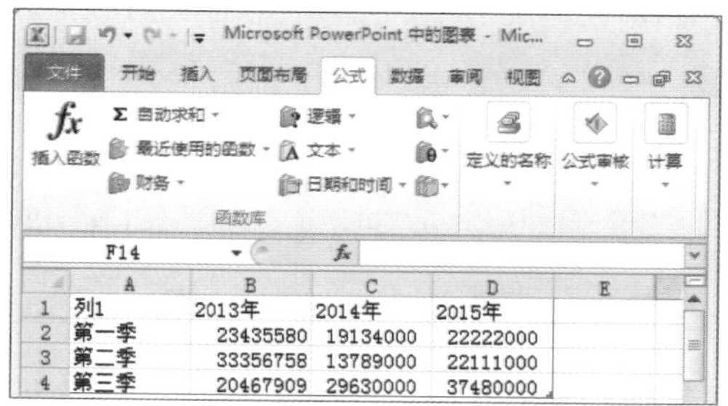

步骤05 关闭Excel表格，此时的簇状柱形图已经应用了表格中的数据。

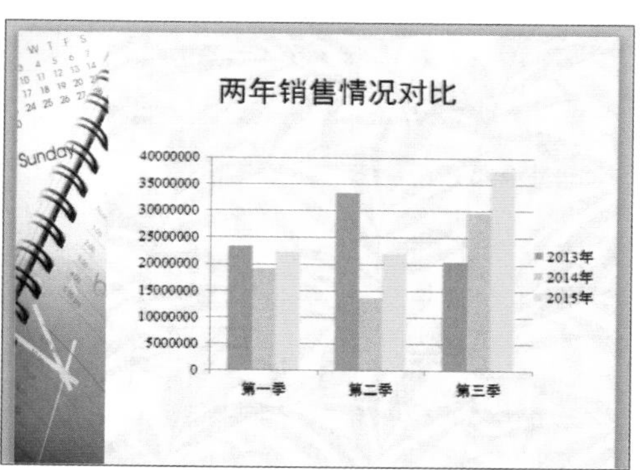

②创建折线图

折线图用于显示随时间而变化的连续数据，适用于显示相等时间间隔下数据的趋势。

步骤01 打开幻灯片。在“插入”选项卡中的“插入”组中单击“图表”按钮。

步骤02 弹出“插入图表”对话框，打开“折线图”选项面板，选择“带数据标记的折线图”选项。

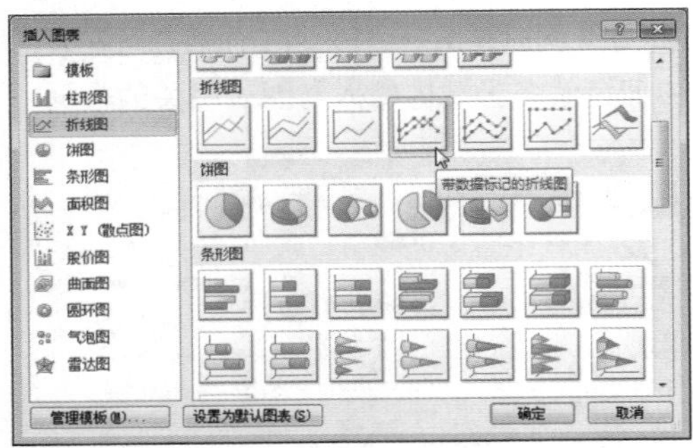

步骤03 在弹出的Excel表格中输入与图表相关的数据。

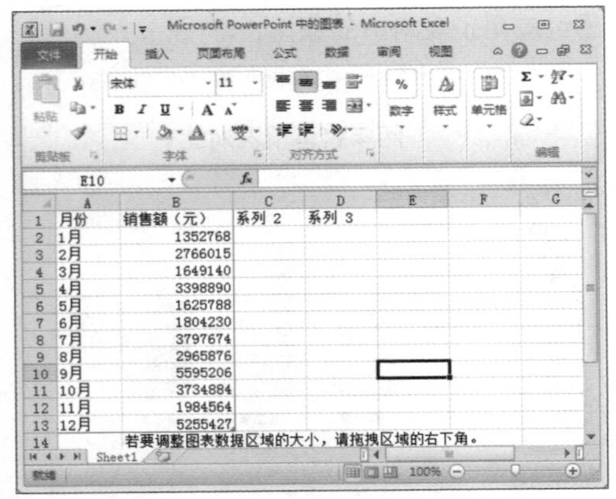

	A	B	C	D
1	月份	销售额（元）	系列 2	系列 3
2	1月	1352768		
3	2月	2766015		
4	3月	1649140		
5	4月	3398890		
6	5月	1625788		
7	6月	1804230		
8	7月	3797674		
9	8月	2965876		
10	9月	5595206		
11	10月	3734884		
12	11月	1984564		
13	12月	5255427		

步骤04 在幻灯片中创建的折线图效果如下图所示。

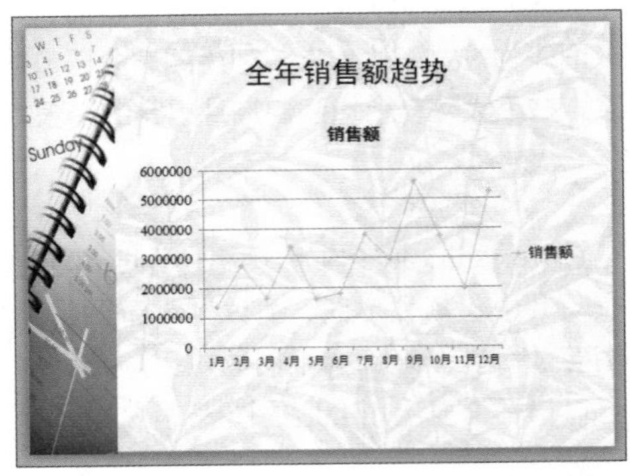

③创建饼图

饼图用于显示一个数据系列中各项的大小与各项总和的比例。

步骤01 单击幻灯片内容占位符中的“插入图表”按钮。

步骤02 弹出“插入图表”对话框，打开“饼图”选项面板，在“饼图”组中选择“三维饼图”选项。

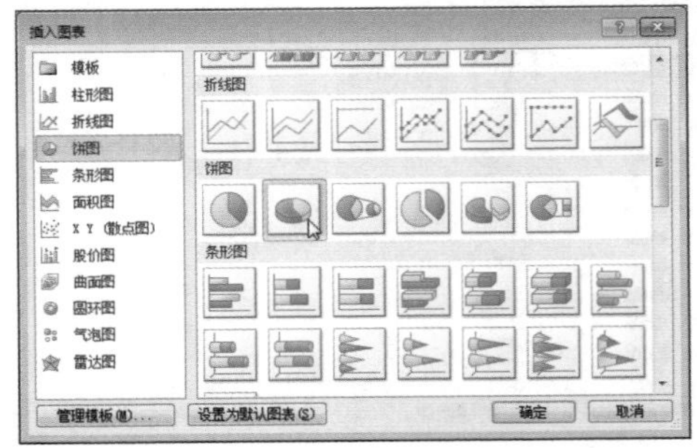

步骤03 在弹出的Excel工作表中输入与图表相关的数据后，关闭工作表。

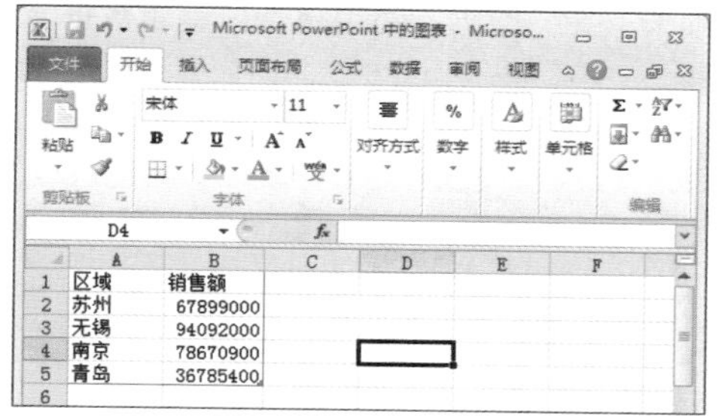

步骤04 随后即可在幻灯片中查看到所创建的三维饼图。

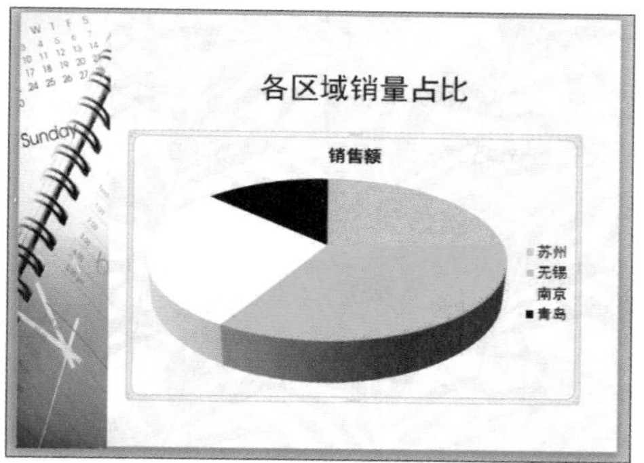

④创建气泡图

气泡图用于显示数据系列中各数值之间的关系，将序列显示为一组气泡，值由气泡在途中的位置表示。通常用于比较、跨类比的数据。

步骤01 打开“插入图表”对话框，打开“气泡图”选项面板，在“气泡图”组中选择“三维气泡图”选项。

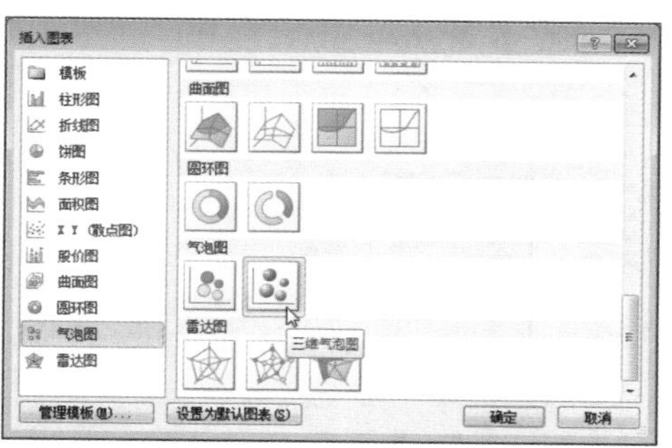

步骤02 向Excel表格中输入数据后，即可在幻灯片中创建三维气泡图表。

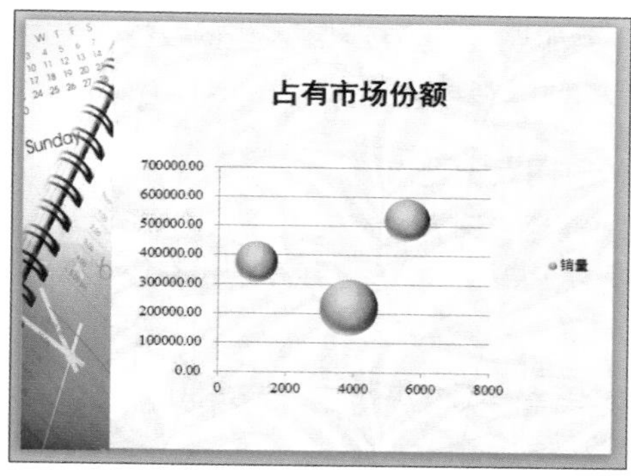

⑤创建雷达图

雷达图是财务报表的一种，将数字或比率集中体现在一个圆形的固表上，来表现各项数值的比率情况。

步骤01 在“插入图表”对话框中选择“填充雷达图”选项，然后单击“确定”按钮。

步骤02 在Excel表格中输入相关数值，图表根据表格中的数据生成对应的形状。

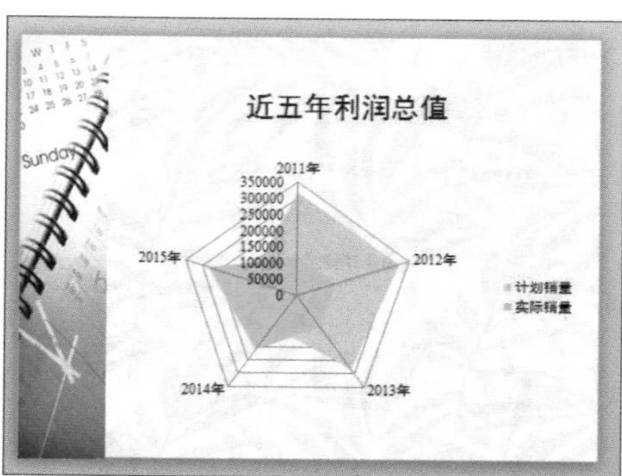

5.2.2 编辑图表

图表创建完成之后还可以对图表进行编辑，例如根据需要修改图表中的数据，更改布局设置数据系列等。

❶修改图表类型

步骤01 选中图表，打开“图表工具-设计”选项卡，单击“类型”组中的“更改图表类型”按钮。

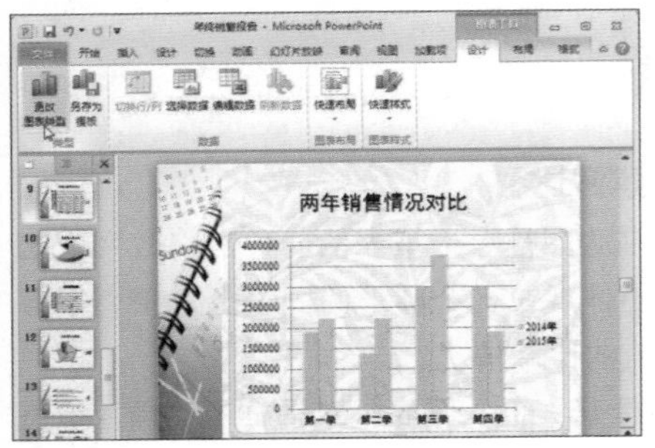

步骤02 弹出“更改图表类型”对话框，在“柱形图”组中选择“三维圆柱图”选项。

步骤03 单击“确定”按钮，关闭对话框。选中图表随即被更改为“三维圆柱图”类型。

❷修改图表数据

步骤01 选中图表，打开“图表工具-设计”选项卡，在“数据”组中单击“编辑数据”按钮。

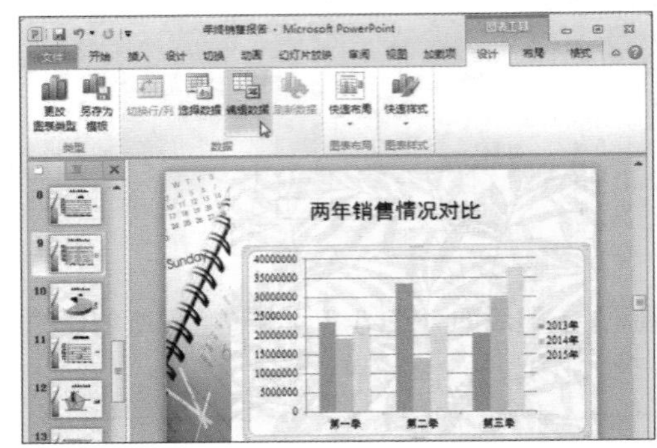

步骤02 打开Excel工作表，将光标置于B列坐标上方，光标变为“⬇”形状时单击鼠标选中整列。

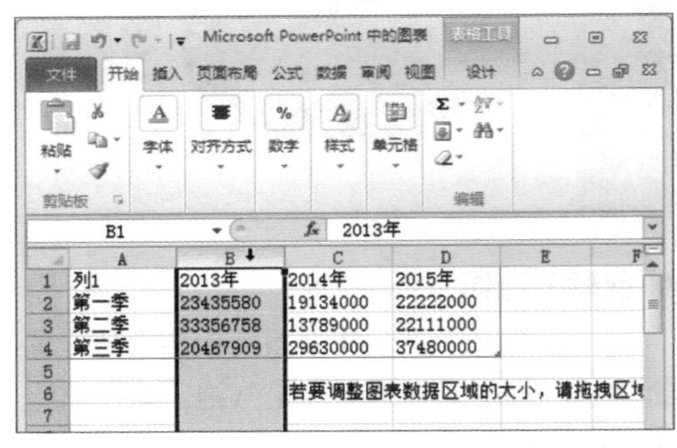

步骤03 右击选中的列，在弹出的快捷菜单中选择“删除”选项。

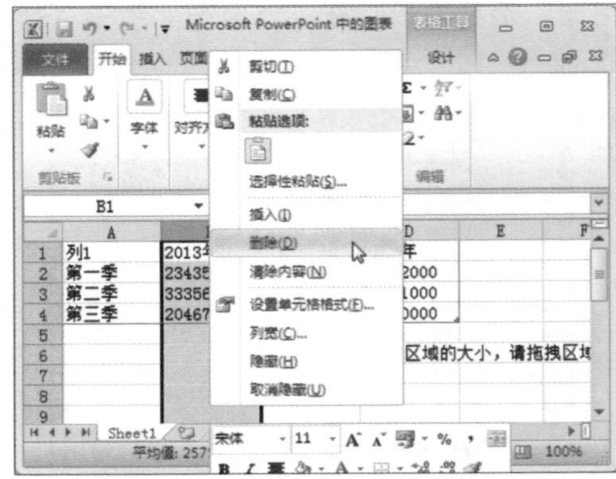

步骤04 图表随即发生变化，“2013年”的信息被删除。

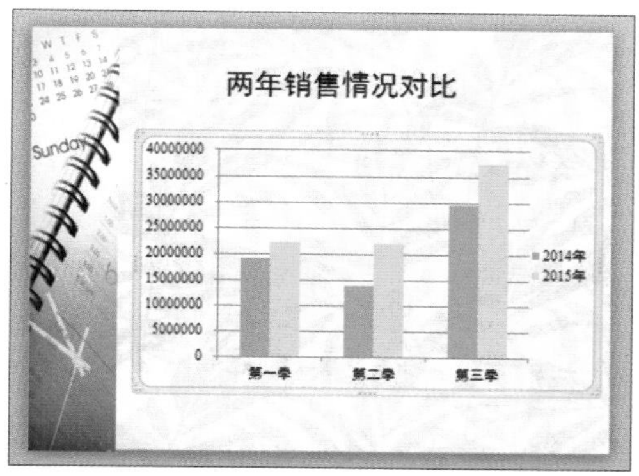

步骤05 返回Excel表格，将光标置于图表数据区域的右下角，光标变为“⤡”形状。

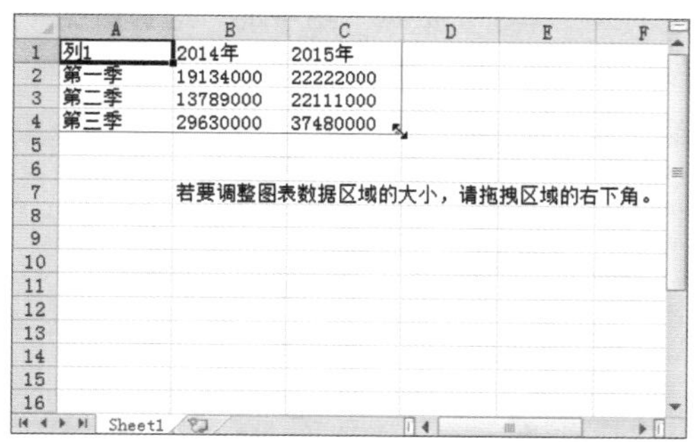

	A	B	C
1	列1	2014年	2015年
2	第一季	19134000	22222000
3	第二季	13789000	22111000
4	第三季	29630000	37480000

若要调整图表数据区域的大小，请拖拽区域的右下角。

步骤06 按住鼠标左键拖动鼠标，可扩大图表的数据区域。此处向下拖动一列。

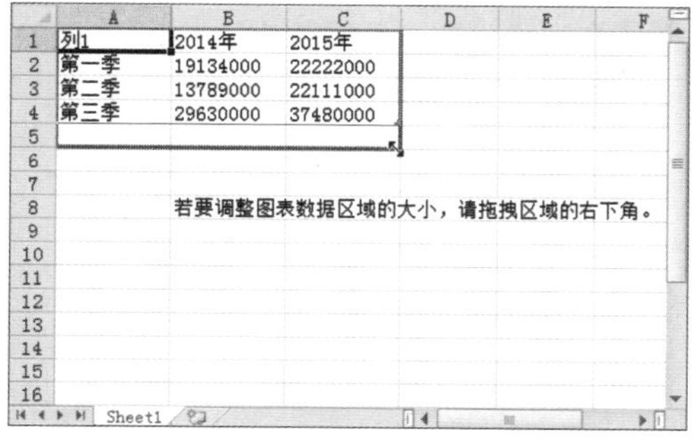

	A	B	C
1	列1	2014年	2015年
2	第一季	19134000	22222000
3	第二季	13789000	22111000
4	第三季	29630000	37480000

若要调整图表数据区域的大小，请拖拽区域的右下角。

步骤07 松开鼠标后，在新增的单元格内输入数据。

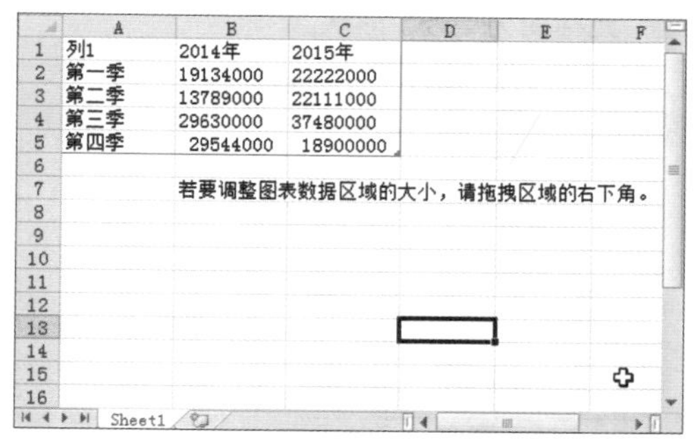

	A	B	C
1	列1	2014年	2015年
2	第一季	19134000	22222000
3	第二季	13789000	22111000
4	第三季	29630000	37480000
5	第四季	29544000	18900000

若要调整图表数据区域的大小，请拖拽区域的右下角。

步骤08 图表中显示了“四季度”数据信息。

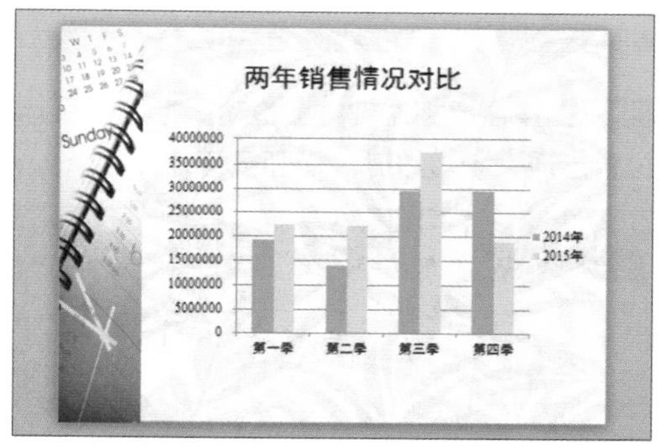

③ 调整数据系列位置

步骤01 选中图表，在“图表工具-设计”选项卡中单击“编辑数据”按钮。

步骤 02 在弹出的Excel表格中，选中“第四季”数据信息，将光标置于选中单元格边框上，光标变为“⊠”形状。

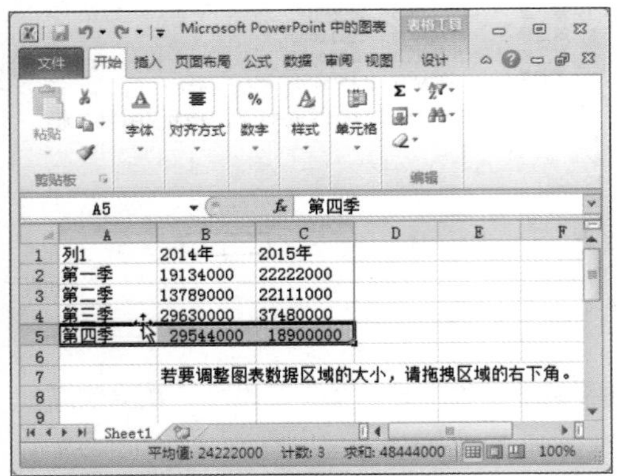

步骤 03 按住鼠标左键向上拖动鼠标，当目标位置出现一条虚线时，松开鼠标。

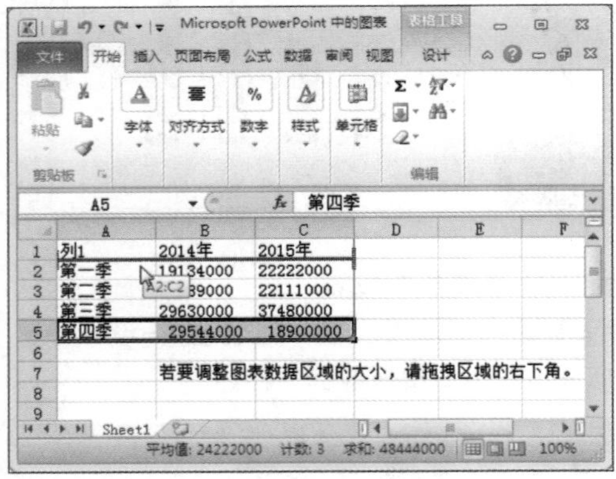

步骤 04 选中的单元格即被移动到目标位置。

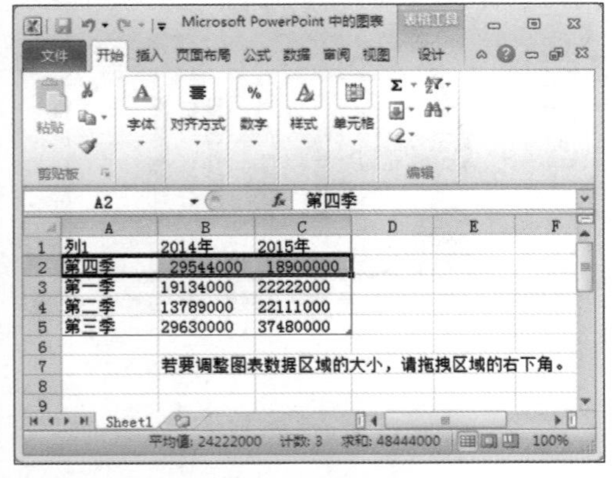

步骤 05 图表中的“第四季”数据系列也随即被调整了位置。

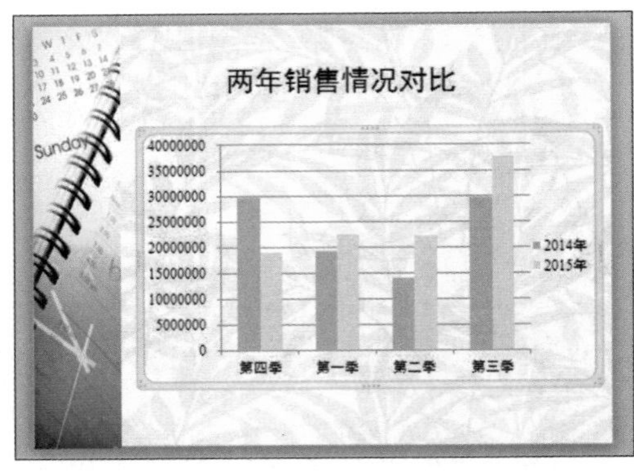

④ 更改数据源

步骤 01 选中图表，打开“图表工具-设计”选项卡，单击“数据”组中的“选择数据”按钮。

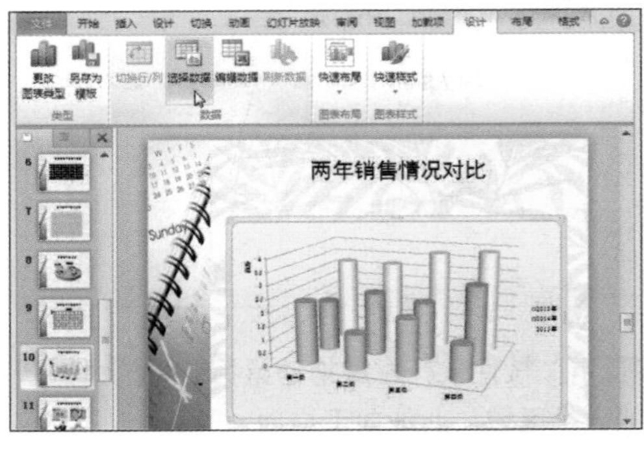

步骤 02 在弹出图表数据所在Excel工作表的同时弹出“选择数据源”对话框。

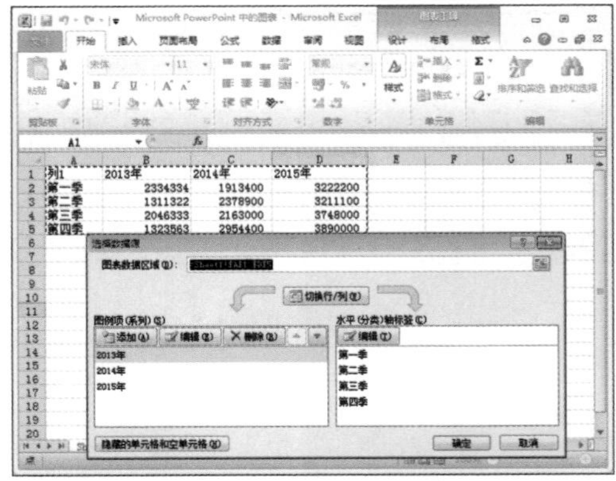

步骤03 拖动鼠标，在Excel表格中选中需要保留的数据所在单元格。

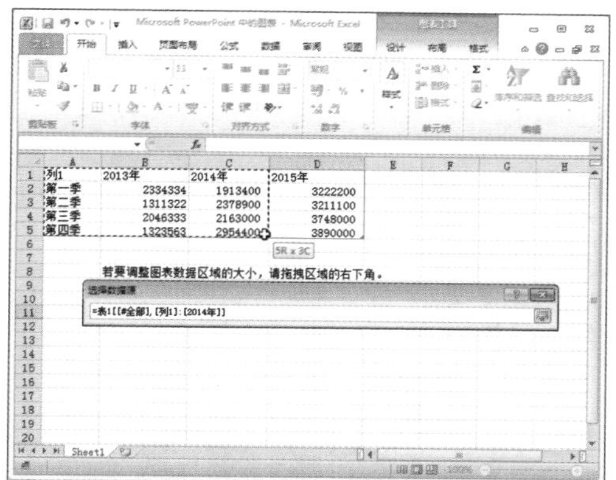

步骤04 在对话框中“图表数据区域”选取框中将显示出上一步骤选取的数据范围。单击“确定”按钮。

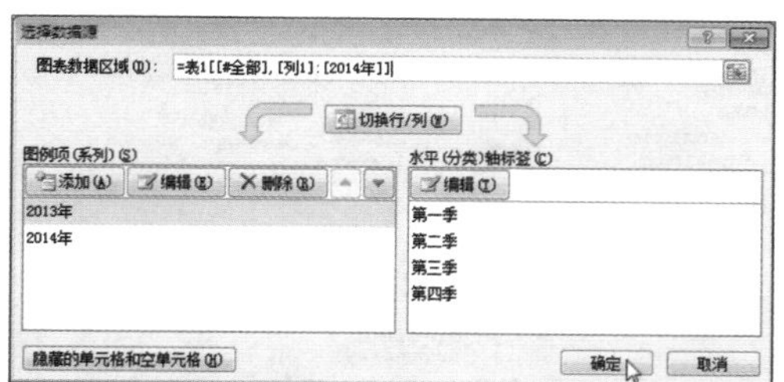

步骤05 被重新设定数据源的图表也随之发生改变。

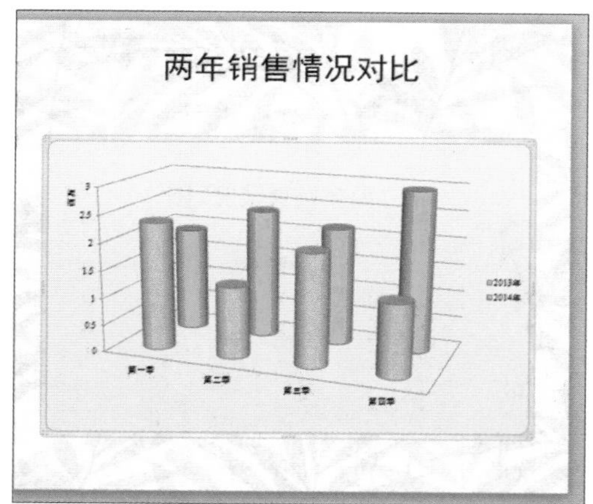

⑤ 切换行和列

步骤01 选中图表，在“图表工具-设计”选项卡，在“数据”组中单击“编辑数据”按钮。打开Excel工作表。

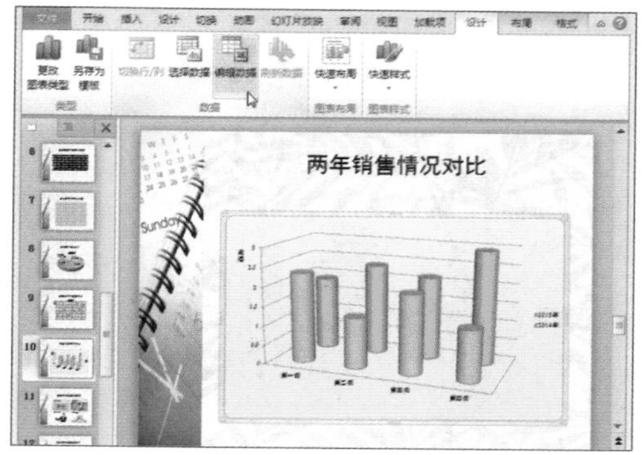

步骤02 此时的“切换行/列”按钮变为可选状态，单击该按钮。

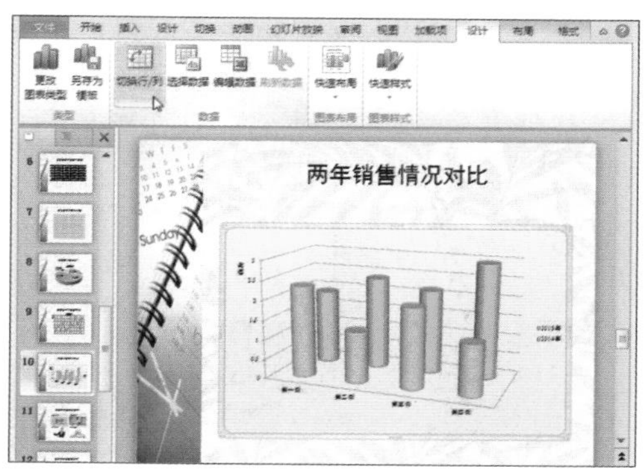

步骤03 图表中的行坐标和列坐标随即切换位置。图例的位置也随即发生改变。

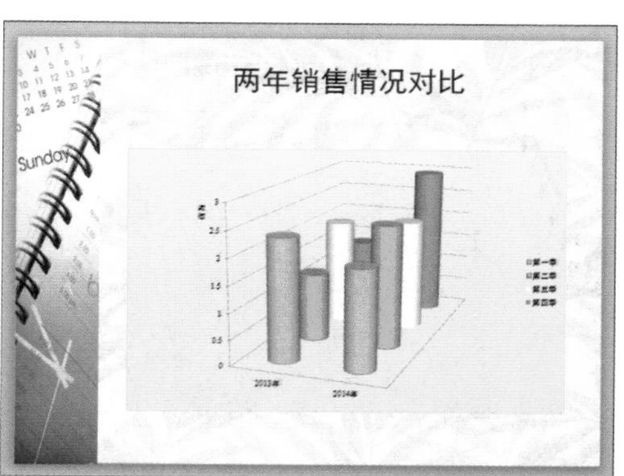

❻快速更改图表布局

步骤01 选中图表，在“图表工具-设计”选项卡中，单击“图表布局”组中的“快速布局”下拉按钮。

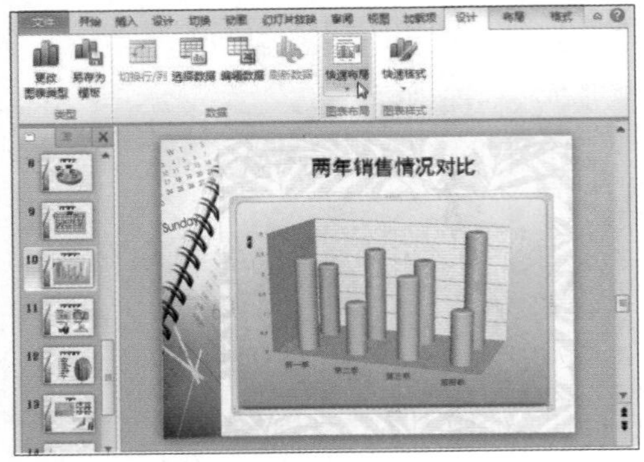

步骤02 在展开的列表中选择合适的选项，此处选择“布局5”。

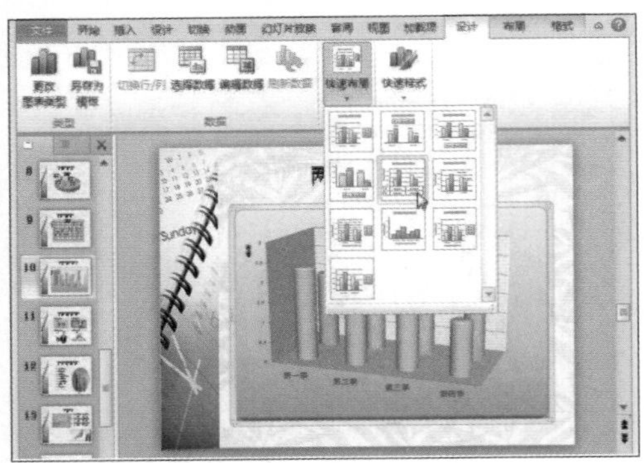

步骤03 选中的图表随即被更改了样式，效果如下图所示。

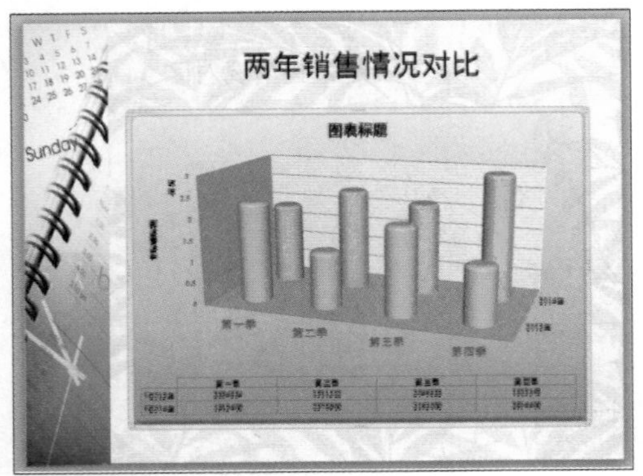

❼添加图表标签

（1）添加图表标题

步骤01 选中图表，在“图表工具-布局”选项卡，单击“标签”组中的“图表标题”下拉按钮。

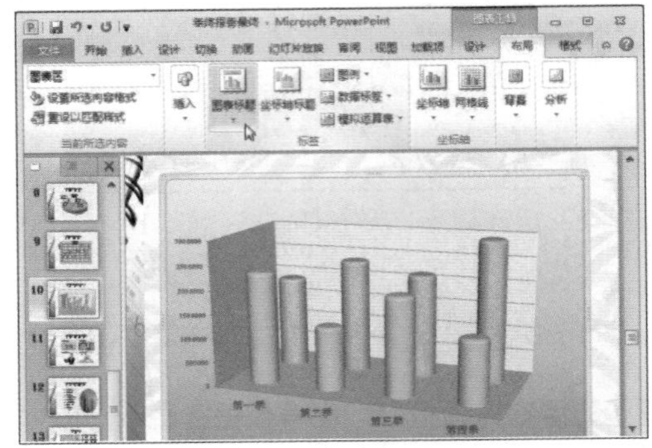

步骤02 在展开的下拉列表中选择“图表上方”选项。

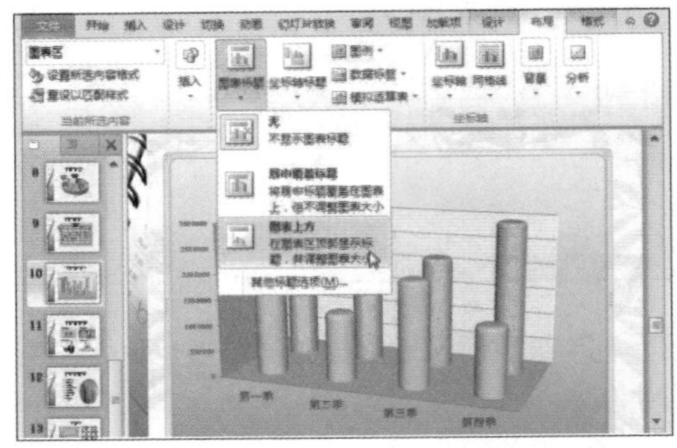

步骤03 在图表的上方随即被添加了标题文本框，在文本框中输入标题名称即可。

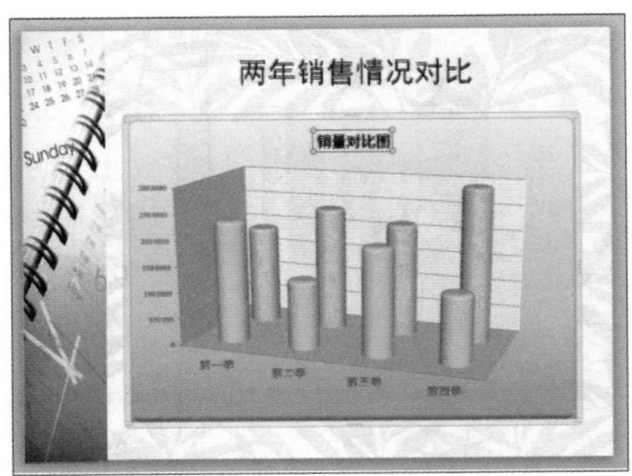

步骤04 单击“标签”组中的“坐标轴标题”下拉按钮。

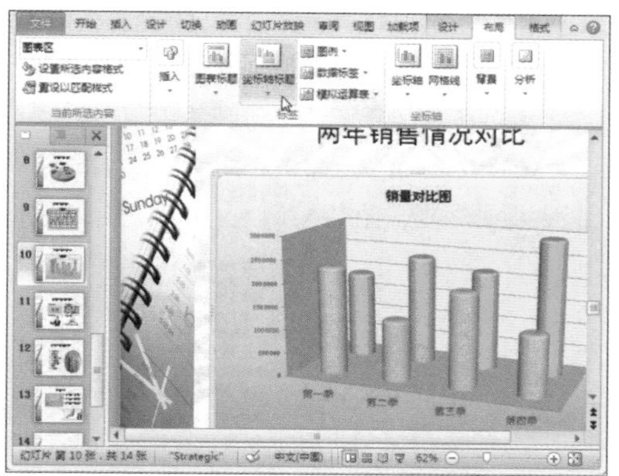

步骤05 在展开的列表中选择“主要纵坐标轴标题”选项，在其下级列表中选择“竖排标题”选项。

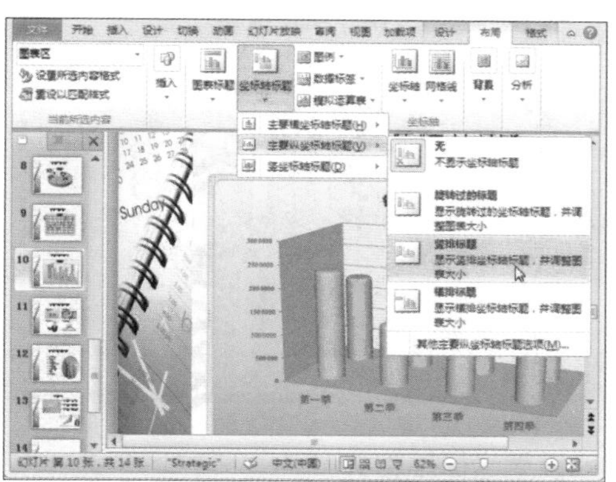

步骤06 图表纵坐标轴左侧随即被添加了一个竖排文本框，在文本框中修改标题名称即可。

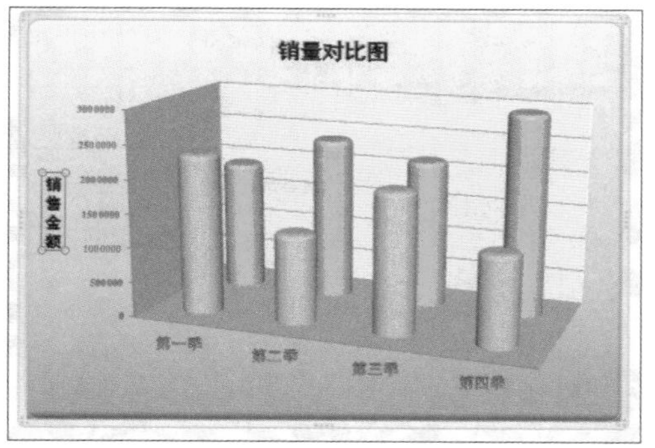

（2）添加图例和数据标签

步骤01 在“图表工具-布局”选项卡“标签”组中单击“图例”下拉按钮，在展开的列表中选择“在右侧显示图例”选项。

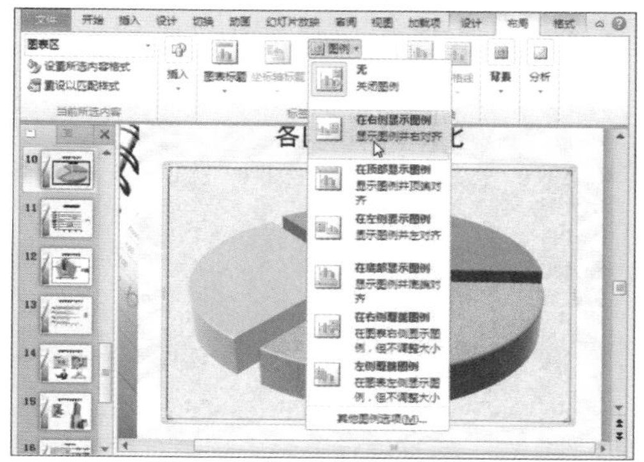

步骤02 在饼图图表的右侧随即被添加了图例。

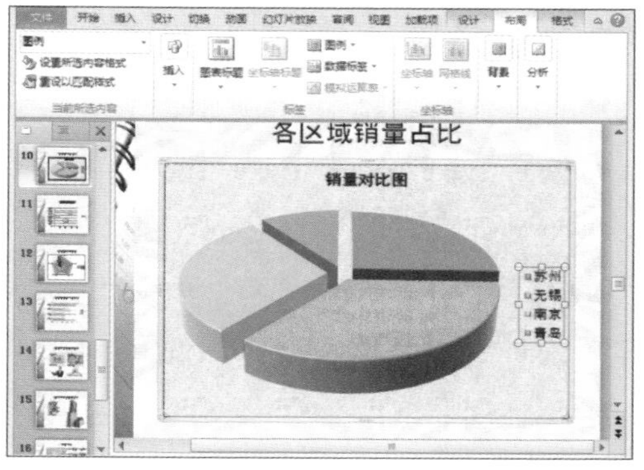

步骤03 单击“标签”组中的“数据标签”下拉按钮，在下拉列表中选择“其他数据标签选项”选项。

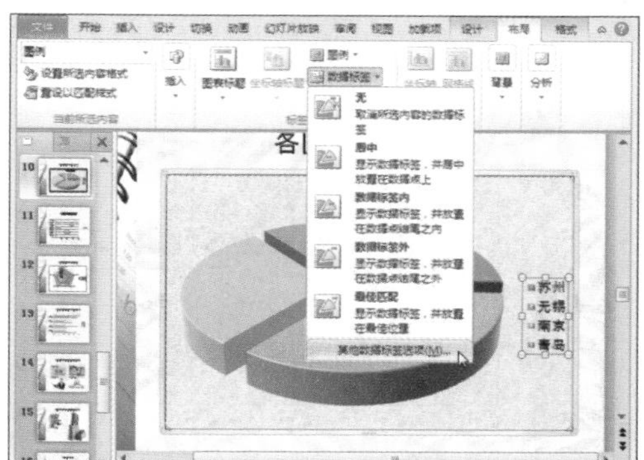

步骤04 弹出“设置数据标签格式”对话框，在“标签选项”选项面板中取消勾选“值”复选框，然后勾选“百分比”复选框。

步骤05 在“标签位置”组中选中“数据标签内”单选按钮，单击“关闭”按钮。

步骤06 图表随即被添加了百分比形式的数据标签。

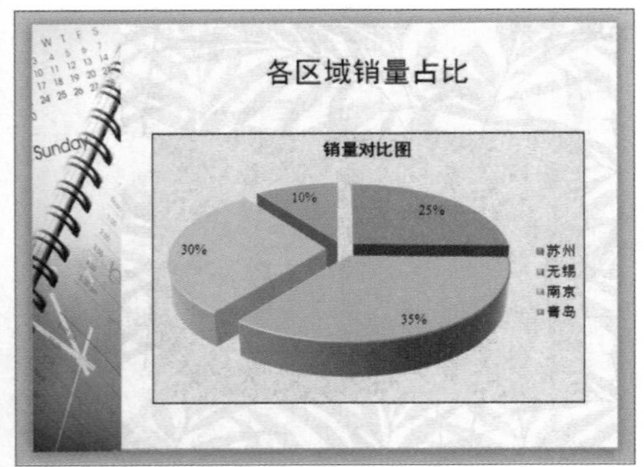

（3）添加模拟运算表

步骤01 在“图表工具-布局”选项卡“标签”组中单击“模拟运算表”下拉按钮，在展开的列表中选择“显示模拟运算表”选项。

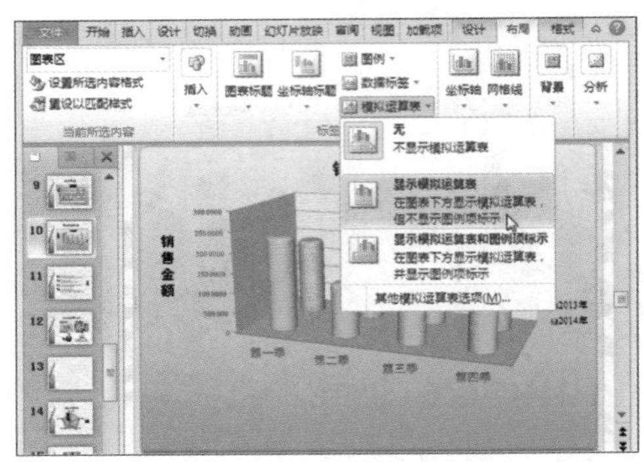

步骤02 图表下方随即被添加了模拟运算表。

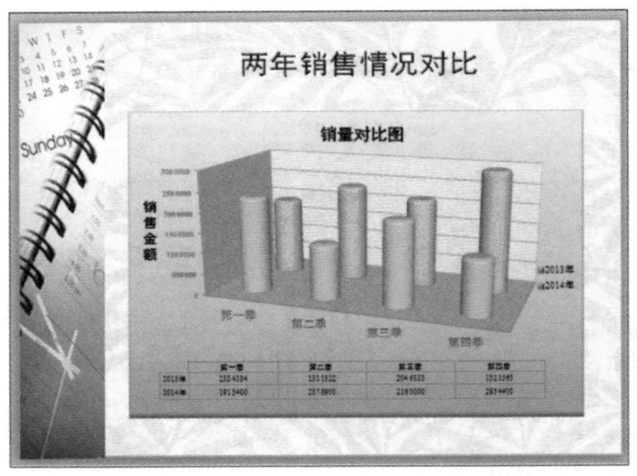

8 设置坐标轴格式

步骤01 选中图表，打开“图表工具-布局”选项卡，在“坐标轴”组中单击“坐标轴”下拉按钮。

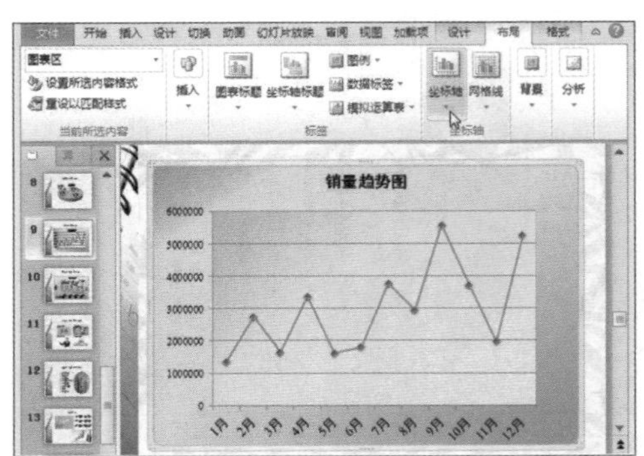

步骤02 在展开的下拉列表中选择“主要横坐标轴”选项，在下级列表中选择“无”选项。

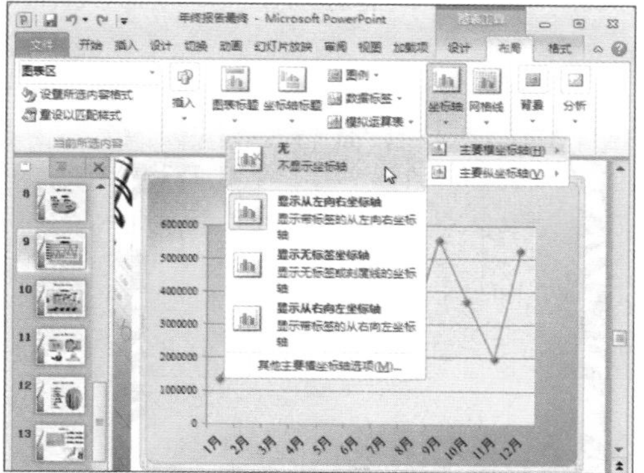

步骤03 在“坐标轴”下拉列表中选择“主要纵坐标轴”选项，在下级列表中选择“显示百万单位坐标轴”选项。

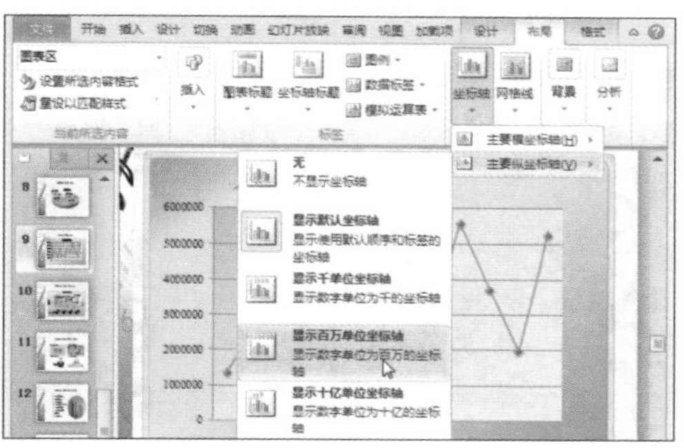

步骤04 单击“坐标轴”组中的“网格线”下拉按钮，在下拉列表中选择“主要纵网格线”选项，在下级列表中选择“主要网格线”选项。

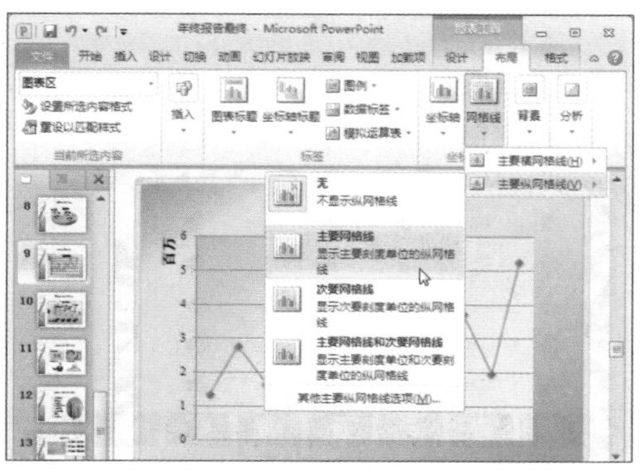

步骤05 设置好图表坐标轴效果，并添加了主要纵网格线的图表效果如下图所示。

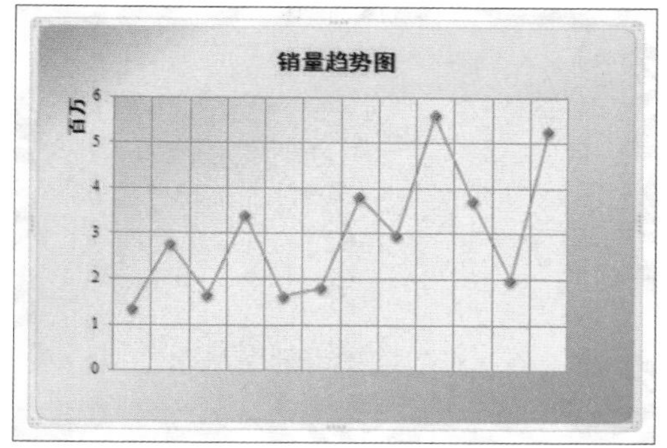

9 添加趋势线

步骤01 选中图表，打开“图表工具-布局”选项卡，单击“分析”组中的“趋势线”下拉按钮。

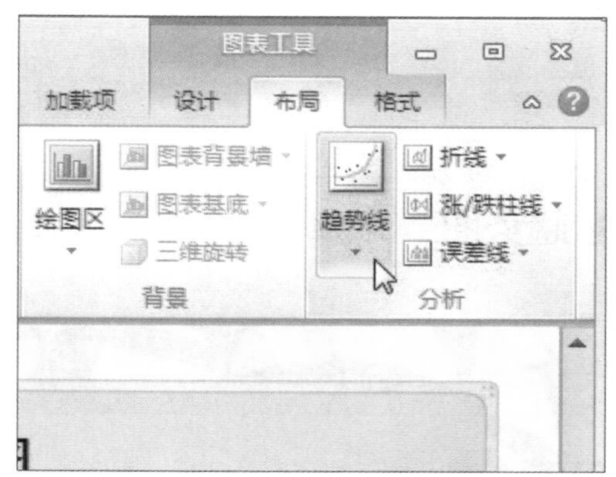

步骤02 在展开的下拉列表中选择“指数趋势线”选项。

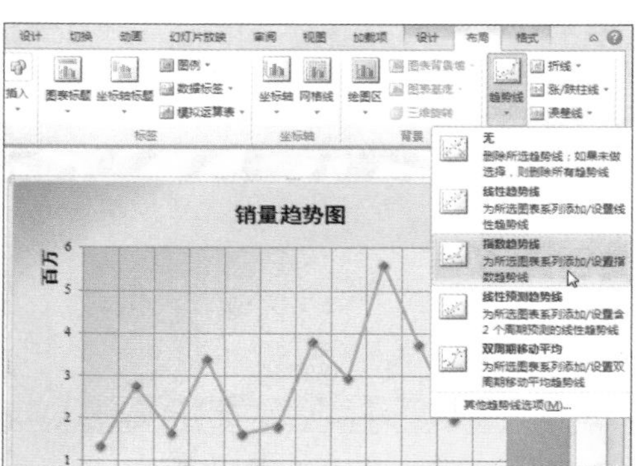

步骤03 选中图表随即被添加了指数趋势线。

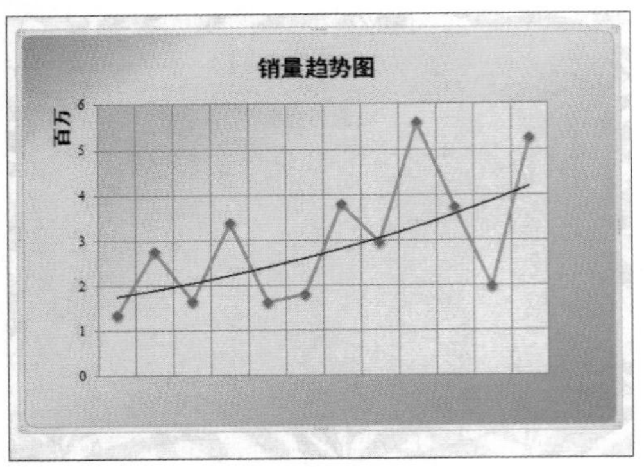

⑩ 添加垂直线

步骤01 选中图表，在“图表工具-布局”选项卡的“分析”组中单击“折线”下拉按钮。

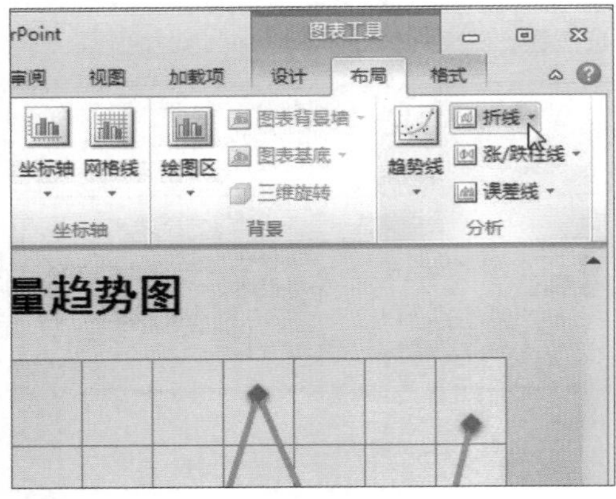

步骤02 在展开的下拉列表中选择“垂直线”选项。

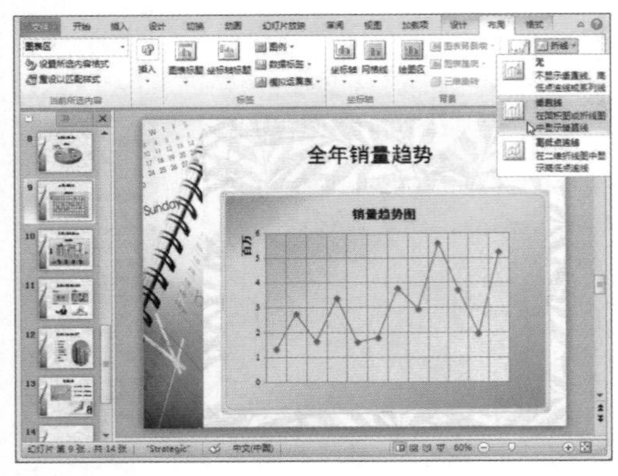

步骤03 为图表添加垂直线效果如下图所示。

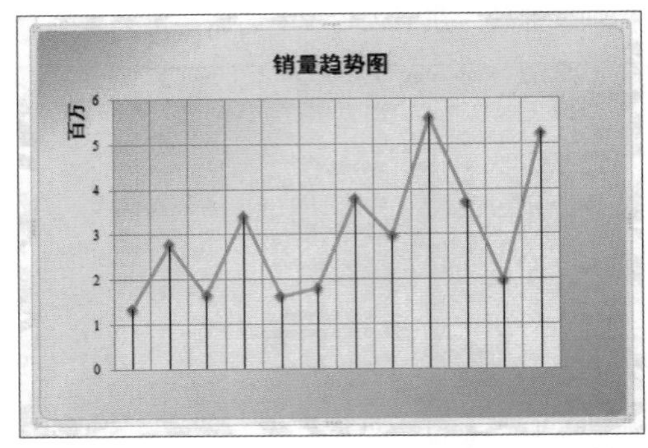

5.2.3 美化图表

默认插入到幻灯片中的图表样式通常都很简单，用户可以通过套用图表样式，或者依次对图表中的背景、系列、坐标轴等进行美化，使图表看上去更漂亮。

❶ 使用图表样式

步骤01 选中图表，打开“图表工具-设计”选项卡，在“图表样式”组中单击“其他”下拉按钮。

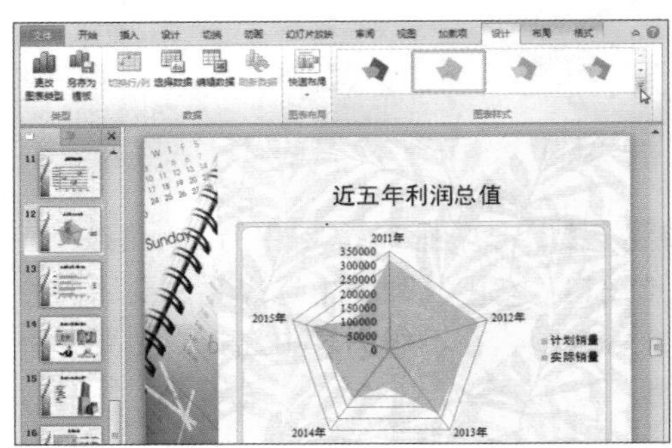

步骤02 在展开的列表中选择合适的样式，此处选择“样式40”。

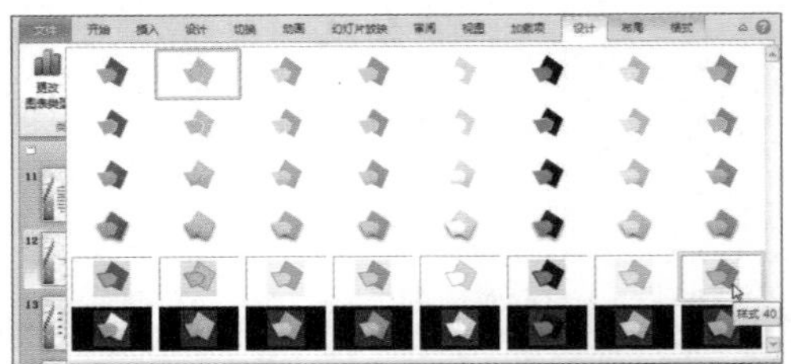

步骤 03 图表随即应用了选中的样式，效果如下图所示。

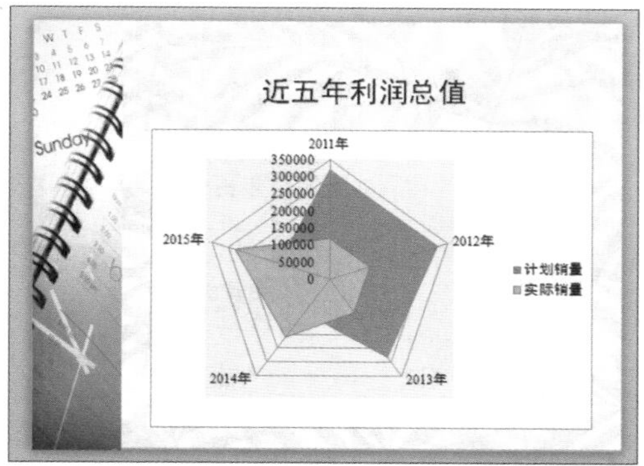

❷设置系列效果

步骤 01 选中图表，在“格式”选项卡的“当前所选内容”组中单击“图表元素”下拉按钮，在展开的列表中选择“系列‘销量’”选项。

步骤 02 单击“当前所选内容”组中的“设置所选内容格式”选项。

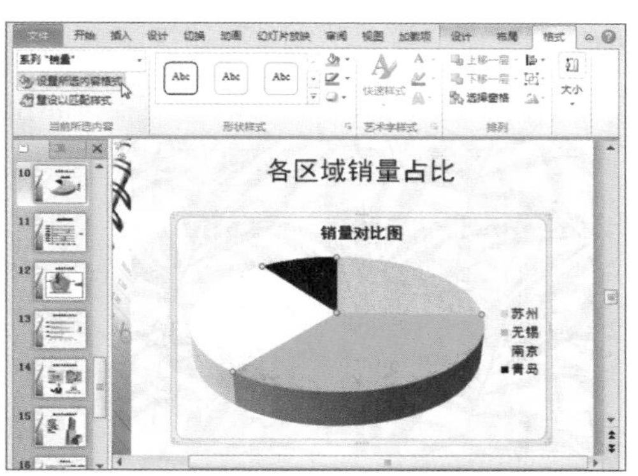

步骤 03 弹出“设置数据系列格式”对话框，在“三维格式”选项面板中的“棱台”组中单击“顶端”下拉按钮。

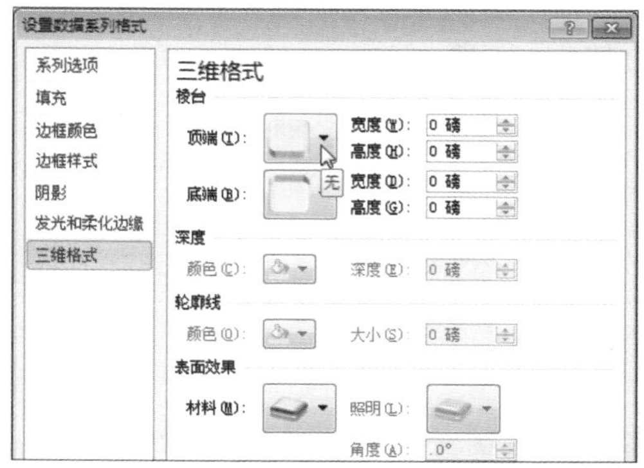

步骤 04 在展开的下拉列表“棱台”中选择“圆”选项。

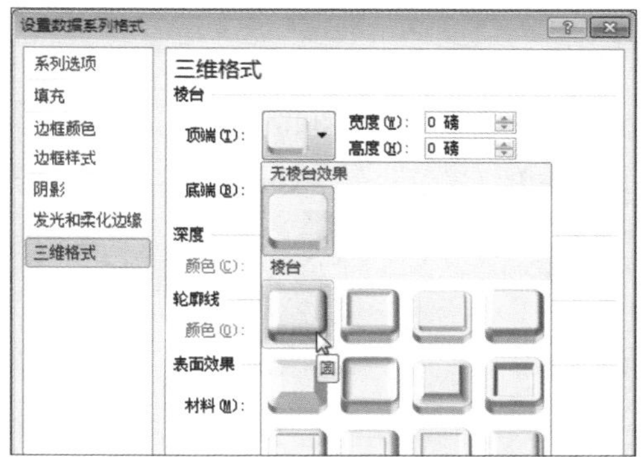

步骤 05 在“表面效果”组中单击“材料”下拉按钮，在展开的列表中选择“金属效果”选项。

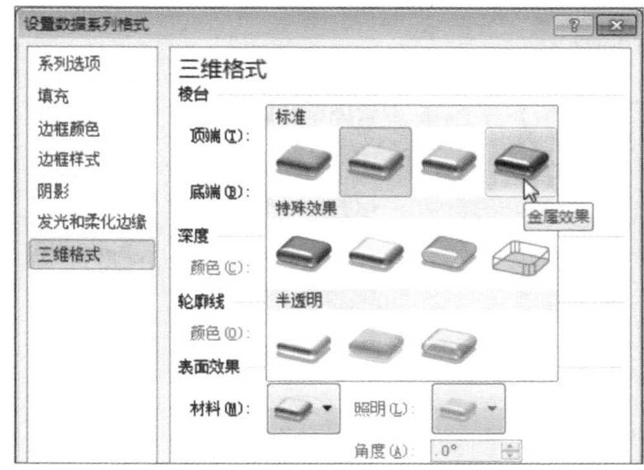

步骤06 单击“关闭”按钮，关闭该对话框。返回演示文稿。

步骤07 在图表中选中一个系列，在“格式”选项卡中单击“形状样式”组中的“形状填充”下拉按钮。

步骤08 在展开的下拉列表中选择一个合适的颜色，此处选择“橙色”。

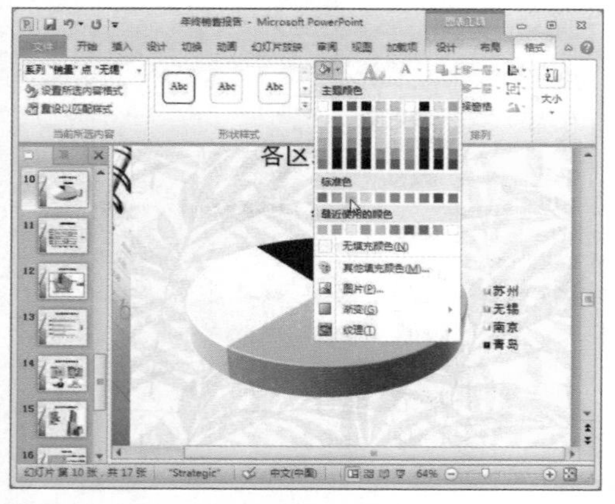

步骤09 在“当前所选内容”组中的下拉列表中选择“系列‘销量’”选项，单击“设置所选内容格式”按钮。

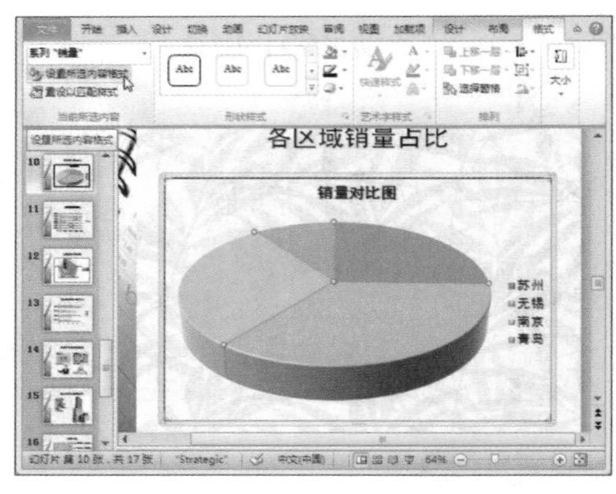

步骤10 弹出“设置数据系列”对话框，打开“系列选项”选项面板，移动“饼图分离程度”组中的滑块。

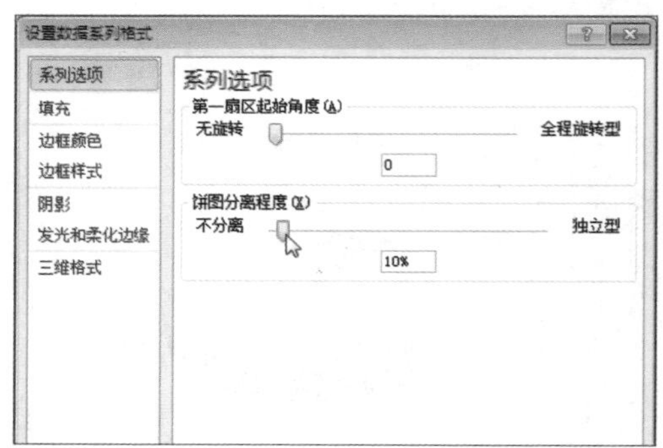

步骤11 至此饼图中的系列被添加了三维效果，重新修改了填充色并设为分离显示。

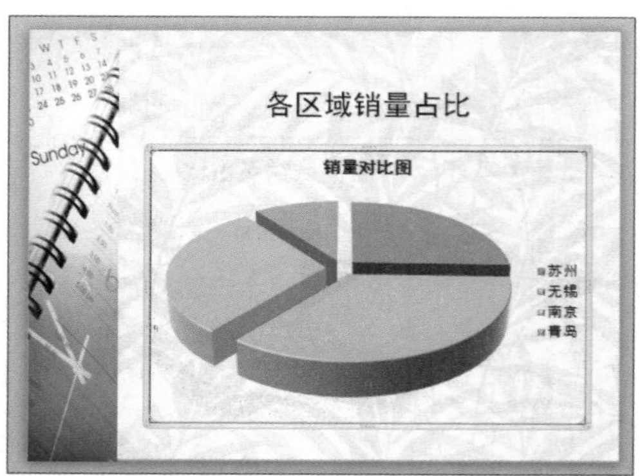

③设置背景填充

步骤01 选中图表，在“格式”选项卡的“当前所选内容”组中单击“图表元素”下拉按钮，选择“图表区”选项。

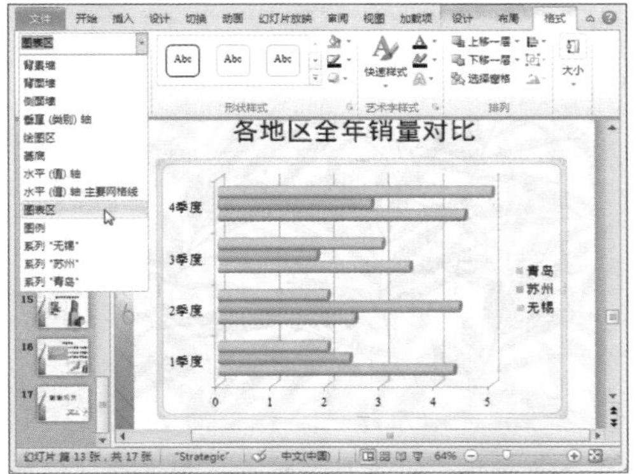

步骤02 在“当前所选内容”组中单击“设置所选内容格式”按钮。

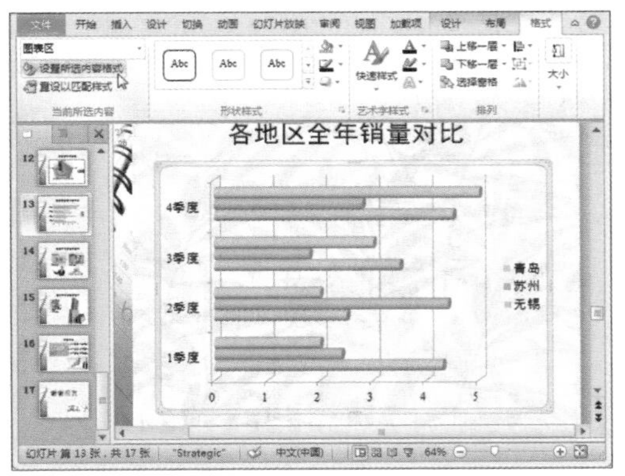

步骤03 弹出“设置图表区格式”对话框，打开“填充”选项面板，单击“渐变填充”单选按钮。

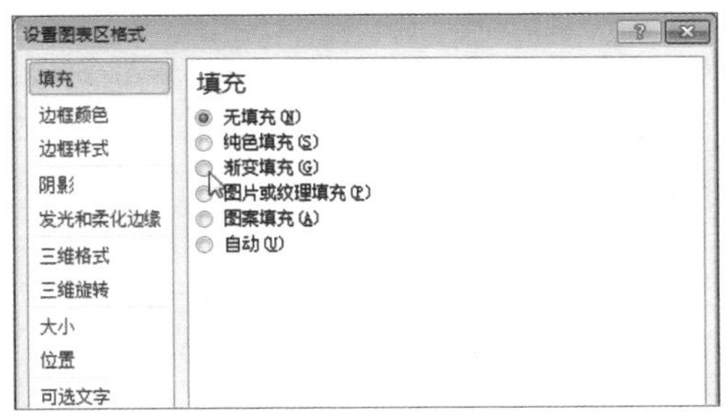

步骤04 单击“预设颜色”下拉按钮，在下拉列表中选择合适的渐变效果选项。

步骤05 单击“类型”下拉按钮，在下拉列表中选择“线性”选项。

步骤06 单击“方向”下拉按钮，在展开的列表中选择合适的颜色渐变方向选项。单击“关闭”按钮。

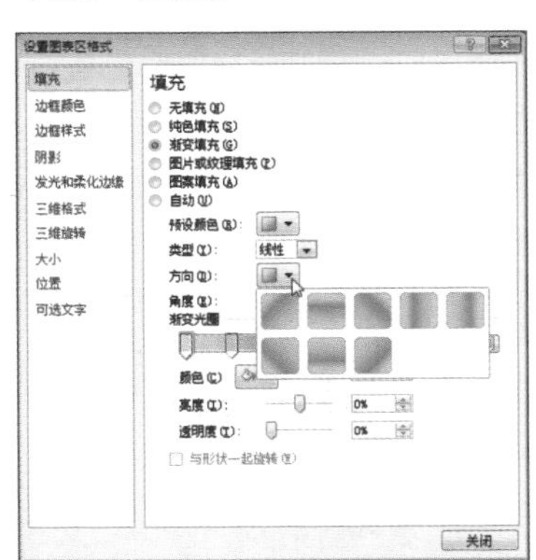

步骤 07 返回演示文稿，在“图表工具-布局”选项卡的“背景”组中单击“图表背景墙”下拉按钮，选择“其他背景墙选项”选项。

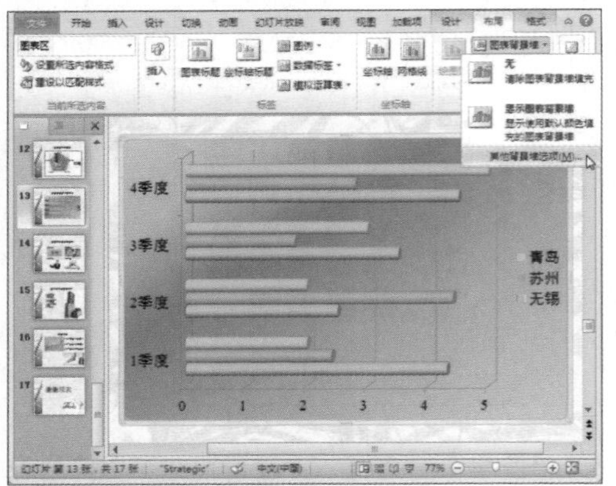

步骤 08 弹出“设置背景墙格式”对话框，在“填充”选项面板中选择“纯色填充”单选按钮。

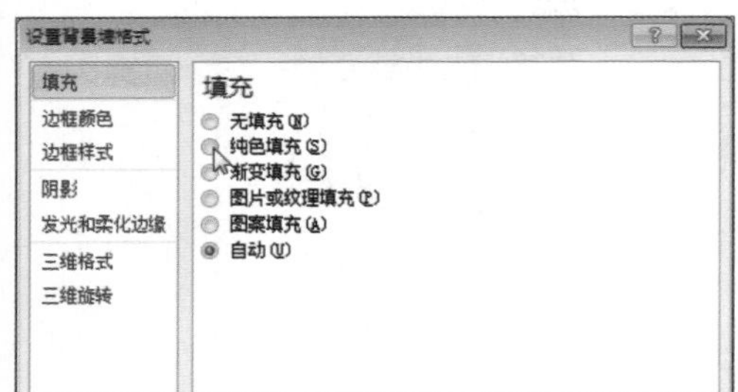

步骤 09 单击“颜色”下拉按钮，在展开的列表中选择合适的颜色。关闭对话框。

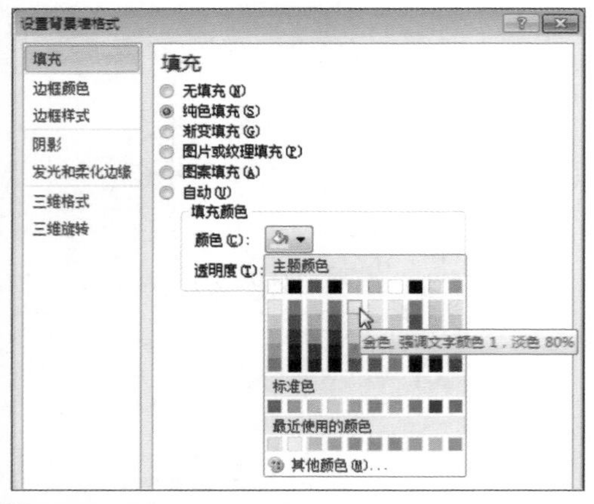

步骤 10 在“图表工具-布局”选项卡的“背景”组中单击“图表基底”下拉按钮，在下拉列表中选择“其他基底选项”选项。

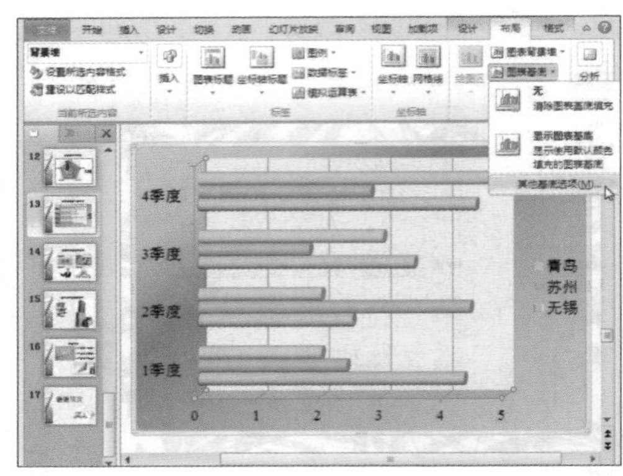

步骤 11 弹出“设置基底格式”对话框，打开“填充”选项面板，选中“纯色填充”单选按钮，在“颜色”下拉列表中选择合适的主题颜色。

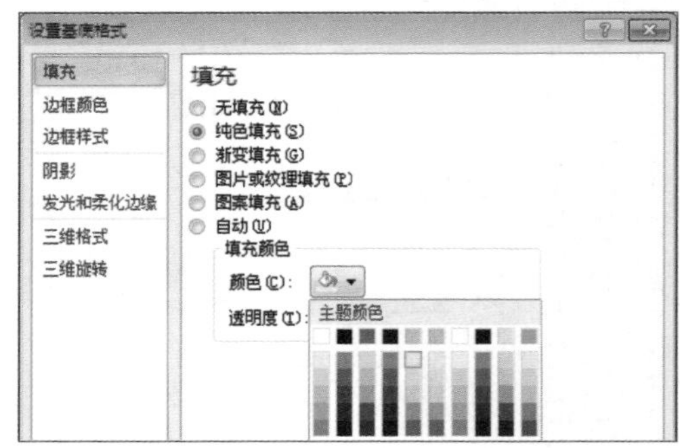

步骤 12 关闭对话框返回演示文稿。设置好图表背景的效果如下图所示。

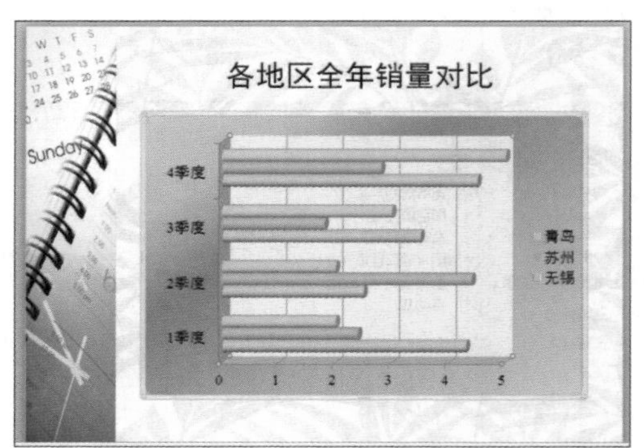

④修改数据系列形状

步骤01 打开“图表工具-布局”选项卡，单击“图表元素”下拉按钮，在展开的列表中选择一个数据系列。

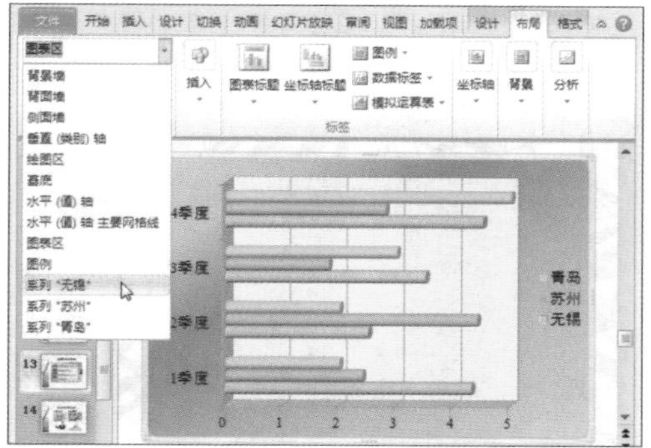

步骤02 单击“当前所选内容”组中的“设置所选内容格式”按钮。

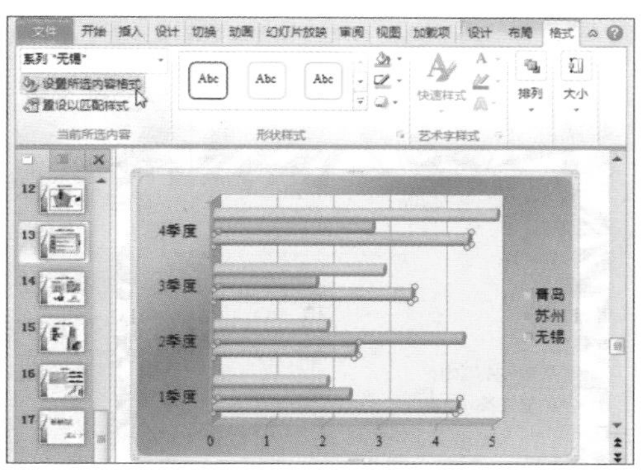

步骤03 弹出“设置数据系列格式”对话框，打开“形状”选项面板，选中“方框”单选按钮。单击“关闭”按钮。

步骤04 选中的数据系列即被更改了形状，在“图表元素”下拉列表框中选中其他数据系列，参照上面步骤修改剩下数据系列形状。

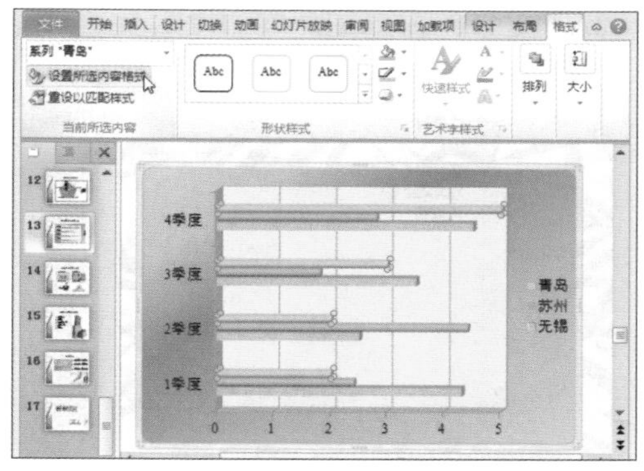

步骤05 将图表中所有数据系列形状都更改为方框形的效果如下图所示。

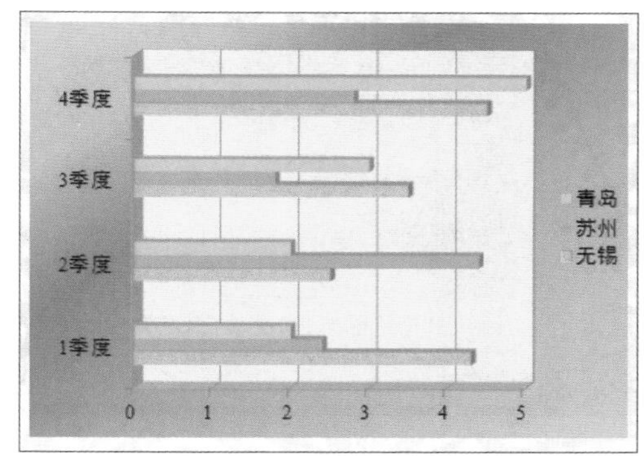

⑤调整数据系列间距

步骤01 右击图表中的任意数据系列，在快捷菜单中选择“设置数据系列格式”选项。

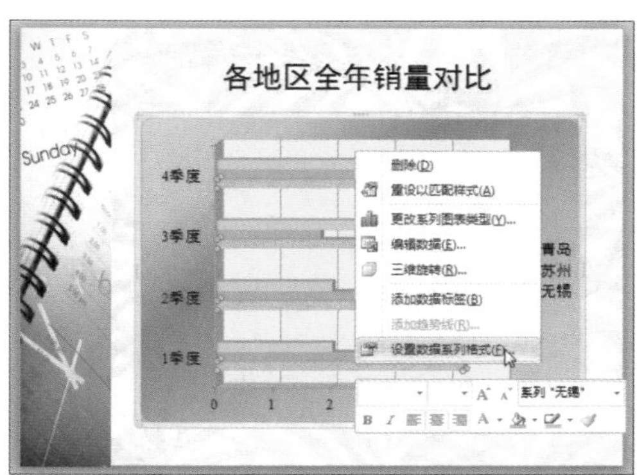

步骤02 弹出“设置数据系列格式”对话框，打开“系列选项”选项面板，移动“系列间距”和“分类间距”滑块调整间距。

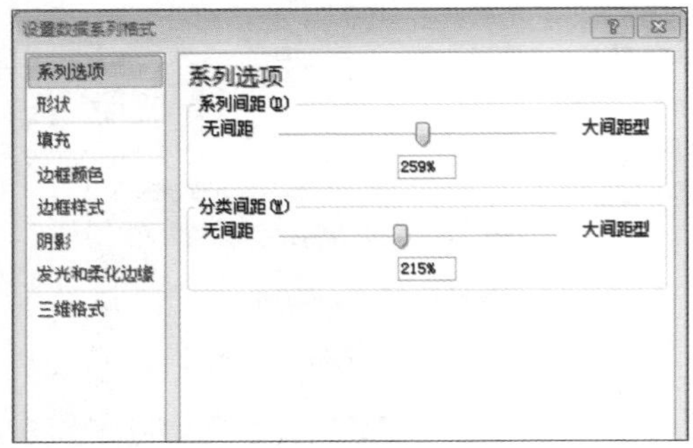

步骤03 单击“关闭”按钮关闭对话框，数据系列之间已经按照设置调整好间距。

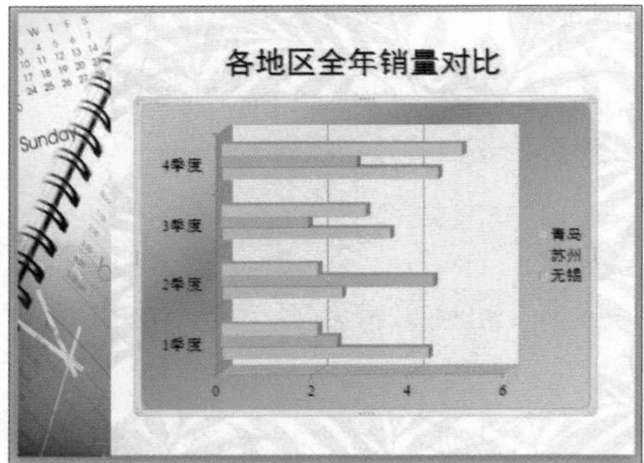

6 设置网格线

步骤01 打开“图表工具-布局”选项卡，在“坐标轴”组中单击“网格线”下拉按钮。

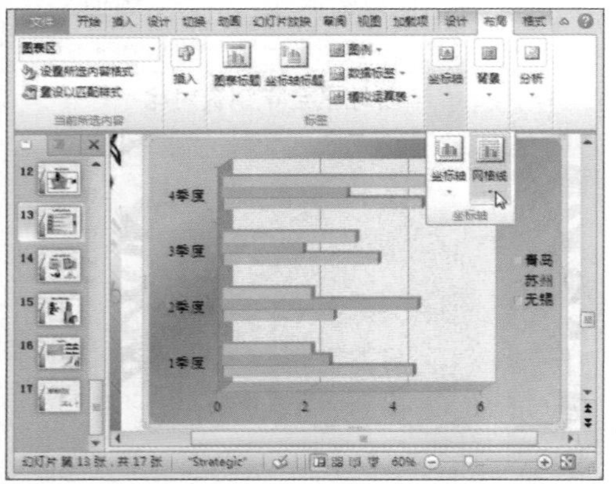

步骤02 在下拉列表中选择“主要纵坐标网格线”选项，在其下级列表中选择“主要网格线和次要网格线”选项。

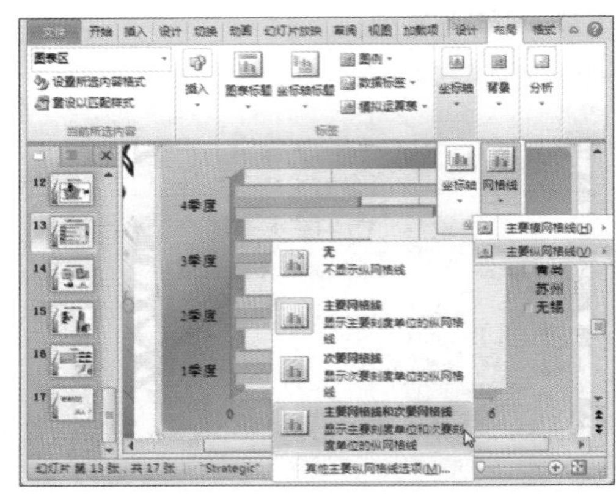

步骤03 在“当前所选内容”组中的“图表元素”下拉列表中选择“水平（值）轴次要网格线”选项。

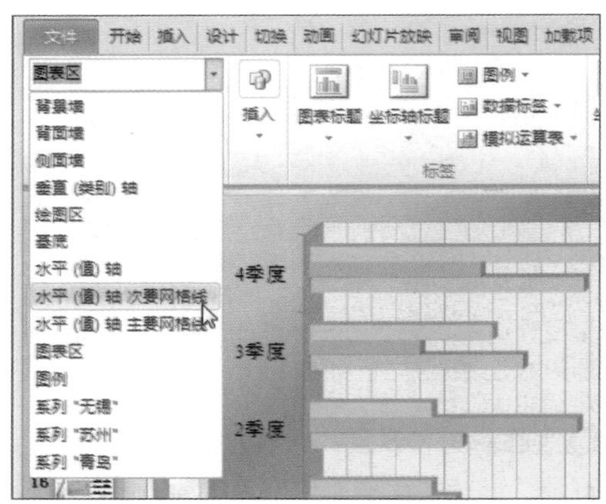

步骤04 单击“当前所选内容”组中的“设置所选内容格式”按钮。

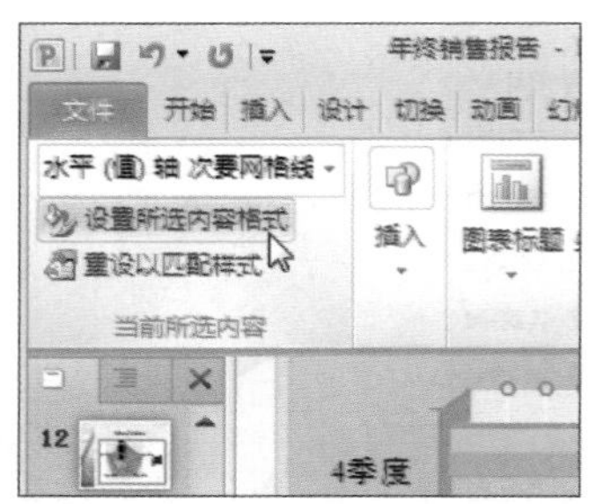

步骤05 弹出“设置次要网格线格式”对话框，打开“线条颜色”选项面板，选中“实线”单选按钮。

步骤06 单击“颜色”下拉按钮，在展开的列表中选择“白色”选项。

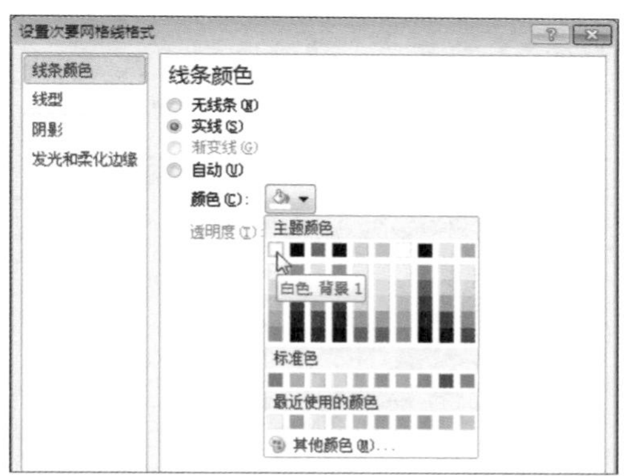

步骤07 切换到“线型”选项面板，在“宽度”微调框中调整线条宽度为“1.5磅”。

步骤08 返回演示文稿，在“图表元素”下拉列表中选择“水平（值）轴主要网格线”选项。

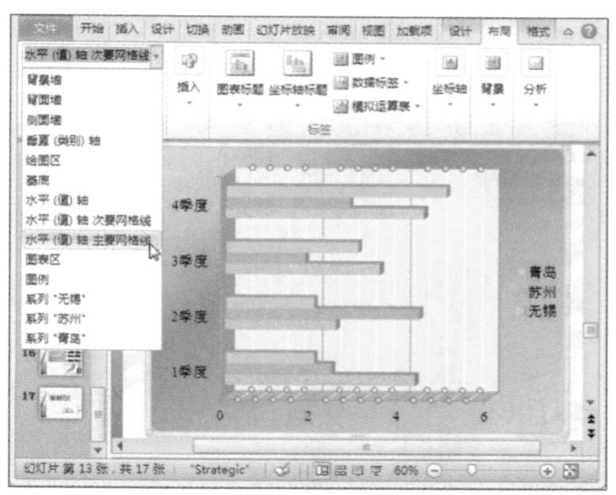

步骤06 返回对话框，在“线条颜色”选项面板中选中“实线”单选按钮，打开“颜色”下拉列表，选择合适的颜色。关闭对话框。

步骤07 设置好网格线效果的图表效果如下图所示。

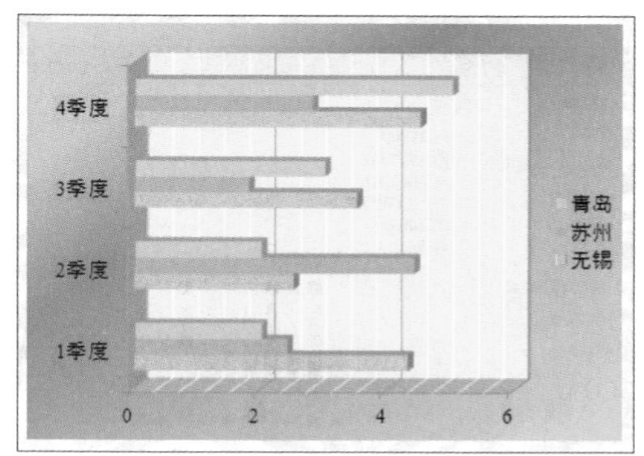

⑦ 设置坐标轴

步骤01 在图表中选中垂直坐标轴，单击“图表工具-布局”选项卡下“当前所选内容”组中的“设置所选内容格式”按钮。

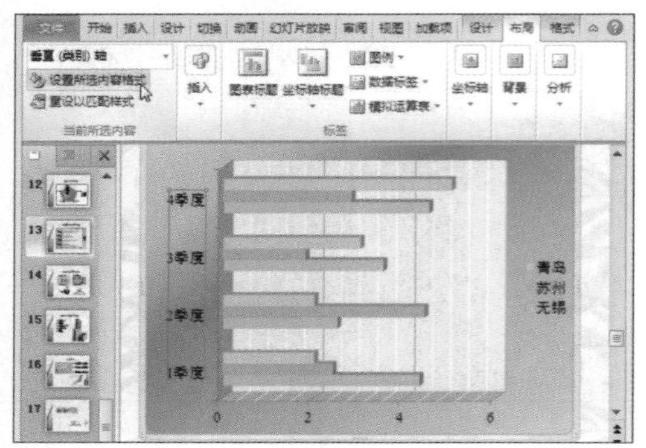

步骤02 弹出“设置坐标轴格式”对话框，打开“填充”选项面板，单击“图案填充”单选按钮。选择合适的图案。

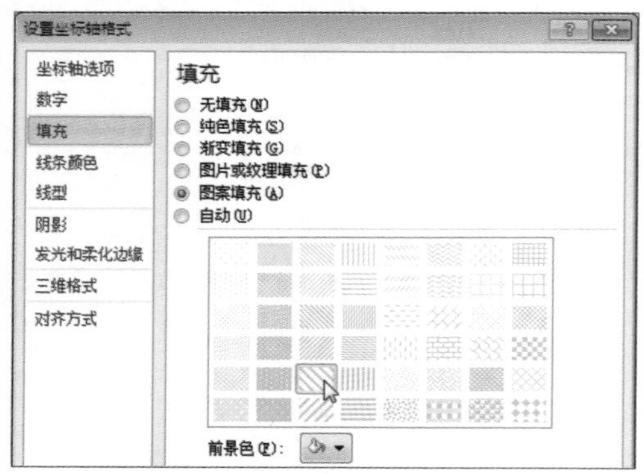

步骤03 分别在“前景色”和“背景色”下拉列表中选择设置合适的颜色。

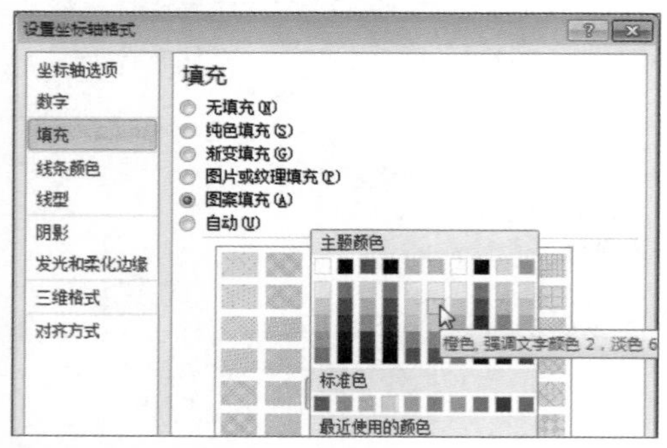

步骤04 切换到“线条颜色”选项面板，选择“实线”单选按钮，在“颜色”下拉列表中选择合适的颜色。

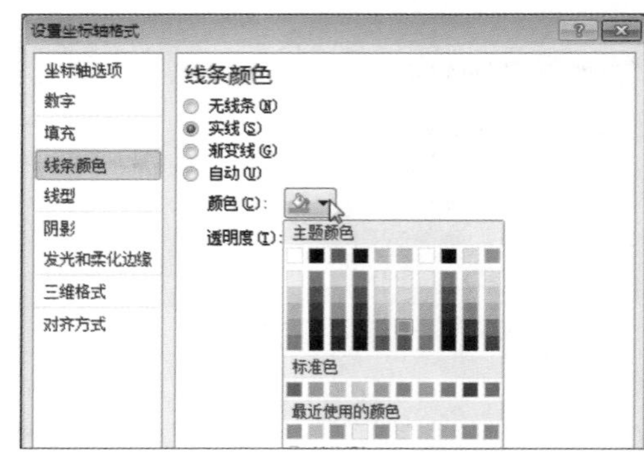

步骤05 关闭对话框，在图表中右击水平坐标轴，在弹出的快捷菜单中选择“设置坐标轴格式”选项。

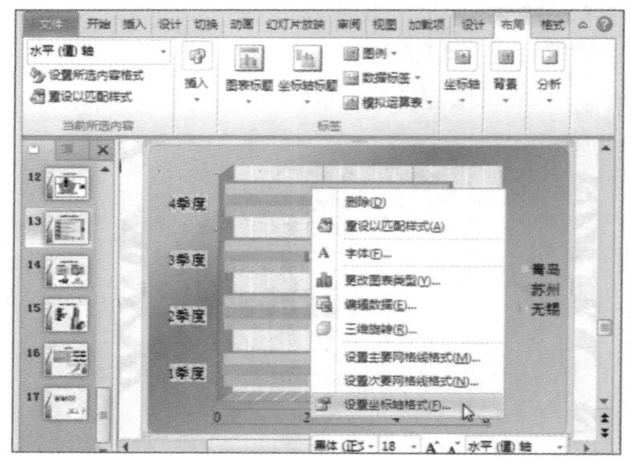

步骤06 弹出“设置坐标轴格式”对准，在“坐标轴选项”选项面板中勾选“对数刻度”复选框。

步骤 07 设置好图表坐标轴效果如下图所示。

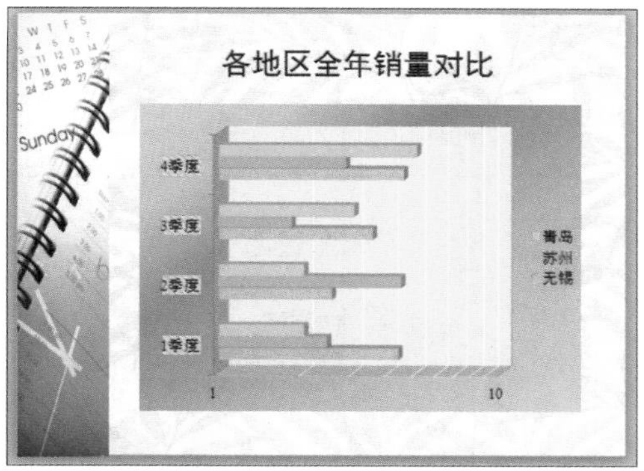

8 设置图例效果

步骤 01 选中图表中的图例，单击“格式”选项卡中的“设置所选内容格式”按钮。

步骤 02 弹出“设置图例”对话框，打开“填充”选项面板，选中“图片或纹理填充”单选按钮，单击“纹理”下拉按钮。

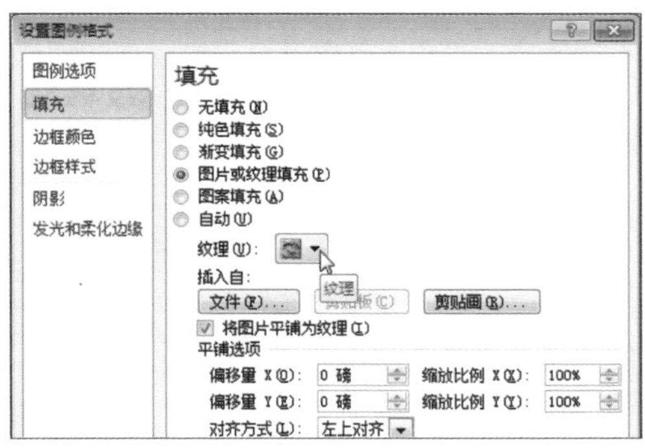

步骤 03 在展开列表中选择合适的纹理效果。

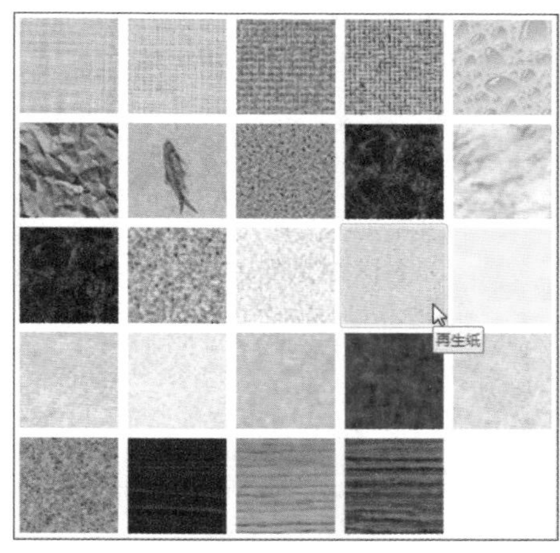

步骤 04 切换到“边框颜色”选项卡面板选中“渐变线”单选按钮，单击“预设颜色”下拉按钮，在展开列表中选择合适的选项。

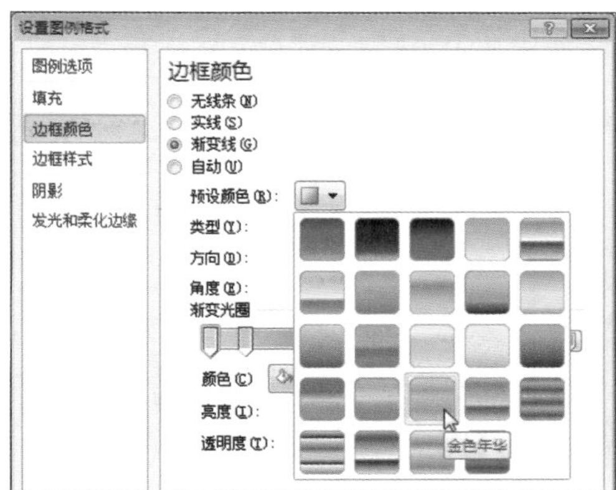

步骤 05 单击“关闭”按钮，返回演示文稿，图表中的图例设置效果如下图所示。

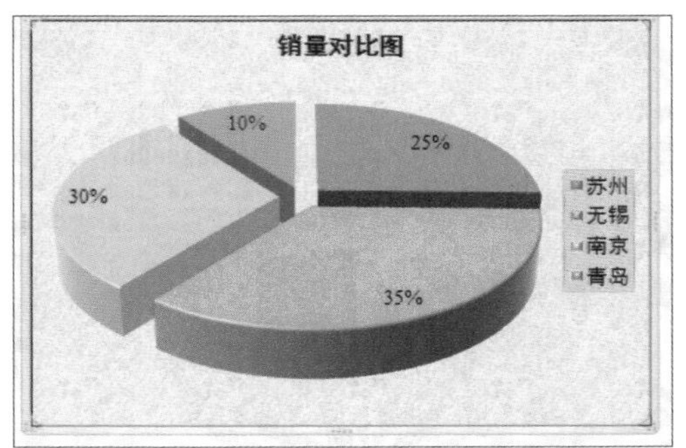

⑨设置文本效果

步骤01 选中图表标题，在“格式”选项卡的“艺术字样式”组中单击“其他”下拉按钮。

步骤02 在展开的艺术字样式列表中选择合适的选项。

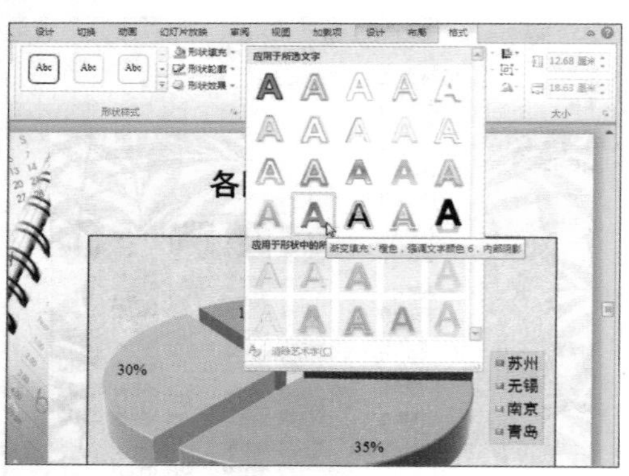

步骤03 选中图表中的图例，单击“艺术字样式”组中的“文本填充”下拉按钮，在展开的列表中选择合适的颜色。

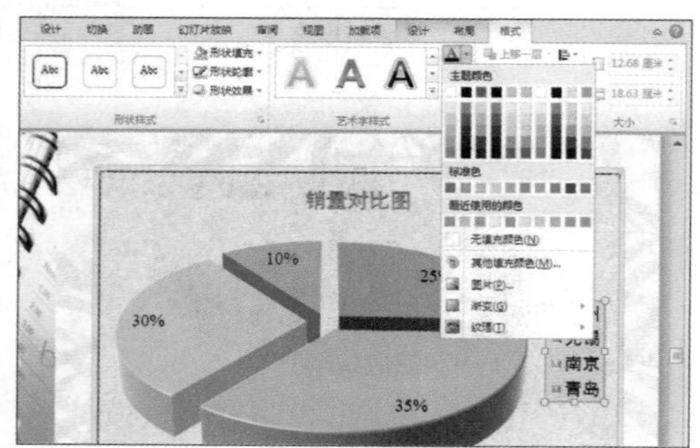

步骤04 单击“艺术字样式”组中的“文本效果”下拉按钮。

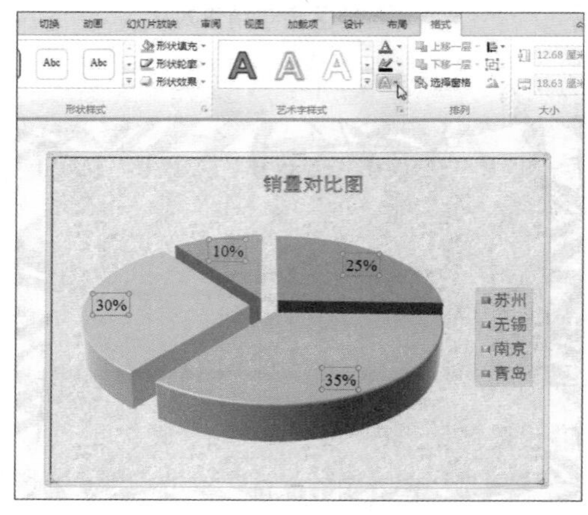

步骤05 在展开的列表中选择“映像”选项，在下级列表中选择合适的映像效果。

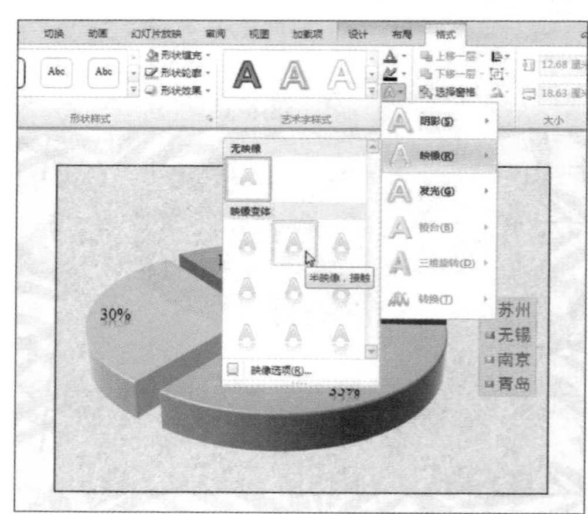

步骤06 设置好文字效果的图表如下图所示。

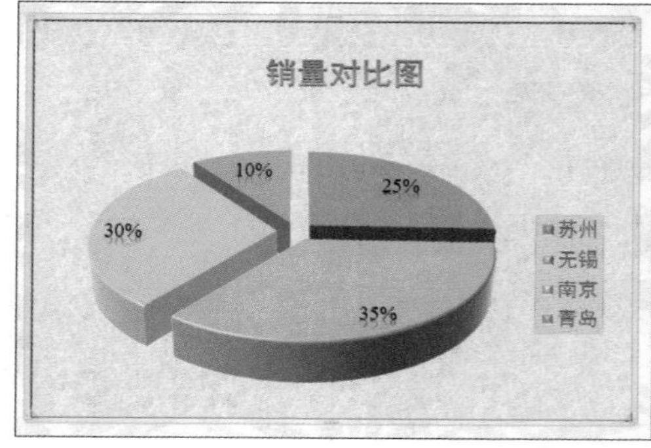

Chapter 06

制作幼儿家长会演示文稿

本章概述

现如今的幼儿教育越来越受关注。为了能够让家长们对孩子在幼儿园的学习环境和生活情况有充分的了解，在入学后不久学校通常都会召开家长会。而老师们也会提前制作好一份在家长会期间播放的演示文稿，老师可以根据幻灯片中的播放内容对家长会的主题进行逐一讲解。本章将通过该类演示文稿的制作，向用户介绍音频与视频文件的应用与编辑操作。

本章要点

音频的应用

声音的播放与暂停

音量大小的调节

声音文件的裁剪

视频的导入

视频播放模式的设置

6.1 在幻灯片中插入声音

要想制作一份优秀的演示文稿，除了图形、图片、文字、图表等元素的应用，音频的插入也是必不可少的。在幻灯片中适当的位置插入音频，在最终播放幻灯片的时候可以给观看者带来视觉和听觉的双重感受。

6.1.1 插入音频

PowerpPoint中的音频可以来自“剪贴画音频”，也可以来自本地音频文件，更可以灵活地录制声音。

❶插入本地声音文件

步骤 01 打开幻灯片，在“插入”选项卡的“媒体”组中单击“音频”下拉按钮，在下拉列表中选择“文件中的音频”选项。

步骤 02 弹出“插入音频”对话框，选中需要插入到幻灯片中的音频文件，单击“插入”按钮。

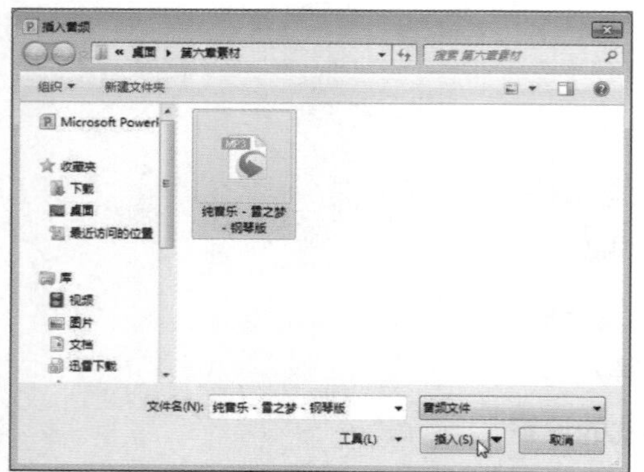

步骤 03 幻灯片中随即被插入一个音频文件。

步骤 04 选中音频图标，按住鼠标左键拖动鼠标，将图标移动到合适的位置。

步骤 05 松开鼠标后，该音频图标即被移动到了指定的位置。

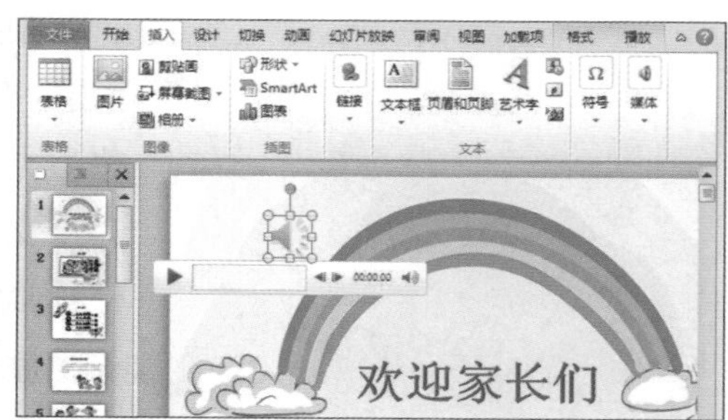

② 插入剪贴画音频

步骤 01 打开“插入”选项卡，在“媒体”组中单击“音频”下拉按钮，在展开的列表中选择“剪贴画音频”选项。

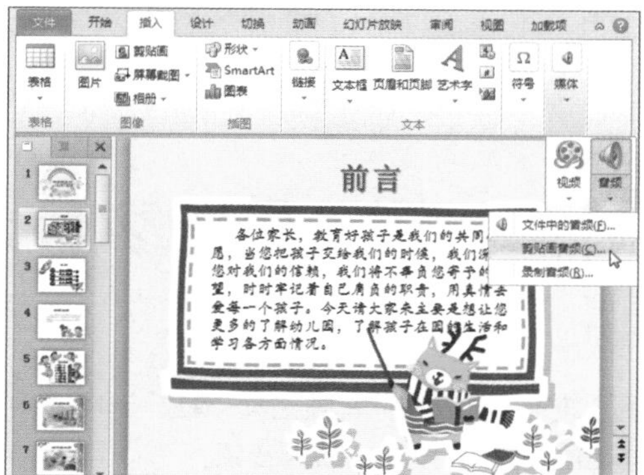

步骤 02 弹出“剪贴画”窗格，单击音频文件右侧下拉按钮，在展开的下拉列表中选择“预览/属性”选项。

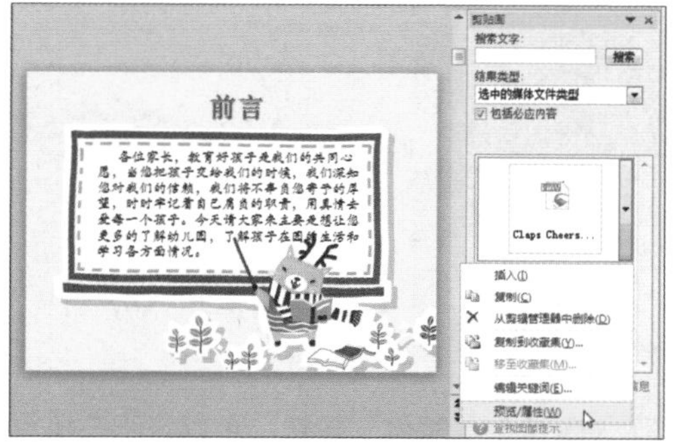

步骤 03 弹出“预览/属性”对话框，单击“播放”按钮，可预览选择的声音。

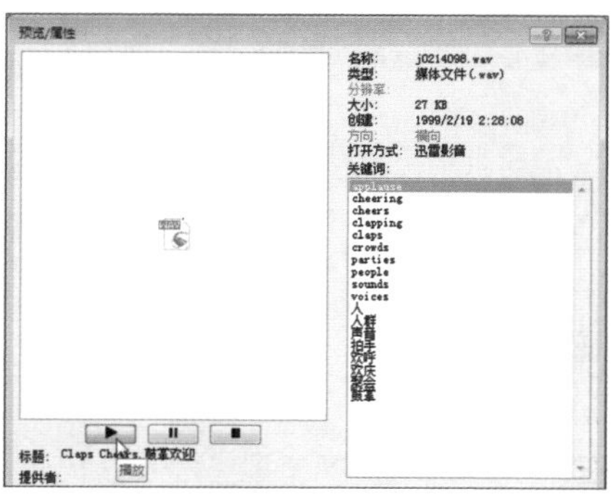

步骤 04 关闭对话框，单击音频文件右侧的下拉按钮，选择“插入”选项。

步骤 05 幻灯片中随即被插入了选中的剪贴画音频。

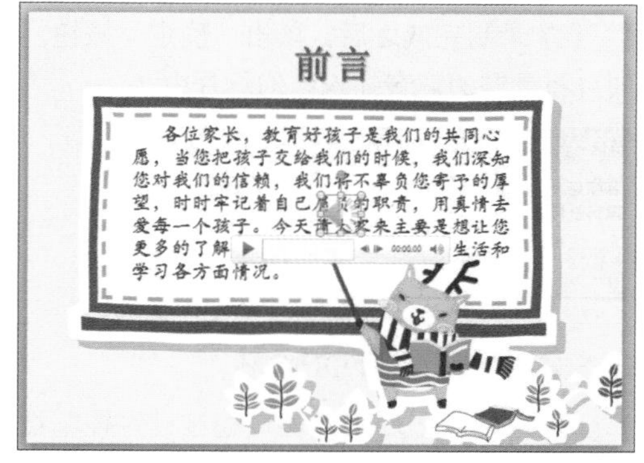

③ 录制声音

步骤 01 打开“插入”选项卡，在“媒体”组中单击“音频”下拉按钮，在展开的列表中选择“录制音频”选项。

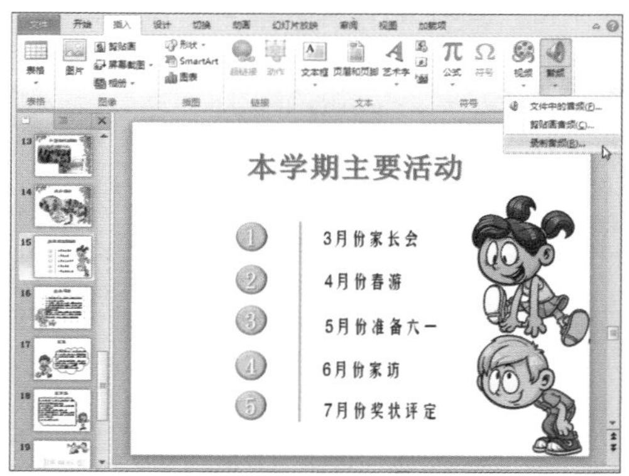

步骤 02 弹出“录音”对话框，在“名称”文本框中输入音频的名称。单击“●”按钮，开始录制。

步骤 03 如果想要暂停录制，则单击“■”按钮。若要继续录制则单击“▶”按钮。

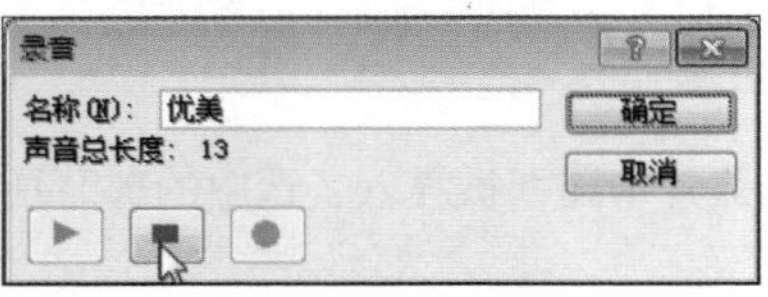

步骤 04 录制完成之后，单击“确定”按钮。即可将录制的声音插入到幻灯片中。

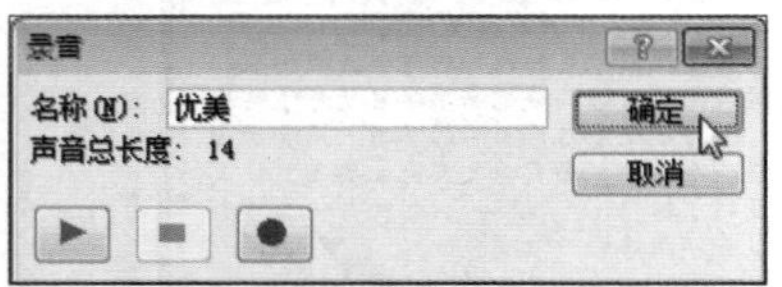

6.1.2 控制声音的播放

插入音频之后用户还可通过设置控制播放的时间和音量，也可以对音频进行裁剪，或插入书签等。

❶ 音频的播放和暂停

步骤 01 选中音频图标，在“播放控制工具栏”中单击“播放/暂停”按钮，即可播放音频。

步骤 02 再次单击“播放/暂停”按钮，可将正在播放的声音暂停。

步骤 03 还可以在“音频工具–播放”选项卡中单击“播放”按钮，播放音频。

步骤 04 单击“暂停”按钮，可以将正在播放的声音暂停。

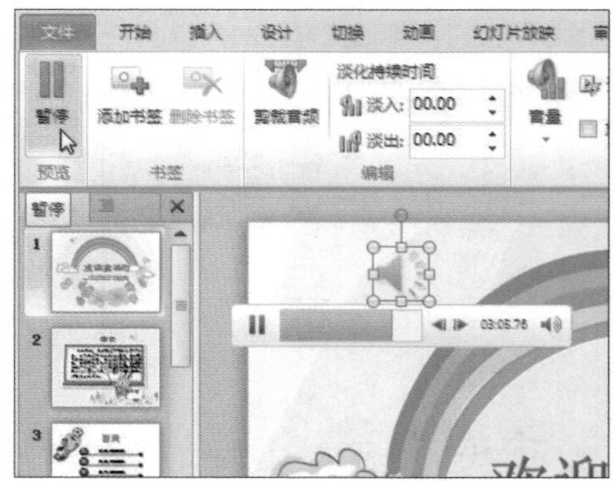

②音频的快进

步骤01 在“播放控制工具栏”中单击“向前移动”按钮，可快进声音。

步骤02 将光标指向播放进度条，按住鼠标左键拖动进度条，可将声音快进。

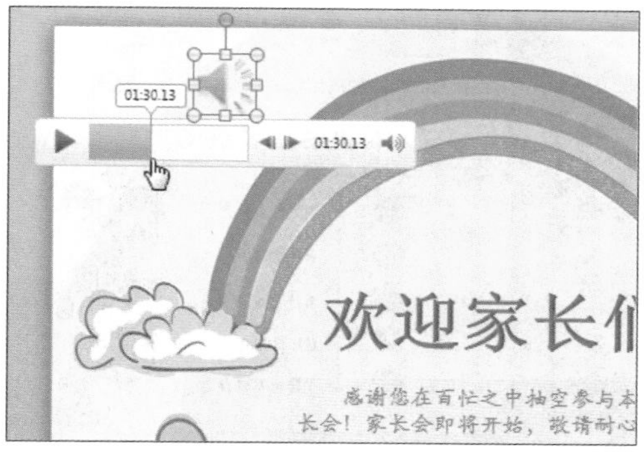

③调节音量大小

步骤01 打开“播放”选项卡。在“音频选项”组中单击“音量”下拉按钮，在展开的列表中选择合适的音量即可。

步骤02 在“播放控制工具栏”中将光标指向“”按钮，拖动音量显示条精确控制音量大小。

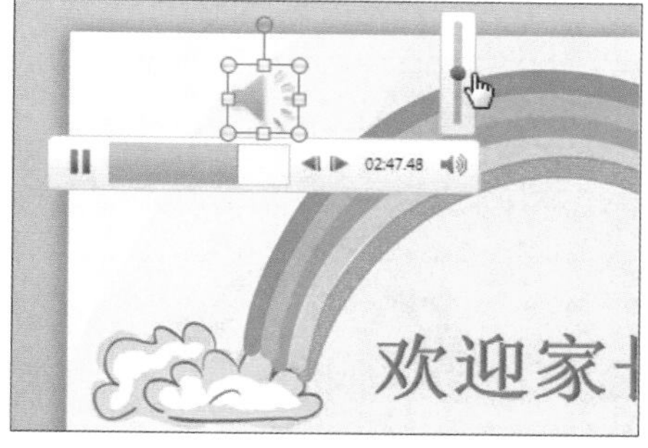

④设置播放模式

步骤01 勾选“音频选项”组中的“放映时隐藏”复选框，可以在幻灯片播放时隐藏声音图标。

步骤02 在“音频选项”组中勾选“循环播放，直到停止”复选框，在播放幻灯片时，声音将循环播放直到切换到下一张幻灯片。

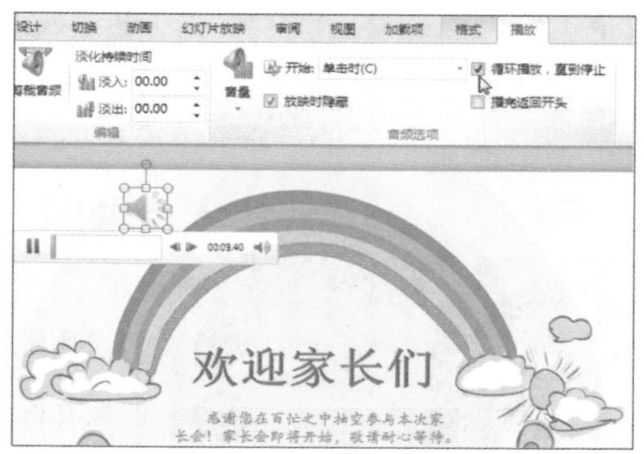

步骤 03 单击“音频选项”组中的“开始”下拉按钮，选择“跨幻灯片播放”选项，在播放幻灯片时，即使切换到别的幻灯片声音依然播放。

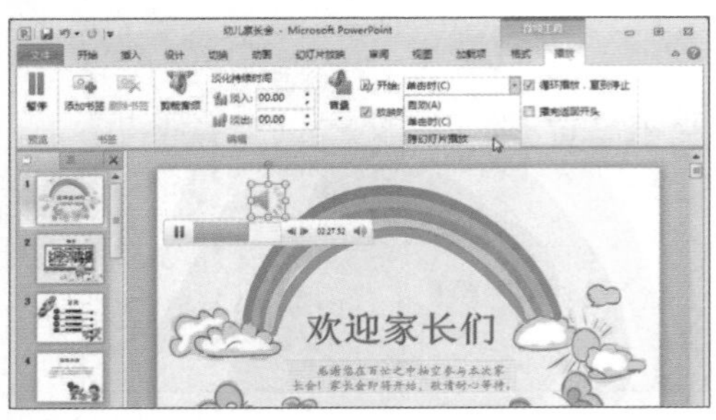

⑤添加书签

步骤 01 选中音频图标，打开“音频工具-播放”选项卡，当播放到需要添加书签的位置时，单击“书签”组中的“添加书签”按钮。

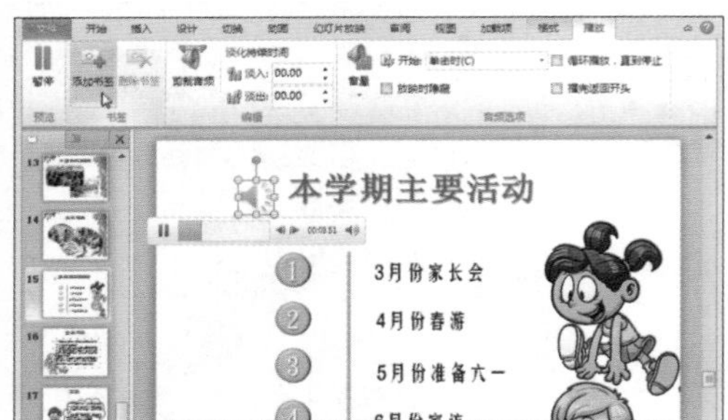

步骤 02 “播放控制工具栏”中播放进度条的开始处即添加了一个标签。用此方法可以继续添加标签。

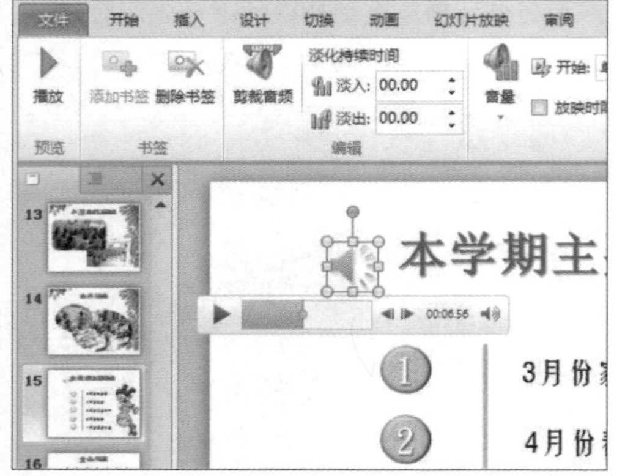

步骤 03 若要删除标签，则选中声音进度条上的标签。

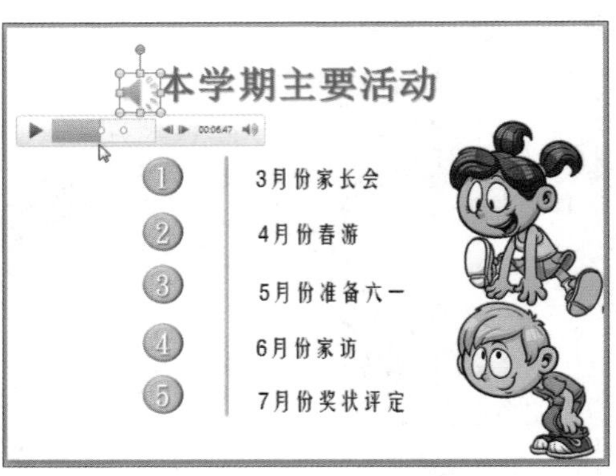

步骤 04 单击“音频工具-播放”选项卡中“书签”组中的“删除书签”按钮。

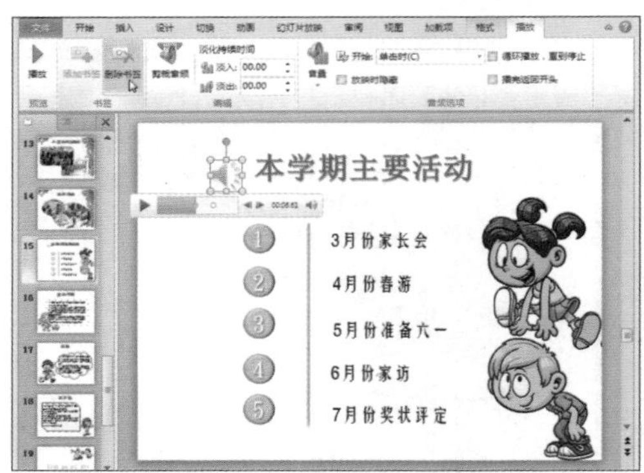

⑥剪裁音频

步骤 01 选中声音图标，在“音频工具-播放”选项卡的“编辑”组中单击“剪裁音频”按钮。

步骤 02 弹出“剪裁音频”对话框，拖动两端的时间控制手柄调整声音文件的开始和结束时间。单击“确定”按钮，即可将幻灯片中的声音剪裁。

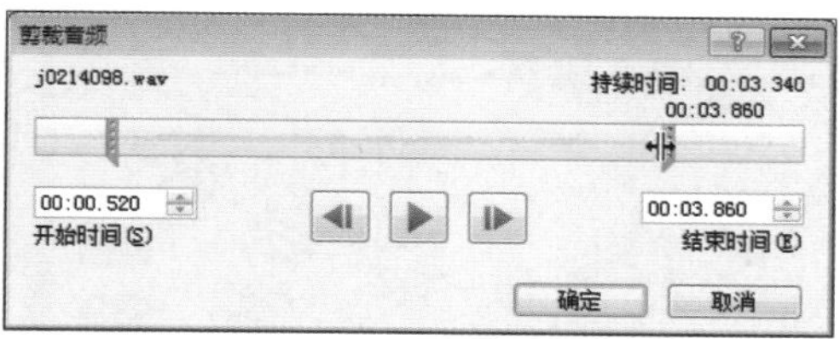

⑦ 设置图标格式

步骤 01 选中声音图标，在“音频工具-格式”选项卡的“调整”组中单击“更改图片”按钮。

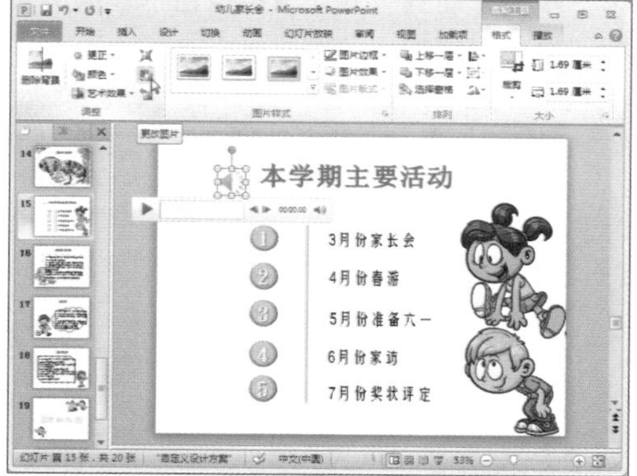

步骤 02 弹出“插入图片”对话框，选中合适的图片。单击“插入”按钮。

步骤 03 声音图标随即变为在对话框中选中的图片。

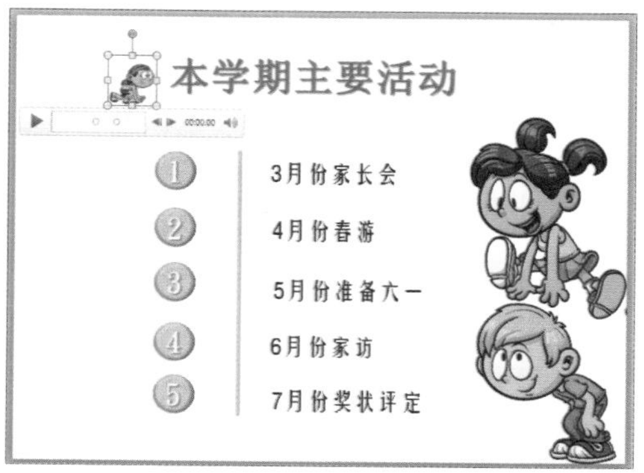

⑧ 自定义播放控制按钮

步骤 01 打开“音频工具-插入”选项卡，单击“形状”下拉按钮，选择“矩形”选项。

步骤 02 在幻灯片中拖动鼠标绘制一个矩形。选中该矩形。

步骤03 切换到“格式”选项卡，单击“形状格式”组中的“其他”下拉按钮。

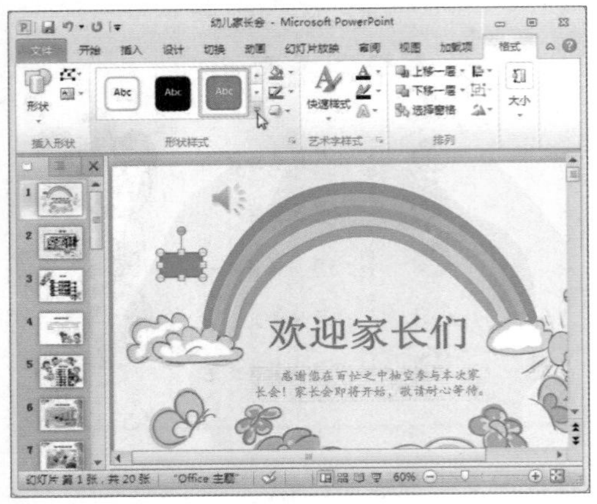

步骤04 在展开列表中选择合适的形状样式。

步骤05 在设置好形状样式的矩形中输入文字“播放”。

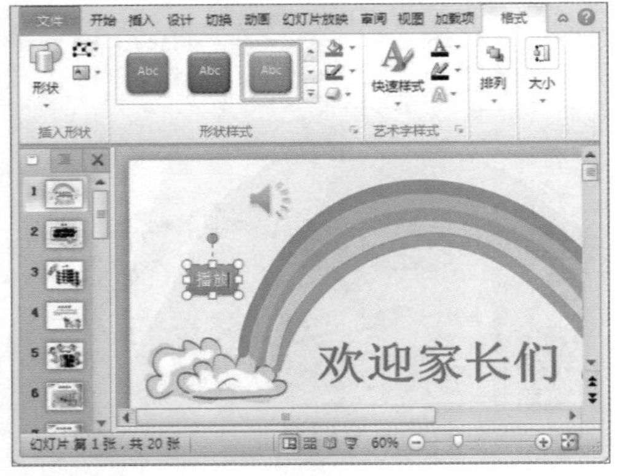

步骤06 用同样的方法再创建两个矩形，分别输入“暂停”和“停止”文本。

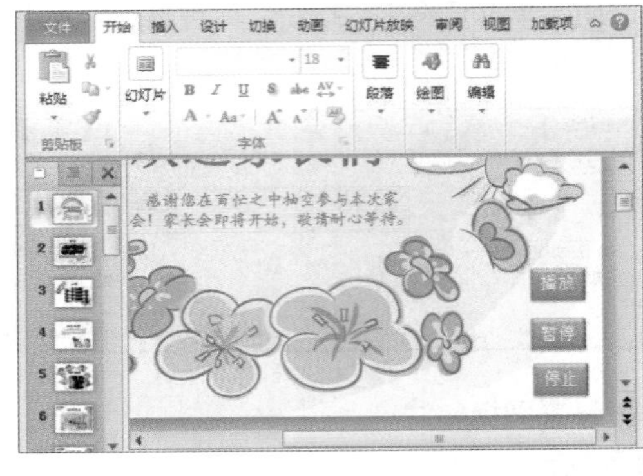

步骤07 选中声音图标，打开“动画”选项卡，单击“动画样式”下拉按钮，选择“播放”选项。

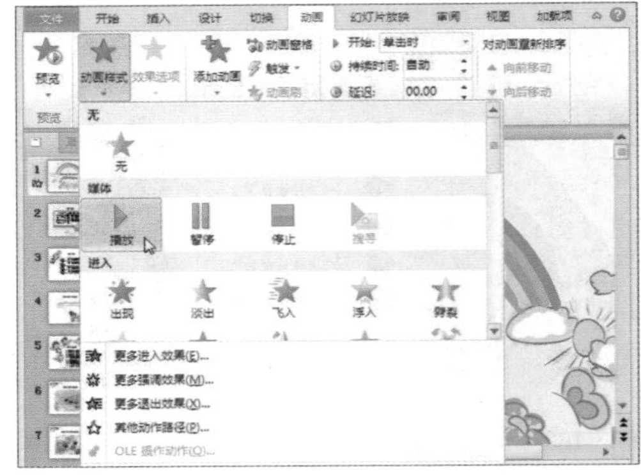

步骤08 单击“高级动画”组中的“动画窗格”按钮，激活“动画窗格”窗格。

步骤 09 在窗格中单击选项右侧的下拉按钮，在展开的列表中选择“计时”选项。

步骤 10 打开“播放音频”对话框，选中“单击下列对象时启动效果”单选按钮，在其右侧下拉列表中选择“矩形11：播放”选项。单击“确定”按钮。

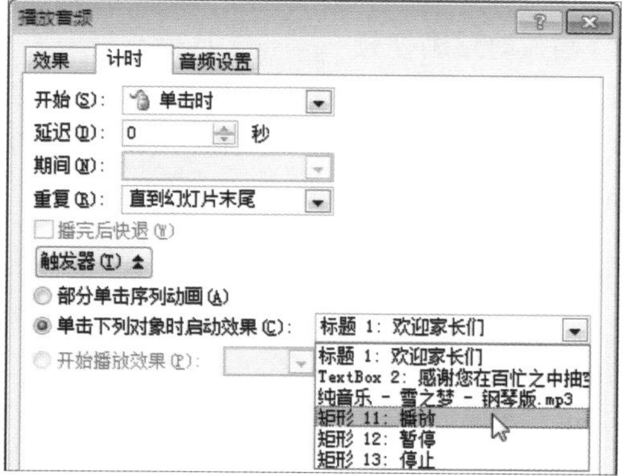

步骤 11 返回演示文稿，在“动画”选项卡中单击“添加动画”下拉按钮，选择“暂停”选项。

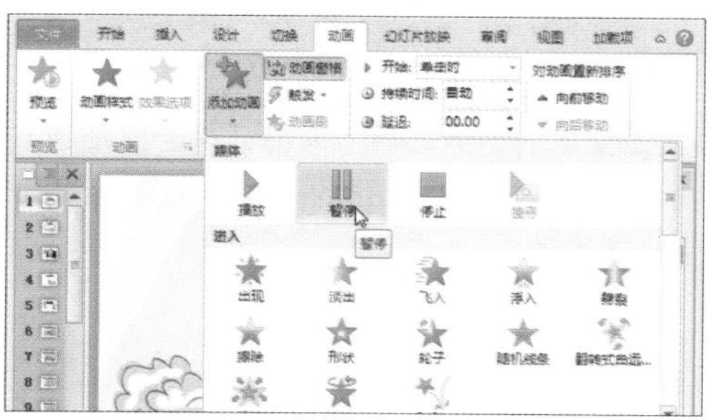

步骤 12 在“动画窗格”窗格中单击最上方选项右侧的下拉按钮，在展开的列表中选择“计时”选项。

步骤 13 弹出“暂停音频”对话框，选中“单击下列对象时启动效果”单选按钮，在其右侧下拉列表中选择“矩形12：暂停”选项。单击“确定”按钮。

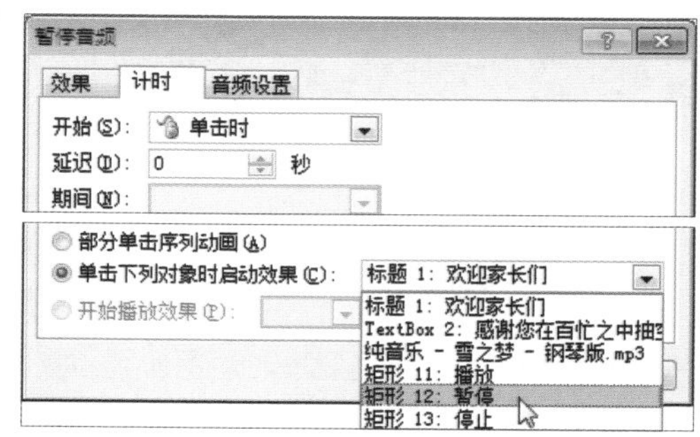

步骤 14 参照以上步骤设置“停止”控制按钮。选中声音图标，勾选“播放”选项卡中的“播放时隐藏”复选框。按下F5键放映幻灯片，声音图标将被隐藏，单击控制按钮即可控制声音的播放。

6.2 在幻灯片中插入视频

在演示文稿中不仅可以插入音频文件还可以插入与当前内容相匹配的视频文件，让幻灯片彻底摆脱单调。插入视频文件和插入音频文件的方法类似，下面就为大家详细介绍。

6.2.1 插入影片

在幻灯片中可以插入不同类型的视频文件，包括来自文件中的视频、网站的视频和剪贴画视频。

①插入来自文件的视频

步骤 01 打开“插入”选项卡，在“媒体”组中单击“视频”下拉按钮，在展开的列表中选择“文件中的视频”选项。

步骤 02 弹出“插入视频文件”对话框，选中合适的视频，单击“插入”按钮。

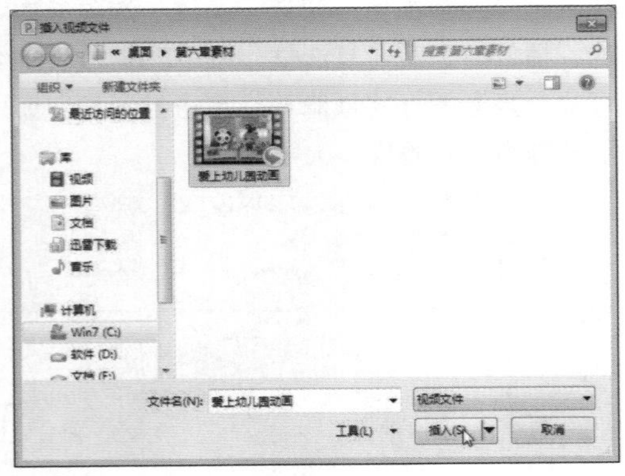

步骤 03 在对话框中选中的视频随即被插入到幻灯片中。

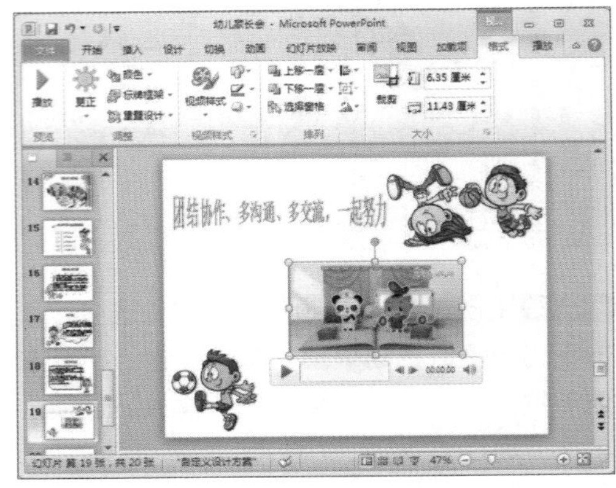

②插入剪贴画视频

步骤 01 打开“插入”选项卡，在“媒体”组中单击“插入视频”下拉按钮，在展开的列表中选择“剪贴画视频”选项。

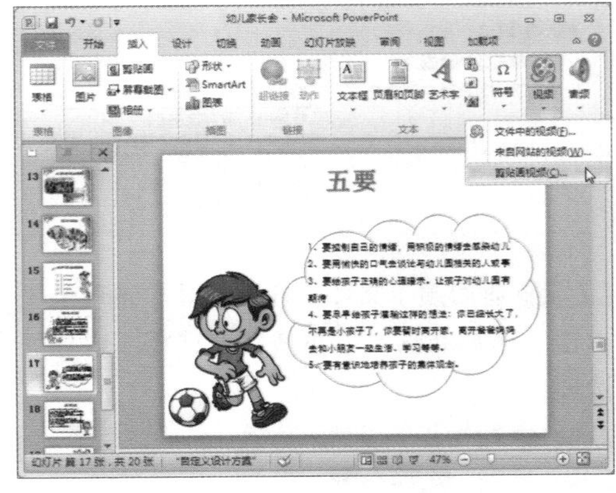

步骤 02 激活“剪贴画”窗格，单击剪贴画右侧的下拉按钮，在展开的列表中选择“预览/属性”选项。

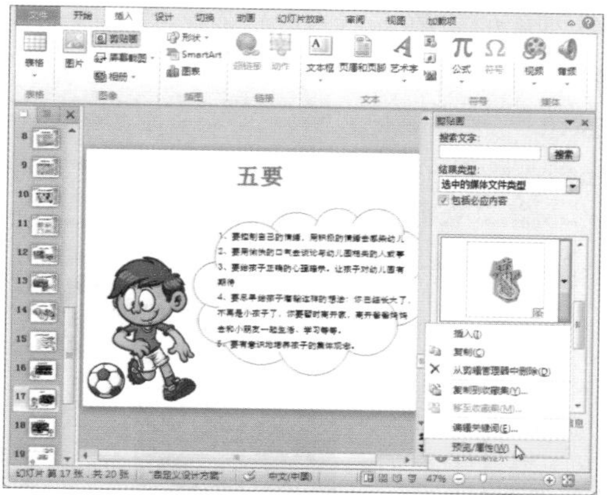

步骤 03 打开“预览/属性”对话框，在该对话框中预览视频效果。

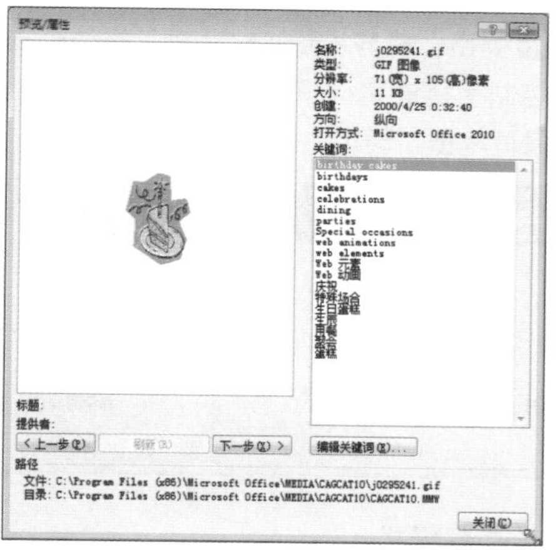

步骤 04 单击剪贴画右侧的下拉按钮，选择“插入”选项。

步骤 05 该剪贴画动画随即被插入到幻灯片中，拖动该动画，将其放置在合适的位置即可。

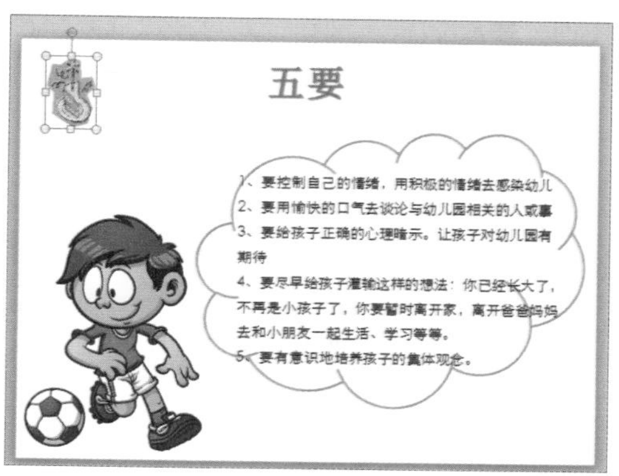

③ 插入网站视频

步骤 01 在“插入”选项卡中单击“视频”下拉按钮，选择“来自网站的视频”选项。

步骤 02 弹出“从网站插入视频”对话框，在文本框中输入网址后单击“插入”按钮即可。

6.2.2 设置影片播放形式

插入视频后，可对播放形式进行设置，为了使视频看上去更美观，也可以对其外观进行设置。

❶视频的播放与暂停

步骤01 选中视频，单击“播放工具控制栏”中的“播放/暂停”按钮，即可播放视频。再次单击该按钮可暂停播放。

步骤02 选中视频，单击“播放”选项卡中的“播放”按钮，也可播放视频。

步骤03 单击“播放”选项卡中的“暂停”按钮可暂停播放。

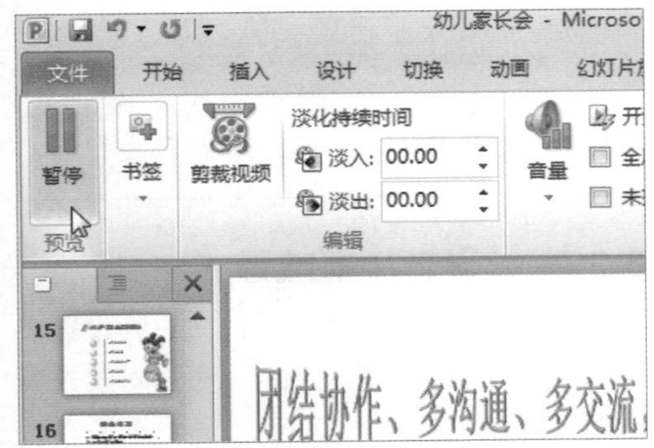

❷视频的裁剪

步骤01 单击“播放”选项卡中的“裁剪视频”按钮。

步骤02 弹出“裁剪视频”对话框，拖动两端时间控制手柄调整视频文件的开始和结束时间。最后单击“确定”按钮即可。

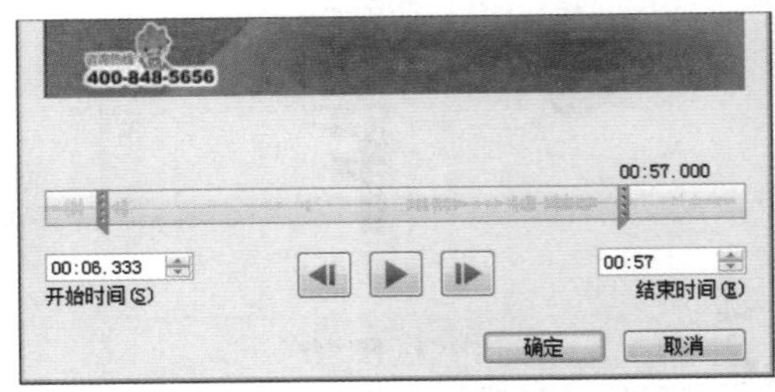

❸调整视频样式

步骤01 打开“视频工具-格式”选项卡，单击“更正”下拉按钮，选择合适的选项，设置视频的亮度。

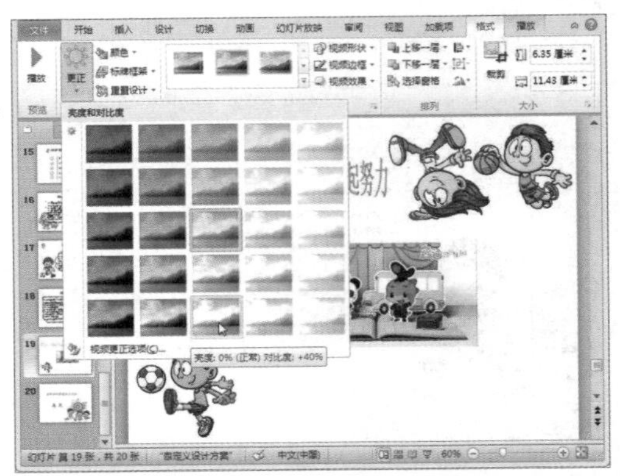

步骤02 单击"视频工具-格式"选项卡"调整"组中的"颜色"下拉按钮，选择合适的选项，设置视频的色调。

步骤03 拖动播放进度条，选择需要的视频界面，单击"调整"组中的"标牌框架"下拉按钮，选择"当前框架"选项。

步骤04 选中视频中的界面即成为标牌框架。

④设置视频大小

步骤01 选中视频，打开"视频工具-格式"选项卡，单击"大小"组中的"裁剪"按钮。

步骤02 将光标指向裁剪控制点，按住鼠标左键，拖动鼠标对视频外观进行裁剪。

步骤03 裁剪好之后，再次单击"裁剪"按钮，退出裁剪模式。

步骤 04 单击“视频工具-格式”选项卡“大小”组中的“对话框启动器”按钮。

步骤 05 弹出“设置视频格式”对话框，在“大小”组中输入“高度”和“宽度”值，可精确设置视频大小。

⑤ 自定义视频样式

步骤 01 在“视频工具-格式”选项卡中单击“视频样式”组中的“视频形状”下拉按钮，在展开的列表中选择合适的形状。

步骤 02 单击“视频样式”组中的“视频边框”下拉按钮，在展开的列表中选择合适的边框颜色。

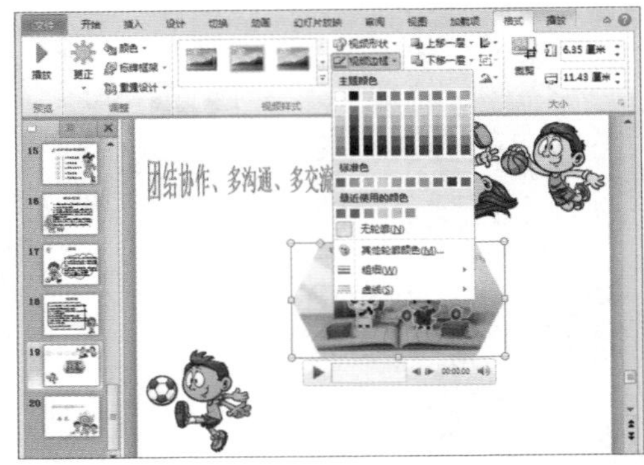

步骤 03 单击“视频样式”组中的“视频效果”下拉按钮，选择棱台选项，在其下级列表中选择合适的棱体样式。

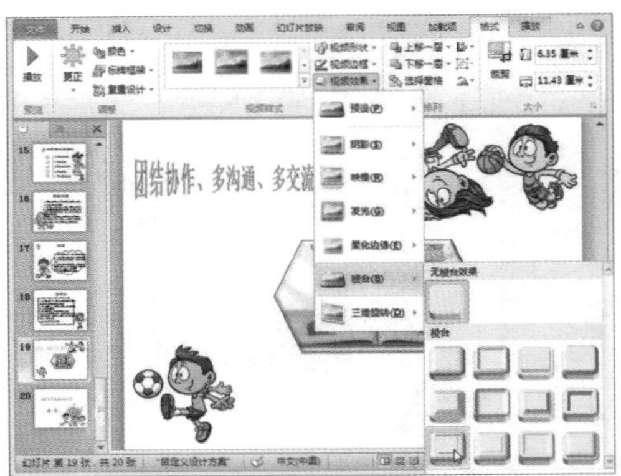

步骤 04 单击“视频效果”下拉按钮，选择映像选项。在下级列表中选择合适的选项。

步骤05 设置好样式的视频效果如下图所示。

⑥快速设置视频样式

步骤01 选中视频文件，在“视频工具-格式”选项卡“视频样式”组中单击“其他”下拉按钮。

步骤02 在展开的列表中选择合适的样式。此处选择“画布，白色”选项。

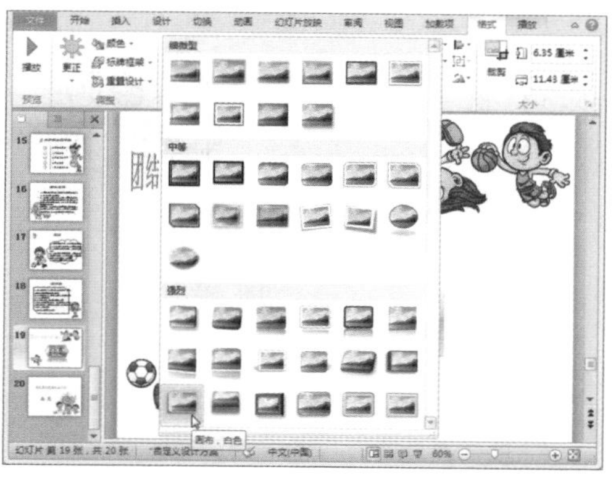

步骤03 所选视频随即被设置为“画布，白色”样式。

⑦设置视频控制按钮

步骤01 打开“插入”选项卡，单击“图片”按钮。

步骤02 弹出“插入图片”对话框，选中图片，单击“插入”按钮。

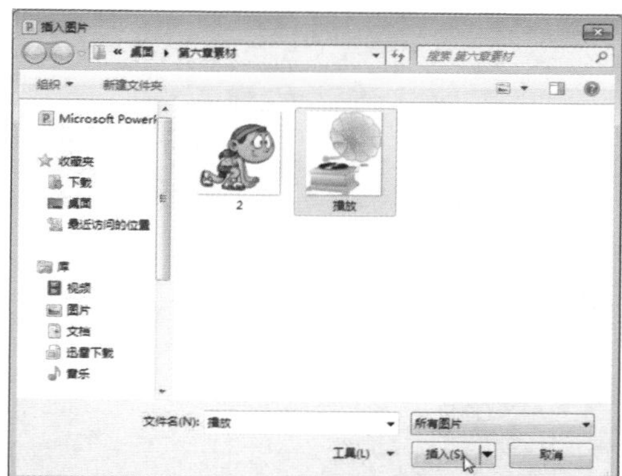

步骤03 图片随即被插入幻灯片中，调整好图片的位置和大小。

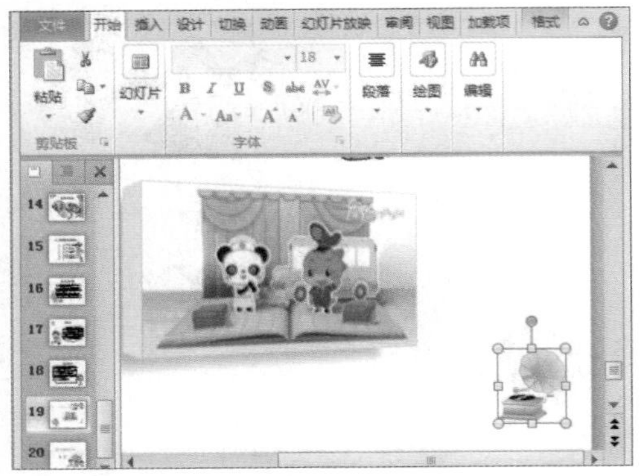

步骤04 选中视频文件，在“动画”选项卡，中的“动画样式”列表中选择一个样式。此处选择“轮子”选项。

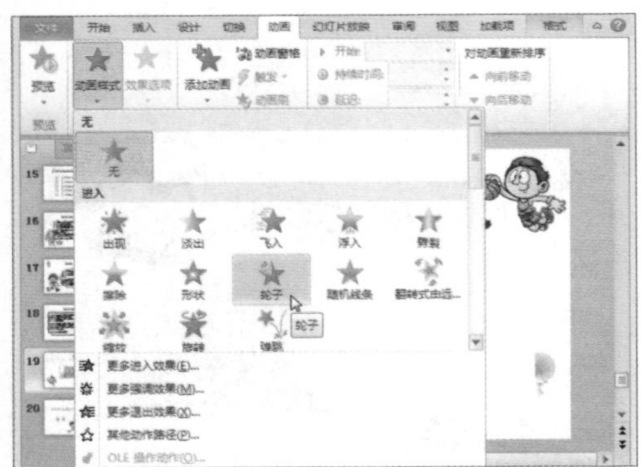

步骤05 单击“动画窗格”按钮，激活“动画窗格”窗格。

步骤06 单击动画选项右侧的下拉按钮，在展开的列表中选择“计时”选项。

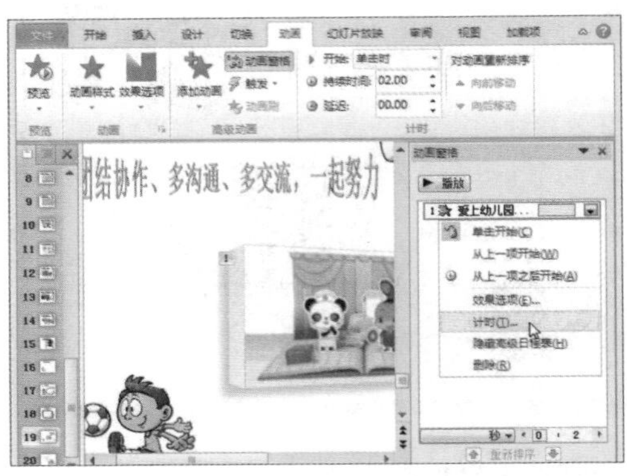

步骤07 弹出“轮子”对话框。选中“单击下列对象时启动效果”单选按钮，在其右侧下拉列表框中选择“图片4”选项。

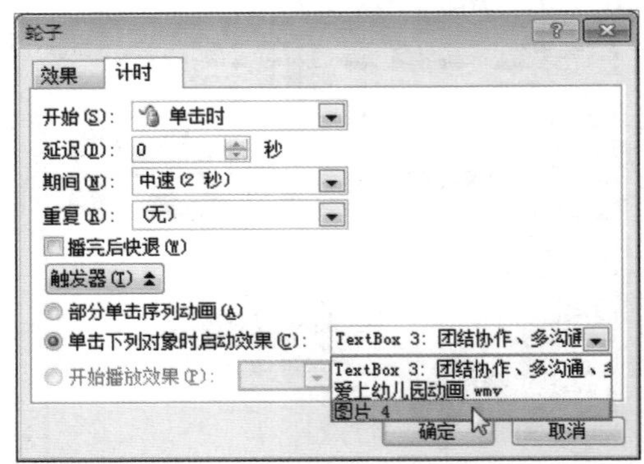

步骤08 单击“确定”按钮，关闭对话框，按F5键放映幻灯片。视频文件被隐藏，单击控制按钮可将视频显示出来。

Chapter 07

制作展会热销产品演示文稿

本章概述

通过以上章节的学习，相信读者们应该已经能够轻松制作出一份图文并茂的演示文稿了，但是相对完美的演示文稿还差一段距离。本章我们将制作一份展销会热销产品演示文稿，在此演示文稿中将会涉及到大量的超链接操作。此外，还会介绍动画效果的设置方法，让幻灯片动起来。

本章要点

超链接的设置
超链接的编辑
进入动画的设置
退出动画的设置
强调动画的设置
路径动画的设置
幻灯片切换效果的设置

7.1 创建超链接

在PowerPoint中，可以为文本或一个对象创建超链接。超链接可以从一张幻灯片链接到另一张幻灯片，也可以从幻灯片连接到电子邮件地址、 网页或文件。下面就介绍插入和超链接的方法。

7.1.1 超链接的添加

在演示文稿中用户可为文本、图形、图像等添加超链接。下面介绍从所选对象超链接到当前演示文稿中其他幻灯片的方法。

❶使用选项卡添加超链接

步骤01 打开幻灯片目录页，选中需要插入超链接的文本。

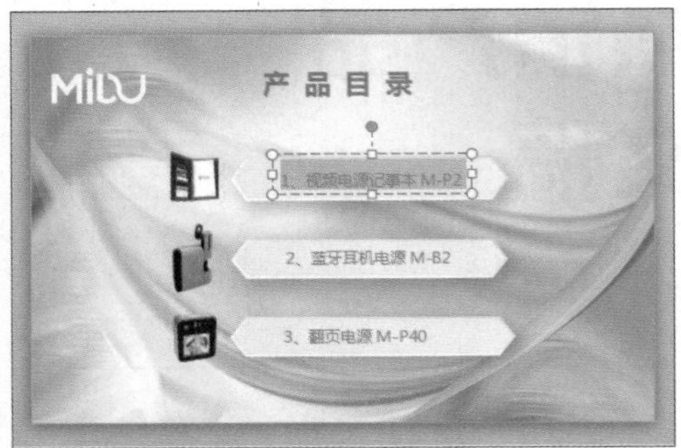

步骤02 打开“插入”选项卡，单击“链接”组中的“超链接”按钮。

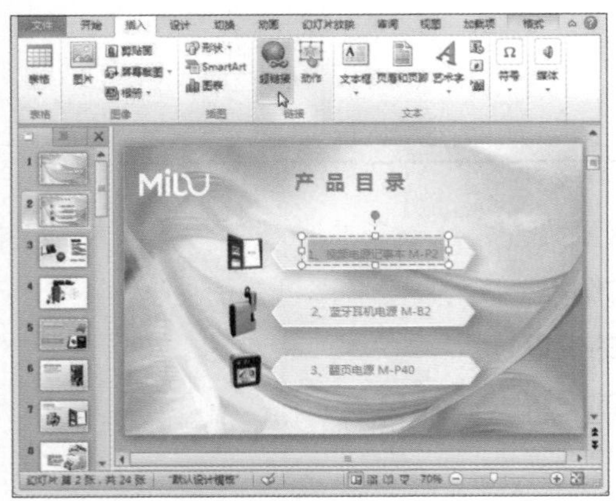

步骤03 弹出“插入超链接”对话框，在“链接到”组中选择“文本档中的位置”选项。

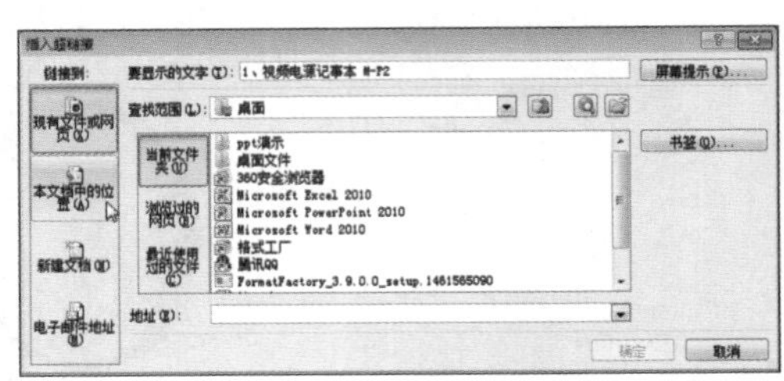

步骤04 在“请选择文档中的位置”下拉列表框中选择“幻灯片3”选项，单击“确定”按钮。

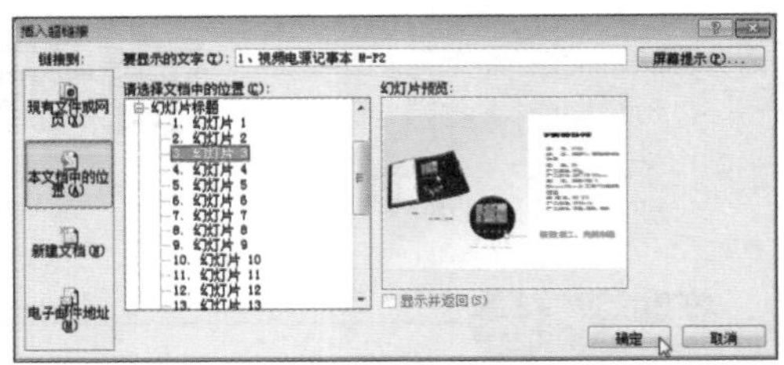

步骤05 返回演示文稿，选中的文本即被添加了超链接。

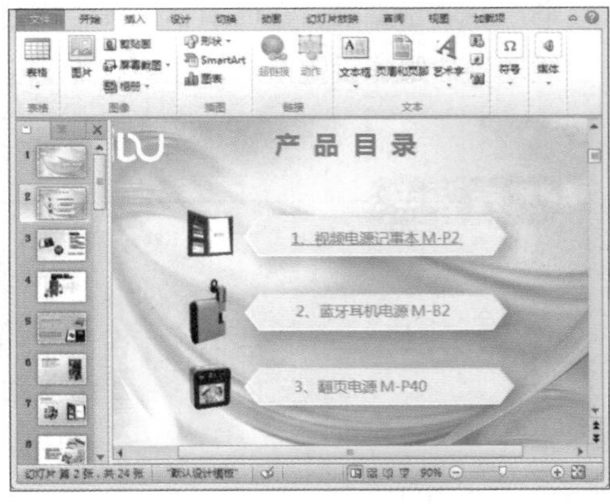

步骤06 按F5键进入播放幻灯片状态，单击设置了超链接的文本，即可转到设置好的链接页。

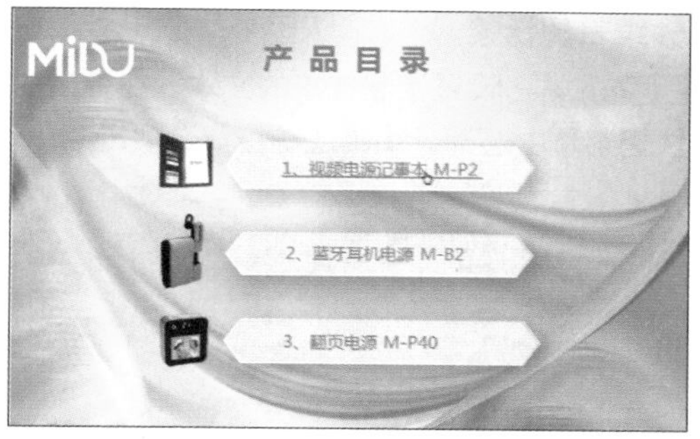

❷使用右键快捷菜单创建超链接

步骤 01 选中需要添加超链接的文本并右击，在弹出的快捷菜单中选择“超链接”选项。

步骤 02 弹出“插入超链接”对话框，在“链接到”组中选择“文本档中的位置”选项。

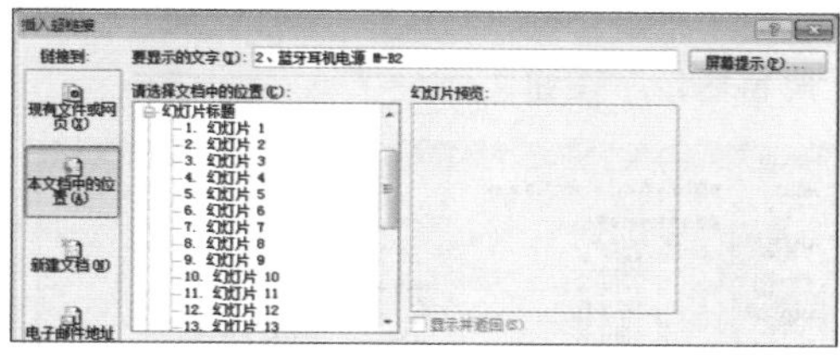

步骤 03 在“请选择文本档中的位置”下拉列表框中选择“幻灯片9”选项，单击“确定”按钮。

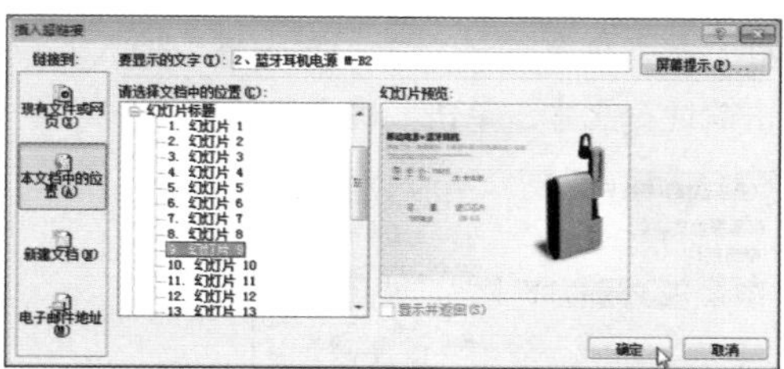

❸使用“动作”命令创建超链接

步骤 01 选中需要插入超链接的文本，打开“插入”选项卡，在“链接”组中单击“动作”按钮。

步骤 02 弹出“动作设置”对话框，选中“超链接到”单选按钮。

步骤 03 单击“超链接到”文本框下拉按钮，在下拉列表中选择“幻灯片”选项。

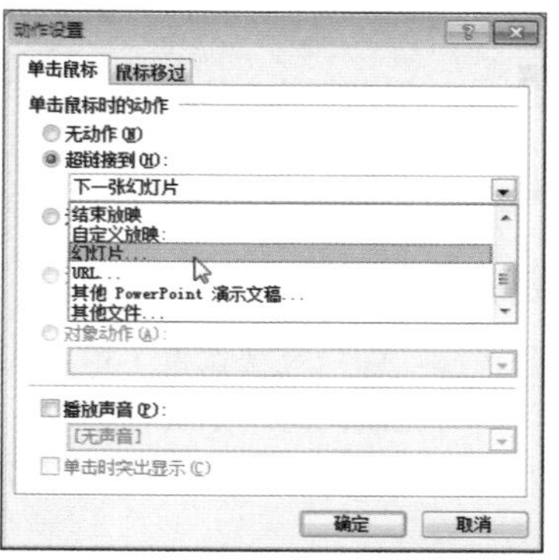

步骤04 弹出“超链接到幻灯片”对话框，在“幻灯片标题”列表框中选择“幻灯片19”选项，单击“确定”按钮。

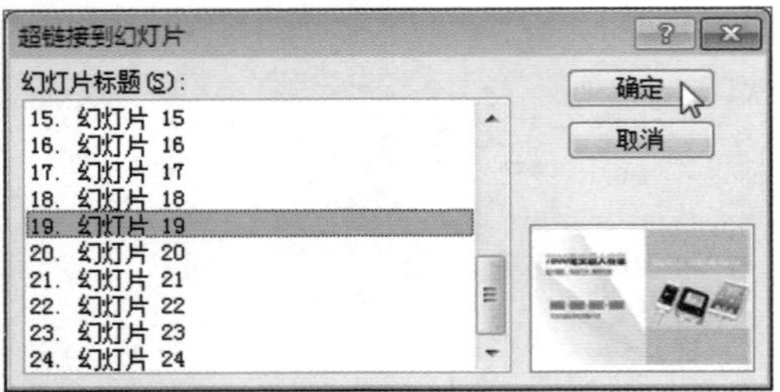

步骤05 返回“动作设置”对话框，单击“确定”按钮。

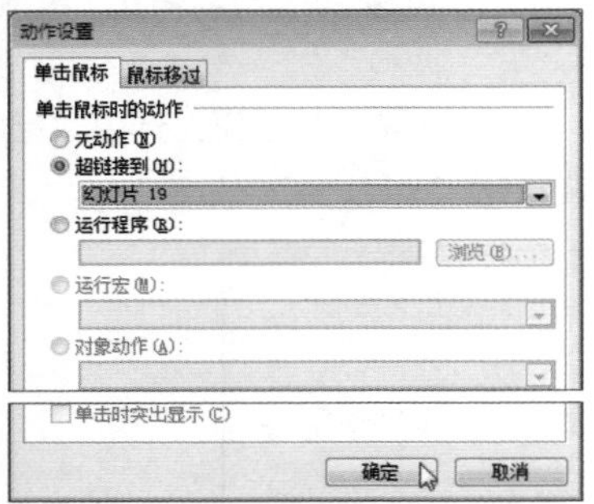

步骤06 返回演示文稿，选中的文本已经被创建了超链接。

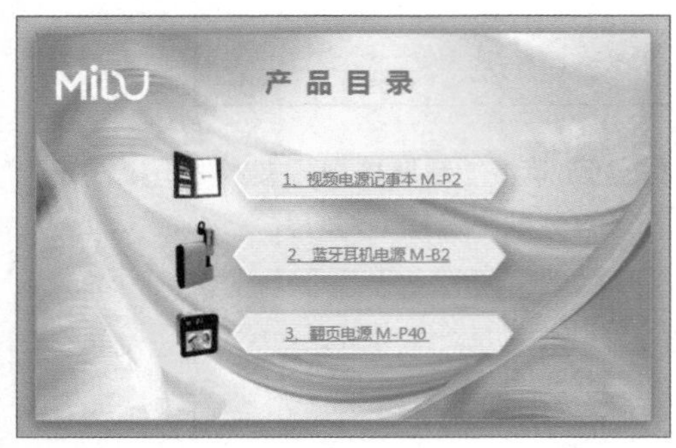

7.1.2 超链接的编辑

插入超链接后，如果发现设置了错误的链接内容，可以对链接到的对象进行修改。用户还可以为超链接设置屏幕提示。操作方法如下：

❶ 编辑超链接

步骤01 右击设置了超链接的文本，在弹出的快捷菜单中选择“编辑超链接”选项。

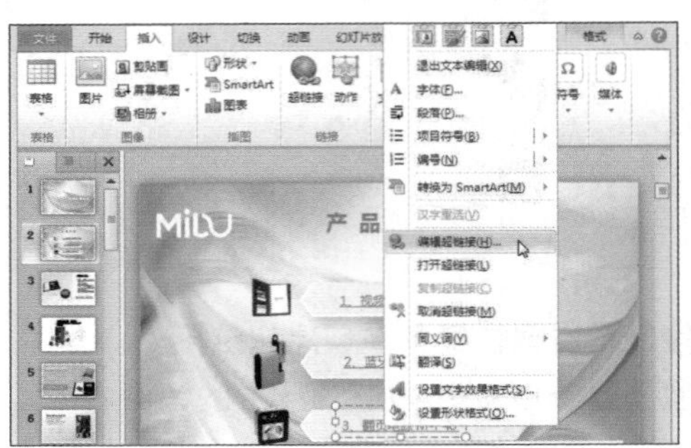

步骤02 弹出“编辑超链接”对话框，在“链接到”组中可以重新选择链接源，在“请选择文档中的位置”列表框中可以重新选择链接到的对象。

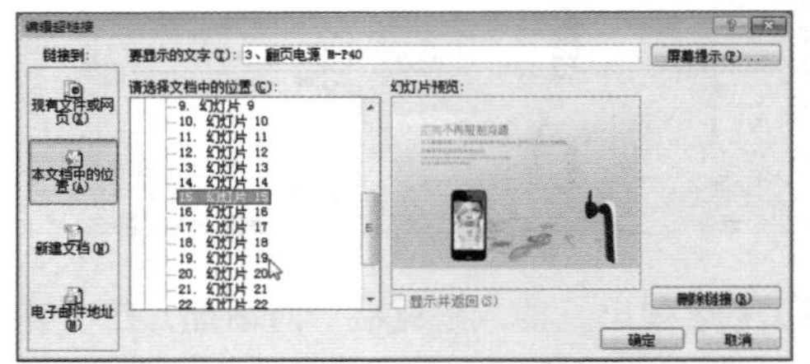

步骤03 单击“编辑超链接”对话框右上方的“屏幕提示”按钮。

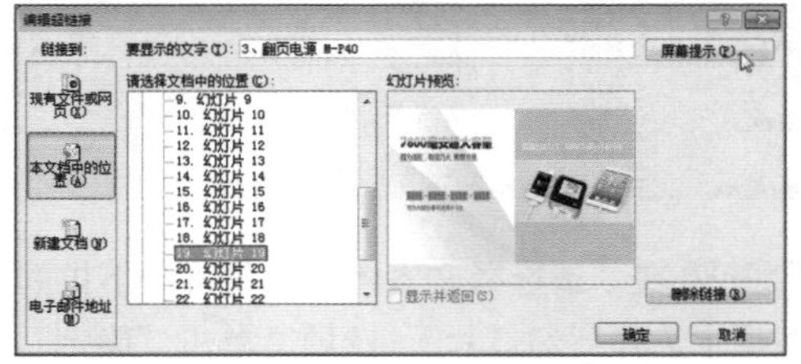

步骤04 弹出“设置超链接屏幕提示”对话框，在“屏幕提示文字”文本框中输入“单击前往”文本。单击“确定”按钮。

步骤05 返回“编辑超链接”对话框，单击“确定”按钮，关闭对话框。

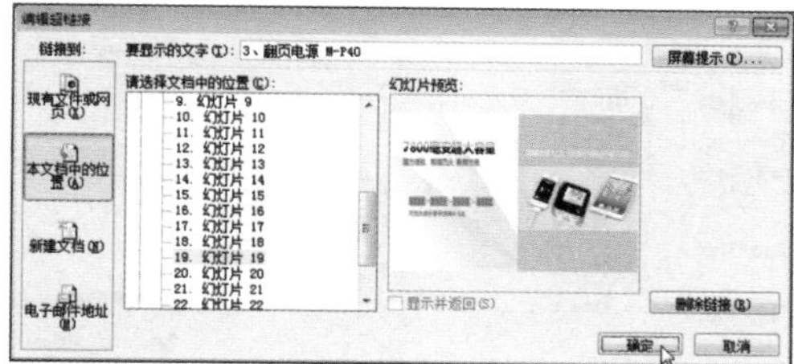

步骤06 在幻灯片放映状态，将光标指向超链接，光标下方出现了“单击前往”字样的屏幕提醒。

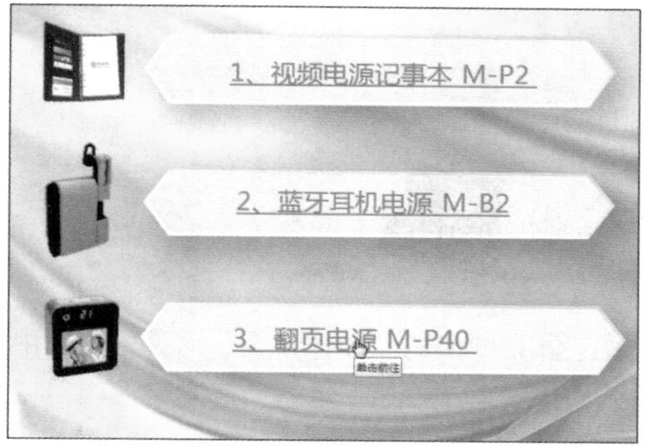

②去除文本超链接下方横线

步骤01 右击超链接文本，在弹出的快捷菜单中选择“取消超链接”选项。

步骤02 选中文本所在文本框并右击，在弹出的快捷菜单中选择“超链接”选项。

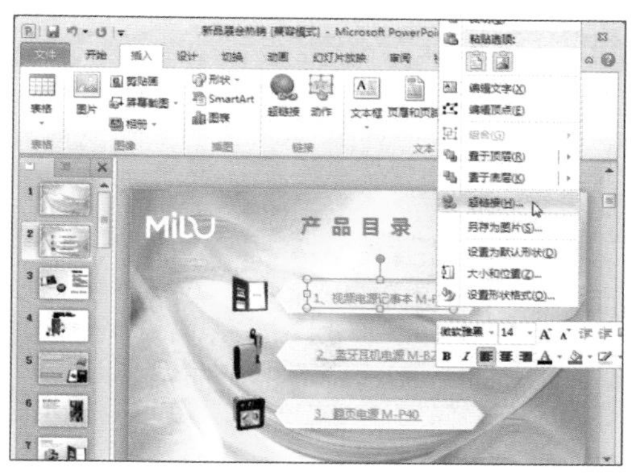

步骤03 弹出“插入超链接”对话框，在“文本档中的位置”中选择“幻灯片3”选项，单击“确定”按钮。

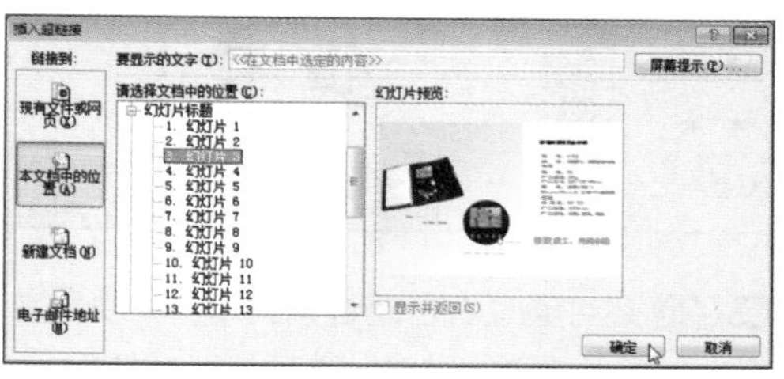

步骤04 用同样的方法设置幻灯片中其他超链接文本，最终效果如下图所示。

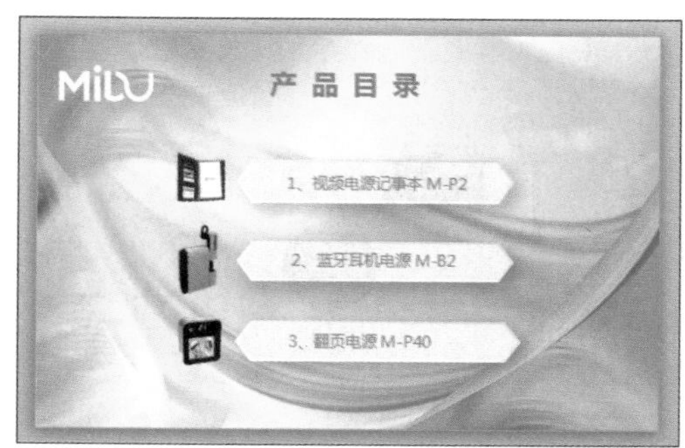

7.1.3 超链接的清除

如果不再需要超链接，可以将其清除。具体操作步骤如下：

❶使用右键快捷菜单删除

步骤01 右击需要删除的超链接文本，在弹出的快捷菜单中选择“编辑超链接”选项。

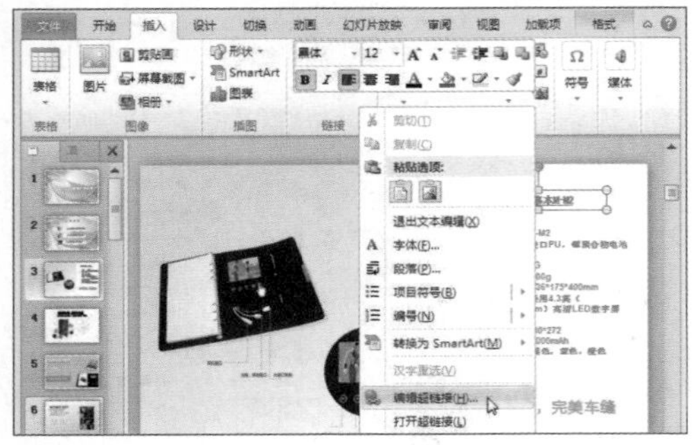

步骤02 弹出“编辑超链接”对话框，单击“删除链接”选项即可。

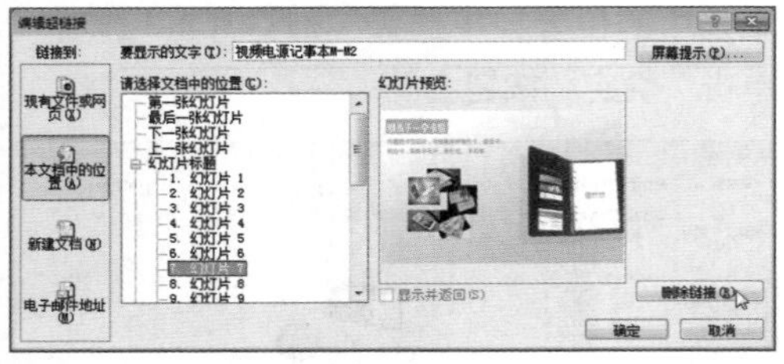

步骤03 还可通过右击超链接文本，在快捷菜单中选择“取消超链接”选项删除超链接。

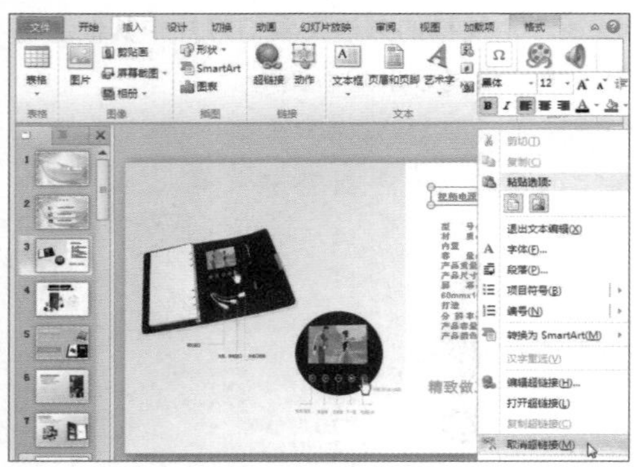

❷使用选项卡删除

步骤01 将光标置于超链接文本中，在“插入”选项卡中单击“超链接”按钮。

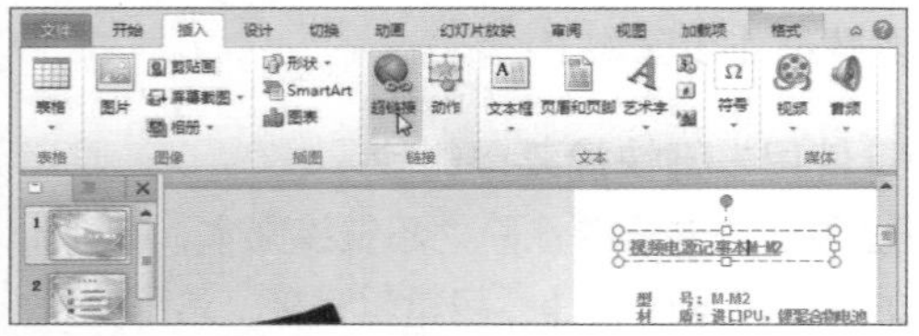

步骤02 弹出“编辑超链接”对话框，单击“删除链接”按钮，即可删除文本上的超链接。

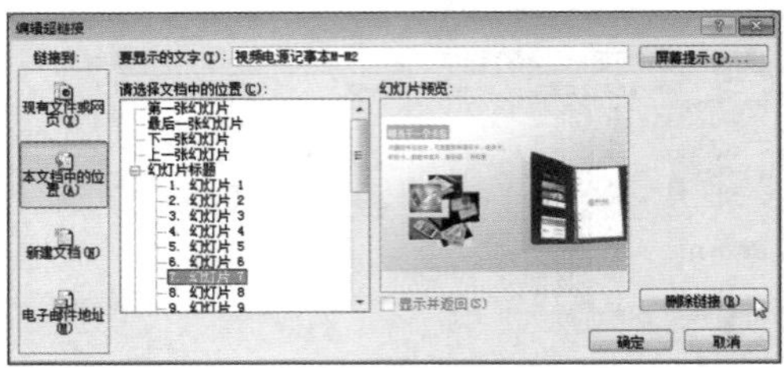

步骤03 还可以单击“链接”组中的“动作”按钮。

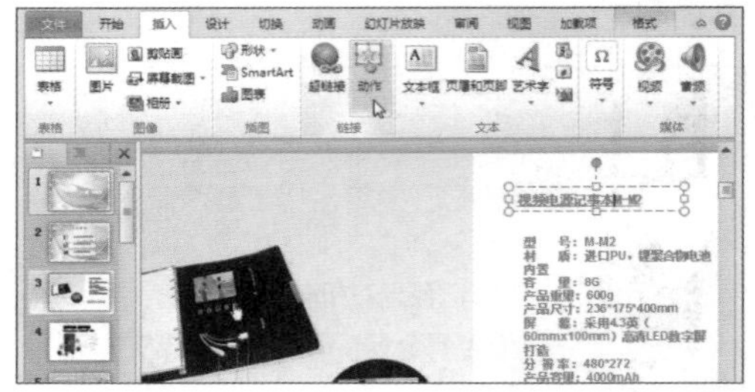

步骤04 在弹出的“动作设置”对话框中选中“无动作”单选按钮，单击“确定”按钮。

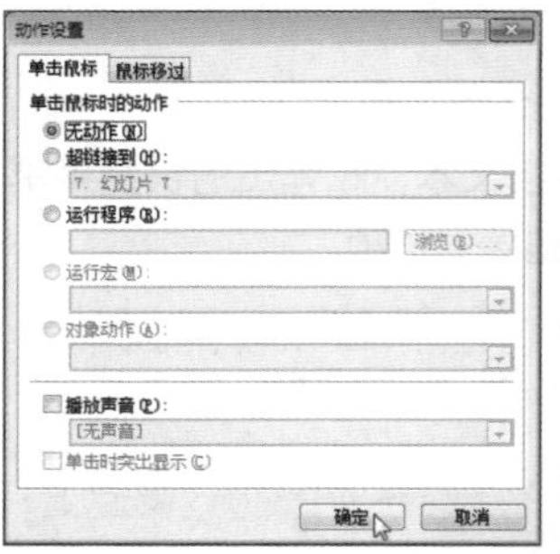

步骤05 去除超链接的文本将恢复原来的文本格式。效果如下图所示。

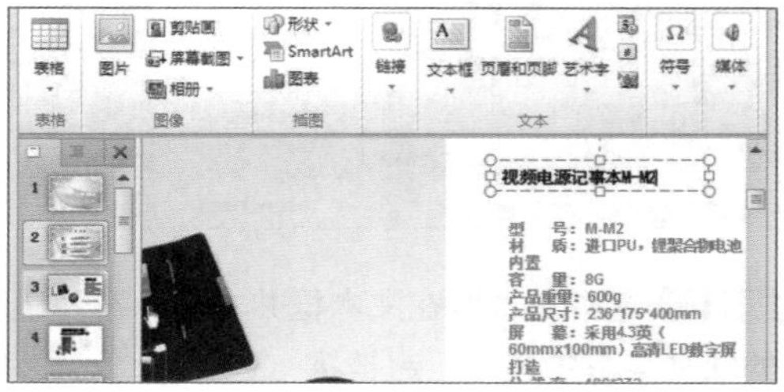

7.1.4 动作按钮的添加

PowerPoint中内置了一组动作按钮，用户可以通过动作按钮的应用，在放映的过程中控制幻灯片的切换。

❶添加声音动作按钮

步骤01 打开第一页幻灯片，在“插入”选项卡中单击“形状”下拉按钮，在展开列表“动作按钮”组中选择“动作按钮：声音”选项。

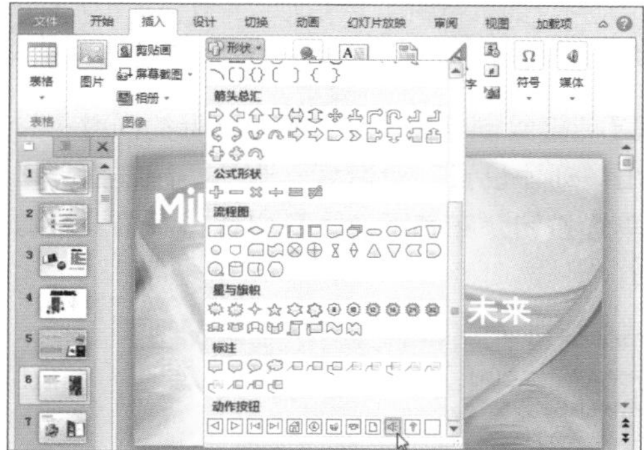

步骤02 按住鼠标左键在幻灯片中绘制图形。

步骤03 松开鼠标，弹出“动作设置”对话框，选中“超链接到”单选按钮。

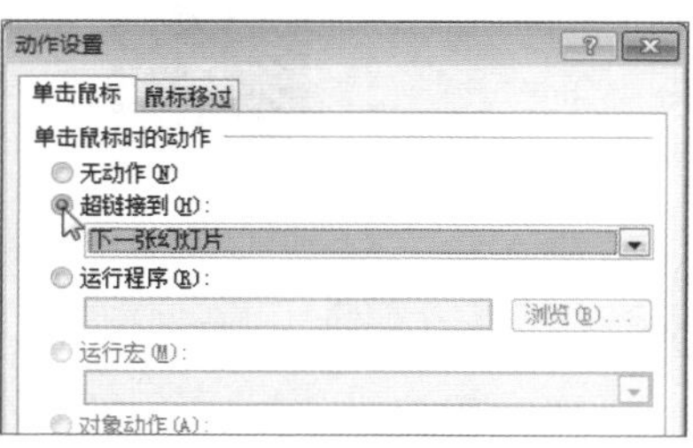

步骤04 单击“超链接到”下拉按钮，在展开的列表中选择“其他文件”选项。

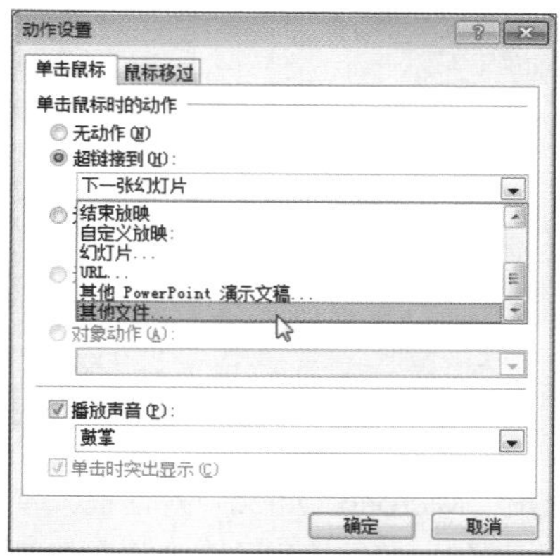

步骤05 弹出“超链接到其他文件”对话框，选中音频文件，单击“确定”按钮。

步骤06 返回到“动作设置”对话框，单击“确定”按钮。

步骤07 返回演示文稿，按F5键进入幻灯片播放模式。单击“声音”控制按钮。

步骤08 弹出“Microso Office”对话框，单击“确定”按钮，超链接到的声音将在外部播放器中播放。

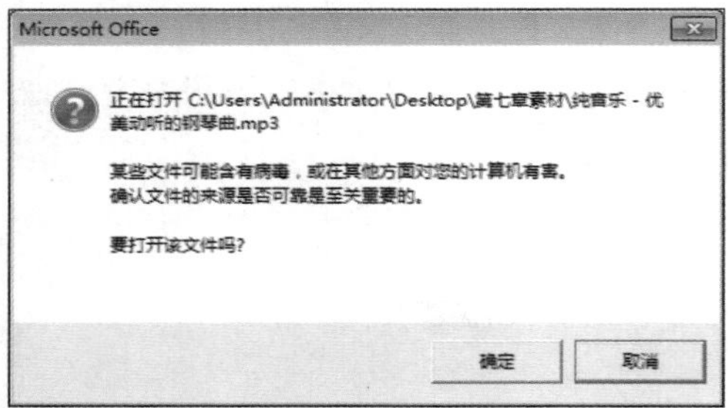

②添加返回第一张动作按钮

步骤01 打开幻灯片最后一页，在“插入”选项卡中单击“形状”下拉按钮，在“动作按钮”组中选择“动作按钮：第一张”选项。

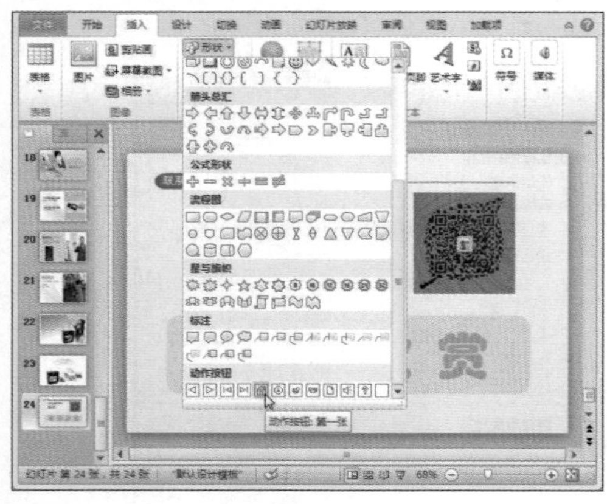

步骤02 按住鼠标左键，在幻灯片右下角绘制图形。

步骤03 绘制好图形后，松开鼠标的同时将弹出“动作设置”对话框，选中“超链接到”单选按钮，在其下拉列表中选择“第一张幻灯片”选项。

步骤04 单击“确定”按钮返回演示文稿。在幻灯片播放状态单击动作按钮，将自动切换到第一页幻灯片。

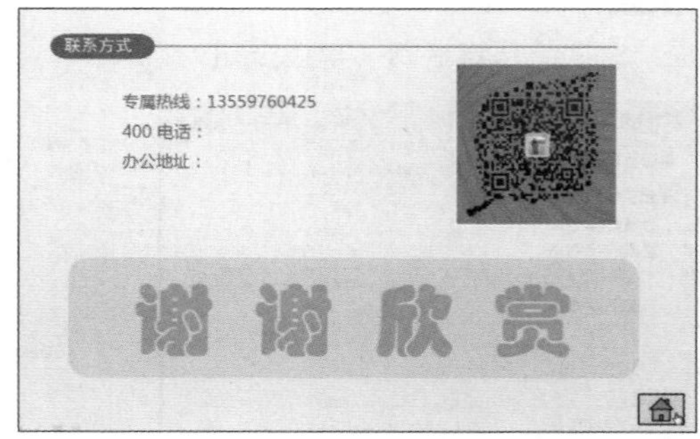

7.2 链接到其他对象

PowerPoint 2010中不仅可以在当前演示文稿中从一张幻灯片超链接到另外一张幻灯片，还可以链接到演示文稿以外的内容。包括链接到其他演示文稿，链接到网页，链接到外部文件等。

7.2.1 链接到其他演示文稿

对幻灯片中的对象创建超链接，通过单击该对象就可以打开其他演示文稿中的幻灯片，操作方法如下。

❶链接到外部演示文稿

步骤01 选中需要创建超链接的文本框，打开“插入”选项卡，单击“超链接”按钮。

步骤02 弹出“插入超链接”对话框，在“链接到”组中选择“现有文件或网页”选项，单击“浏览文件”按钮。

步骤03 弹出“链接到文件”对话框，选中需要链接到当前幻灯片的演示文稿，单击“确定”按钮。

步骤04 返回“插入超链接”对话框，单击“确定”按钮。

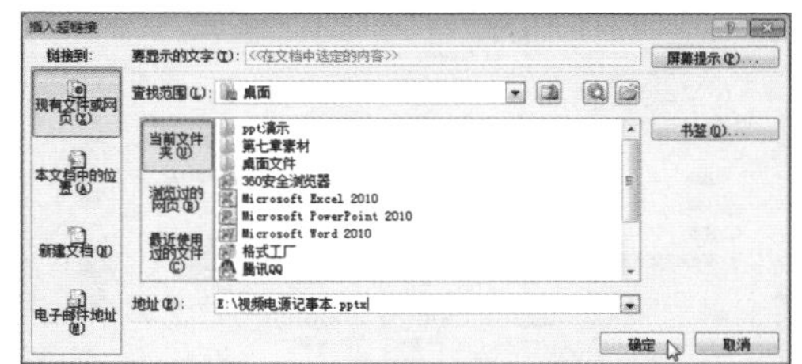

❷链接到外部演示文稿中的指定页

步骤01 选中需要添加超链接的文本框，在“插入”选项卡中单击“动作”按钮。

步骤02 弹出“动作设置”对话框，选中“超链接到”单选按钮，在下拉列表中选择“其他PowerPoint演示文稿”选项。

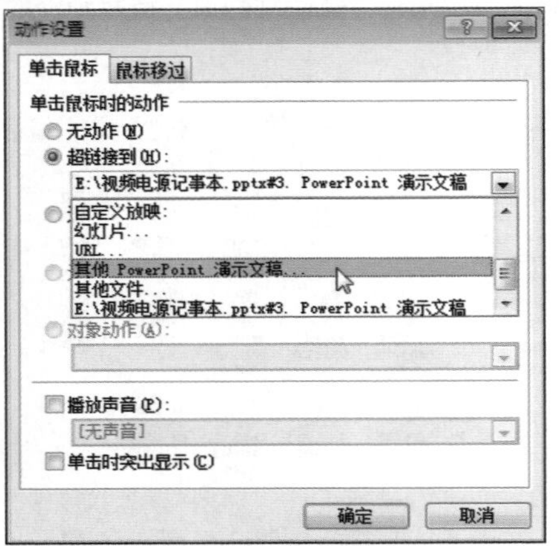

步骤03 弹出“超链接到其他powerPoint演示文稿”对话框，双击选中演示文稿。

步骤04 弹出“超链接到幻灯片”对话框，在“幻灯片标题”组中选中需要的选项，单击“确定”按钮。

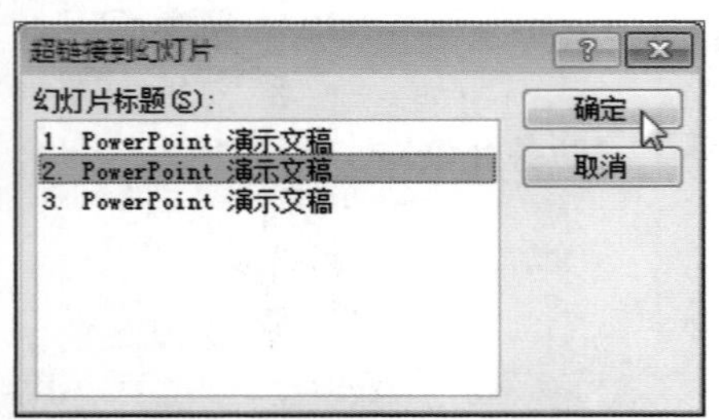

步骤05 返回“动作设置”对话框，单击“确定”按钮即可。

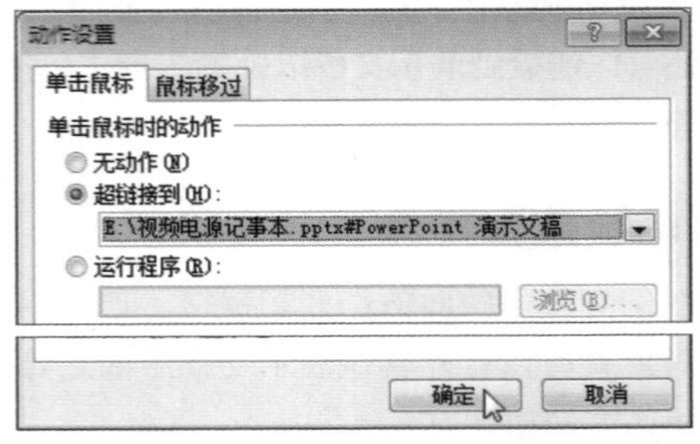

7.2.2 链接到网页

在演讲的过程中有时候会需要应用到一些网络上的信息，这时候可以为幻灯片中的对象添网页链接。操作方法如下。

❶使用“超链接”命令添加

步骤01 选中需要插入网页链接的图片，打开“插入”选项卡，单击“超链接”按钮。

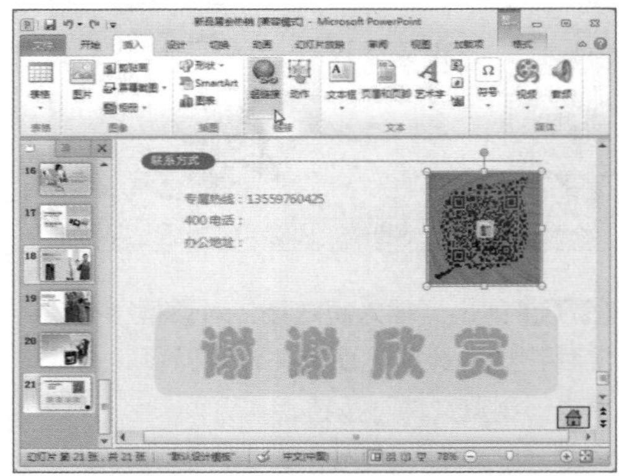

步骤02 弹出“编辑超链接”对话框，选中“现有文件或网页”选项，在“地址”文本框中输入网址，单击“确定”按钮。

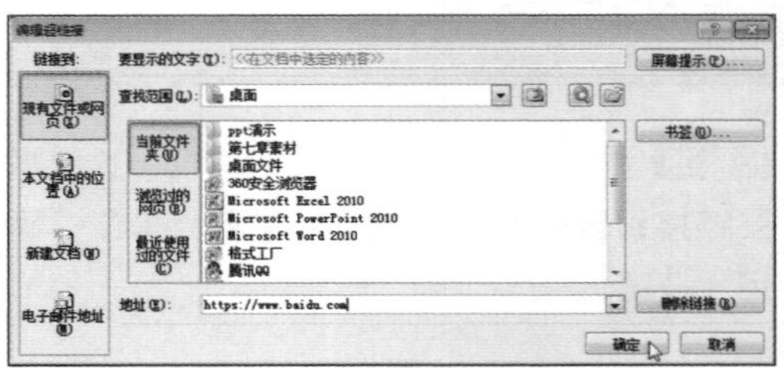

❷使用"动作"命令添加

步骤 01 选中图片，单击"插入"选项卡中的"动作"按钮。

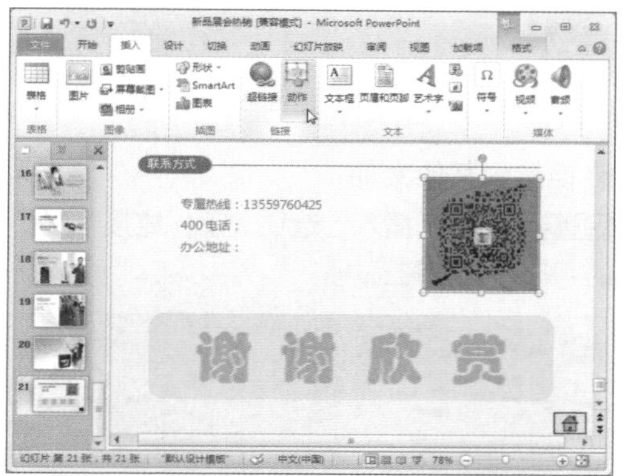

步骤 02 弹出"动作设置"对话框，选中"超链接到"单选按钮，在其下拉列表中选择"URL"选项。

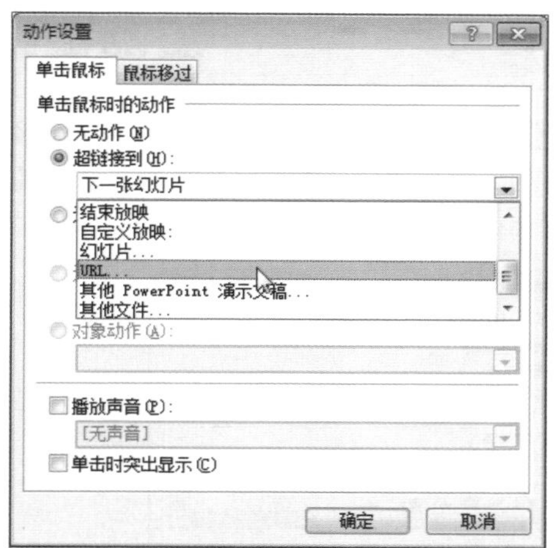

步骤 03 弹出"超链接到URL"对话框，在文本框中输入网址，单击"确定"按钮。

步骤 04 返回"动作设置"对话框，单击"确定"按钮，完成设置。

7.2.3 链接到其他文件

在演示文稿中可链接的对象还有很多，比如可以链接到新建文档、电子邮件地址、图片文件、视频文件等。

❶链接新建文档

步骤 01 右击文本框，在弹出的快捷菜单中选择"超链接"选项。

步骤 02 弹出"插入超链接"对话框，选中"新建文档"选项。

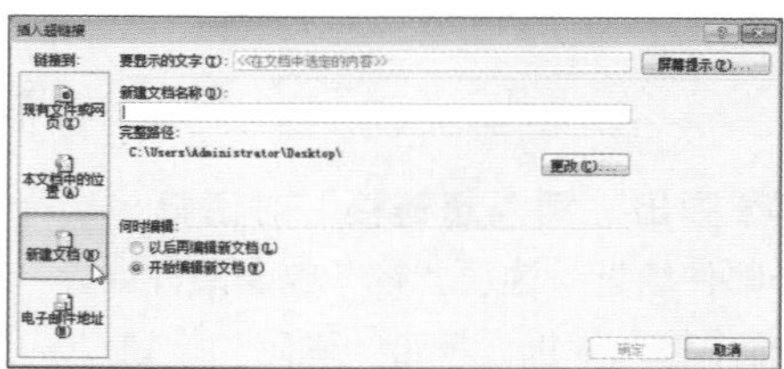

步骤 03 在“新建文档名称”文本框中输入名称“产品优势分析”。选中“开始编辑新文档”单选按钮，单击“确定”按钮。

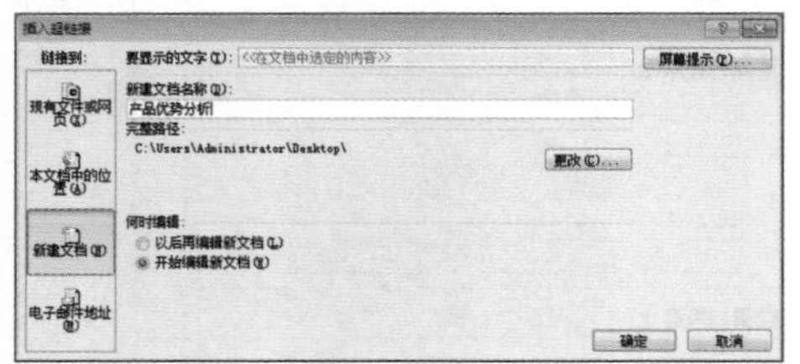

步骤 04 系统随即弹出一份新建演示文稿，用户可对该演示文稿中进行编辑。

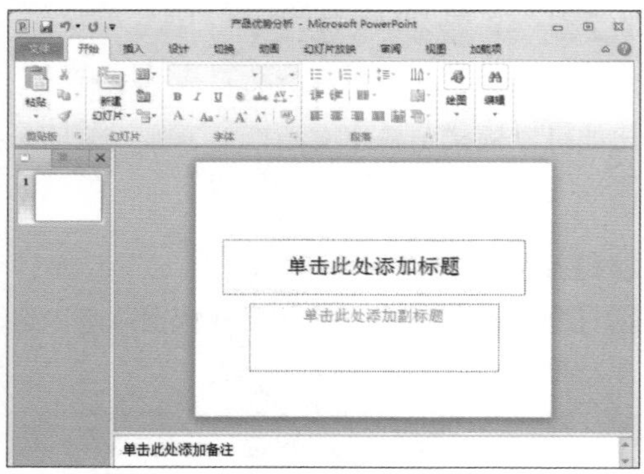

② 链接到电子邮件地址

步骤 01 选中图片，单击“插入”选项卡中的“超链接”按钮。

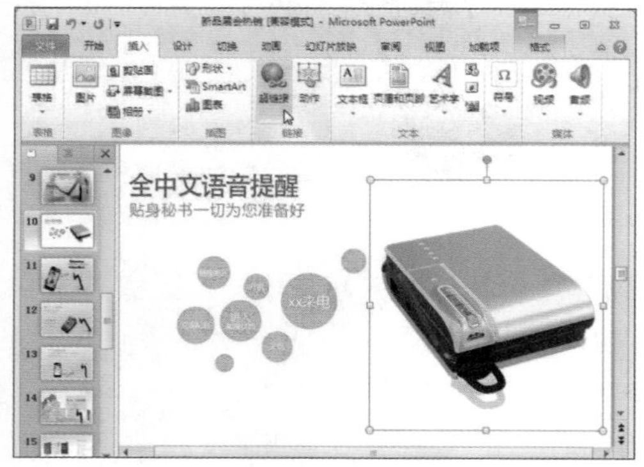

步骤 02 弹出“插入超链接”对话框，选择“电子邮件地址”选项。在“电子邮件地址”文本框中输入地址，单击“确定”按钮。

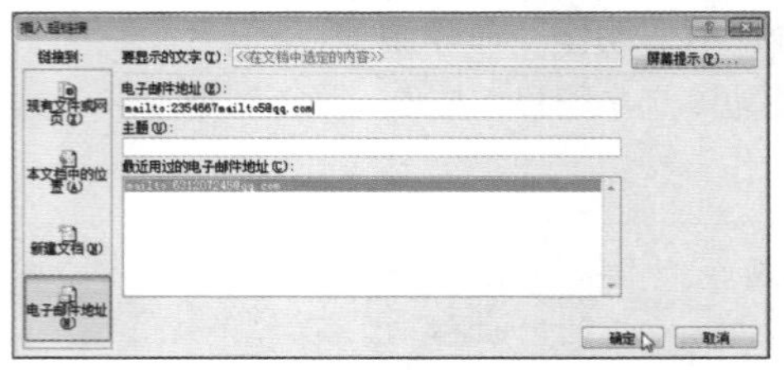

③ 链接到其他文件

步骤 01 单击“插入”选项卡下“链接”组中的“动作”按钮。

步骤 02 弹出“动作设置”对话框，选中“超链接到”单选按钮，在下拉列表中选择“其他文件”选项。

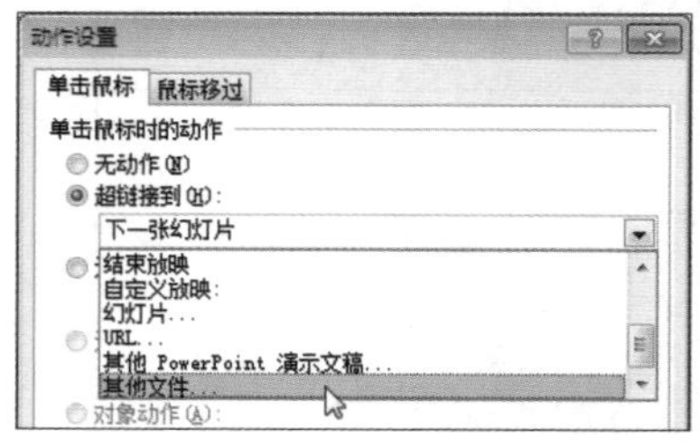

步骤 03 在弹出的“超链接到其他文件”对话框中选择合适的文件即可。

7.3 为对象添加动画效果

为了使演示文稿具有动态效果，也为了能够提高信息的生动性，用户可以为幻灯片中的文本、图片、图形、图表、表格等对象设置动画效果。PowerPoint 2010内置的动画效果包括进入、退出、强调和动作路径四大类。下面就为大家演示动画的添加方法。

7.3.1 进入和退出动画

为幻灯片中的对象设置的进入动画，就是对象在幻灯片中的出现方式。退出动画则是对象退出幻灯片时的活动画面。

❶ 设置进入动画效果

步骤01 选中需要设置进入动画的图片，打开“动画”选项卡，在“动画”组中单击“其他”下拉按钮。

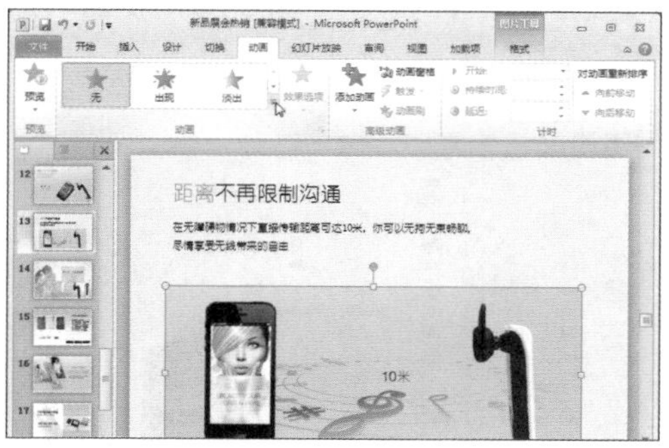

步骤02 在展开的列表“进入”组中选择“随机线条”选项即可。

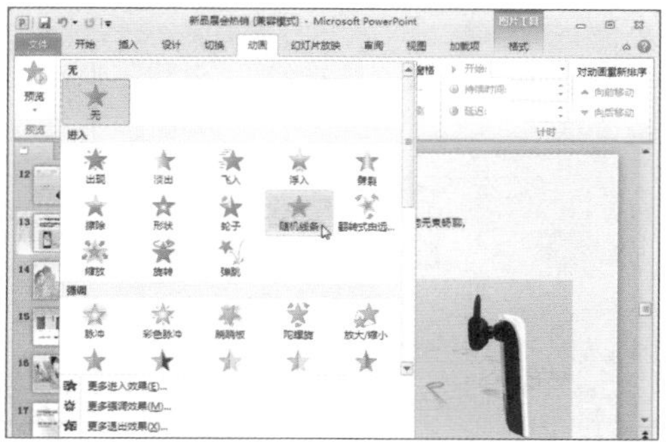

步骤03 若要设置更多的进入效果，则在“动画样式”下拉列表中选择“更多进入效果”选项。

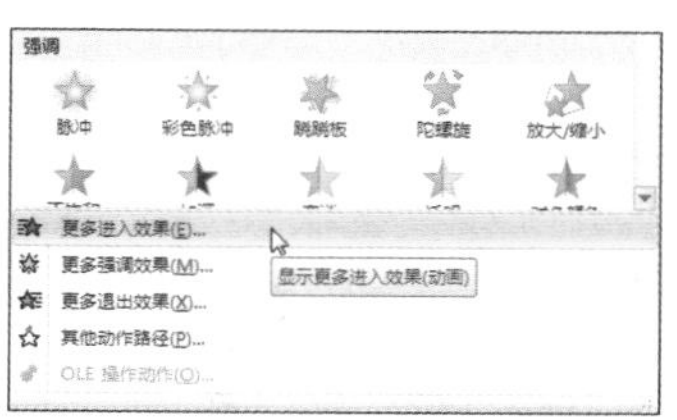

步骤04 弹出“更改进入效果”对话框，在“基本型”组中选择“十字形扩展”选项，单击“确定”按钮。

步骤05 在“动画”选项卡“计时”组中单击“持续时间”微调框的调整按钮，即可调整播放时间。

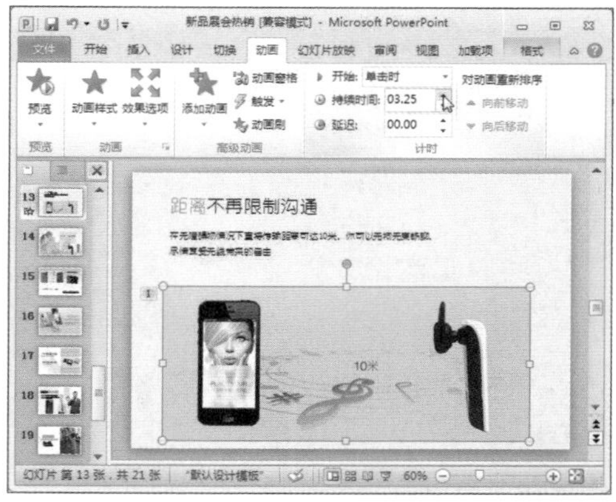

步骤 05 在“计时”组中单击“延迟”微调框的调整按钮，设置延迟播放时间。

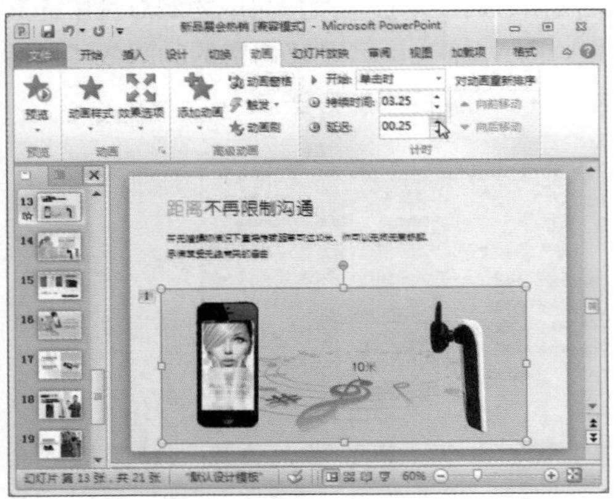

步骤 06 单击“动画”组中的“效果选项”下拉按钮，选择“缩小”选项。

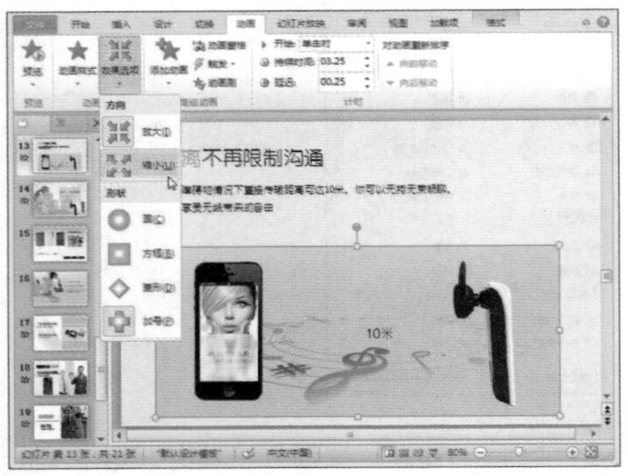

步骤 07 单击“预览”按钮，即可查看动画播放效果。

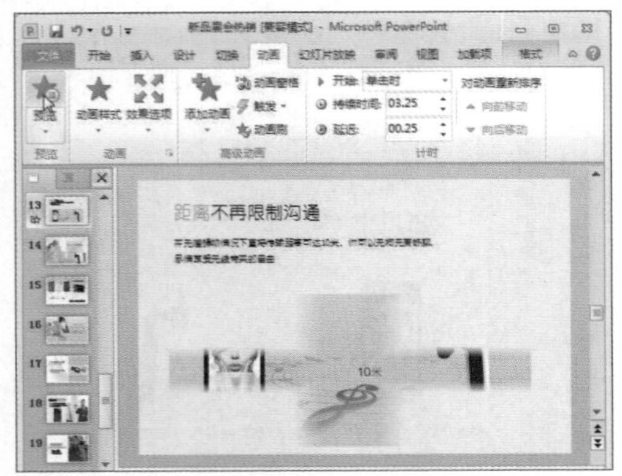

❷设置退出动画效果

步骤 01 选中需要设置退出动画的图片，在“动画”选项卡的“动画”组中单击“其他”按钮。

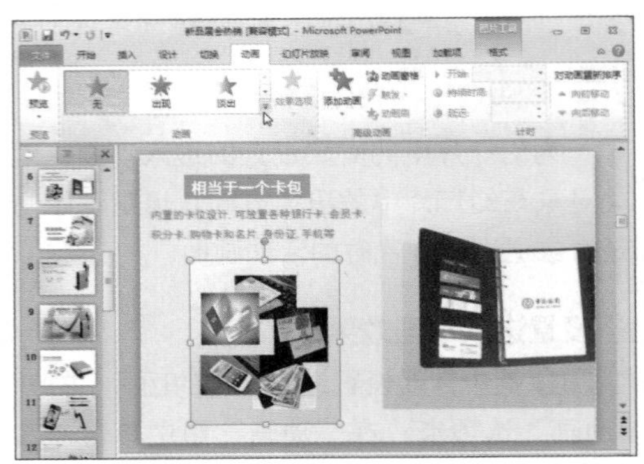

步骤 02 在展开的列表“退出”组中选择“形状”选项。

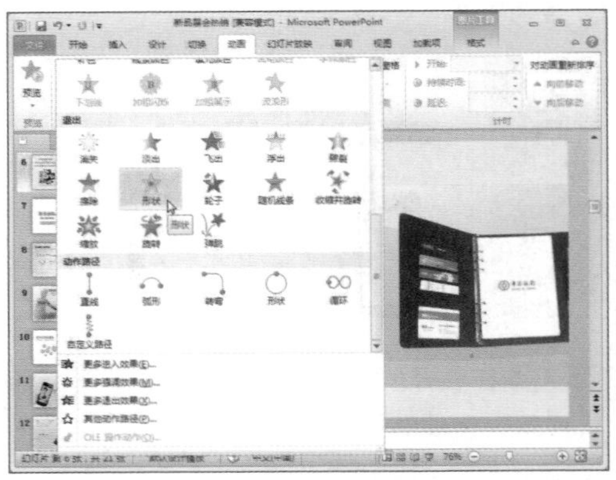

步骤 03 单击“预览”按钮，“形状”退出动画效果。

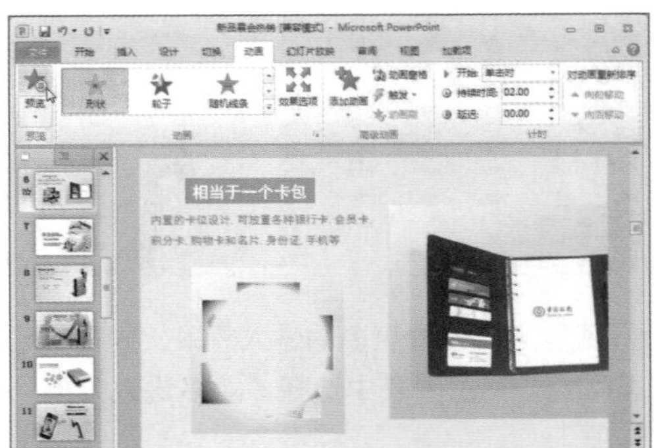

步骤 04 在“动画”选项卡中，单击“动画”组中的“其他”下拉按钮。

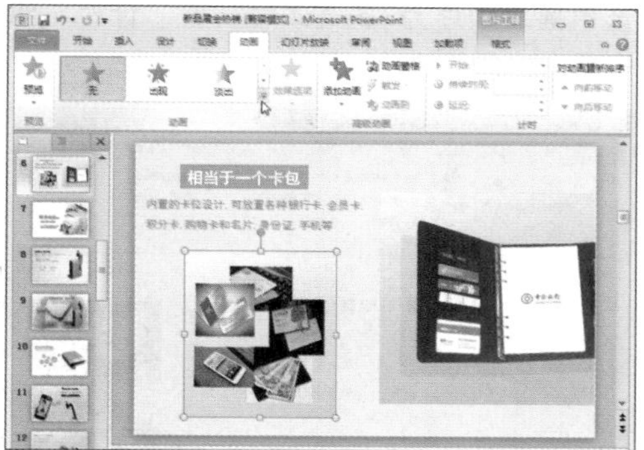

步骤 05 在展开的列表中选择“更多退出效果”选项。

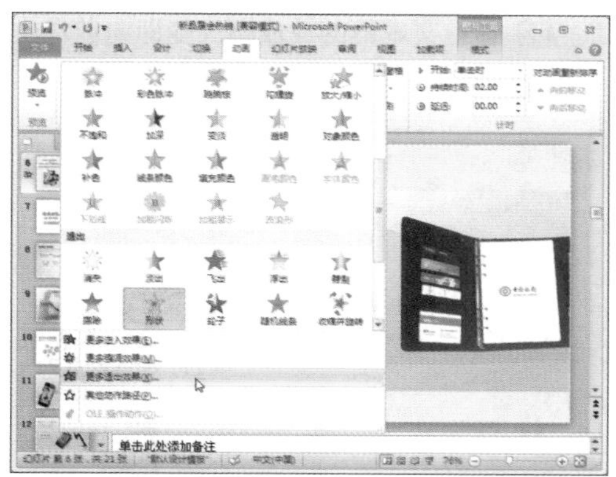

步骤 06 弹出“更改退出效果”对话框，选择“收缩并旋转”选项，单击“确定”按钮。

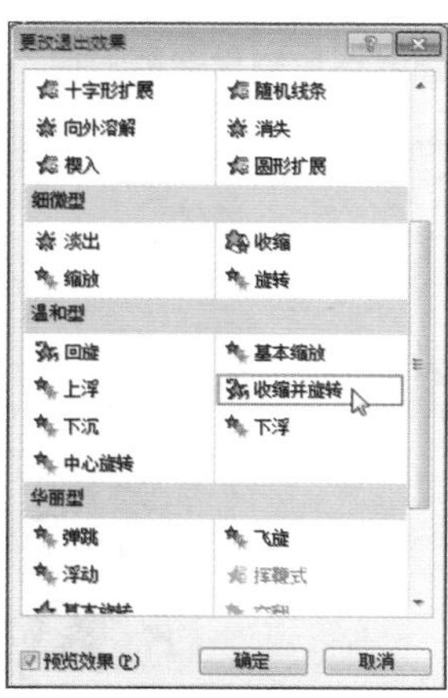

步骤 07 返回演示文稿，单击“动画”选项卡中的“动画窗格”按钮。

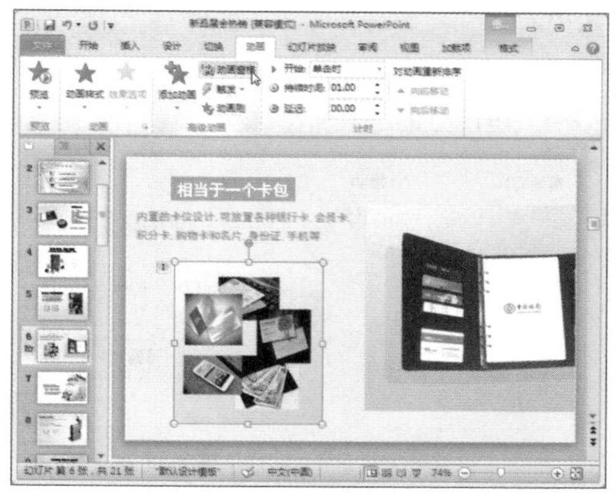

步骤 08 激活右侧“动画窗格”窗格，单击“Picture2”选项下拉按钮，在展开的列表中选择“效果设置”选项。

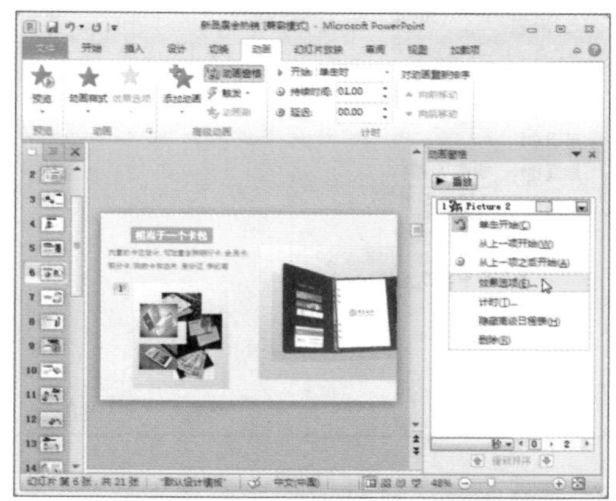

步骤 09 弹出“收缩并旋转”对话框，单击“声音”下拉按钮，在展开的列表中选择“推动”选项。

步骤10 单击“声音”下拉按钮右侧的“音量”按钮，在展开的音量调节器中设置音量大小。

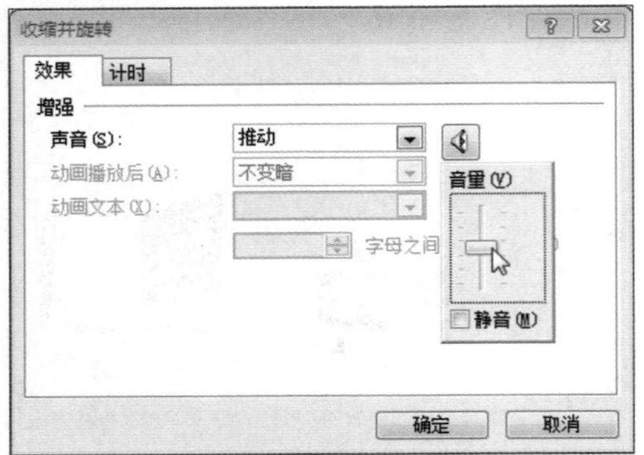

步骤11 切换到“计时”选项卡，单击“期间”下拉按钮，选择“中速2秒”选项。单击“确定”按钮。

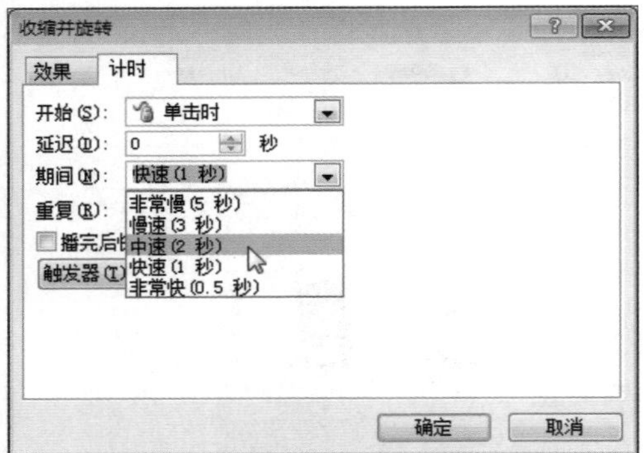

步骤12 关闭“动画窗格”窗格，单击“预览”按钮，预览图片退出效果。

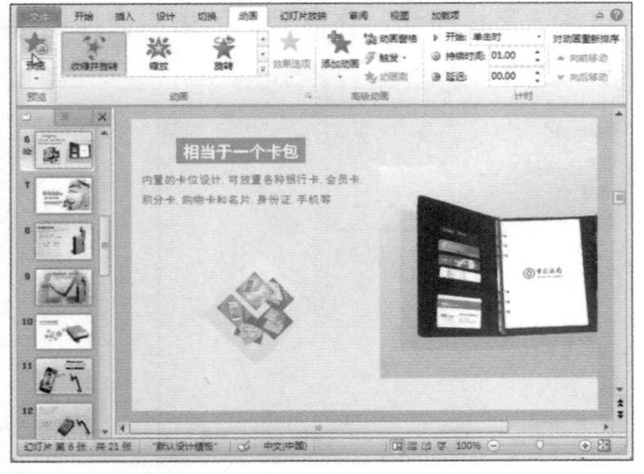

③重排动画播放顺序

步骤01 打开设置了多个动画对象的幻灯片，选中播放顺序为3的文本框，在“计时”组中单击“向前移动”按钮。

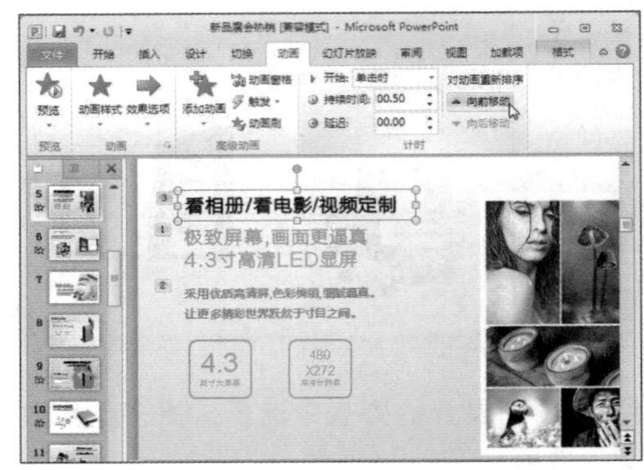

步骤02 选中文本框的播放顺序随即向前发生了移动，再次单击“向前移动”按钮。

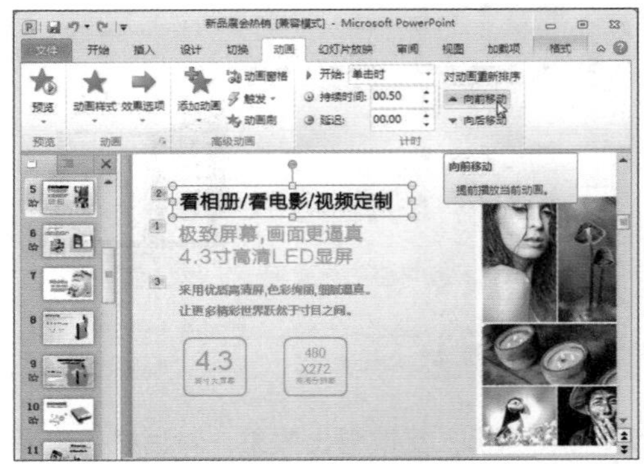

步骤03 选中此时播放顺序为2的文本框，单击“向后移动”按钮。动画播放顺序调整完毕。

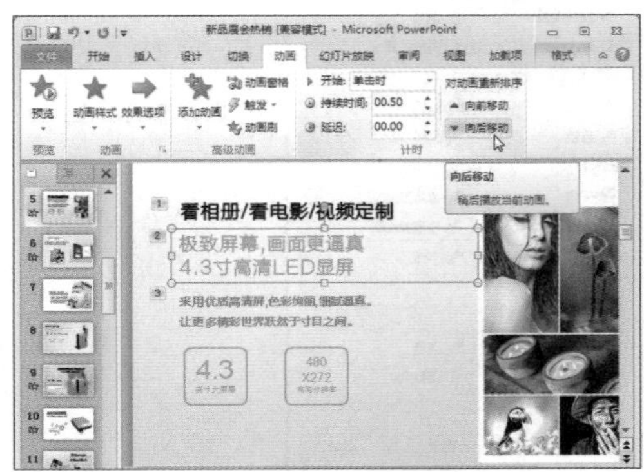

7.3.2 强调动画

“强调动画”是指对象直接显示后再出现的动画效果，设置方法如下。

❶ 添加动画并修改运动轨迹

步骤01 选中需要设置动画的文本框，单击“动画”选项卡下“动画”组中的“其他”下拉按钮。

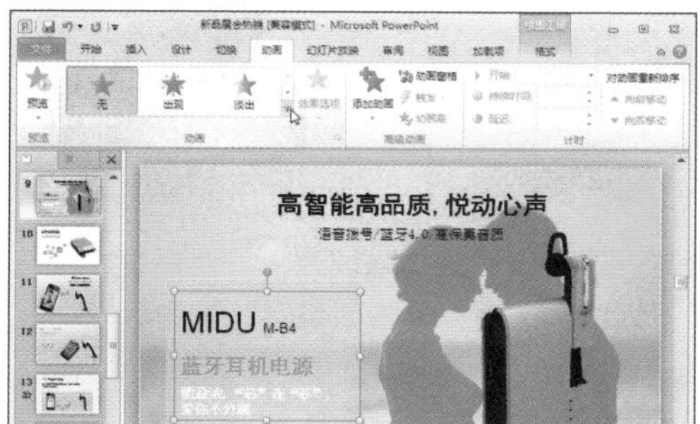

步骤02 在展开的列表“强调”组中选择一个合适的动画即可。

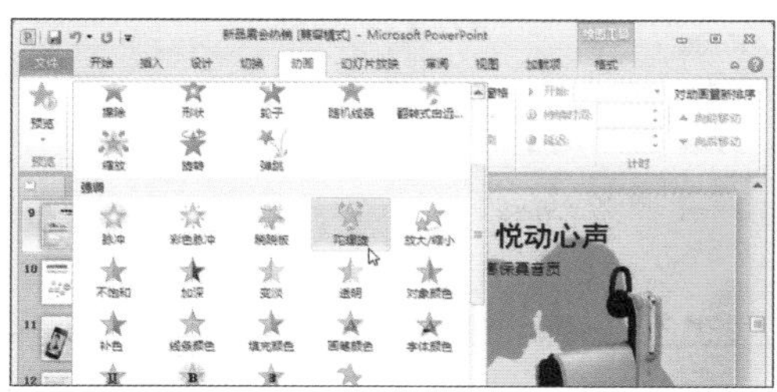

步骤03 若列表中没有满意的选项，则单击“更多强调效果”选项。

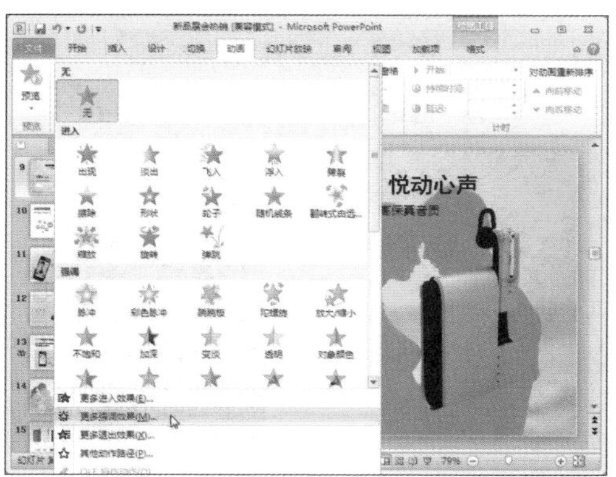

步骤04 弹出“更改强调效果”对话框，选择合适的选项。此处选择“波浪形”选项，单击“确定”按钮。

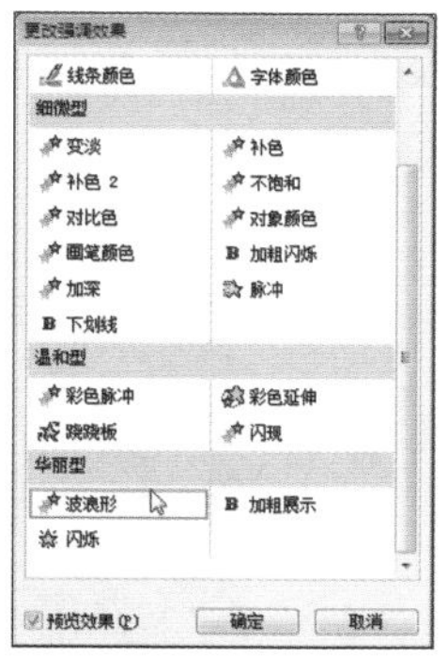

步骤05 在选中文本框上方出现了一个路径图标，将光标置于下方控制点上，光标变为“⤢”形状。

步骤06 按住鼠标左键不放，拖动鼠标，修改动画路径。

步骤 07 修改好路径之后松开鼠标，单击“动画”选项卡中的“预览”按钮。

步骤 08 波浪形强调动画播放如下图所示。

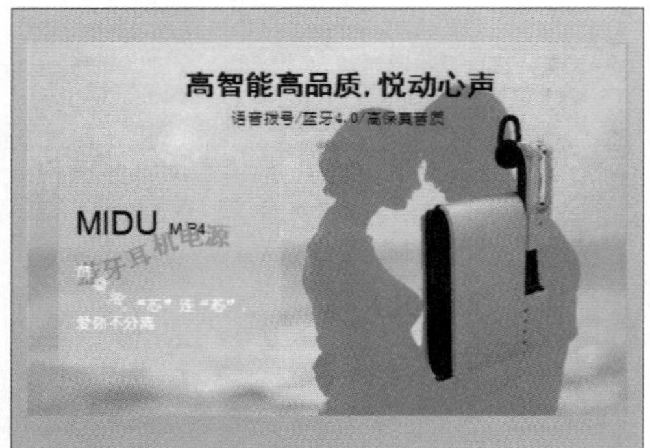

②设置动画效果

步骤 01 选中文本，单击“动画”选项卡下“动画”组中的“其他”下拉按钮。

步骤 02 在展开的下拉列表中选择“更多强调效果”选项。

步骤 03 弹出“更改强调效果”对话框，选择“下划线”选项，单击“确定”按钮。

步骤 04 单击“动画”组中的“效果选项”下拉按钮，在展开的列表中选择“整批发送”选项。

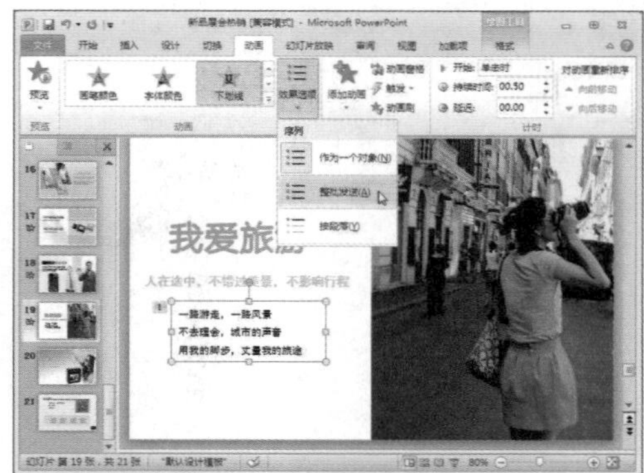

步骤 05 单击“动画”组中的“对话框启动器”按钮。

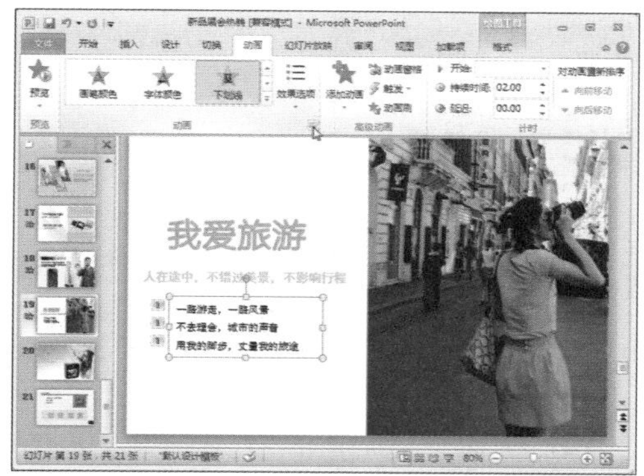

步骤 06 弹出“下划线”对话框，在“效果”选项卡中单击“声音”下拉按钮，选择“打字机”选项。

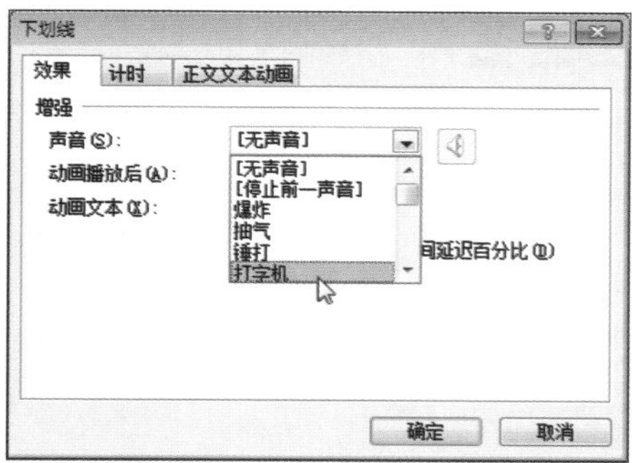

步骤 07 单击“动画播放后”下拉按钮，在展开的列表中选择合适的颜色。

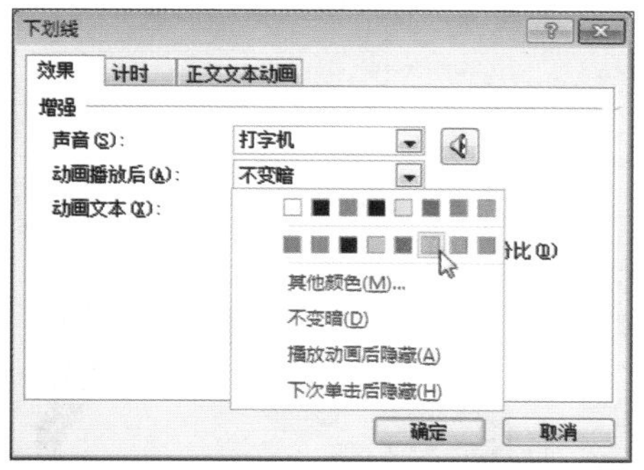

步骤 08 切换到“计时”选项卡，单击“期间”下拉按钮，选择“中速（2秒）”选项。

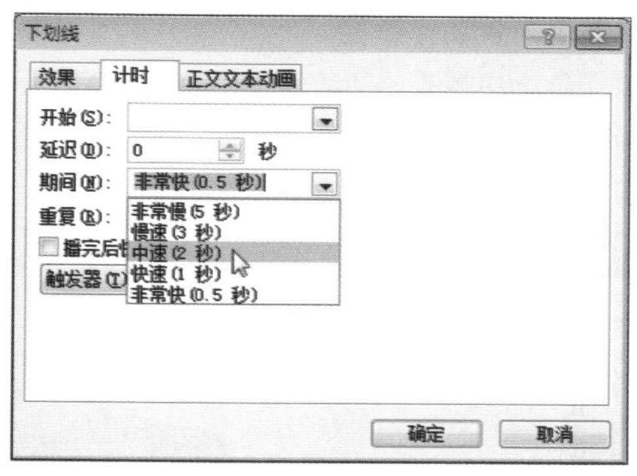

步骤 09 单击“确定”按钮，关闭对话框。

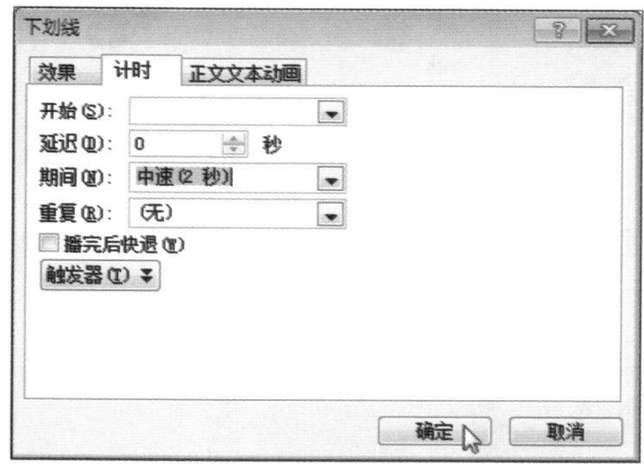

步骤 10 返回演示文稿，单击“预览”按钮，查看设置好的动画效果。

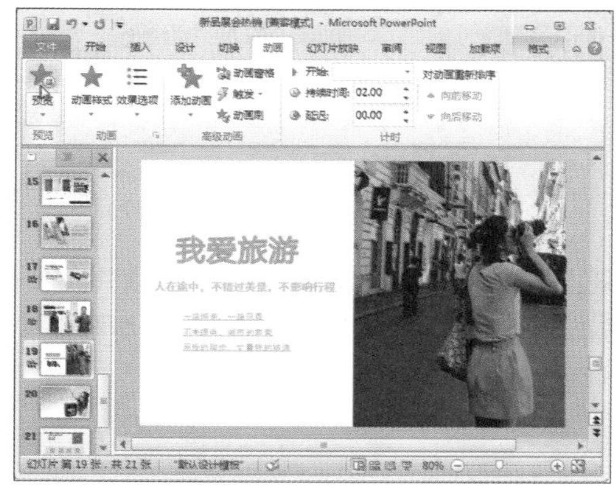

7.3.3 路径动画

“动作路径”是指对象沿着已有的或者自己绘制的路径运动。用户可以使用系统内置动作路径，也可以自定义动作路径。

❶使用内置动作路径

步骤01 选中需要添加动作路径的图形，打开“动画”选项卡，单击“动画”组中的“其他”下拉按钮。

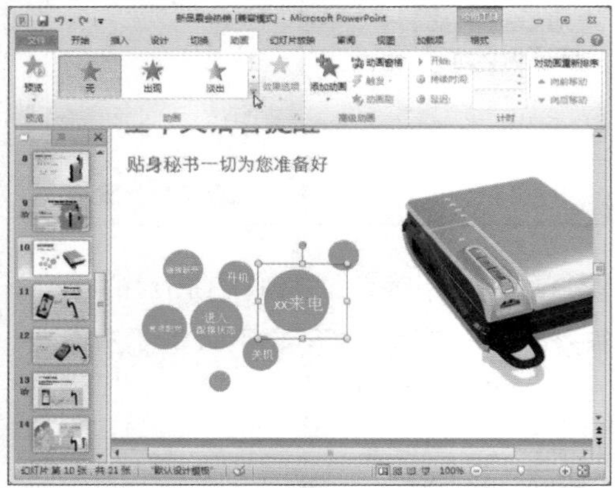

步骤02 在展开的列表中“动作路径”组中选择合适的动作路径即可。

步骤03 若需要设置更多动作路径，则在“添加动画”下拉列表中选择“其他动作路径”选项。

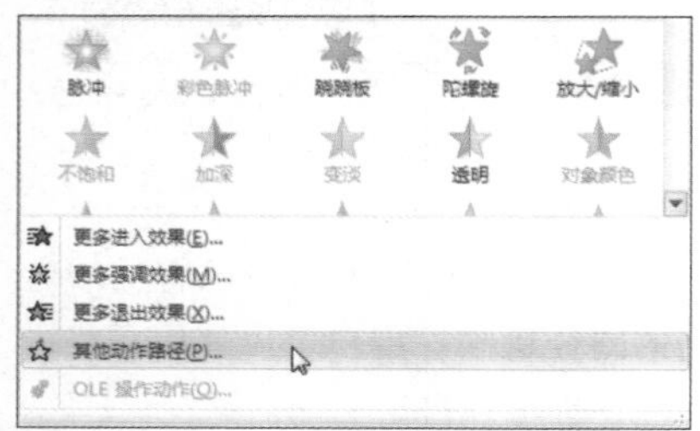

步骤04 弹出“更改动作路径”对话框，选择“直角三角形”选项。单击“确定”按钮。

步骤05 返回演示文稿，选中的图形上方出现了动作路径图标。

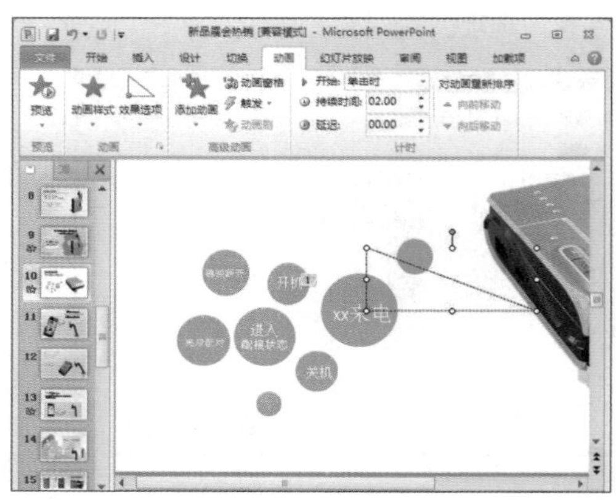

步骤06 将光标置于动作轨迹的控制点上，按住鼠标左键拖动鼠标，修改路径轨迹。

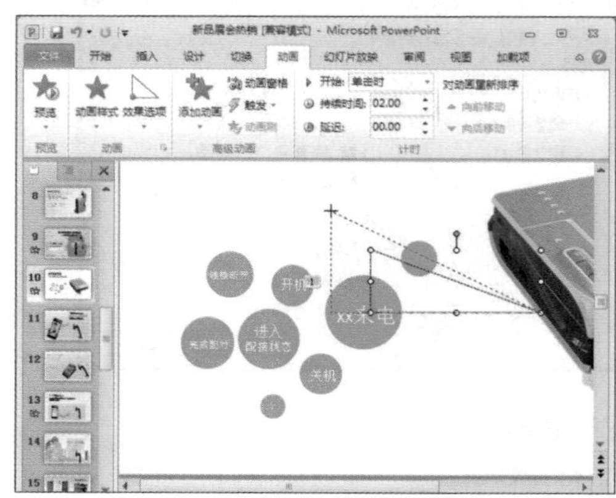

步骤07 将光标置于路径轨迹控制柄上，光标变为“◎”形状。

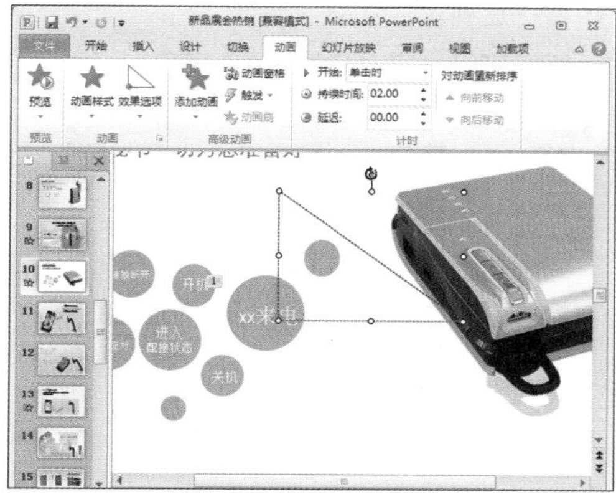

步骤08 按住鼠标左键拖动鼠标，改变运动轨迹的角度。调整到合适角度后松开鼠标。

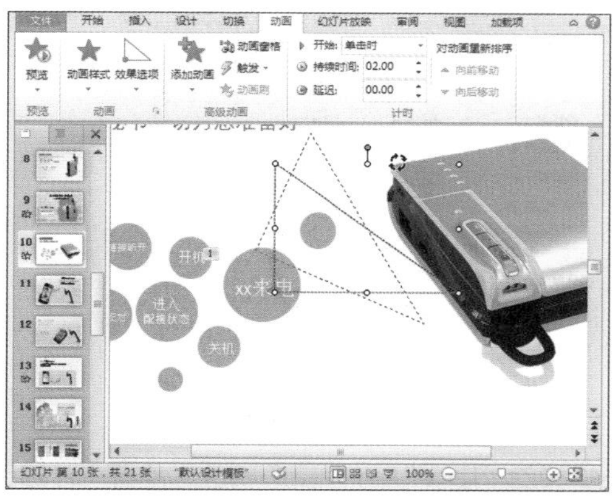

步骤09 单击“预览”按钮，查看修改了运动轨迹的图形的动画效果。

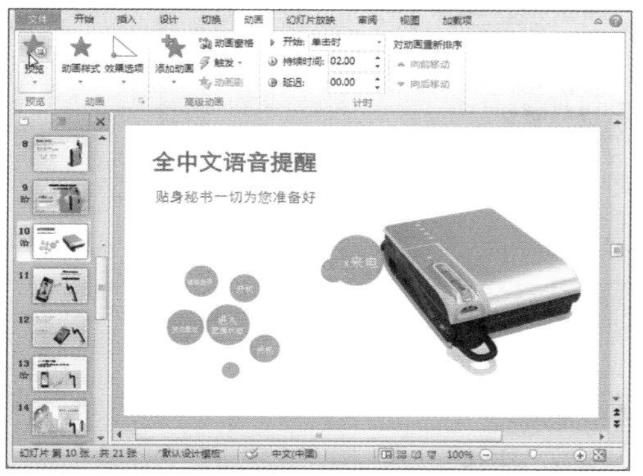

❷ 自定义动作路径

步骤01 选中图片，打开“动画”选项卡，在“动画”组中单击“其他”下拉按钮。

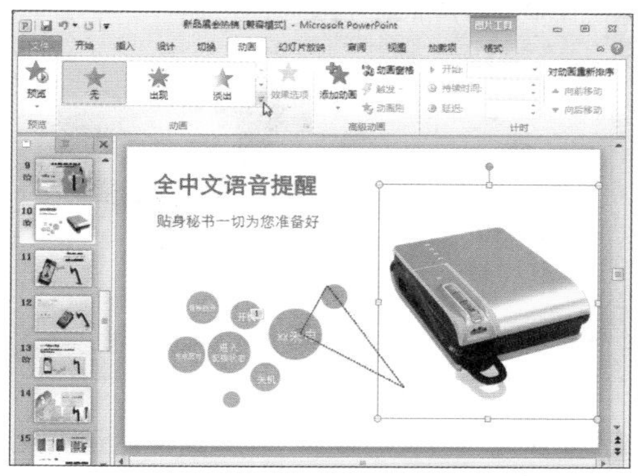

步骤02 在展开列表的“动作路径”组中选择“自定义路径”选项。

步骤03 将光标移动至幻灯片中，按住鼠标左键拖动鼠标绘制路径。

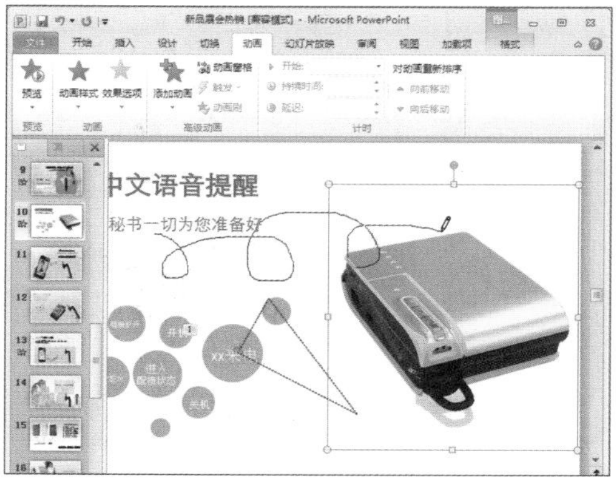

步骤 04 松开鼠标，完成动作路径的绘制。

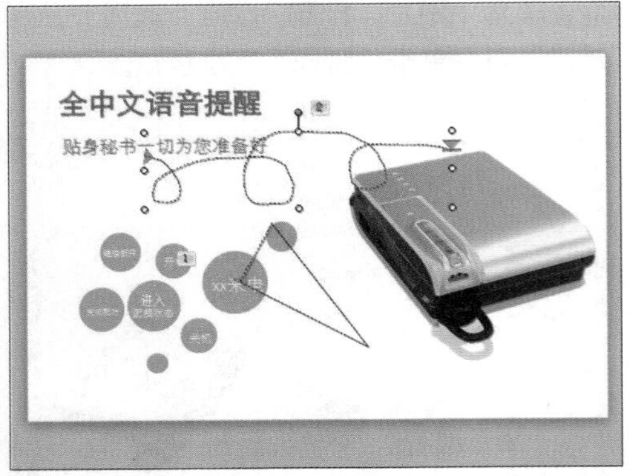

步骤 05 选中自定义路径，按住鼠标左键不放，拖动鼠标可将该动作路径位置。

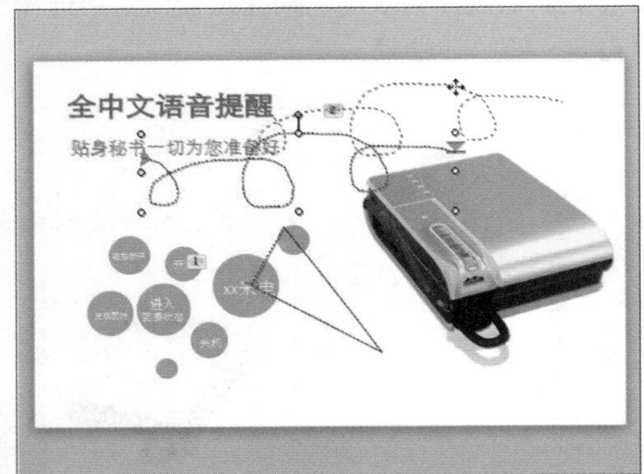

步骤 06 将光标置于自定义动作路径控制柄顶端的圆点上，按住鼠标左键拖动鼠标，修改路径的开始和结束角度。

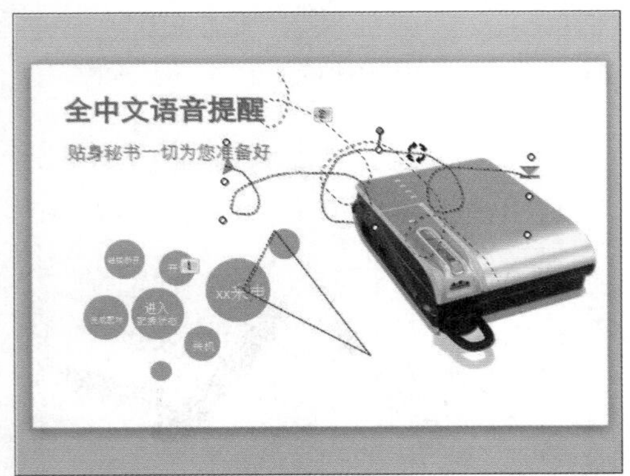

步骤 07 双击自定义路径，弹出“自定义路径”对话框。单击“声音”下拉按钮，选择“风铃”选项。

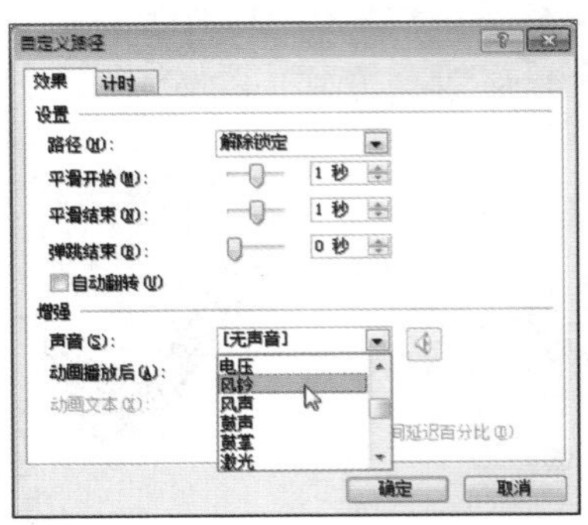

步骤 08 单击“声音”下拉按钮右侧的“音量”按钮，在展开的音量控制器中拖动滑块调节音量大小。

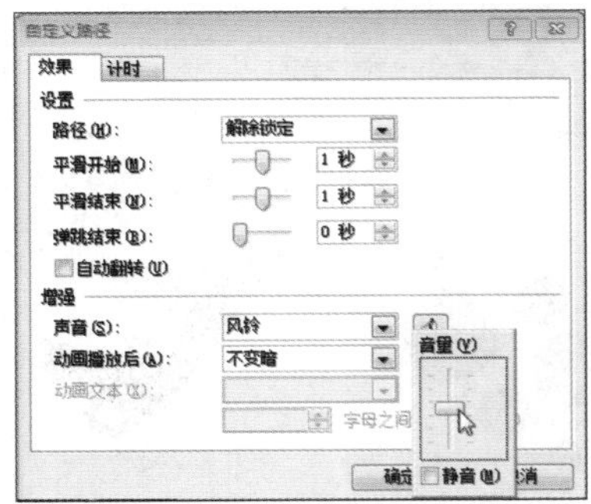

步骤 09 切换到“计时”选项卡，单击“开始”下拉按钮，选择“上一动画之后”选项。

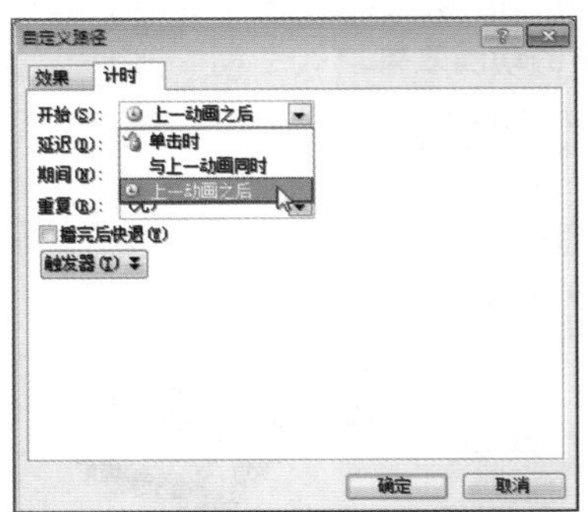

步骤 10 设置“延迟”时间为“2”秒，单击“确定”按钮。

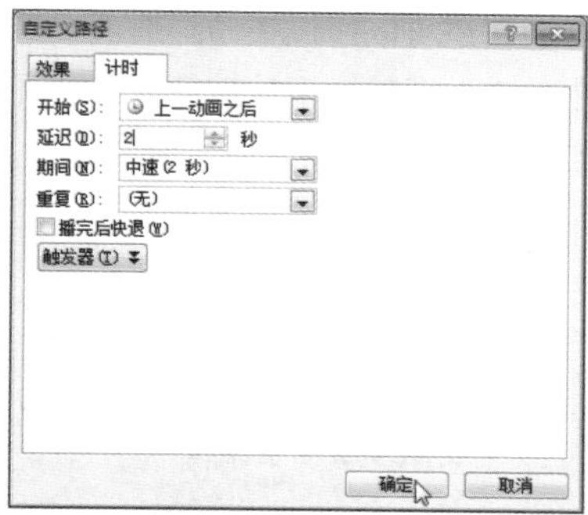

步骤11 返回演示文稿，单击"预览"按钮，查看自定义动作路径的图片的动画效果。

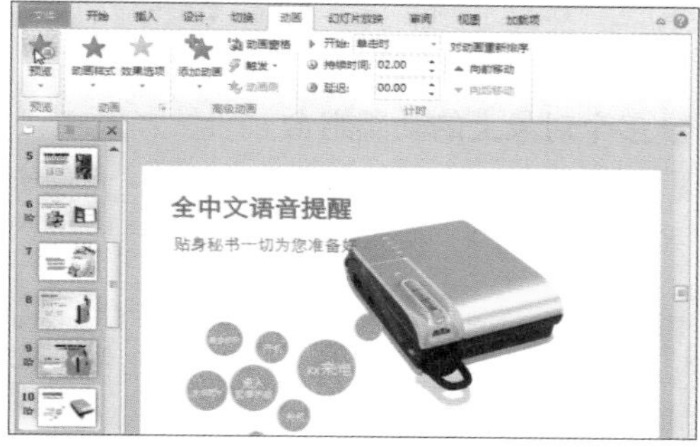

7.3.4 组合动画

在幻灯片中如果为一个对象设置了多个动画效果，或为多个对象设置了动画效果，依次播放会显得凌乱没有整体感，用户可以将动画组合起来同时播放。

❶ 一个对象上多个动画的组合

步骤01 选中已经添加动画的文本框，在"动画"选项卡中单击"添加动画"下拉按钮。

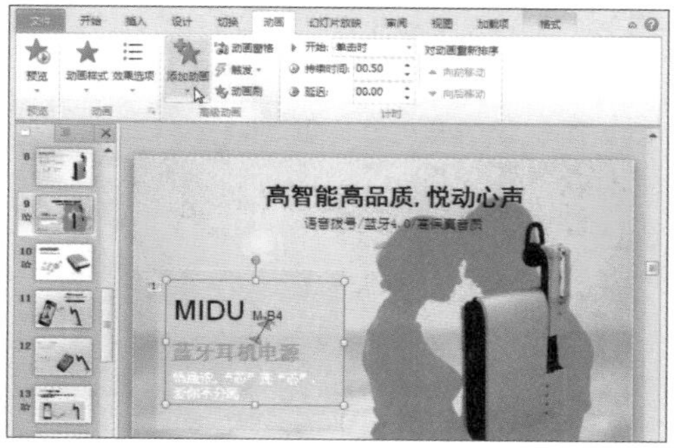

步骤02 在展开列表的"强调"组中选择"补色"选项。

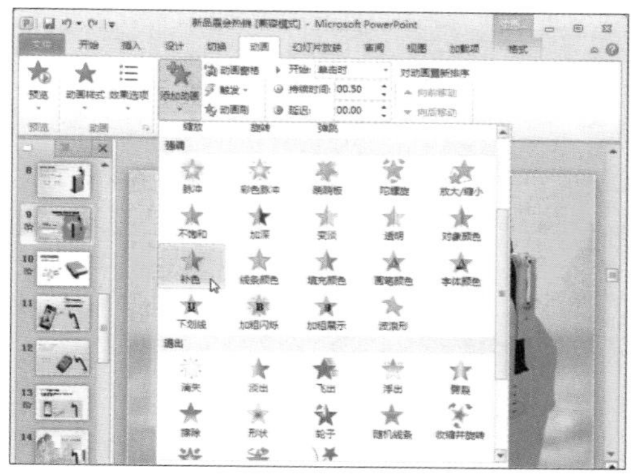

步骤03 此时可以查看到文本框左上角显示添加了两个动画。单击"高级动画"组中的"动画窗格"按钮。

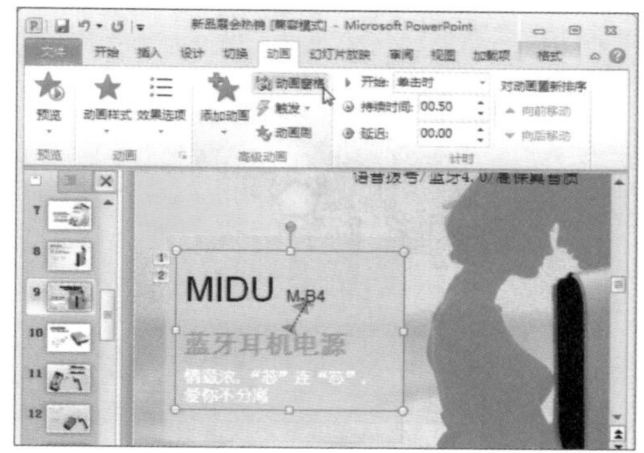

步骤04 打开"动画窗格"窗格，选中第2个选项，单击其右侧下拉按钮，在下拉列表中选择"从上一项开始"选项。

步骤05 单击“动画窗格”窗格中的“播放”按钮。

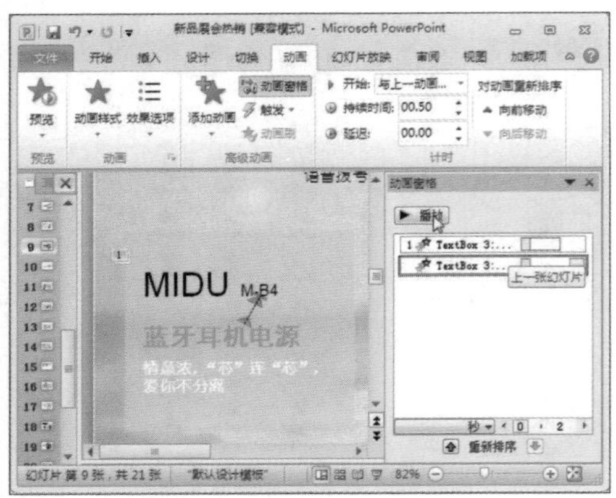

步骤06 为文本添加的两个动画被组合播放。

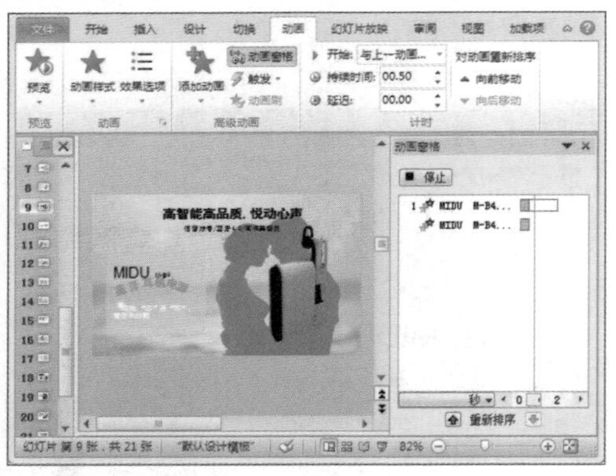

步骤07 若要取消组合动画，则在“动画窗格”窗格中打开动画选项下拉列表，选择“单击开始”选项。

步骤08 组合动画还可以通过在动画选项卡的“计时”组中单击“开始”下拉按钮，在展开的列表中选择“与上一动画同时”选项操作。

❷ 多个对象上的动画组合

步骤01 选中文本对象，单击“插入”选项卡“动画”组中的“其他”下拉按钮。

步骤02 在展开列表的“进入”组中选择“弹跳”选项。

步骤 03 选中设置了动画效果的文本框，单击“高级动画”组中的“动画刷”选项。

步骤 04 光标变为“ ”形状，在图片上方单击，则该图片被添加了同样的动画。

步骤 05 单击“高级动画”组中的“动画窗格”按钮。

步骤 06 打开“动画窗格”窗格，单击位于下方选项右侧的下拉按钮，在展开的列表中选择“计时”选项。

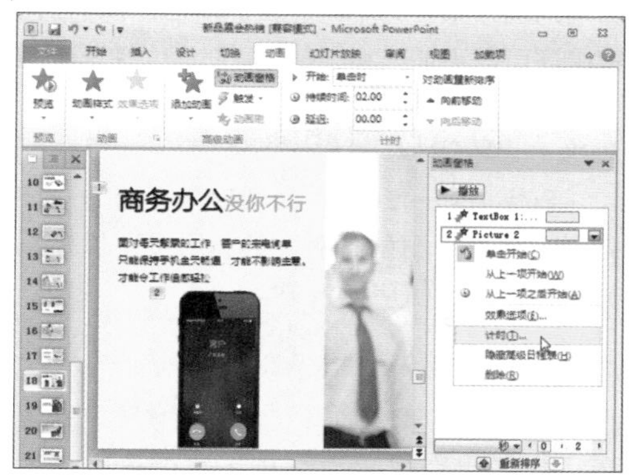

步骤 07 打开“弹跳”对话框，单击“计时”选项卡中的“开始”下拉按钮，选择“与上一动画同时”选项。

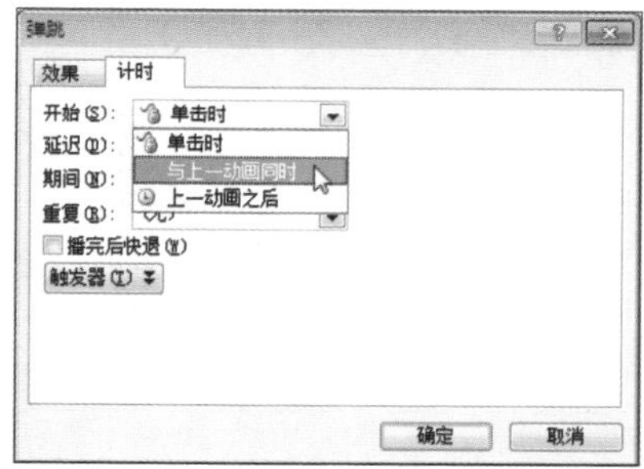

步骤 08 单击“确定”按钮返回窗格，单击“动画窗格”窗格中的“播放”按钮，查看组合动画效果。

7.4 为幻灯片设置切换方式

在演示文稿中不仅可以为幻灯片中的对象设置动画效果，对于整个幻灯片页面也同样可以应用动画效果。为不同的页面添加不同的切换效果可以让整个幻灯片动起来，在页面切换的过程中还可以添加声音，使动画的效果变得更加多层次化。

7.4.1 应用切换动画效果

PowerPoint 2010页面切换效果分为“细微型”和“华丽型”两大类。用户可以根据需要选择合适的切换效果。

①细微型切换效果

步骤01 选中一页幻灯片，打开“切换”选项卡，在“切换到此幻灯片”组中单击“其他”下拉按钮。

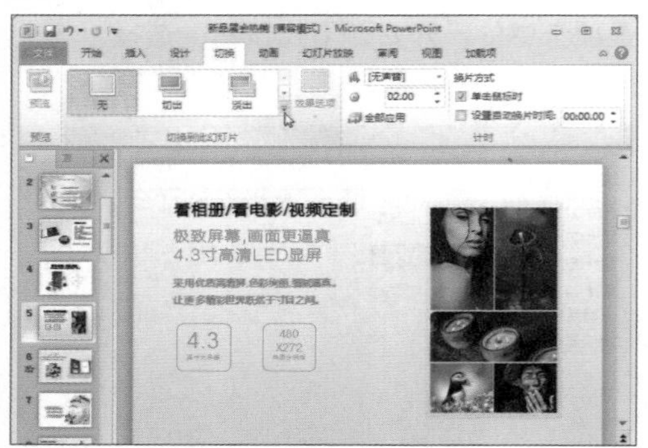

步骤02 在展开列表的“细微型”组中选择“擦除”选项。

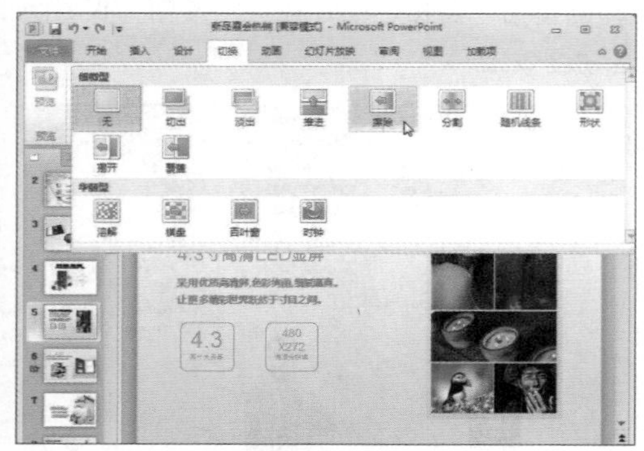

步骤03 单击“效果选项”下拉按钮，在展开的列表中选择“从右上部”选项。

步骤04 单击“预览”按钮，查看“擦除”页面切换效果。

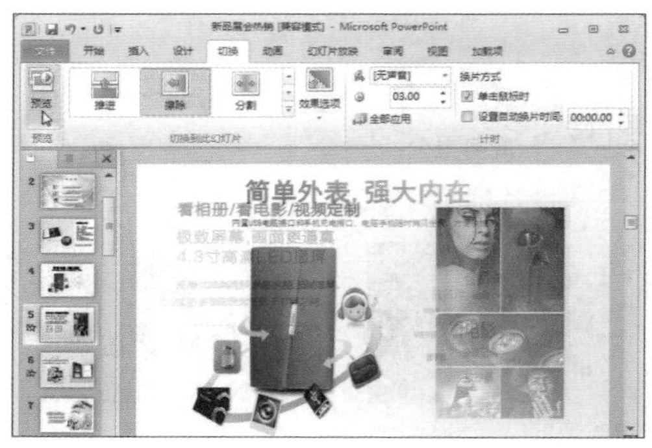

②华丽型切换效果

步骤01 选择需要设置切换效果的幻灯片，打开“切换”选项卡，单击“切换到此幻灯片”组中的“其他”下拉按钮。

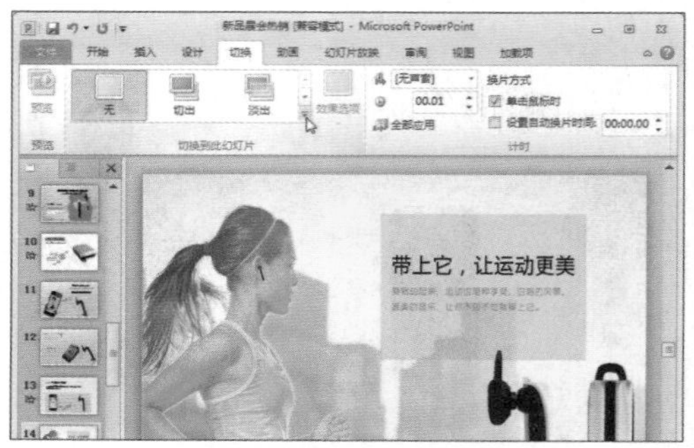

步骤02 在展开列表的“华丽型”组中选择“百叶窗”选项。

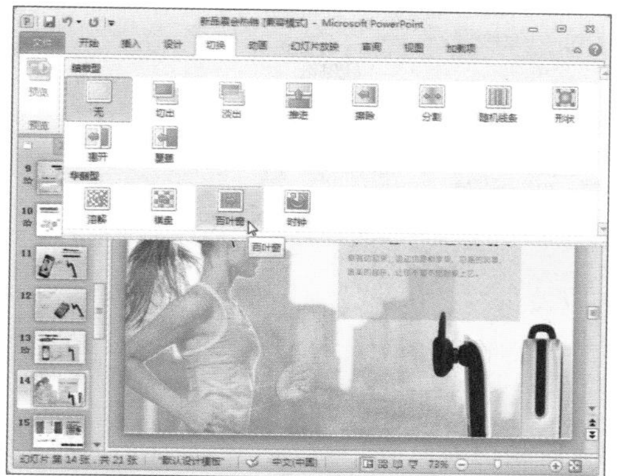

步骤03 单击“切换到此幻灯片”组中的“效果选项”下拉按钮，在展开的列表中选择“水平”选项。

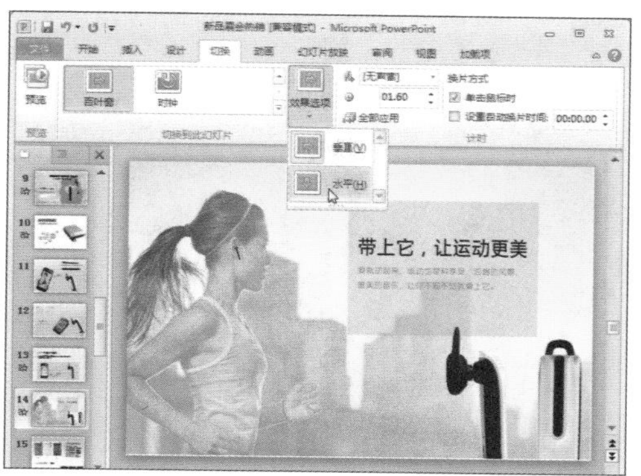

步骤04 单击“预览”按钮，查看华丽型“百叶窗”页面切换效果。

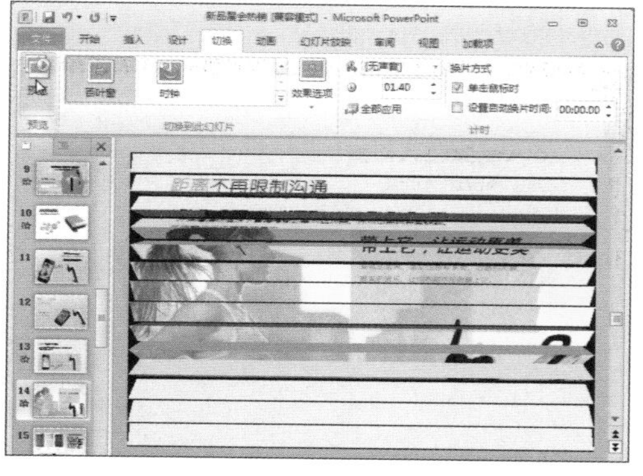

7.4.2 编辑切换声音和速度

页面切换效果制作完成以后，为了让观看者体验到更完美的动画效果，还可以在页面切换的时候添加声音，以及控制动画的持续时间。

步骤01 打开“切换”选项卡，在“切换到此幻灯片”组中的“切换方案”下拉列表中选择“覆盖”选项。

步骤02 在“计时”组中单击“声音”下拉按钮，在展开的列表中选择“疾驰”选项。

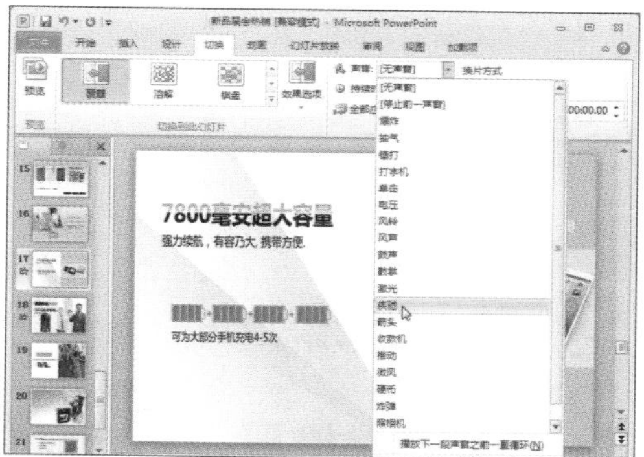

步骤03 再次打开“声音”下拉列表，选择“播放下一段声音之前一直循环”选项。

步骤 04 在“计时”组中单击“持续时间”微调框的调整按钮，将数值设置为“02.00”。

步骤 05 若单击“全部应用”按钮，演示文稿中所有幻灯片的切换样式都将与当前幻灯片相同。

7.4.3 设置幻灯片切换方式

幻灯片的切换方式可以是鼠标单击切换，也可以是自动切换。设置切换方式的步骤如下：

❶ 手动切换

在“切换”选项卡的“计时”组中勾选“单击鼠标时”复选框即可。

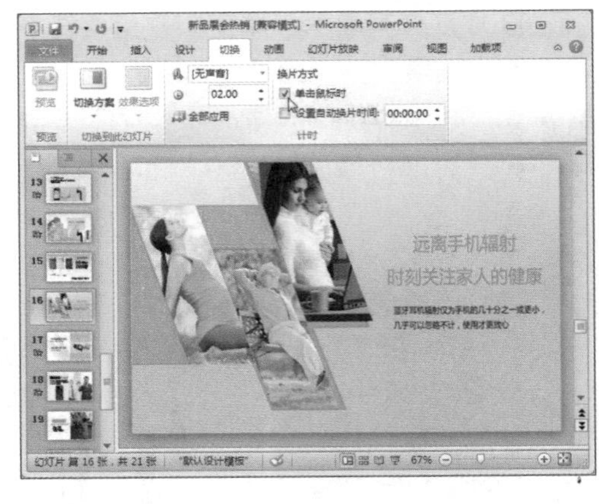

❷ 自动切换

步骤 01 在“切换”选项卡的“计时”组中勾选“设置自动换片时间”复选框，单击微调框按钮，设置自动切换的时间。

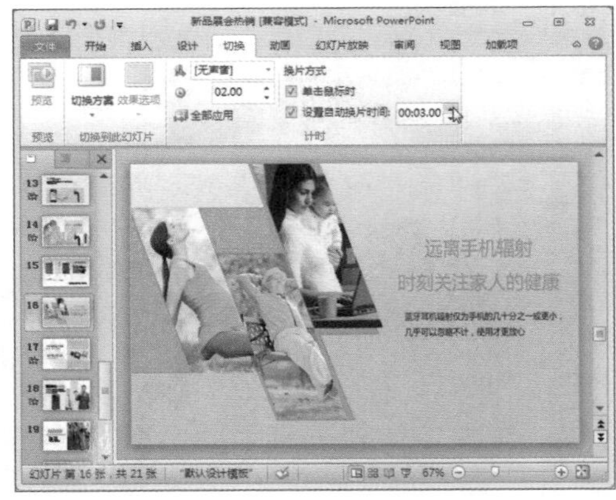

步骤 02 按F5键进入预览状态，此幻灯片已被设置为自动切换。预览完毕后按Esc键可结束预览。

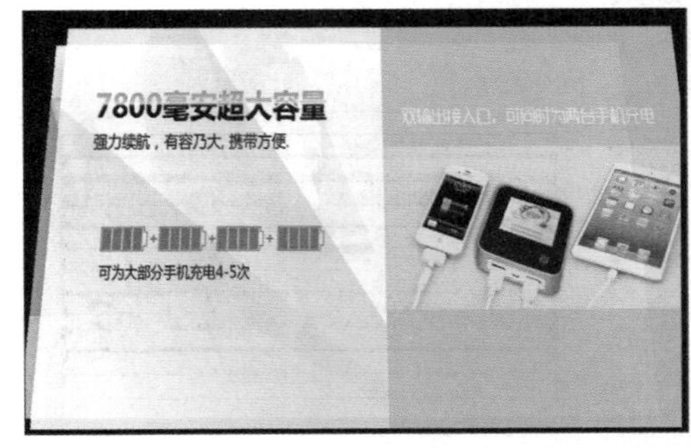

Chapter

08

制作环保酒具推广演示文稿

本章概述

用户费劲心思在幻灯片中添加各种动画效果，只为在放映的那一刻绽放光彩，但也许你不知道，放映幻灯片也是有很多学问的。PowerPoint 2010提供了哪些放映幻灯片的方法？在放映幻灯片的过程中还可以对幻灯片进行哪些操作？下面就一起来学习幻灯片的放映技巧。

本章要点

放映演示文稿的操作

放映设置

输出演示演示文稿

演示文稿的加密

8.1 放映演示文稿

制作好一份完整的幻灯片之后，为了预览制作效果，用户可以对幻灯片进行放映，可以选择自动放映或设置为自定义放映。

8.1.1 启动幻灯片放映

用户可以根据实际需要选择是从头开始播放还是从当前页开始放映幻灯片。

❶从头开始放映

步骤 01 打开演示文稿，打开“幻灯片放映”选项卡，在“开始放映幻灯片”组中单击“从头开始”按钮。

步骤 02 幻灯片从第一页开始放映。按Esc键可以退出放映。

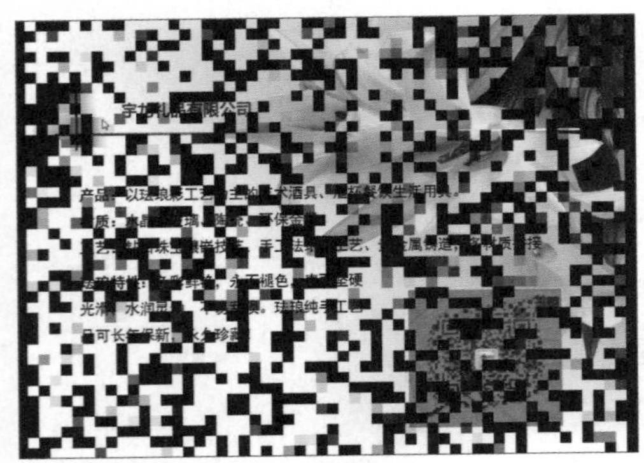

❷从当前幻灯片开始放映

步骤 01 在“幻灯片放映”选项卡中单击“从当前幻灯片开始”按钮。

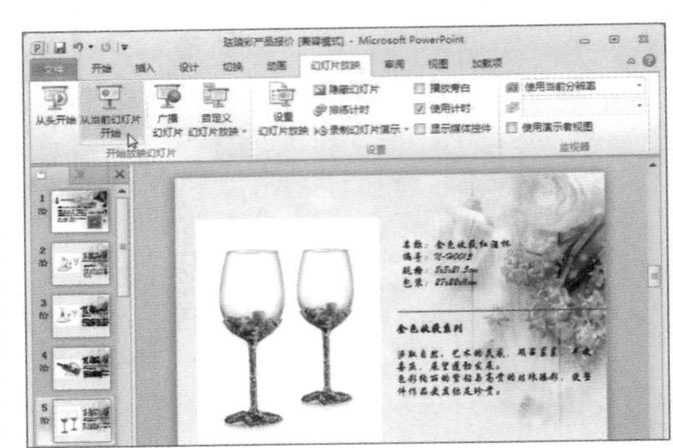

步骤 02 即可从当前幻灯片开始放映。效果如下图所示。

❸使用状态栏命令放映

单击状态栏中的“幻灯片放映”按钮，也可从当前幻灯片开始放映幻灯片。

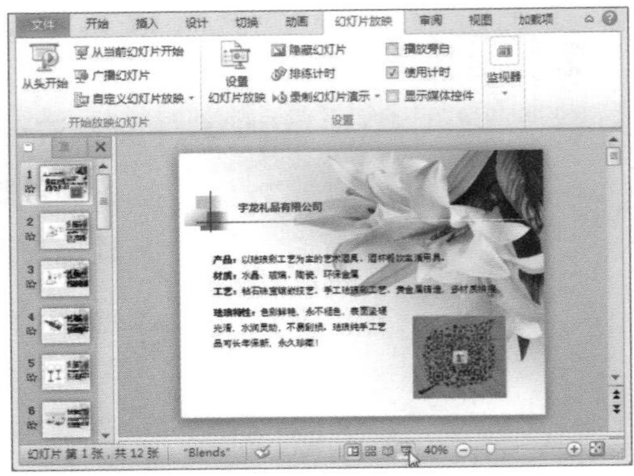

8.1.2 自定义放映

如果用户不需要将演示文稿中所有幻灯片动放映出来，只想放映演示文稿中的部分幻灯片，这时就可以选择自定义放映。

步骤 01 打开“幻灯片放映”选项卡，单击“自定义幻灯片放映”下拉按钮，在下拉列表中选择“自定义放映”选项。

步骤 02 弹出“自定义放映”对话框，单击“新建”按钮。

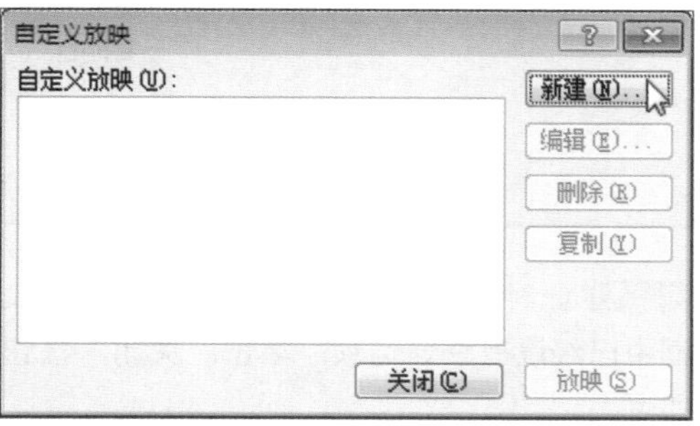

步骤 03 打开“定义自定义放映”对话框，在“在演示文稿中的幻灯片”列表框中选择需要放映的幻灯片，单击“添加”按钮。

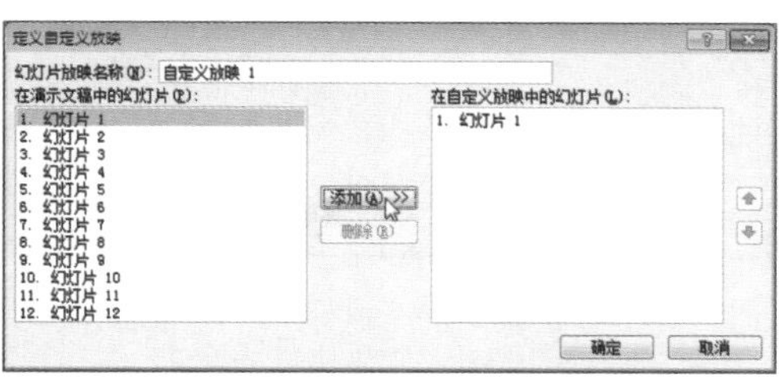

步骤 04 如果添加了多余的幻灯片，则在“在自定义放映中的幻灯片”列表框中将其选中，然后单击“删除”按钮即可。

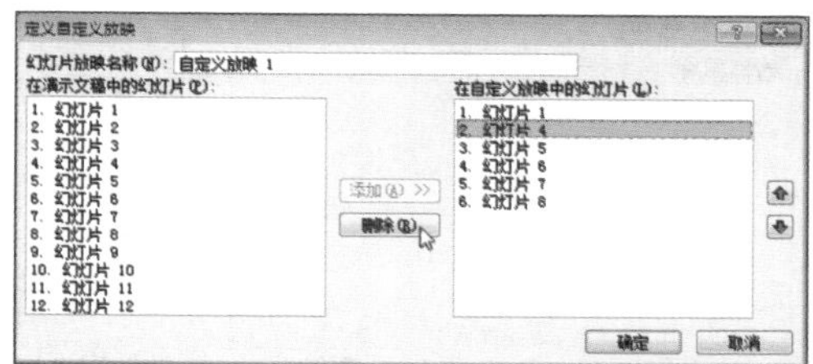

步骤 05 选中“在自定义放映中的幻灯片”列表框中的选项，单击对话框右侧的“”或“”按钮，可调整所选中幻灯片的播放顺序。

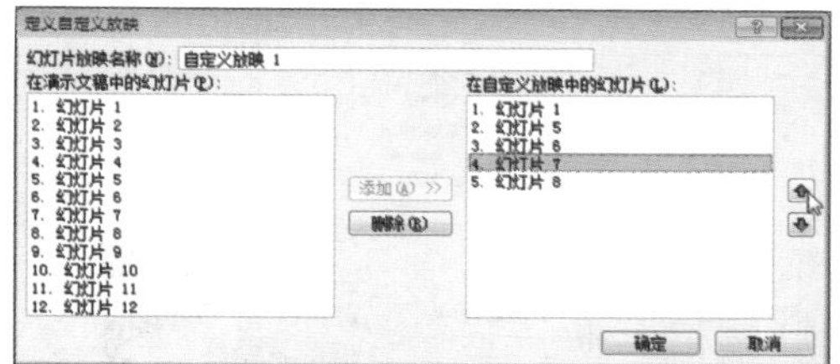

步骤 06 在“幻灯片放映名称”文本框中输入文本“酒杯系列”。

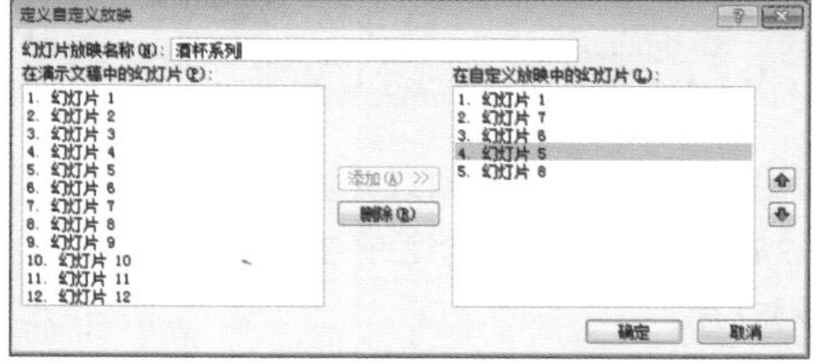

步骤 07 单击“确定”按钮，关闭“定义自定义放映”对话框。

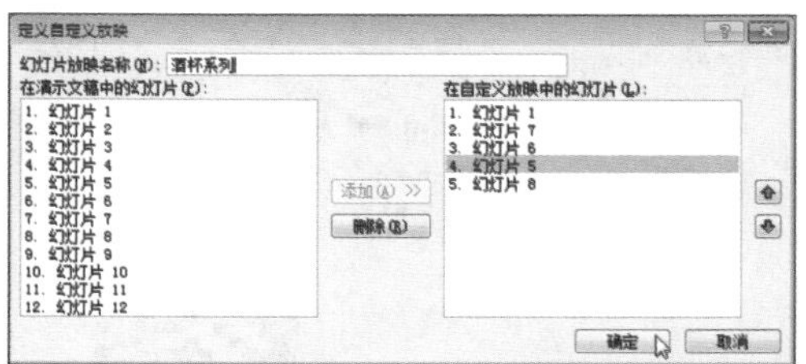

步骤08 返回“自定义放映”对话框，单击“关闭”按钮。

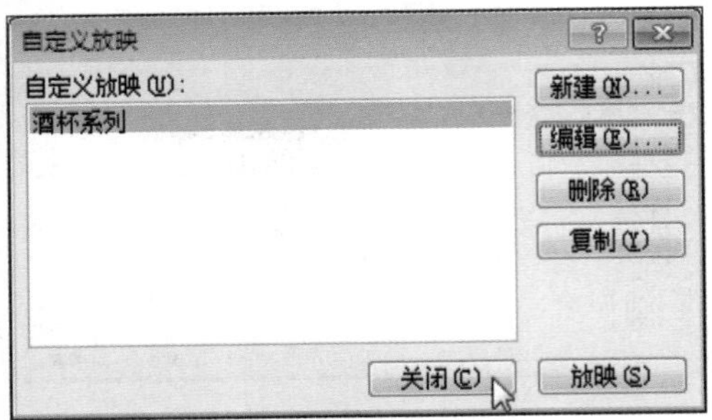

步骤09 返回演示文稿，再次单击“自定义幻灯片放映”下拉按钮，在展开的列表中单击“酒杯系列”选项。

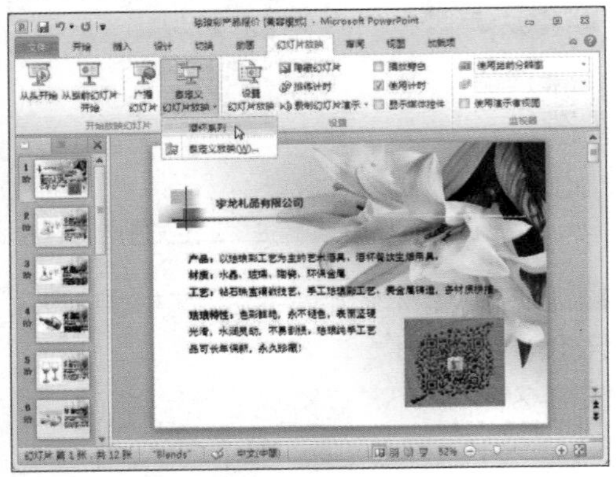

步骤10 进入自定义幻灯片放映状态，此时，放映的幻灯片只包含之前在对话框中选中的幻灯片。

步骤11 若要删除该自定义幻灯片，则在“自定义幻灯片放映”下拉列表中选择“自定义放映”选项。

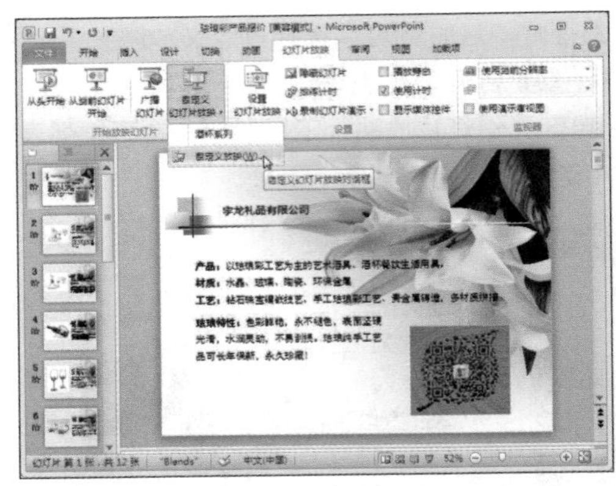

步骤12 在弹出的“自定义放映”对话框中的“自定义放映”列表框中选中“酒杯系列”，然后单击“删除”按钮。

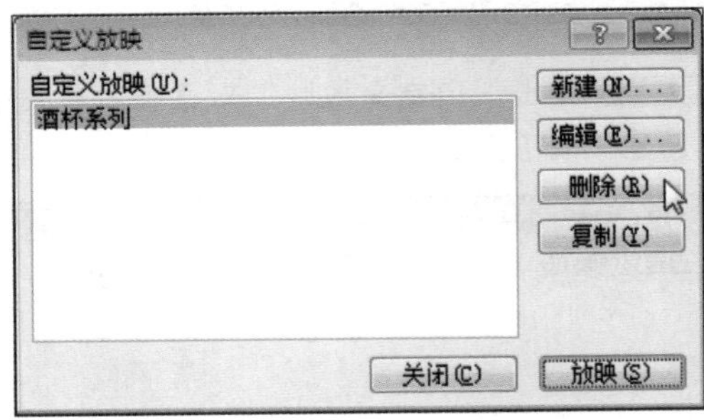

步骤13 此时可以查看到“自定义放映”列表框中已经没有任何选项。单击“关闭”按钮即可。

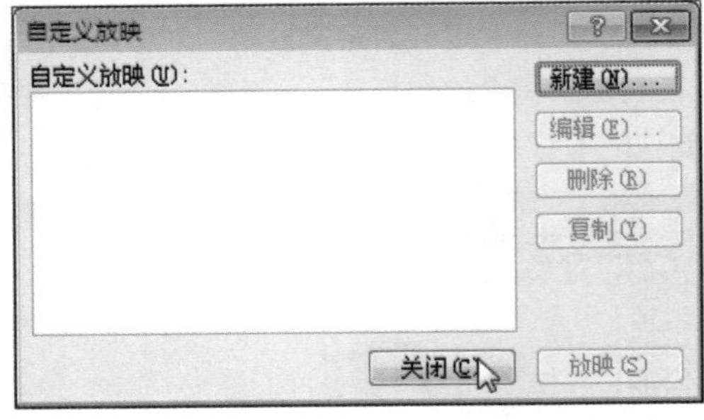

8.2 放映设置

在放映幻灯片的过程中通常要伴随着放映者的演讲，这时候，需要灵活地控制幻灯片的放映。例如，提前将不需要的页隐藏、设置好放映的时间、在放映过程中直接切换到指定页、在幻灯片中做标记等。

8.2.1 设置放映方式

放映方式可以通过“设置放映方式”对话框进行设置。在该对话框中用户可以设置幻灯片的放映类型、放映选型以及放映范围。具体设置方法如下。

步骤 01 打开“幻灯片放映”选项卡，单击“设置”组中的“设置幻灯片放映”按钮。

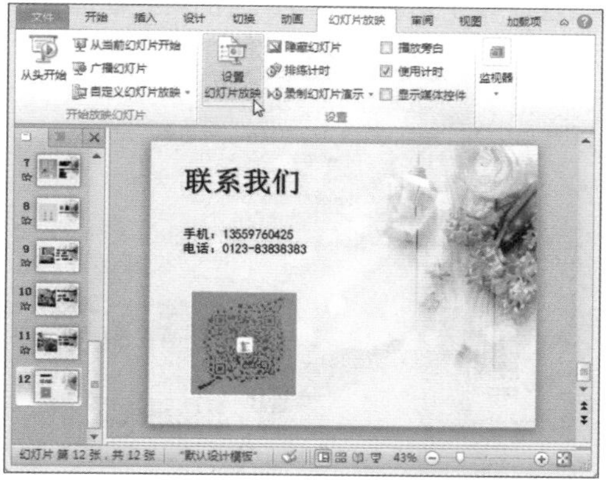

步骤 02 打开“设置放映方式”对话框。在“放映类型”组中选中“观众自行浏览”单选按钮。

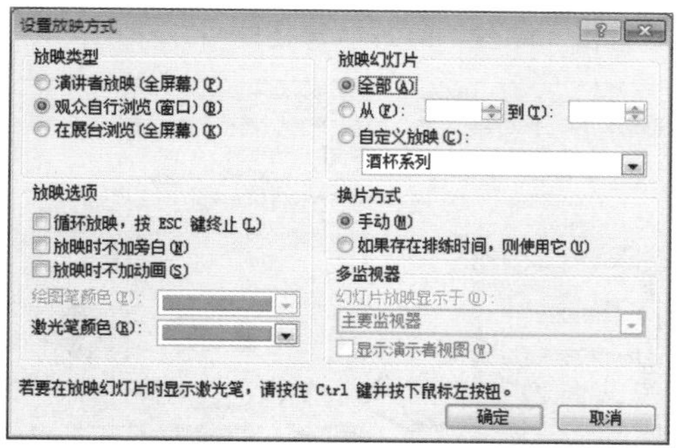

步骤 03 在“观众自行浏览”放映模式下，幻灯片将以窗口形式放映。效果如下图所示。

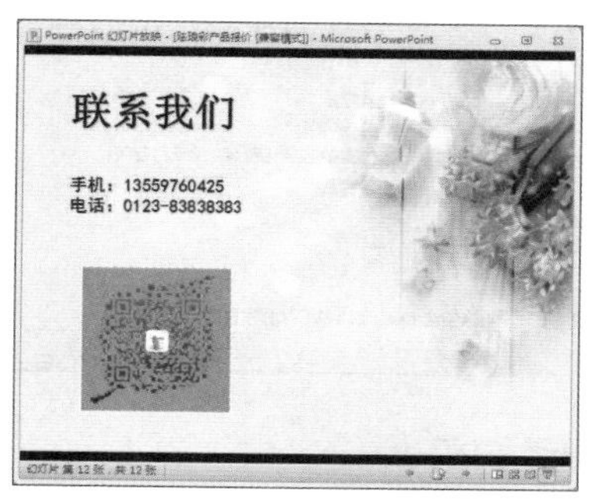

步骤 04 在“放映选项”组中勾选“循环放映，按ESC键停止”复选框，在放映幻灯片时，放映到最后一页后重新从第一页开始放映。

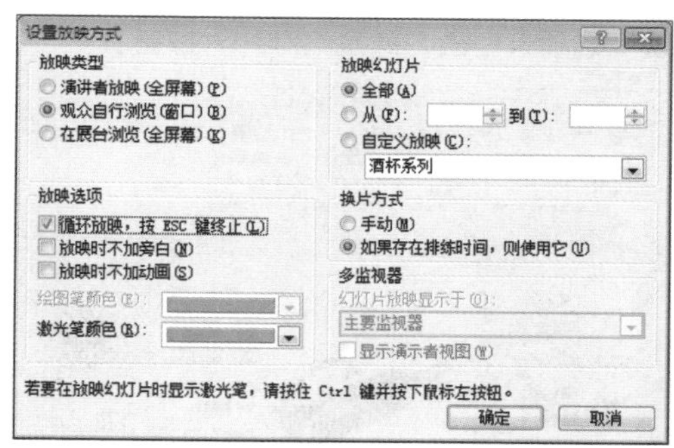

步骤 05 在“放映幻灯片”组中选中“从”单选按钮，单击微调框按钮，调整幻灯片从第几页开始播放到第几页结束。

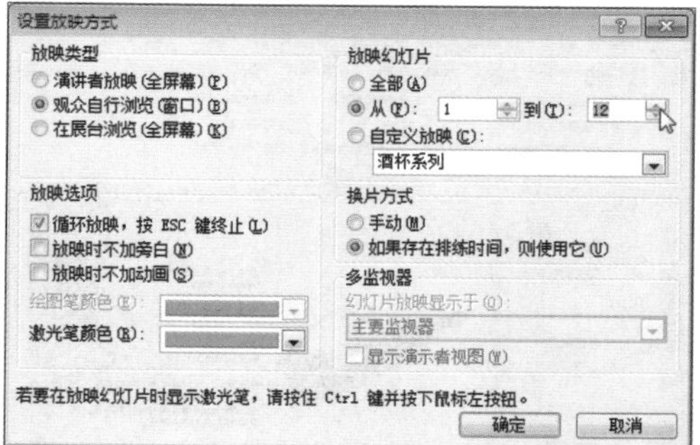

步骤 06 在“换片方式”组中选中“手动”单选按钮，在幻灯片放映过程中需要手动切换进入下一页。

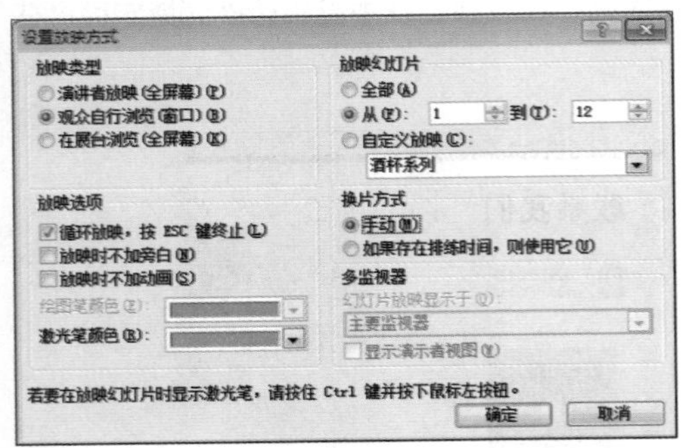

8.2.2 隐藏幻灯片

在幻灯片放映过程中，如果不想将演示文稿中的某些幻灯片放映出来，可以先将其隐藏。

步骤 01 选中第4页幻灯片，单击“幻灯片放映”选项卡中的“隐藏幻灯片”按钮。

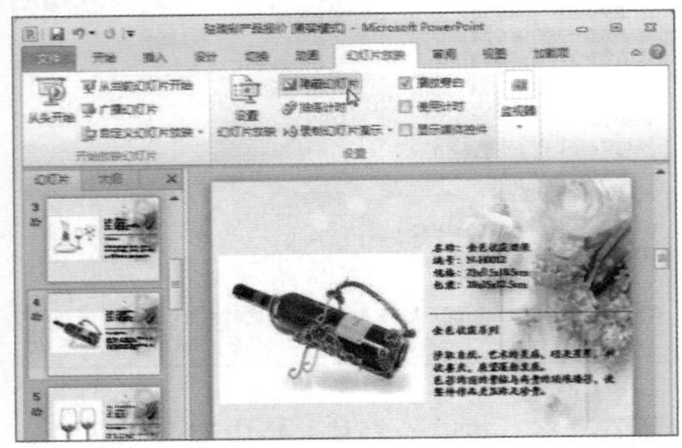

步骤 02 幻灯片随即被设置为隐藏状态，可以查看到第4页的页码被斜线框覆盖。

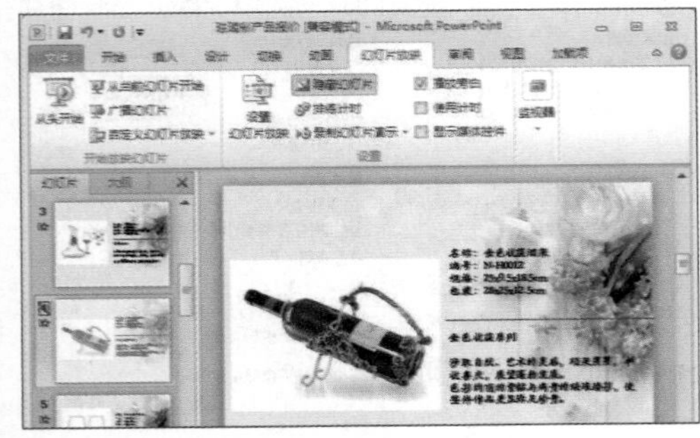

步骤 03 若要取消隐藏，再次单击“隐藏幻灯片”按钮即可。

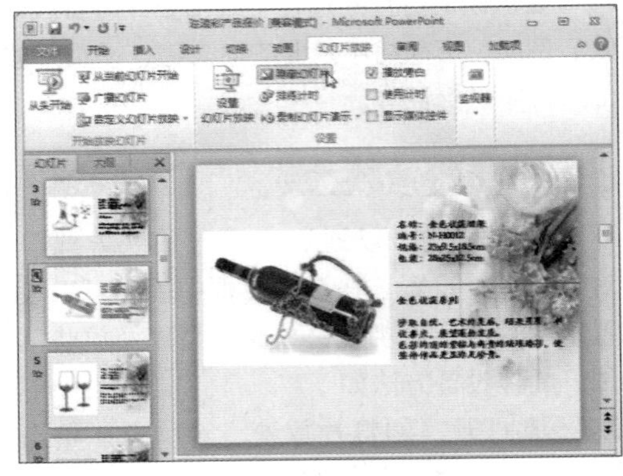

步骤 04 取消隐藏后，页码上的斜线框也随即消失。

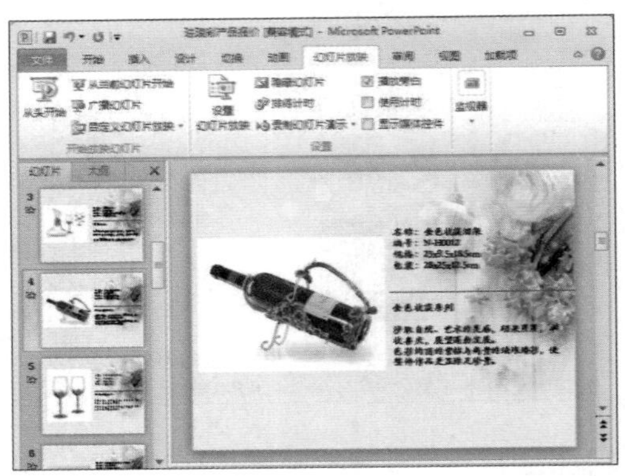

步骤 05 若要同时隐藏多张幻灯片，则按住Ctrl键依次单击选中需要隐藏的幻灯片，然后单击“隐藏幻灯片”按钮即可。

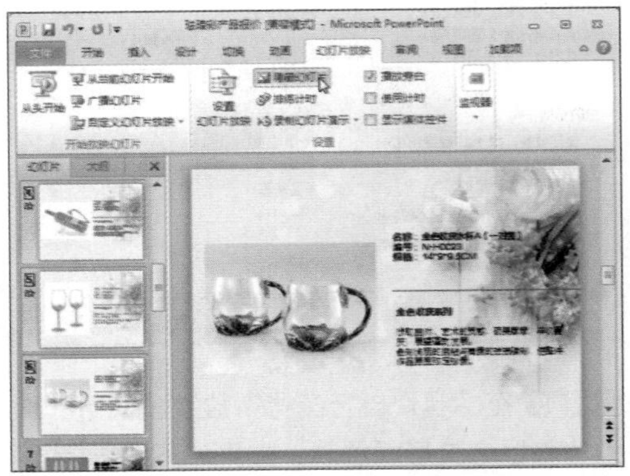

8.2.3 录制旁白

若希望在放映幻灯片时加入演讲者原音讲解，可通过在幻灯片中加入旁白来实现。录制的旁白可直接嵌入到每一张幻灯片中。

步骤 01 打开“幻灯片放映”选项卡，在“设置”组中单击“录制幻灯片演示”下拉按钮，在下拉列表中选择“从头开始录制”选项。

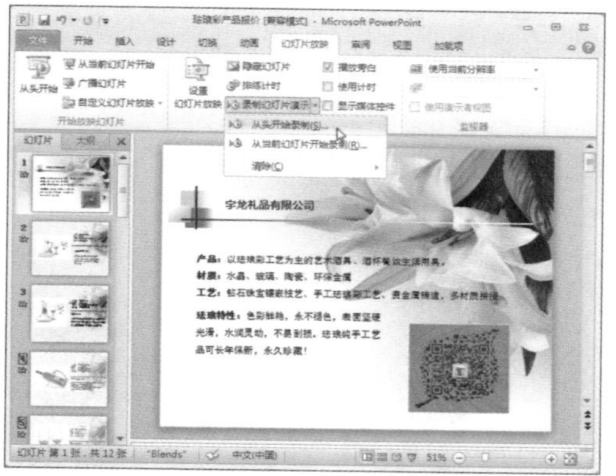

步骤 02 弹出“录制幻灯片演示”对话框，取消“幻灯片和动画”复选框的勾选。单击“开始录制”按钮。进入幻灯片录制状态，并开始录制旁白，左上角显示“录制”状态栏。

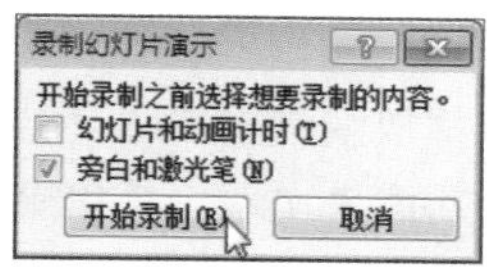

步骤 03 单击“下一项”按钮可以切换到下一张幻灯片。

步骤 04 单击“暂停”按钮暂停录制，并弹出警示对话框。单击对话框中的“继续录制”按钮，可以继续录制。

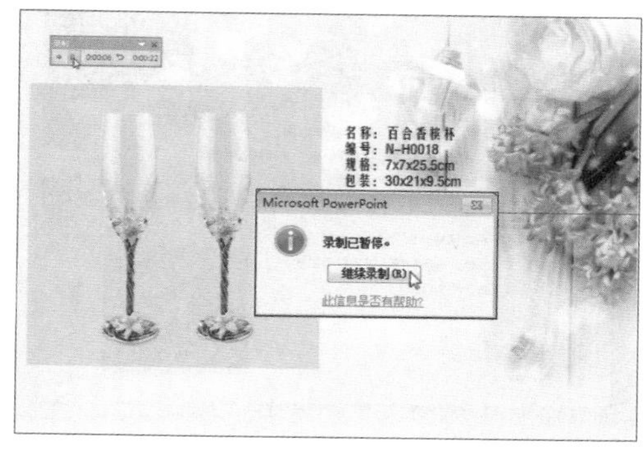

步骤 05 录制完成后按Esc键退出幻灯片放映状态，此时自动切换到幻灯片浏览视图。

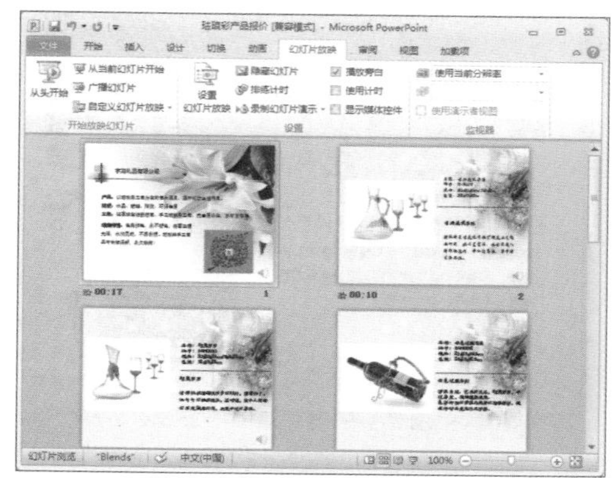

步骤 06 打开“视图”选项卡，单击“普通视图”按钮，切换到普通视图。

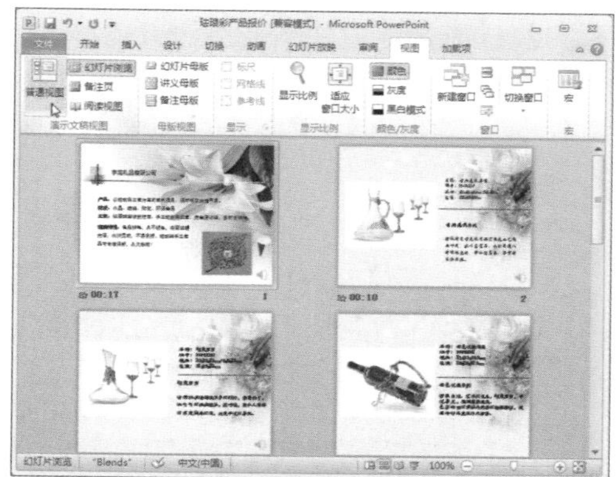

步骤07 此时，录制旁白的幻灯片右下角出现了声音图标。

步骤08 单击“播放控制工具栏”中的“播放/暂停”按钮，收听录制的旁白。

步骤09 如要删除旁白，则打开“幻灯片放映”选项卡，单击“录制幻灯片演示”下拉按钮。

步骤10 在下拉列表中选择“清除”选项，在下级列表中选择“清除当前幻灯片中的旁白”选项。

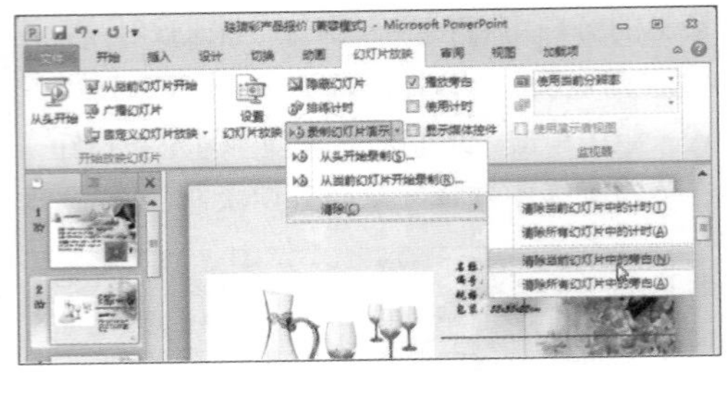

步骤11 选中声音图标，直接按“Delete”键也可删除旁白。

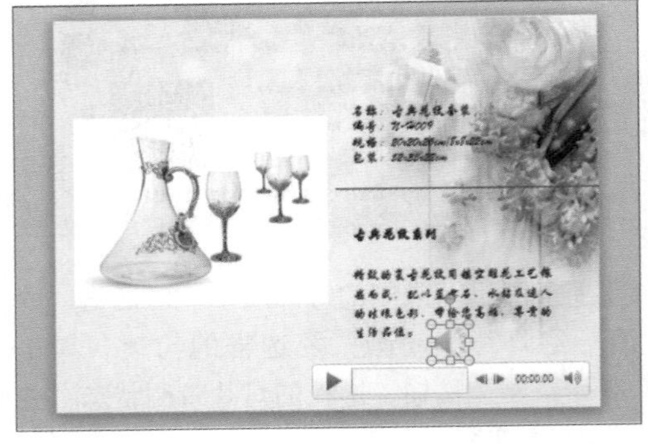

8.2.4 排练计时

如果用户想要自动播放演示文稿，可以通过使用“排练计时”功能来实现。具体操作步骤如下。

步骤01 打开“幻灯片放映”选项卡，单击“排练计时”按钮。

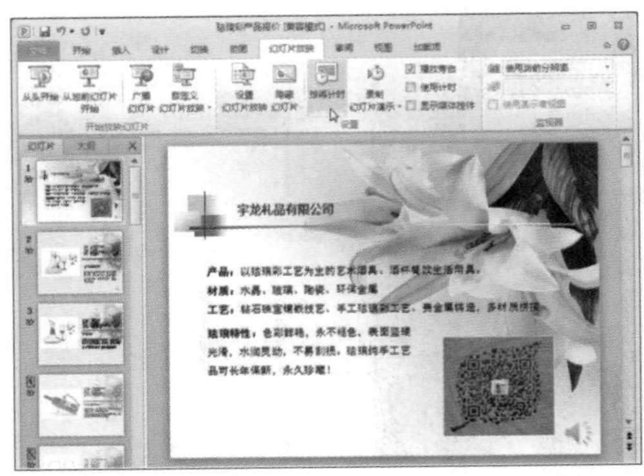

步骤02 进入幻灯片放映模式，左上角显示出“录制”工具栏。

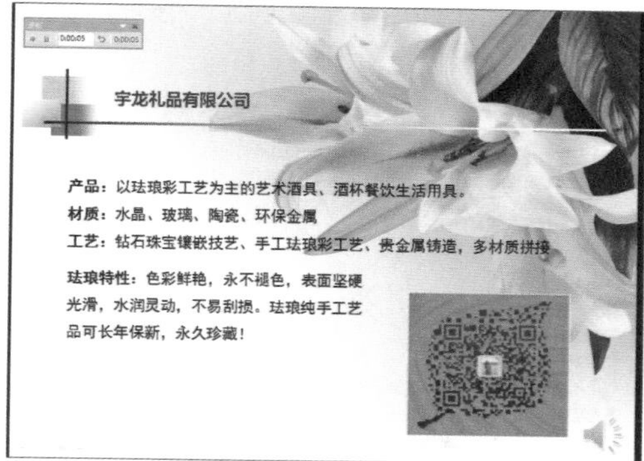

步骤03 “录制”工具栏中的中间时间为当前幻灯片放映所需时间，右边时间为放映所有幻灯片所需时间。单击“下一项”按钮，切换到下一站幻灯片。依次设置每张幻灯片的放映时间。

步骤04 当录制完最后一页幻灯片时，系统弹出确认对话框，单击“是”按钮。

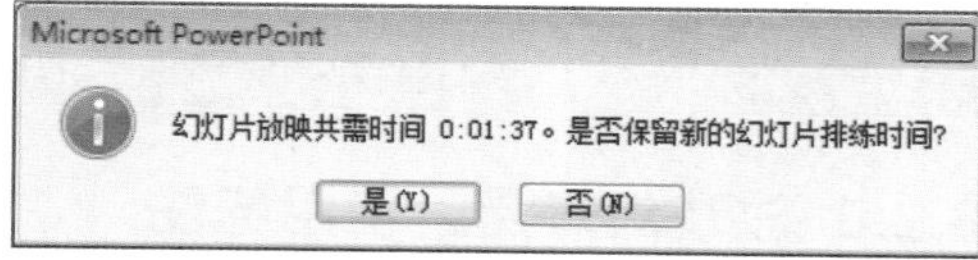

步骤05 返回演示文稿，此时自动切换到幻灯片浏览视图模式，放映时的停留时间显示在每一页幻灯片的下方。

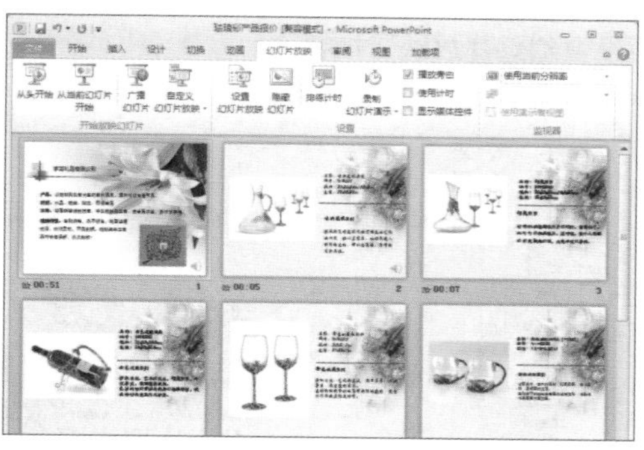

步骤06 打开“幻灯片放映”选项卡，单击“设置幻灯片放映”按钮。

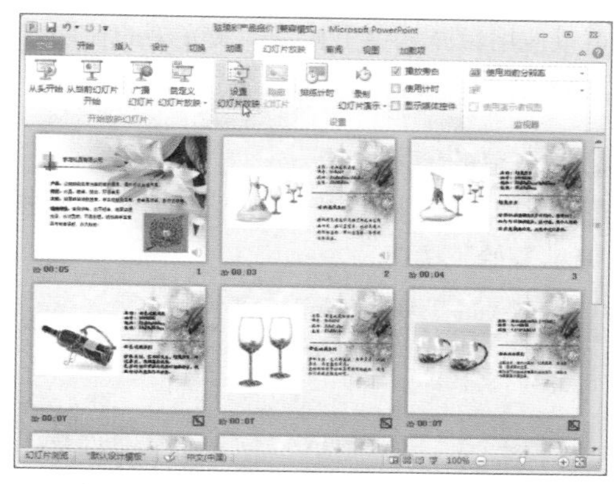

步骤07 打开“设置放映方式”对话框，选中“如果存在排练时间，则使用它”单选按钮。单击“确定”按钮，关闭对话框。

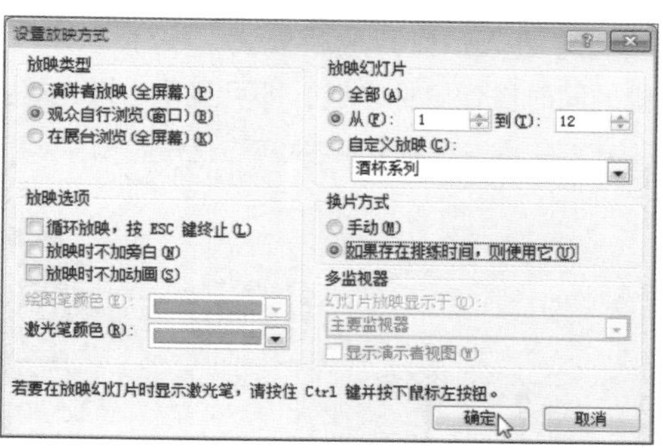

步骤08 单击“从头开始”按钮，开始预览，此时幻灯片进入自动播放状态。

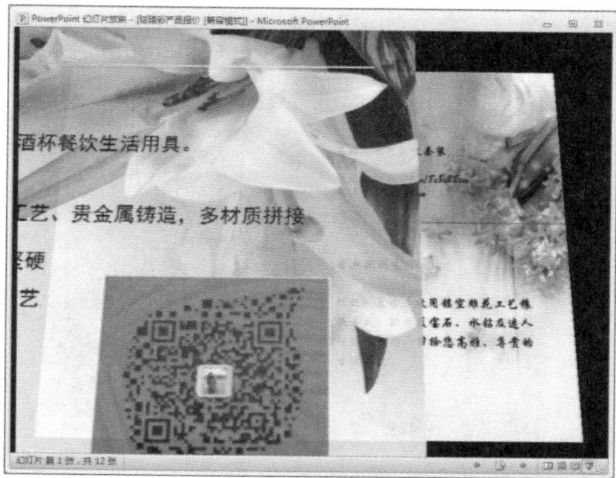

8.2.5 激光笔的使用

在放映幻灯片时，若想指出某处内容，可以应用激光笔突出显示。激光笔的使用方法如下。

❶激光笔的使用方法

步骤01 打开“幻灯片放映”选项卡，单击“从头开始”按钮。

步骤02 进入幻灯片放映模式，按住“Ctrl”键的同时按住鼠标左键，即可显示出激光笔。

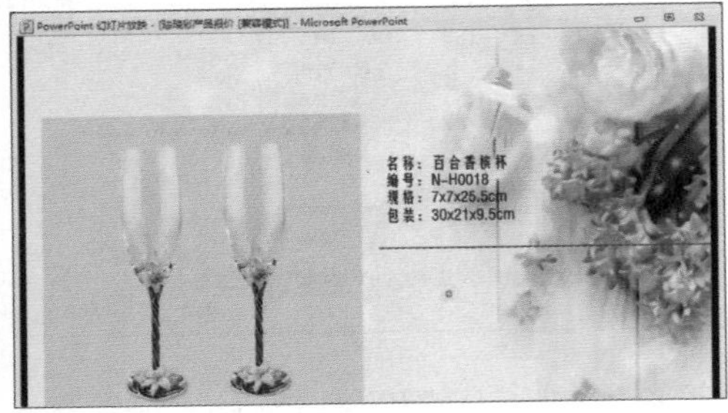

❷设置激光笔颜色

步骤01 打开“幻灯片放映”选项卡，单击“设置幻灯片放映”按钮。

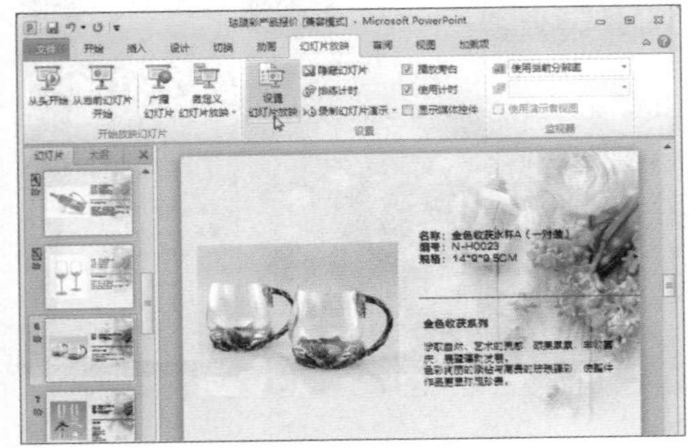

步骤02 打开“设置放映方式”对话框，单击“激光笔颜色”下拉按钮，在展开的列表中选择绿色。选择好后单击“确定”按钮，关闭对话框。

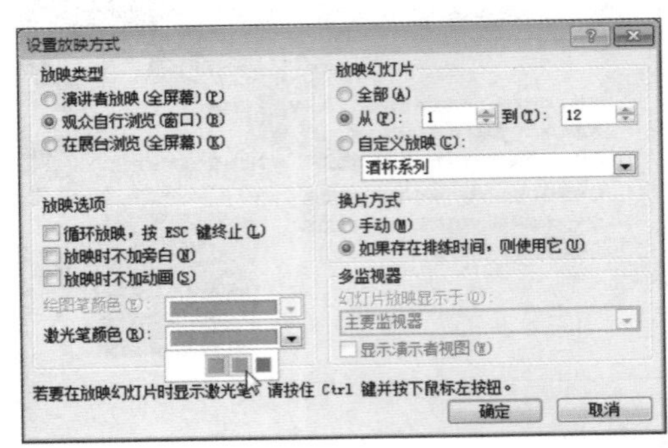

步骤03 进入幻灯片放映状态，同时按住“Ctrl”键和鼠标左键，显示出的激光笔颜色变为了绿色。

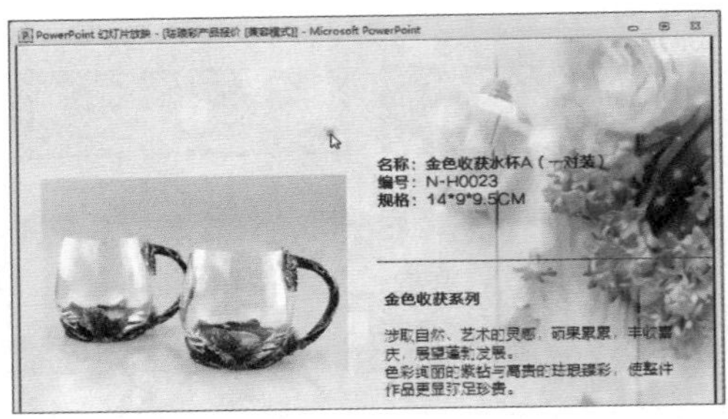

8.2.6 放映幻灯片时使用标注

在播放幻灯片的过程中，对于需要强调说明的地方可以添加标记。这时候应用画笔和荧光笔就可以完成标记的添加。

步骤01 打开“幻灯片放映”选项卡，单击“设置幻灯片放映”按钮。

步骤 02 弹出“放映类型”对话框，选中“演讲者放映”单选按钮。单击“确定”按钮。

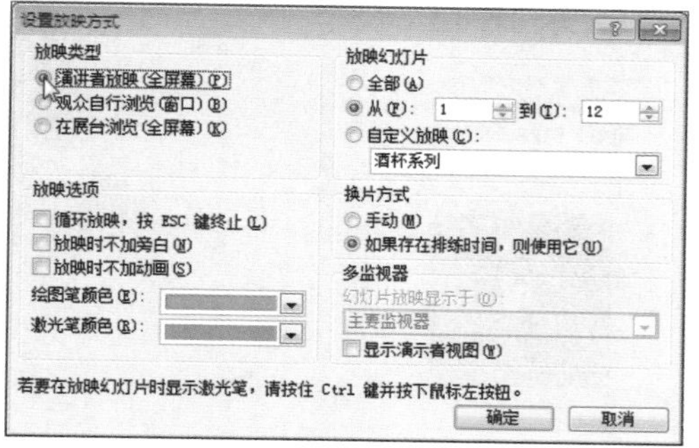

步骤 03 返回演示文稿，单击“从当前幻灯片开始”按钮。

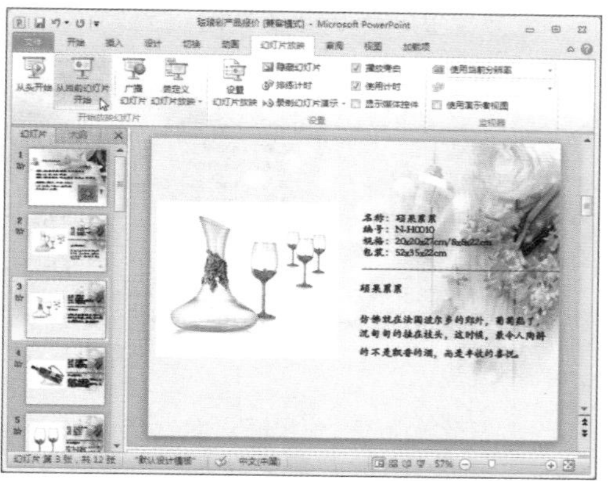

步骤 04 幻灯片进入全屏放映模式，在幻灯片中右击，在弹出的快捷菜单中选择“指针选项”选项，在其下级菜单中选择“笔”选项。

步骤 05 按住鼠标左键不放拖动鼠标，在幻灯片上标记。

步骤 06 在幻灯片中右击，在弹出的快捷菜单中选择“指针选项”选项，在下级菜单中选择“荧光笔”选项。

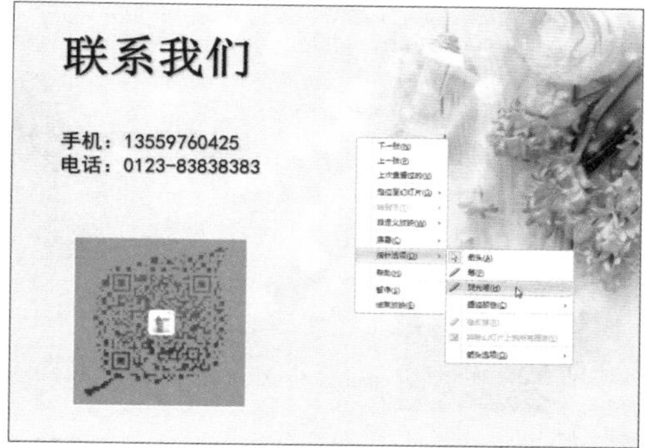

步骤 07 按住鼠标左键拖动鼠标，在幻灯片中绘制荧光笔样式的标记。

步骤 08 在幻灯片中右击，选择“指针选项”选项，在下级菜单中选择“墨迹颜色”选项，在“标准色”组中选择“绿色”选项。

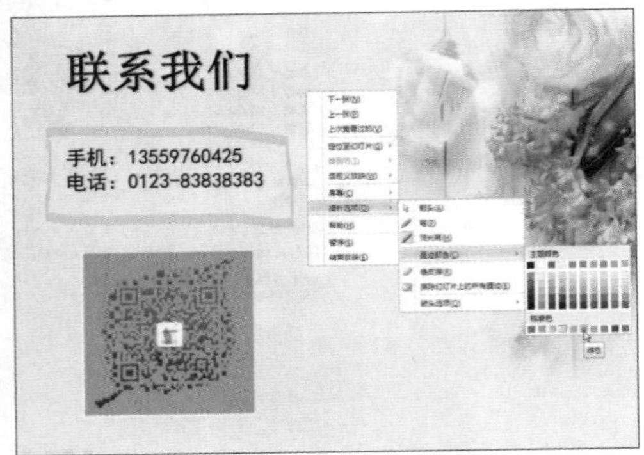

步骤 09 在幻灯片中绘制标注，此时的银光笔颜色已经被设置为了绿色。

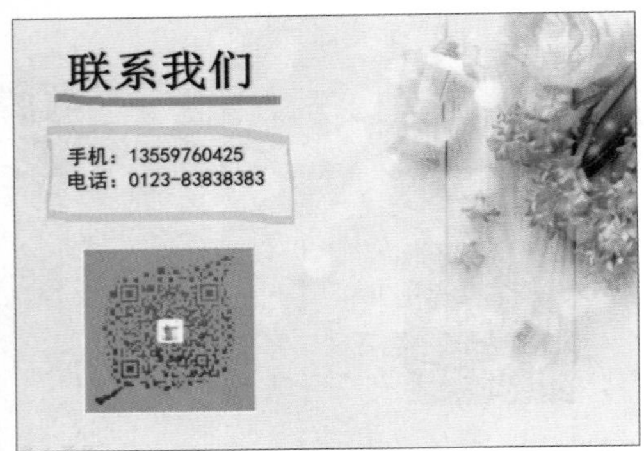

步骤 10 在幻灯片中右击，选择“指针选项”选项，在下级菜单中选择“橡皮擦”选项。

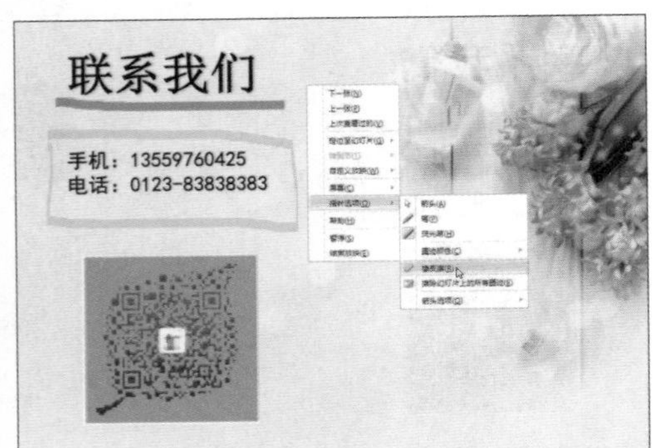

步骤 11 单击前面绘制的标注，即可将其擦除。

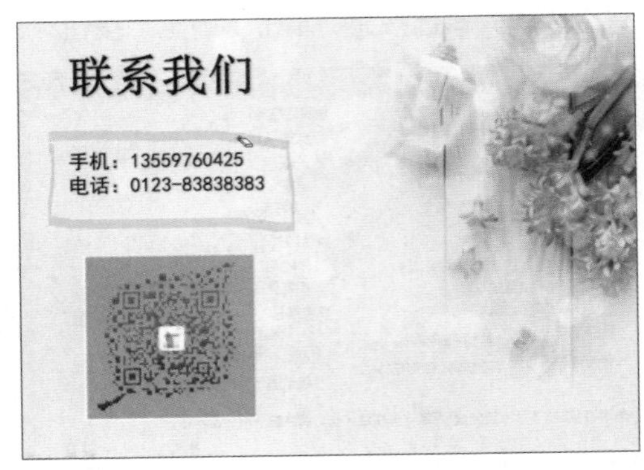

步骤 12 在幻灯片右击，在弹出的快捷菜单中选择“指针选项”选项，在其下级菜单中选择“擦除幻灯片上的所有墨迹”选项。

步骤 13 幻灯片上刚才绘制的所有标注，随即被擦除。

步骤14 按钮"Esc"键退出放映，如果幻灯片上还有标注未擦除，则系统会弹出如下警告对话框，单击"放弃"按钮即可。

8.2.7 使用鼠标控制幻灯片放映

在放映幻灯片的时候通过鼠标右键快捷菜单可以方便地控制幻灯片的播放。例如快速到达指定页、返回前一页幻灯片、暂停播放、退出播放等。

步骤01 按F5键进入幻灯片放映状态，在幻灯片中右击，在快捷菜单中选择"上一页"或"下一页"选项，可以切换到当前页的上一页或下一页幻灯片。

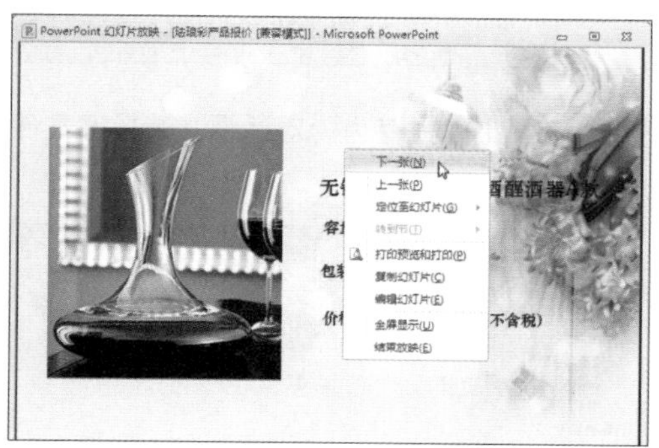

步骤02 在快捷菜单中选择"定位至幻灯片"选项，在其下级菜单中选择希望前往的选项，可以直接切换到该页幻灯片。

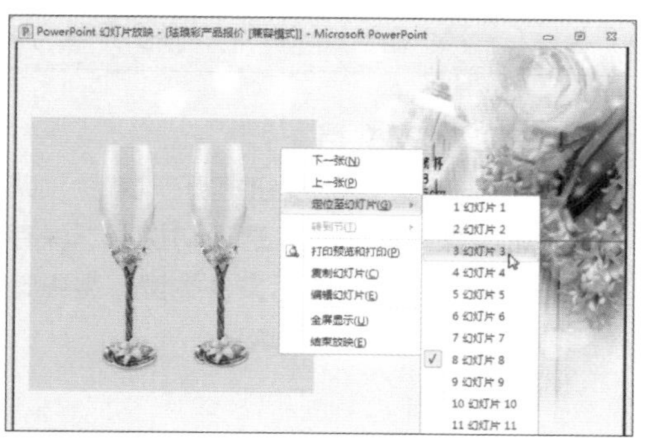

步骤03 在快捷菜单中选择"打印预览和打印"选项。

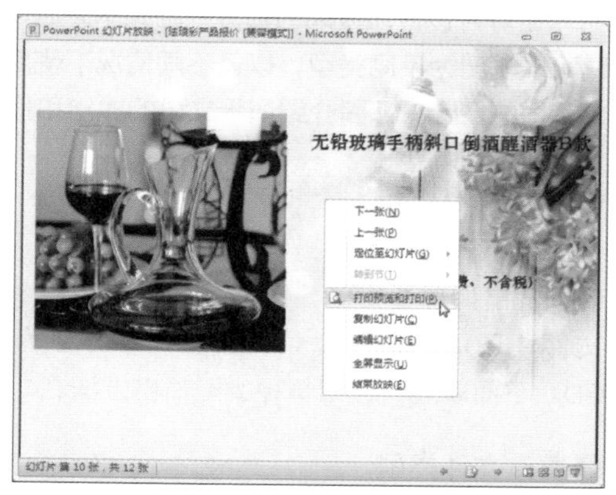

步骤04 进入"文件"菜单的"打印"页面，在此页面可以预览幻灯片，设置打印选项。

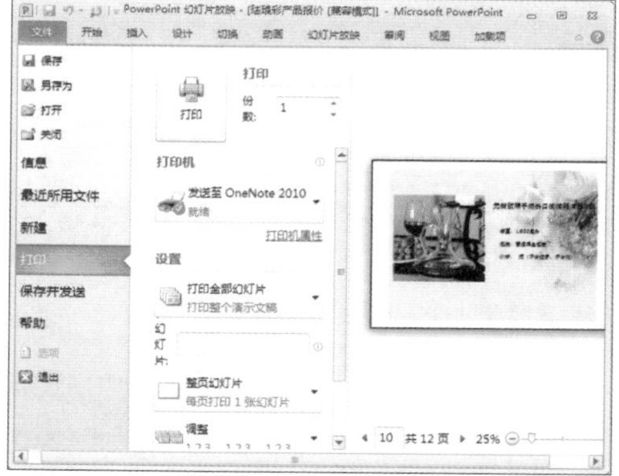

步骤05 选择"全屏显示"选项，可将播放模式由窗口切换至全屏。若选择"结束放映"选项，则可退出放映模式。

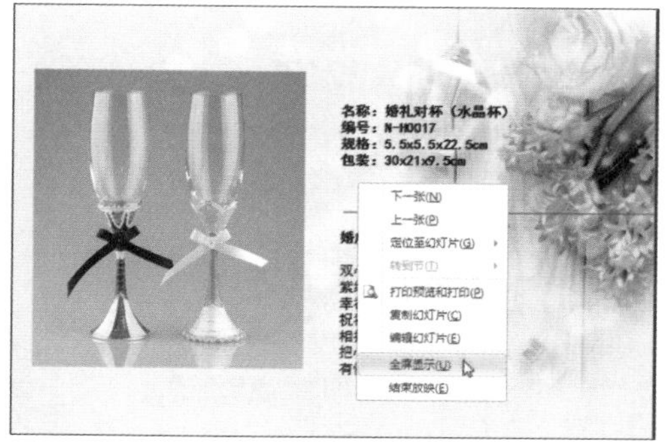

8.3 输出演示文稿

幻灯片设计和放映的部分介绍完毕之后，读者们还应该知道如何将演示文稿输出，演示文稿可以输出为不同类型，以备不同情况下使用。最后还可以将演示文稿打印成书面形式用于更多不同的场合。下面介绍演示文稿的输出和打印技巧。

8.3.1 输出为多种类型

PowerPoint 2010提供了多种输出方式，既可输出为普通文稿，也可保存为PDF/XPS文件，还可输出为视频，甚至能够打包为CD。下面就逐一介绍每种类型输出方法。

❶更改文件类型

步骤01 打开“文件”菜单，单击“保存并发送”选项，在展开的选项面板中的“文件类型”组中选择“更改文件类型”选项。

步骤02 在右侧“演示文稿文件类型”组中选择“模板”选项。

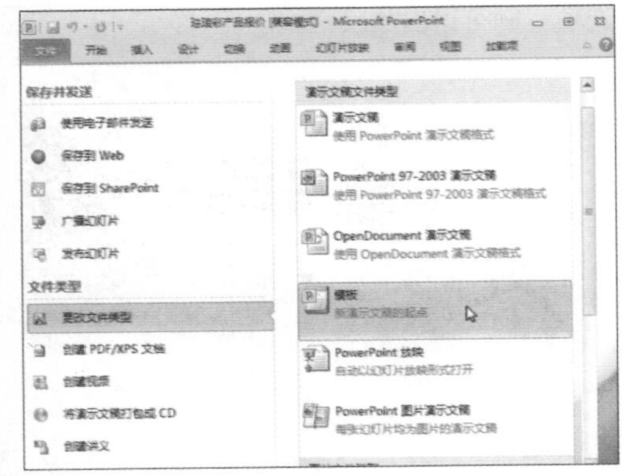

步骤03 单击“另存为其他文件类型”组中的“另存为”按钮。

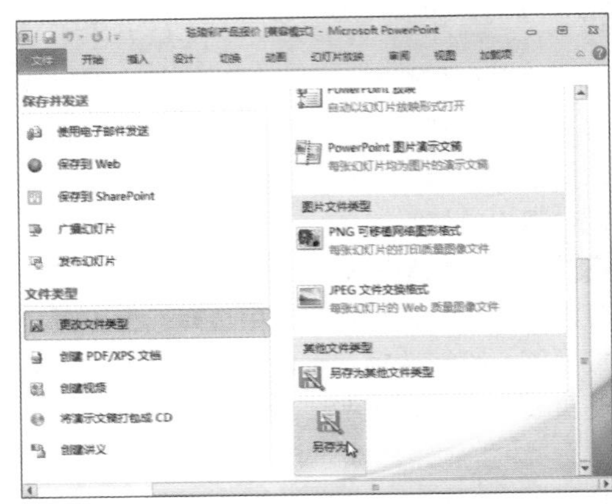

步骤04 弹出“另存为”对话框，选择好文件存放位置，单击“保存”按钮。

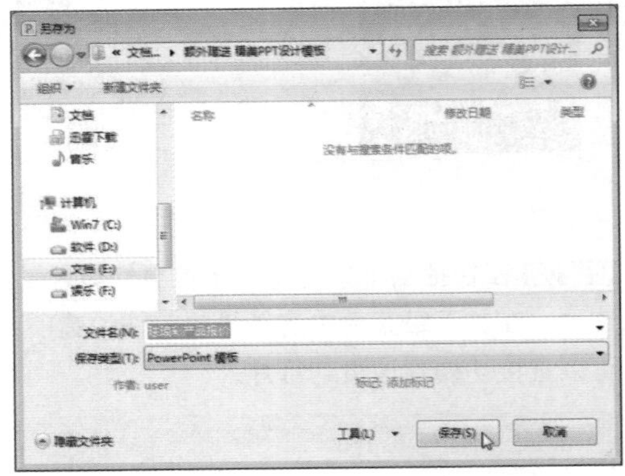

❷创建PDF/XPS文档

步骤01 单击“文件”按钮打开“文件”菜单，单击“保存并发送”选项切换至“保存并发送”选项面板，在“文件类型”组中选择“创建PDF/XPS文档”选项。

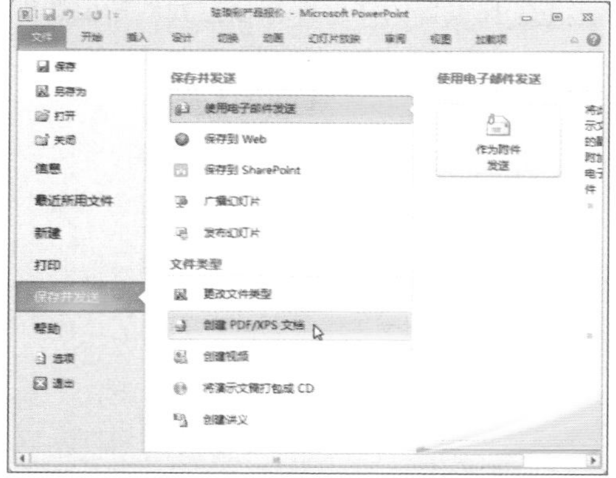

步骤02 在右侧面板中单击“创建PDF/XPS”按钮。

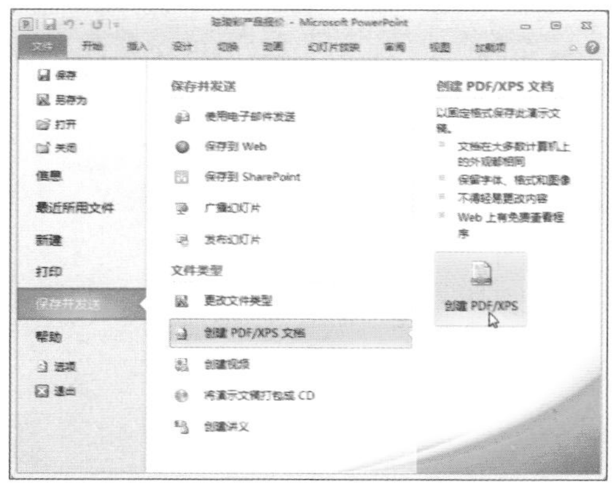

步骤03 弹出“发布为PDF或XPS”对话框，单击“选项”按钮。

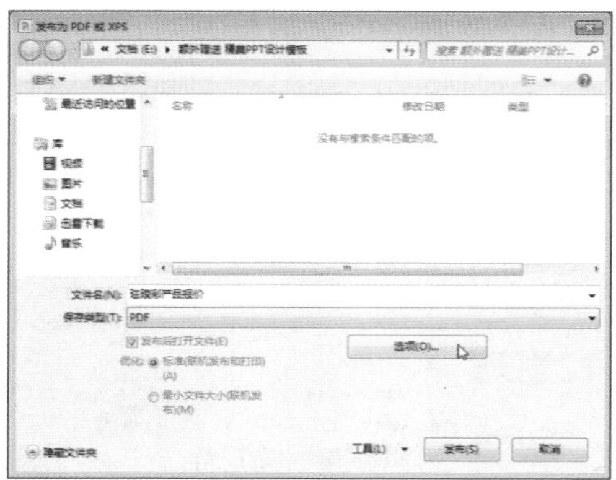

步骤04 弹出“选项”对话框，勾选“包括隐藏的幻灯片”复选框。单击“确定”按钮。

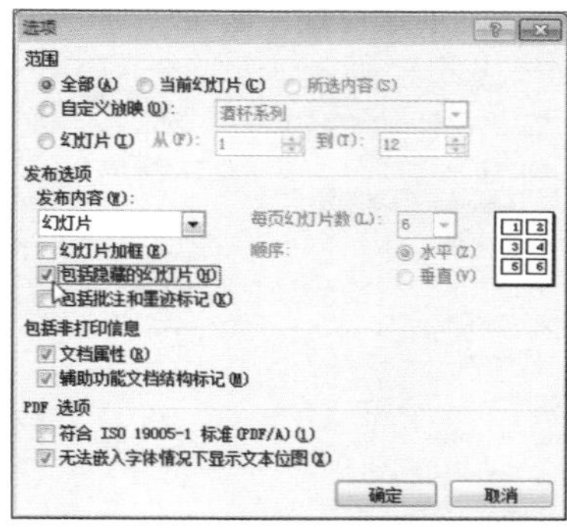

步骤05 返回“发布为PDF或XPS”对话框，单击“发布”按钮。

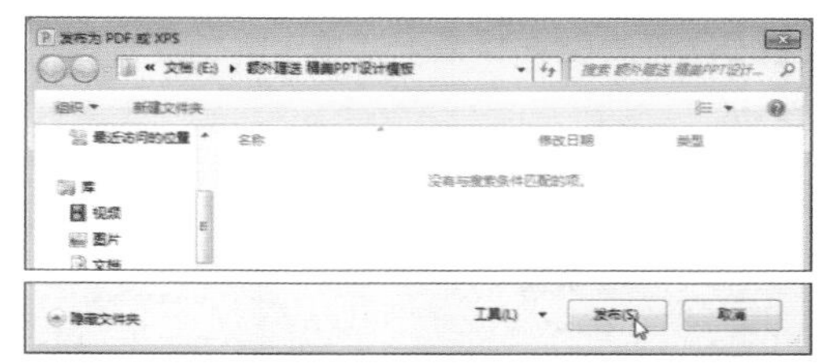

步骤06 弹出“正在发布”对话框，显示发布进度。

步骤07 完成后将自动打开创建的XPS文档，如下图所示。

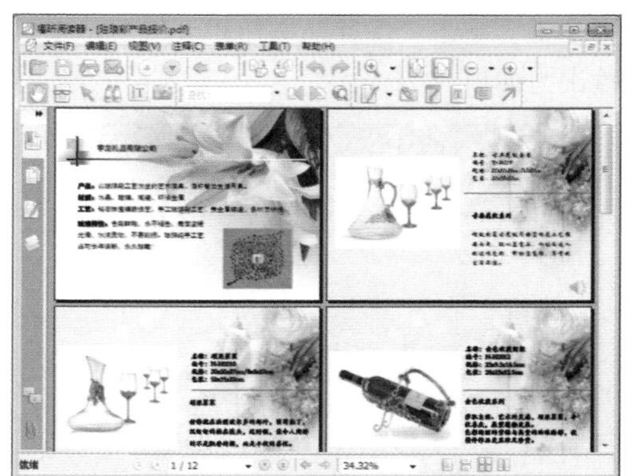

③创建视频

步骤01 在“文件”菜单中的单击“保存并发送”选项，选择“创建视频”选项。

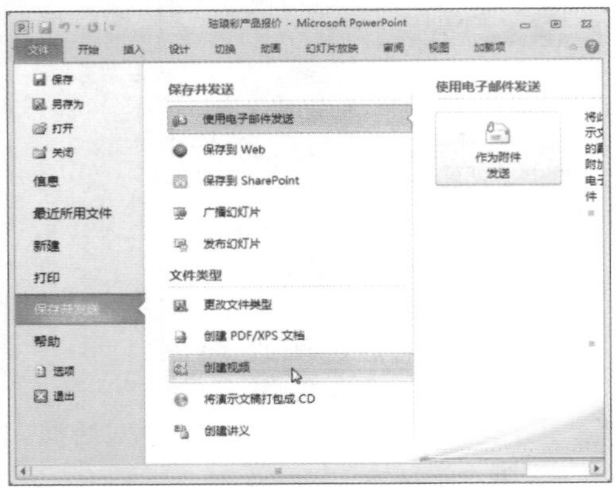

步骤02 在右侧面板最下方单击“创建视频”按钮。

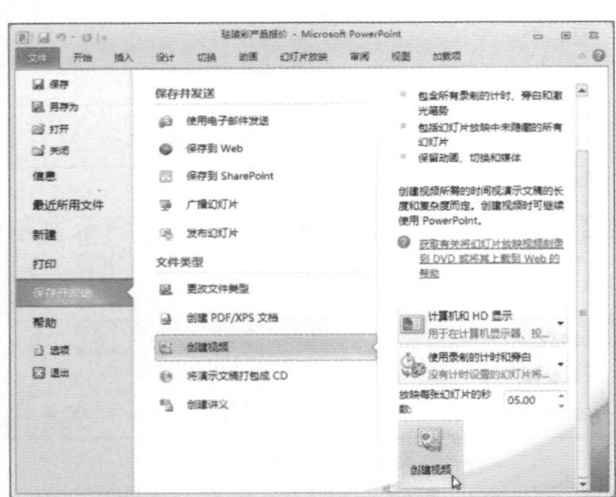

步骤03 弹出“另存为”对话框，选择文件保存位置，单击“保存”按钮即可将演示文稿输出为视频。

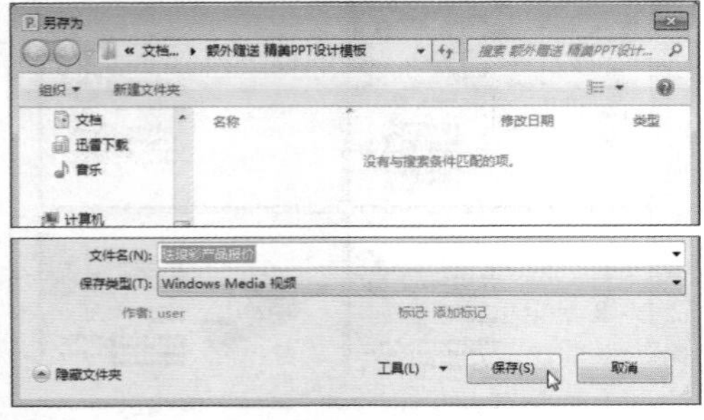

步骤04 在设置的文件保存位置找到输出的视频文件，双击可以打开视频。

④打包演示文稿

步骤01 在“文件”菜单中选择“保存并发送”选项，选中“将演示文稿打包成CD”选项。

步骤02 在“将演示文稿打包成CD”组中单击“打包成CD”选项。

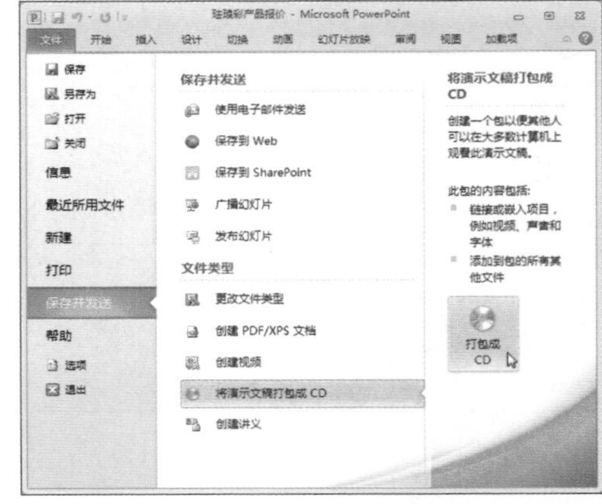

步骤03 弹出“打包成CD”对话框，单击“复制到文件夹”按钮。

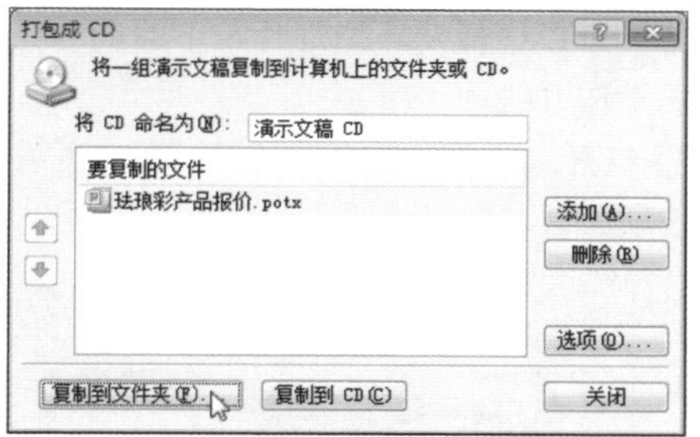

步骤04 弹出“复制到文件夹”对话框，单击“浏览”按钮。

步骤05 弹出“选择位置”对话框，选择好文件的保存位置单击“选择”按钮。

步骤06 此时弹出一个提醒对话框，单击“是”按钮。

步骤07 在打包过程中，系统弹出“正在将文件复制到文件夹”对话框，显示打包进度。

步骤08 打包完成后，自动弹出一个对话框，显示保存的所有与演示文稿相关的内容。

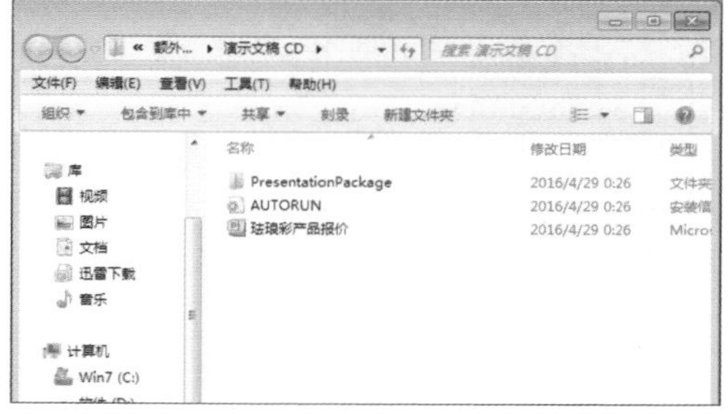

⑤创建讲义

步骤01 打开“文件”菜单，在“保存并发送”选项面板中选择“创建讲义”选项。

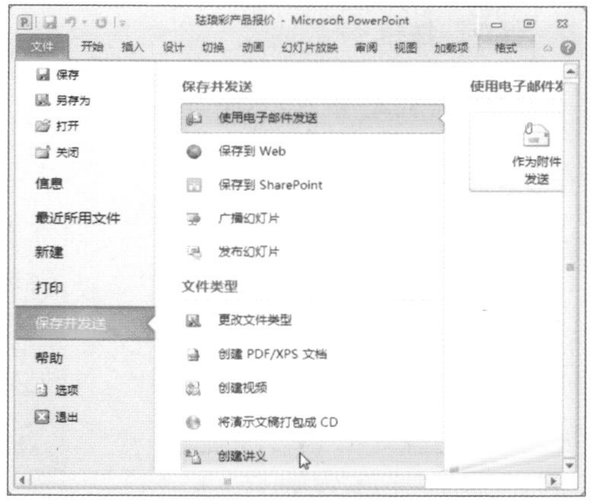

步骤02 在右侧面板最下方单击“创建讲义”按钮。

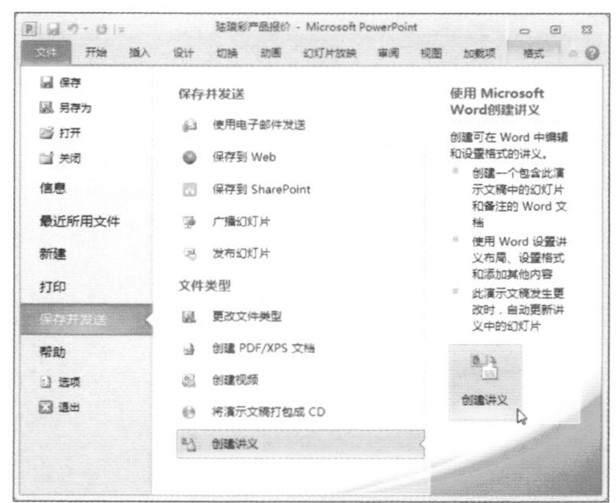

步骤03 弹出“发送到Microsoft Word”对话框，选中“备注在幻灯片旁”单选按钮。

步骤04 完成后系统自动打开创建的文档。单击“保存”按钮。

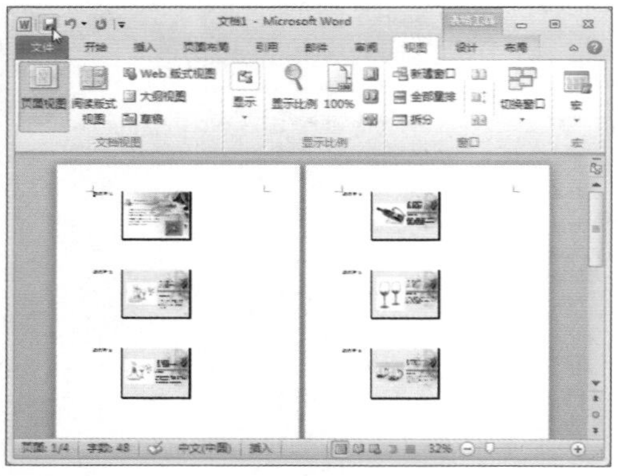

步骤05 弹出“另存为”对话框，选择好保存位置，单击“保存”按钮，将该文档保存。

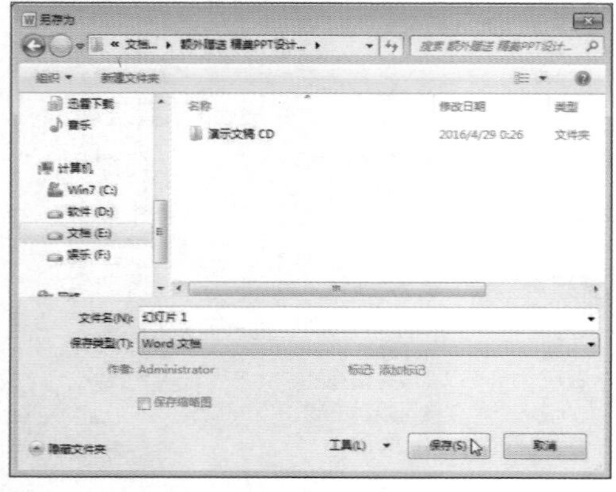

8.3.2 发布幻灯片

为了在以后的工作中方便调用制作好的幻灯片，可以选择发布幻灯片，下面就介绍具体的操作方法。

步骤01 打开“文件”菜单，打开“保存并发送”选项面板，选择“发布幻灯片”选项。

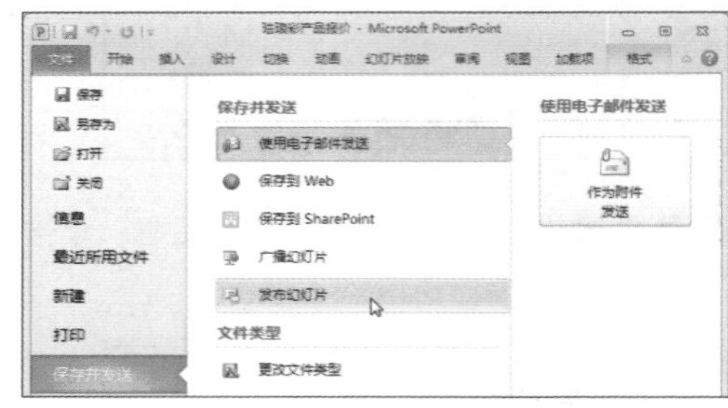

步骤02 单击“发布幻灯片”组中的“发布幻灯片”按钮。

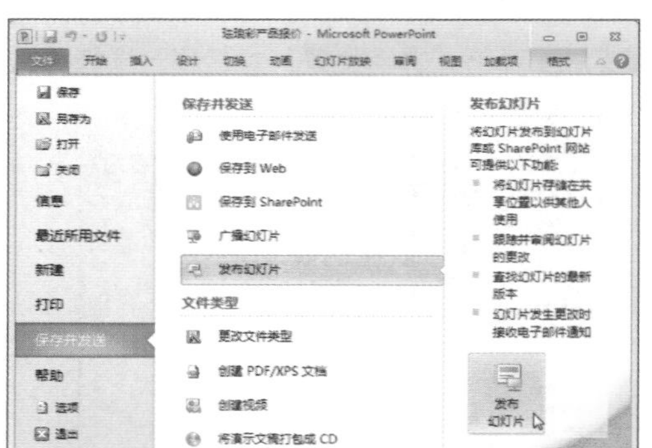

步骤03 弹出“发布幻灯片”对话框，单击“全选”按钮。

步骤 04 将演示文稿中的所有幻灯片全部选中，单击“浏览”按钮。

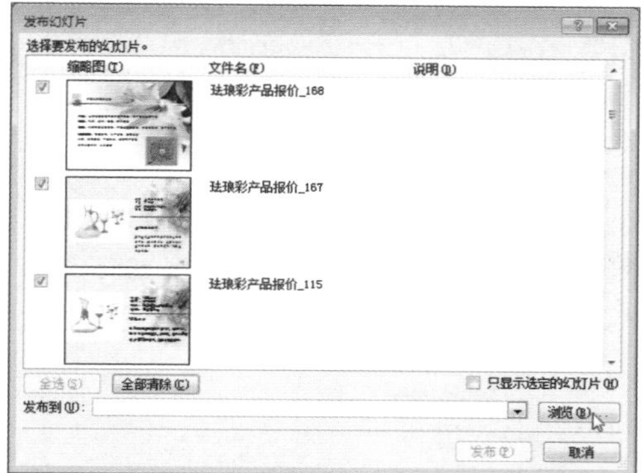

步骤 05 弹出“选择幻灯片”对话框，选择好发布内容的保存位置，单击“选择”按钮。

步骤 06 返回“发布幻灯片”对话框，单击“发布”按钮。

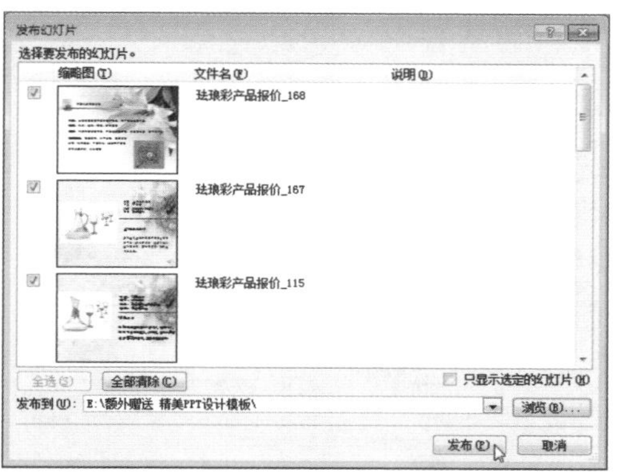

步骤 07 演示文稿随即被发布，在前面设置的保存位置打开文件夹，可以查看发布的所有幻灯片。

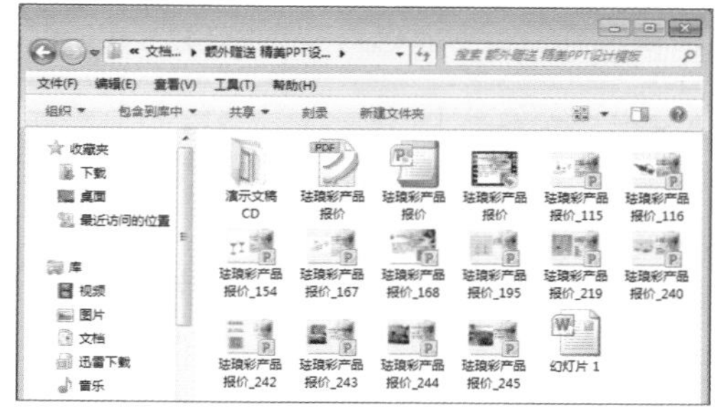

8.3.3 设置并打印幻灯片

如果用户需要打印演示文稿，在打印之前可以先对幻灯片进行预览，然后设置需要打印的页数、打印范围等。

❶ 预览幻灯片

步骤 01 打开“文件”菜单，并选择“打印”选项。

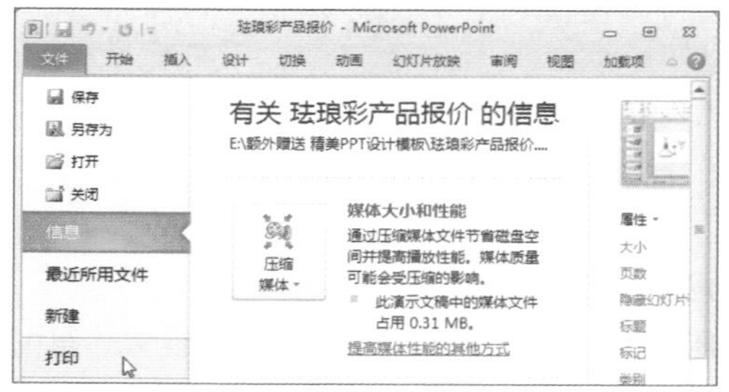

步骤 02 在右侧面板中可以对幻灯片打印效果进行预览。

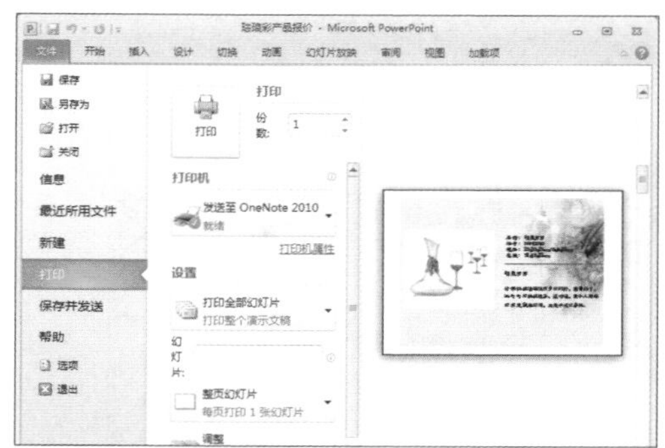

步骤03 单击“下一页”或“上一页”按钮，或拖动页面右侧进度条可切换幻灯片页码。

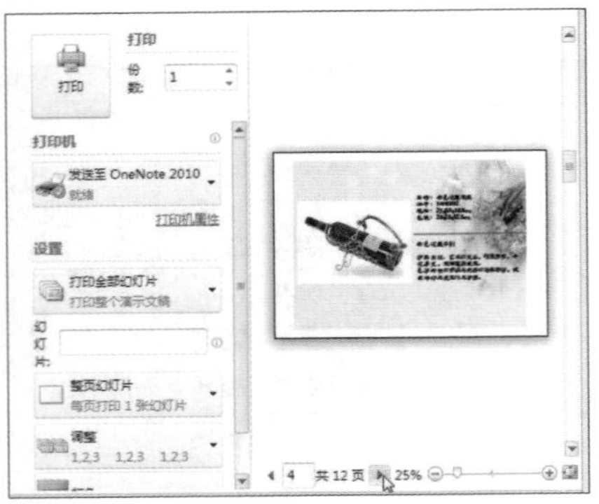

步骤04 拖动显示比例滑块，可以调整预览画面的显示比例。

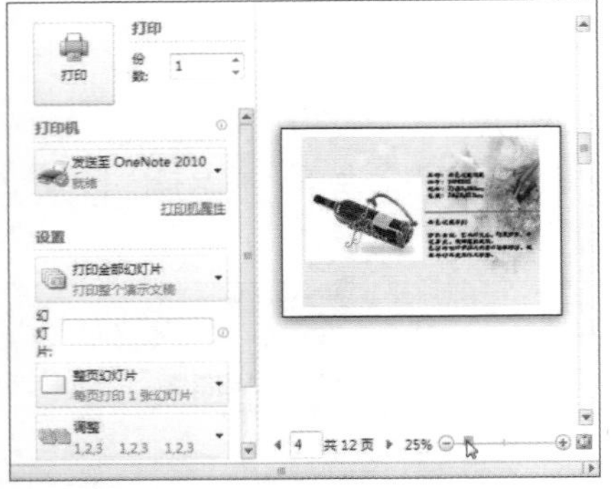

❷设置打印范围

步骤01 在“打印”选项卡中的“设置”组中单击“打印全部幻灯片”下拉按钮，选择“打印当前幻灯片”选项，则只打印预览页面显示的一页幻灯片。

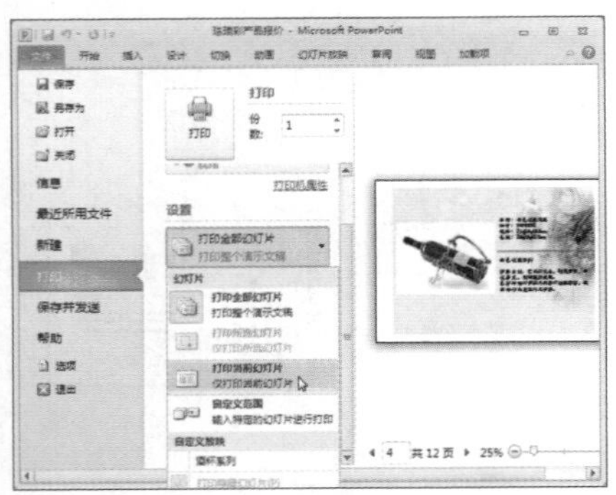

步骤02 在“打印全部幻灯片”下拉列表中选择“自定义范围”选项。

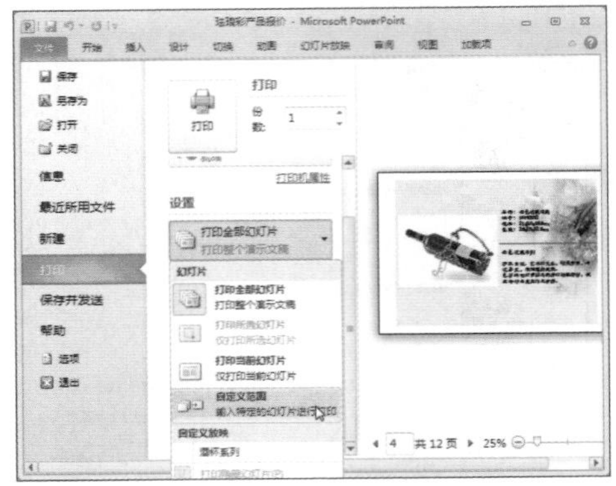

步骤03 在“幻灯片”文本框中输入打印范围，此处输入“5-7”，则会打印5、6、7三页。

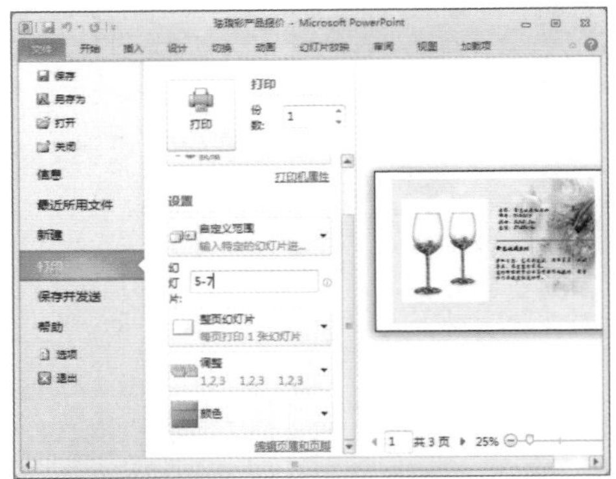

❸一页纸上打印多张张幻灯片

步骤01 在“设置”组中单击“整页幻灯片”下拉按钮。

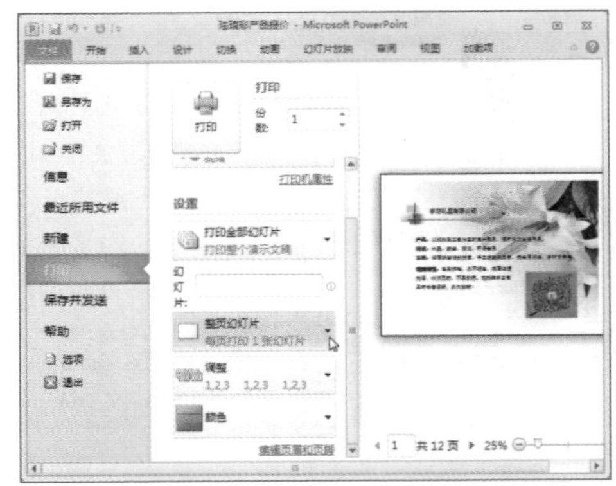

步骤02 在展开的列表中选择“2张幻灯片”选项。

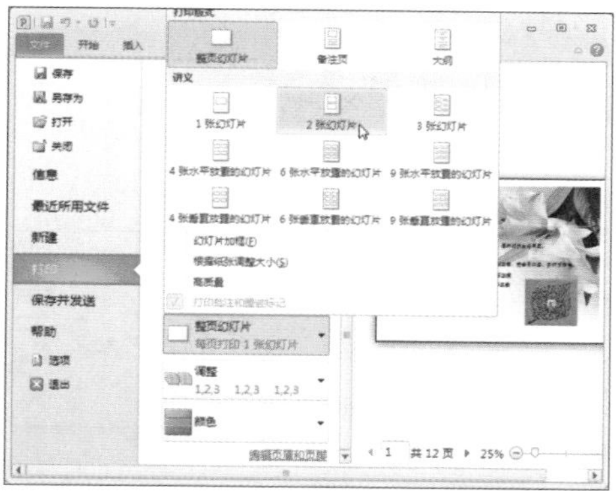

步骤03 在幻灯片预览去可以查看到一页纸打印两张幻灯片的效果。

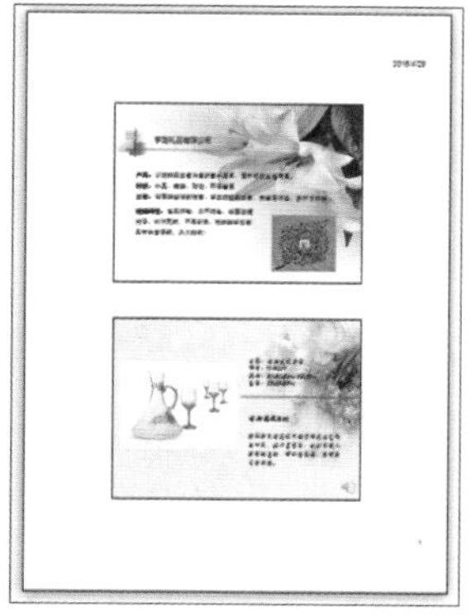

④调整纸张方向

步骤01 单击“设置”组中的“纵向”下的闰按钮，在下拉列表中选择“横向”选项。

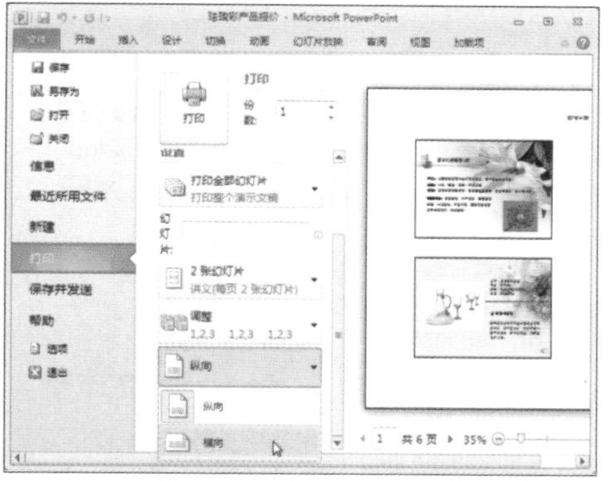

步骤02 设置横向打印的效果如下图所示。

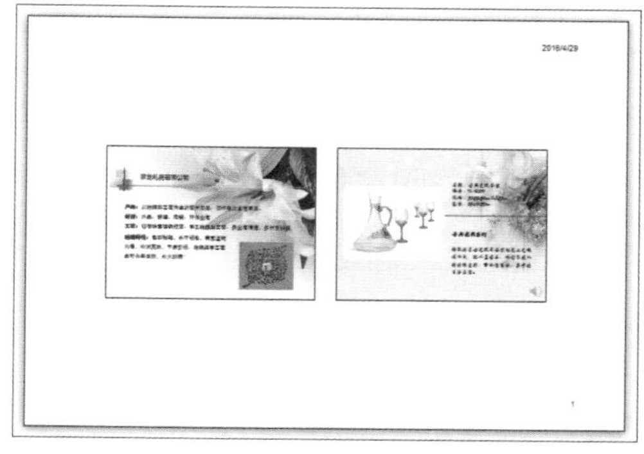

步骤03 用户还可以打开“设计”选项卡，单击“幻灯片方向”下拉按钮，在展开的列表中设置纸张方向。

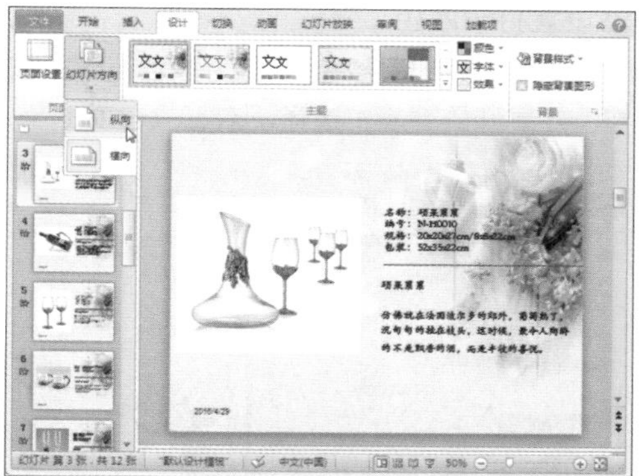

⑤设置幻灯片大小

步骤01 打开“设计”选项卡，在“页面设置”组中单击“页面设置”按钮。

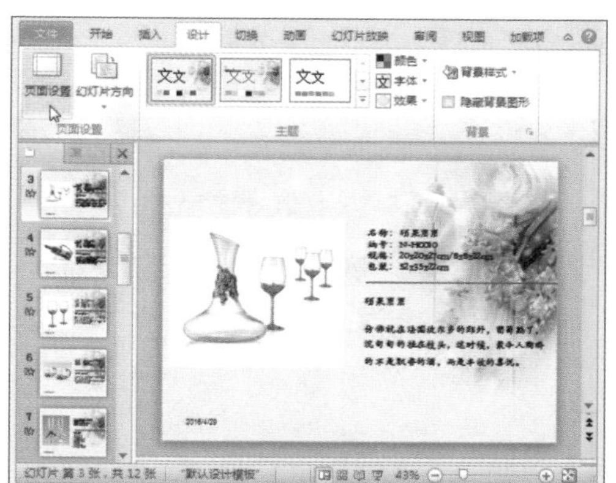

步骤02 弹出“页面设置”对话框，单击“幻灯片大小”下拉按钮，选择“信纸（8.5*11英寸）”选项。

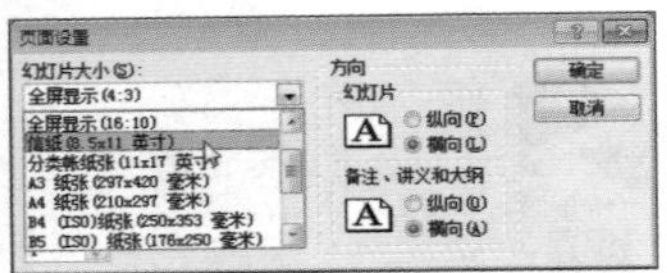

步骤03 也可以在“宽度”和“高度”微调框中数据具体数值。单击“确定”按钮即可。

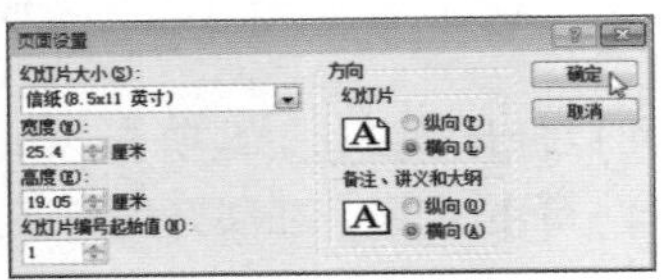

⑥设置打印颜色

步骤01 单击“设置”组中的“颜色”下拉按钮，在展开的列表中选择“灰度”选项。

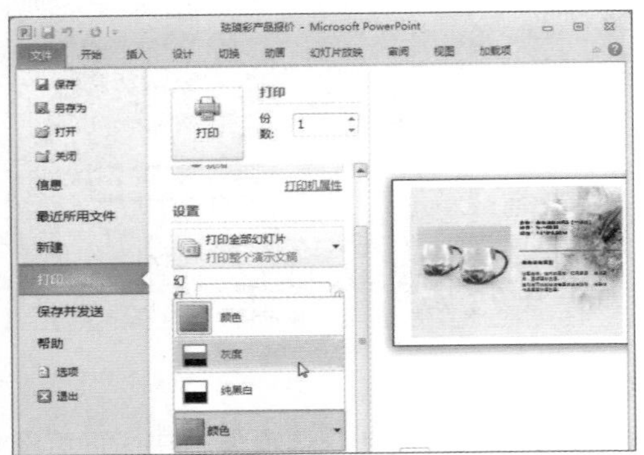

步骤02 在打印预览区可以查看“灰度”的打印效果。

⑦自动打印当前日期

步骤01 在“设置”组中单击“编辑页眉和页脚”选项。

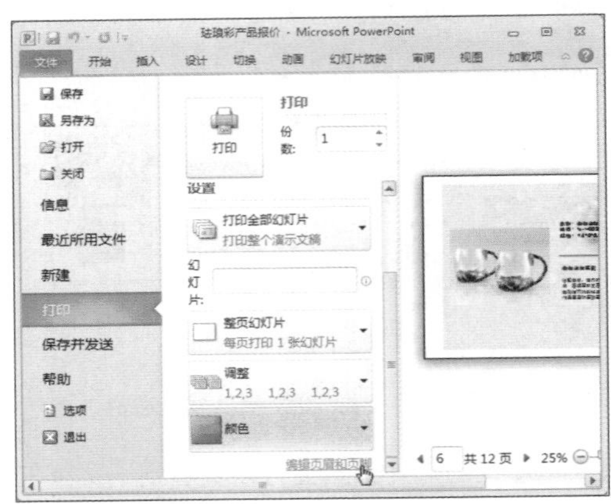

步骤02 弹出“页眉和页脚”对话框，在“幻灯片”选项卡中勾选“日期和时间”复选框。

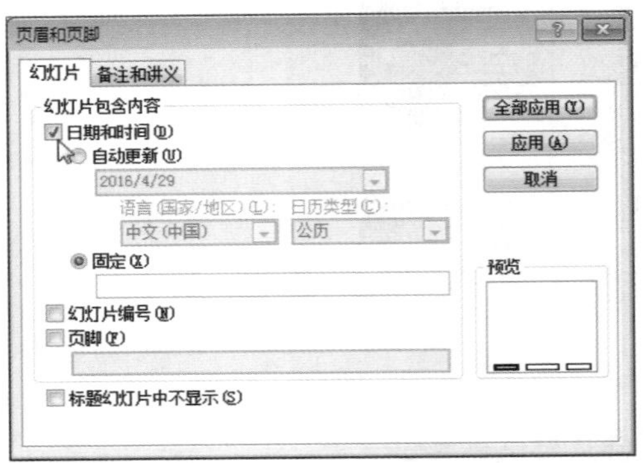

步骤03 选中“自动更新”单选按钮。单击“全部应用”按钮。

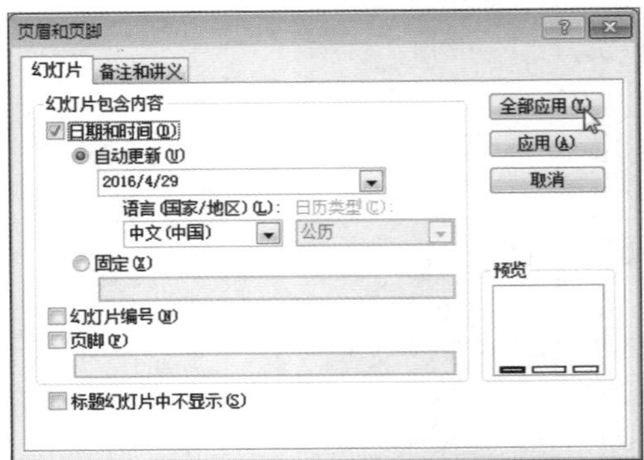

步骤 04 设置了自动更新日期的打印效果如下图所示。

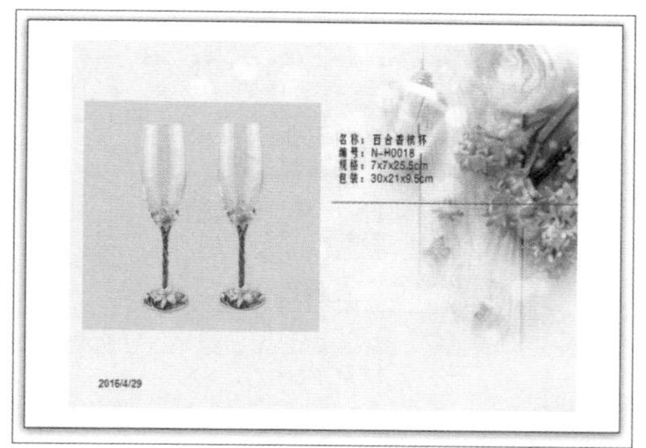

8.3.4 为演示文稿加密

演示文稿编辑完成之后，为了防止被无关的人恶意更改其内容，可以为演示文稿的设置权限。

❶将演示文稿标记成最终状态

步骤 01 打开“文件”菜单，在“信息”选项面板中单击“保护演示文稿”选项。

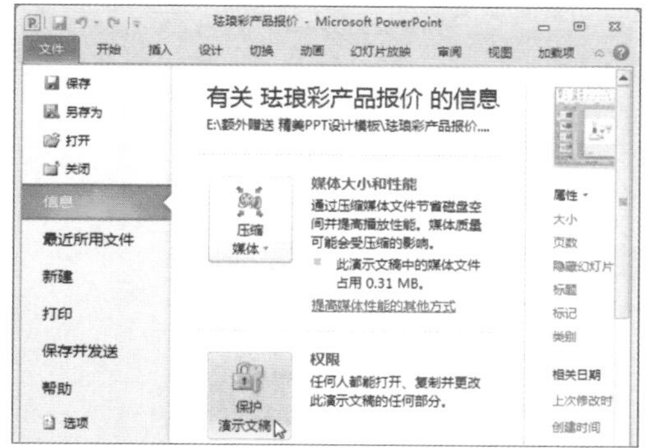

步骤 02 在展开的列表中选择“标记为最终状态”选项。

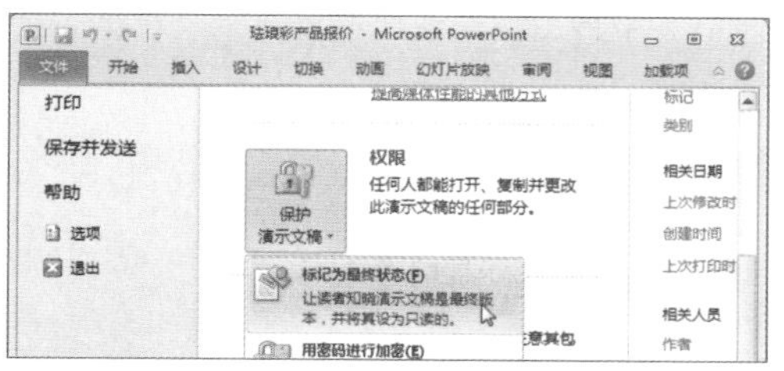

步骤 03 此时弹出提示对话框，单击“确定”按钮。

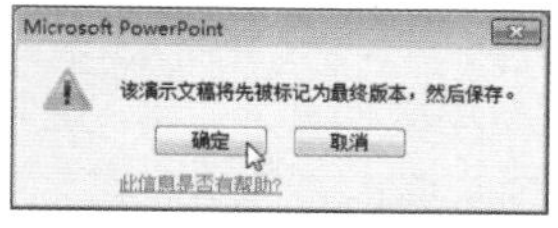

步骤 04 再次弹出确认对话框，单击“确定”按钮。

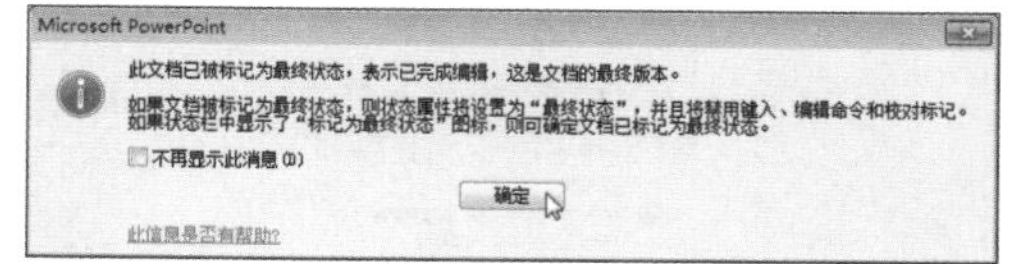

步骤 05 返回演示文稿，在标题栏可以查看到该演示文稿已经呈“只读”状态，此时将无法对幻灯片中的内容做任何更改。

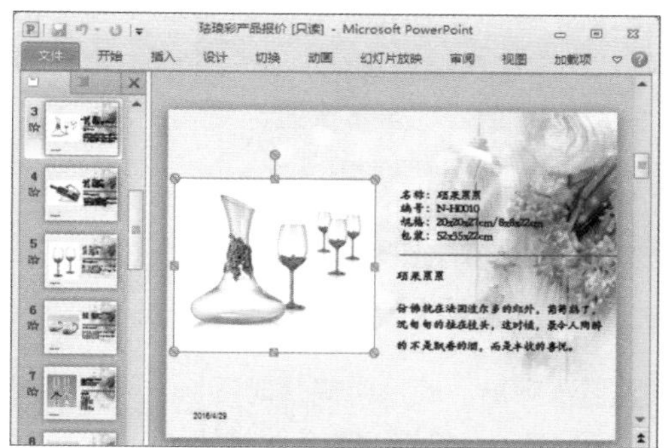

步骤 06 若要继续编辑演示文稿，则单击警示栏中的“仍然编辑”按钮，即可恢复为可编辑状态。

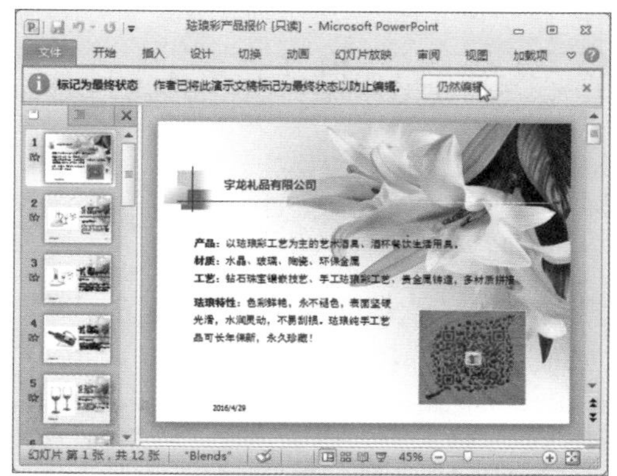

❷使用密码加密

步骤01 打开“文件”菜单，在“信息”选项面板中单击“保护演示文稿”下拉按钮，选择“用密码进行加密”选项。

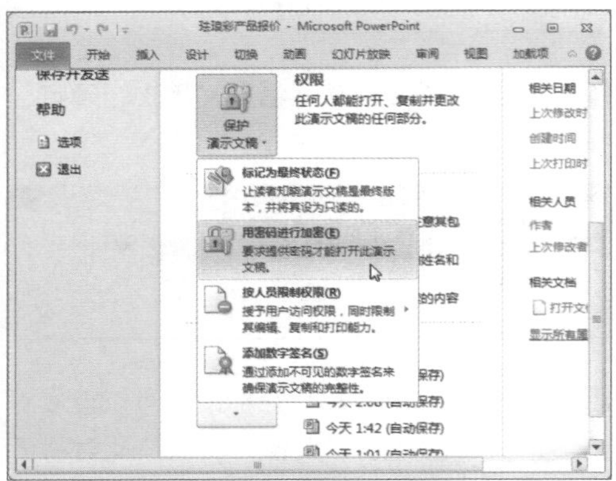

步骤02 弹出“加密文档”对话框，在“密码”文本框中输入密码。此处输入的密码为“123”，单击“确定”按钮。

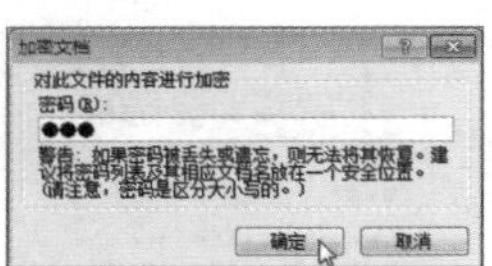

步骤03 弹出“确认密码”对话框，再次输入之前的密码，单击“确定”按钮。

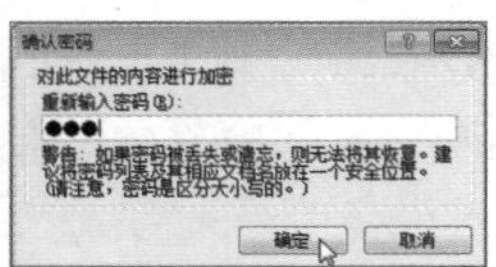

步骤04 关闭演示文稿，弹出询问对话框，单击“保存”按钮。

步骤05 将再次弹出询问对话框，单击“是”按钮。

步骤06 双击演示文稿图标，此时无法直接打开演示文稿，而是弹出“密码”对话框。

步骤07 在“密码”对话框中输入之前设置的密码“123”，单击“确定”按钮，方可打开演示文稿。

步骤08 若要去除密码，则再次单击“保护演示文稿”下拉按钮，选择“用密码进行保护”选项。

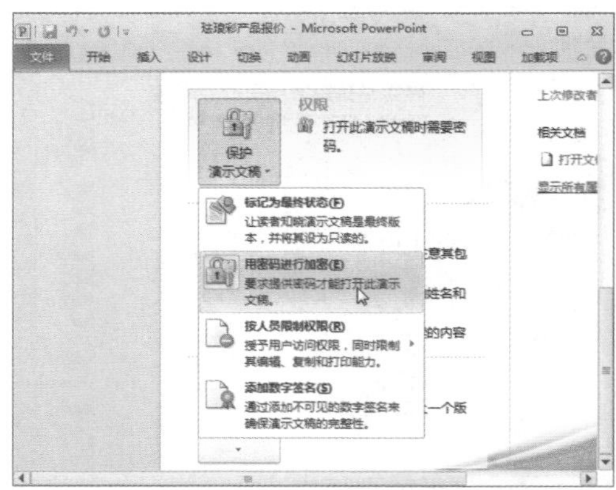

步骤09 弹出“加密文档”对话框，删除“密码”文本框中的密码，然后单击“确定”按钮即可。

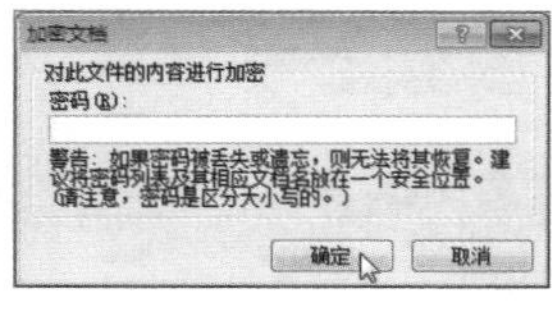

Appendix
附录

附录 1　PPT 常用快捷键汇总

附录 2　PPT 疑难解答之 36 问

附录1 PPT常用快捷键汇总

序号	快捷键	功能描述
1. 定位文本时的快捷键		
❶	向左键	向左移动一个字符
❷	向右键	向右移动一个字符
❸	向上键	向上移动一行
❹	向下键	向下移动一行
❺	Ctrl+向左键	向左移动一个字词
❻	Ctrl+向右键	向右移动一个字词
❼	Ctrl+向上键	向上移动一个段落
❽	Ctrl+向下键	向下移动一个段落
❾	End	移至行尾
❿	Home	移至行首
⓫	Ctrl+End	移至文本框的末尾
⓬	Ctrl+Home	移至文本框的开头
⓭	Ctrl+Enter	移至下一标题或正文文本占位符。如果这是幻灯片中的最后一个占位符，则将插入一个与原始幻灯片版式相同的新幻灯片
⓮	Shift+F4	移动以便重复上一个“查找”操作
⓯	Enter	开始一个新段落
2. 选择文本与对象的快捷键		
❶	Shift+向右键	向右选择一个字符
❷	Shift+向左键	向左选择一个字符
❸	Ctrl+Shift+向右键	选择到词尾
❹	Ctrl+Shift+向左键	选择到词首
❺	Shift+向上键	选择上一行（当光标位于行的开头时）
❻	Shift+向下键	选择下一行（当光标位于行的开头时）
❼	Esc	选择一个对象（当已选定对象内部的文本时）
❽	Enter	选择对象内的文本（已选定一个对象）
❾	Ctrl+A	选择当前幻灯片中的所有对象。若目前是在“幻灯片浏览”视图中进行操作，则可以选择所有幻灯片
❿	Backspace	向左删除一个字符
⓫	Ctrl+Backspace	向左删除一个字词
⓬	Delete	向右删除一个字符
⓭	Ctrl+Delete	向右删除一个字词
⓮	Ctrl+X	剪切选定的对象或文本
⓯	Ctrl+C	复制选定的对象或文本

（续表）

序号	快捷键	功能描述
⑯	Ctrl+V	粘贴剪切或复制的对象或文本
⑰	Ctrl+Z	撤消上一个操作
⑱	Ctrl+Y	恢复上一个操作
⑲	Ctrl+Shift+C	只复制格式
⑳	Ctrl+Shift+V	只粘贴格式
㉑	Ctrl+Alt+V	打开“选择性粘贴”对话框
㉒	Ctrl+G	组合形状、图片或艺术字对象
㉓	Ctrl+Shift+G	取消某个组的组合
㉔	Shift+F9	显示或隐藏网格
㉕	Alt+F9	显示或隐藏参考线
3. 格式化文档时的快捷键		
❶	Ctrl+Shift+F	打开“字体”对话框更改字体
❷	Ctrl+Shift+>	增大字号
❸	Ctrl+Shift+<	减小字号
❹	Ctrl+T	打开“字体”对话框更改字符格式
❺	Shift+F3	更改句子的字母大小写
❻	Ctrl+B	应用加粗格式
❼	Ctrl+U	应用下划线
❽	Ctrl+I	应用倾斜格式
❾	Ctrl+等号（=）	应用下标格式（自动间距）
❿	Ctrl+Shift+加号（+）	应用上标格式（自动间距）
⓫	Ctrl+空格键	删除手动字符格式，如下标和上标
⓬	Ctrl+K	插入超链接
⓭	Ctrl+Shift+C	复制格式
⓮	Ctrl+Shift+V	粘贴格式
⓯	Ctrl+E	将段落居中
⓰	Ctrl+J	将段落两端对齐
⓱	Ctrl+L	将段落左对齐
⓲	Ctrl+R	将段落右对齐
4. 大纲模式下的快捷键		
❶	Alt+Shift+向左键	提升段落级别
❷	Alt+Shift+向右键	降低段落级别
❸	Alt+Shift+向上键	上移所选段落
❹	Alt+Shift+向下键	下移所选段落

（续表）

序号	快捷键	功能描述
❺	Alt+Shift+1	显示 1 级标题
❻	Alt+Shift+加号(+)	展开标题下的文本
❼	Alt+Shift+减号(-)	折叠标题下的文本
5. 在窗格间移动的快捷键		
❶	F6	在普通视图模式的窗格间顺时针移动
❷	Shift+F6	在普通视图模式的窗格间逆时针移动
❸	Ctrl+Shift+Tab	在普通视图模式的“大纲和幻灯片”窗格中的“幻灯片”选项卡与“大纲”选项卡之间进行切换
6. 应用表格时的快捷键		
❶	Tab	移至下一个单元格
❷	Shift+Tab	移至前一个单元格
❸	向下键	移至下一行
❹	向上键	移至上一行
❺	Ctrl+Tab	在单元格中插入一个制表符
❻	Tab	在表格的底部添加一个新行
❼	Shift+F10	显示快捷菜单
7. 运行演示文稿时的快捷键		
❶	F5	从头开始运行演示文稿
❷	Page Down/向下键	执行下一个动画或前进到下一张幻灯片
❸	Page Up/向上键	执行上一个动画或返回到上一张幻灯片
❹	编号+Enter	转至第编号张幻灯片
❺	B 或句号	显示空白的黑色幻灯片，或者从空白的黑色幻灯片返回到演示文稿
❻	W 或逗号	显示空白的白色幻灯片，或者从空白的白色幻灯片返回到演示文稿
❼	S	停止或重新启动自动演示文稿
❽	Esc 或连字符	结束演示文稿
❾	E	擦除屏幕上的注释
❿	H	转到下一张隐藏的幻灯片
⓫	T	排练时设置新的排练时间
⓬	O	排练时使用原排练时间
⓭	M	排练时通过鼠标单击前进
⓮	R	重新录制幻灯片旁白和计时
⓯	A 或 =	显示或隐藏光标
⓰	Ctrl+P	将光标变为绘图笔
⓱	Ctrl+A	将光标变为箭头

（续表）

序号	快捷键	功能描述
⑱	Ctrl+E	将光标变为橡皮擦
⑲	Ctrl+M	显示或隐藏墨迹标记
⑳	Ctrl+H	立即隐藏光标和导航按钮
㉑	Ctrl+U	在 15 秒内隐藏光标和导航按钮
㉒	Ctrl+S	查看“所有幻灯片”对话框
㉓	Ctrl+T	查看计算机任务栏
㉔	Shift+F10	显示快捷菜单
㉕	Tab	转到幻灯片上的第一个或下一个超链接
㉖	Shift+Tab	转到幻灯片上的最后一个或上一个超链接
㉗	Enter	当选中一个超链接时，对所选的超链接执行“鼠标单击”操作
㉘	Alt+P	播放或暂停媒体
㉙	Alt+Q	停止媒体播放
㉚	Alt+U	静音
㉛	Alt+End	转到下一个书签
㉜	Alt+Home	转到上一个书签
㉝	Alt+向上键	提高音量
㉞	Alt+向下键	降低音量
㉟	Alt+Shift+向右键	向前搜寻
㊱	Alt+Shift+向左键	向后搜寻
㊲	Alt+Shift+Ctrl+向右键	向前微移
㊳	Alt+Shift+Ctrl+向左键	向后微移

附录2 PPT疑难解答之36问

Q01. 如何为功能区添加一个命令？

用户制作演示文稿所用到的编辑命令大都位于功能区中，用户可根据工作需要和使用习惯添加、删除或移动功能区中的命令，其操作步骤如下。

步骤01 打开“PowerPoint选项”对话框，在“自定义功能区”选项面板的“自定义功能区”列表框中选择“绘图工具-格式”选项组中的组，单击“新建组”按钮。新建一个组，选中该组，然后单击“重命名”按钮。

步骤02 打开“重命名”对话框，输入自定义名称“图形编辑”，单击“确定”按钮。

步骤03 在“从下列位置选择命令”下拉列表框中选择不在功能区中的命令。这里选择“形状组合”命令，然后单击“添加”按钮。

步骤 05 单击“PowerPoint选项”对话框中的“确定”按钮，返回幻灯片页面，可以看到已添加的“形状组合”命令。

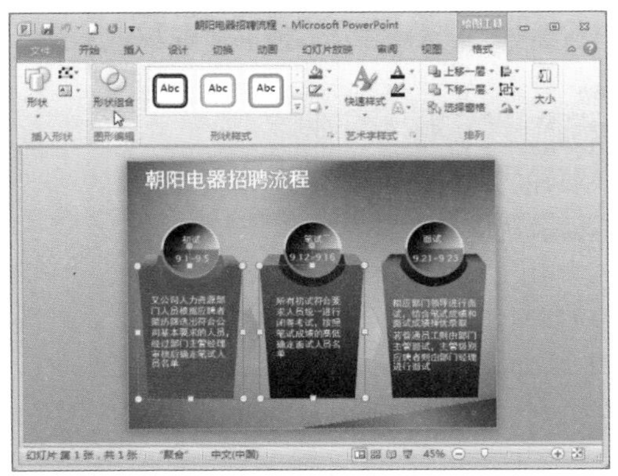

提示 删除功能区命令

选中命令并右击，从快捷菜单中选择“删除”命令，并单击“确定”按钮即可删除该命令。

Q02. 如何改变最近使用文档中显示的数量？

PowerPoint 2010还有一个很实用的功能，就是自动记录最近所使用过的文件，利用该功能可以让用户轻松查找最近使用的文件。但是，若用户觉得默认的最近使用文档数太少，该怎么修改呢？下面将对其进行介绍。

步骤 01 打开原始文件。打开“文件”菜单，选择“选项”选项。

步骤 02 打开“PowerPoint选项”对话框，选择“高级”选项，在“显示”区下的“显示此数目的‘最近使用的文档’”选项右侧的数值框中输入数值，单击“确定”按钮即可。

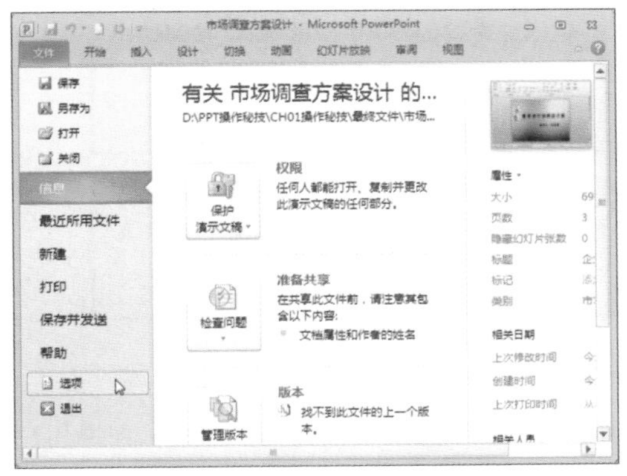

Q03. 如何制作用旧版本也能打开的新版本制作的文档？

在工作时，经常会遇到这样的情况，客户或者同事安装的办公软件版本并不是最新版本，发过去的文档并不能够正确读取。那么，怎样才能让新版本制作的文档在旧版本中也能打开呢？下面将对其进行详细介绍。

步骤 01 打开演示文稿，执行“文件>另存为”命令。打开“另存为”对话框，单击“保存类型”下拉按钮，从列表中选择“PowerPoint 97-2003演示文稿”选项。

步骤 02 单击“另存为”对话框中的“保存”按钮，将弹出“Microsoft PowerPoint兼容性检查器”对话框，单击“继续”按钮即可。

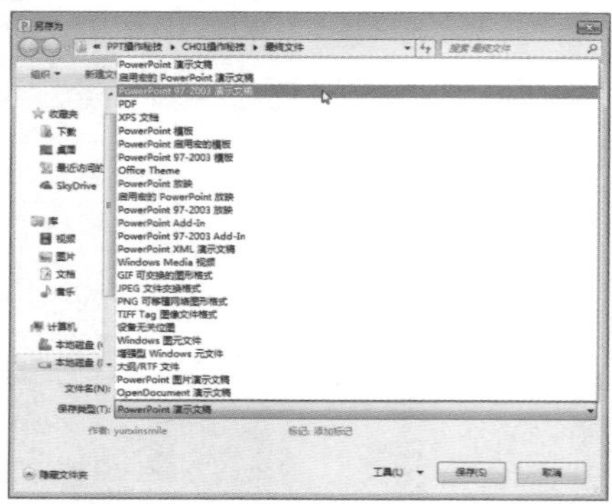

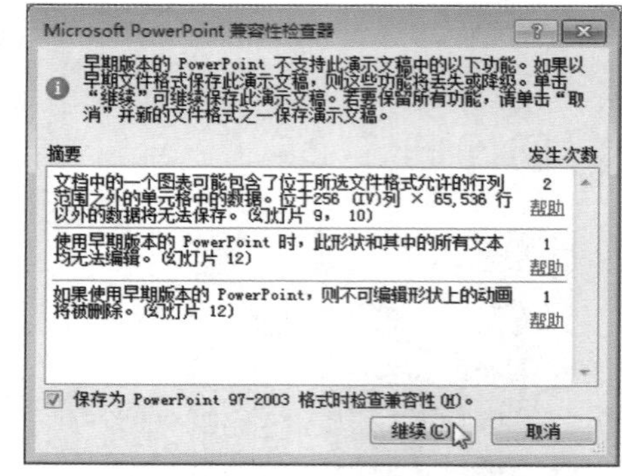

Q04 如何将演示文稿标记为最终版？

用户可以通过将演示文稿标记为最终版，来提醒其他读者，此演示文稿已是最终版本，无须再进行编辑，其操作步骤如下。

步骤 01 执行“文件>信息”命令，单击右侧的“保护演示文稿”下拉按钮，在展开的下拉列表中选择“标记为最终状态”选项。

步骤 02 弹出一个提示对话框，单击“确定”按钮。在系统弹出的信息对话框中继续单击“确定”按钮即可。

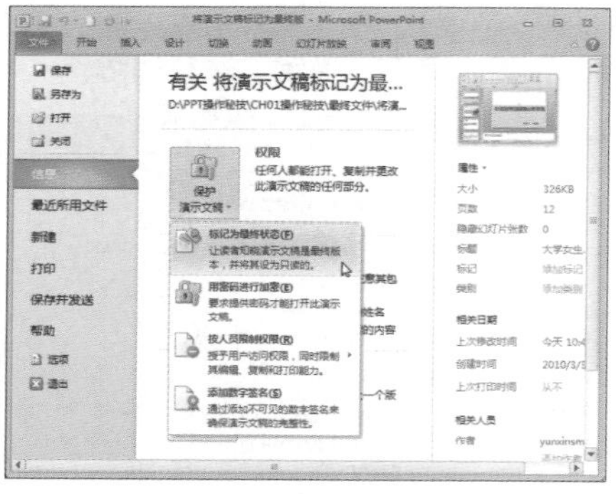

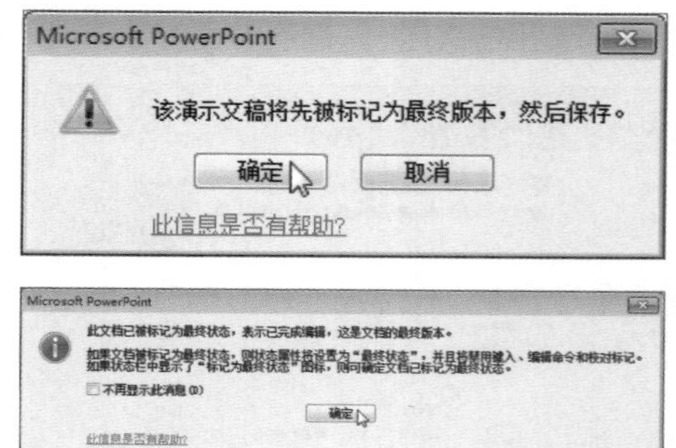

Q05 如何变更自动备份的设定？

自动保存可以避免意外故障断电、程序关闭等情况下导致的文件丢失。那么，如果用户觉得默认的自动保存时间间隔太长、默认的保存类型不需要、默认的保存位置不对等，想要把自动保存相关选项设置为自己需要的格式，该如何进行操作呢？

步骤 01 打开“文件”菜单，选择“选项”选项，打开“PowerPoint选项”对话框。选择“保存”选项。

步骤 02 在“保存演示文稿”区下的各选项中，可对文件的保存格式、保存自动恢复信息时间间隔、自动恢复文件位置、默认文件位置等选项进行相应的设置。设置完成后，单击“确定”按钮即可。

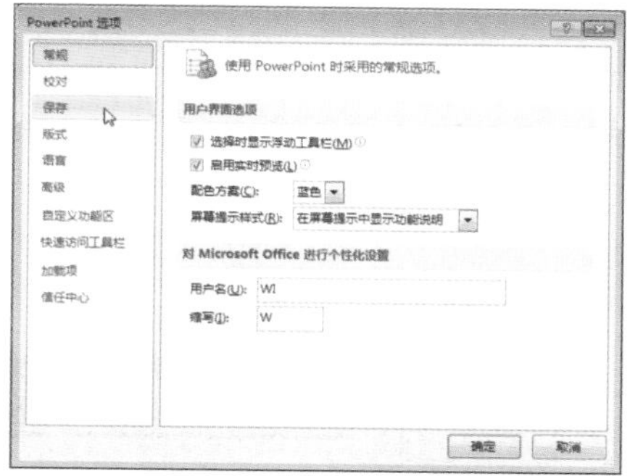

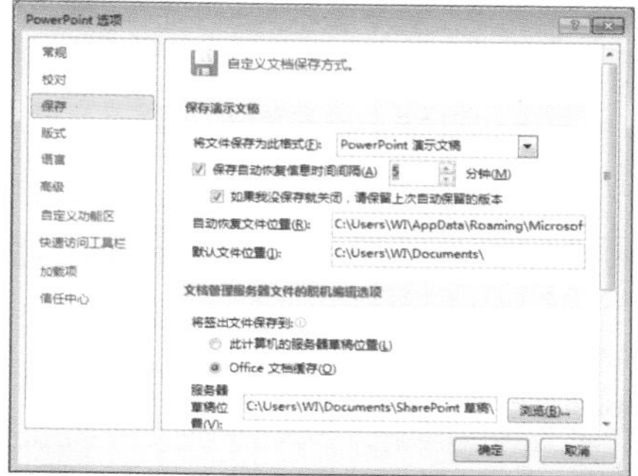

Q06 如何自制幻灯片模板？

用户可以自己制作幻灯片模板，并在需要的时候进行应用。比如自制一个包含公司Logo的幻灯片模板，之后在制作与公司相关的演示文稿时，直接应用此模板。下面介绍具体的操作方法。

步骤 01 打开演示文稿，这里准备将此文档保存为模板。

步骤 02 打开“文件”菜单，从中选择“另存为”命令，打开“另存为”对话框。

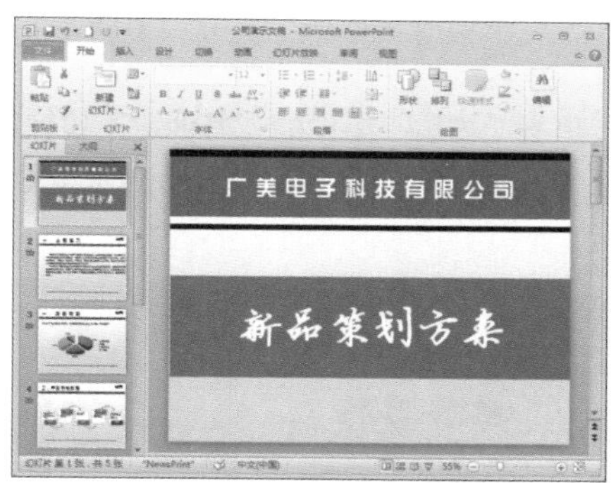

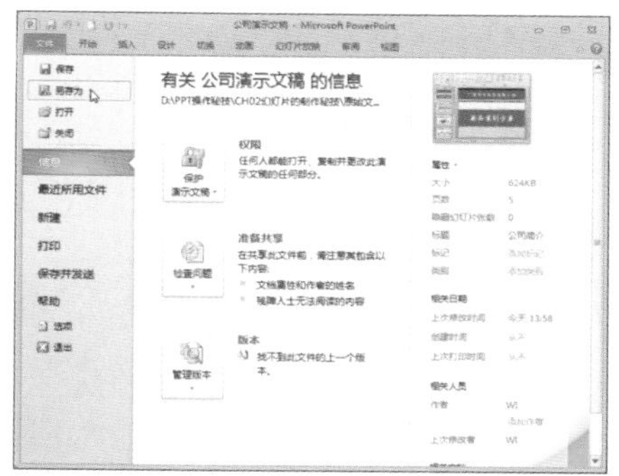

步骤 03 设置文件名，并将“保存类型”设为“PowerPoint模板（*.potx）”。最后单击“保存”按钮。

步骤 04 此时模板文件已保存，打开“文件”菜单，选择“新建”命令，然后单击“我的模板”按钮。

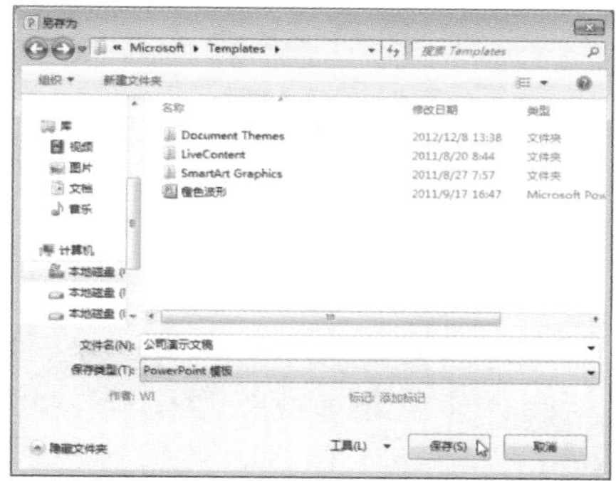

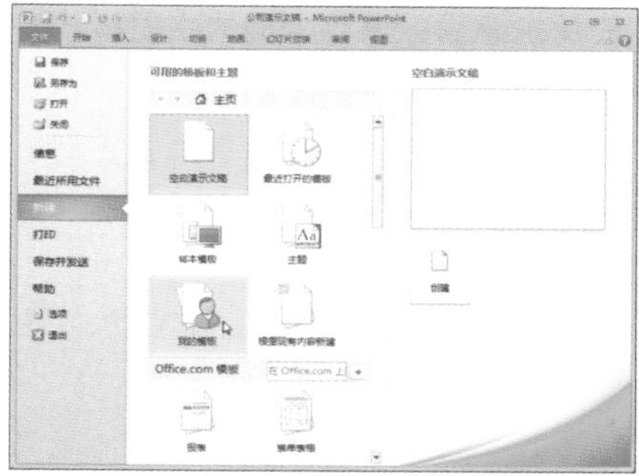

步骤05 随后弹出“新建演示文稿”对话框，其中显示了自定义的模板。选择之前创建并保存的模板，并单击“确定”按钮。

步骤06 接下来即可打开模板文件，其中包含了模板中应用的所有格式，用户在此基础上进行简单修改即可应用。

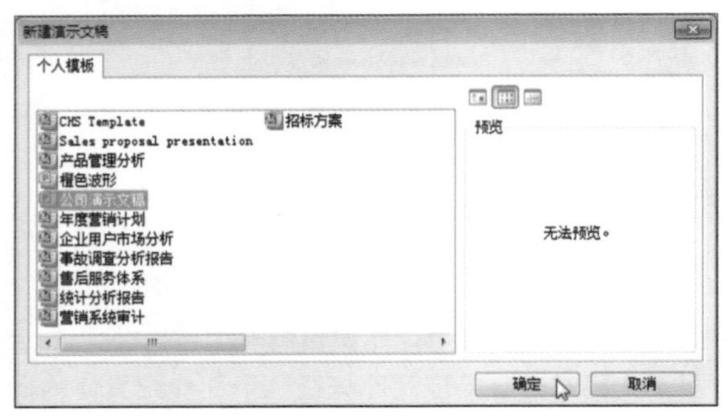

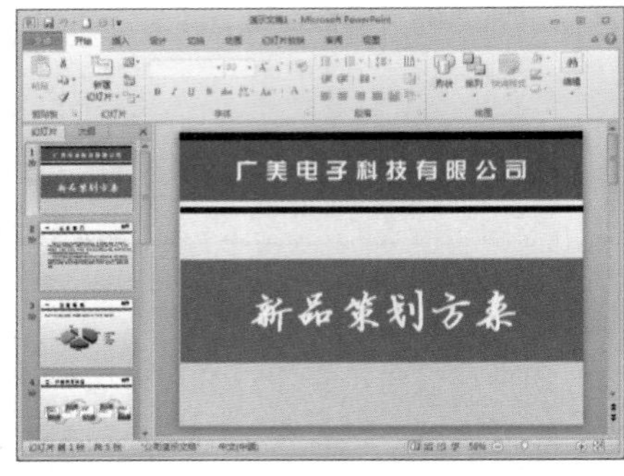

Q07. 如何为幻灯片应用主题效果？

PowerPoint 2010提供了大量的主题样式，这些主题样式设置了不同的颜色、字体和对象样式。这些主题效果都是经过精心挑选的，用户可以根据需要选择相应的主题样式，这样就不需要花费大量时间来设置幻灯片样式了。

步骤01 打开原始文件，切换至“设计”选项卡，单击“主题”组中的“其他”下拉按钮。

步骤02 打开“主题”列表，当光标停留在某一主题样式上时，将会实时显示应用该主题的效果。这里选择“聚合”主题。

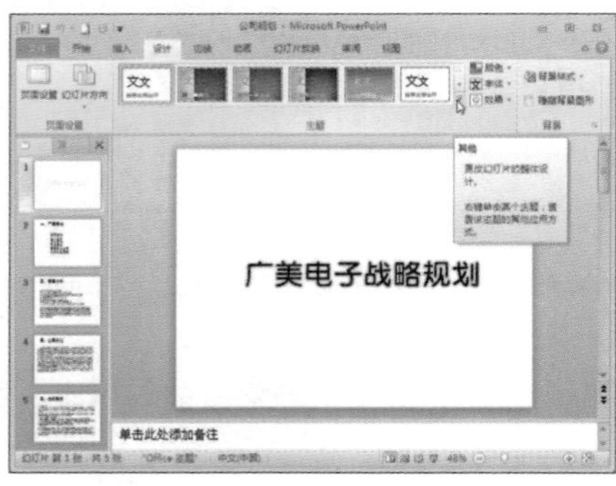

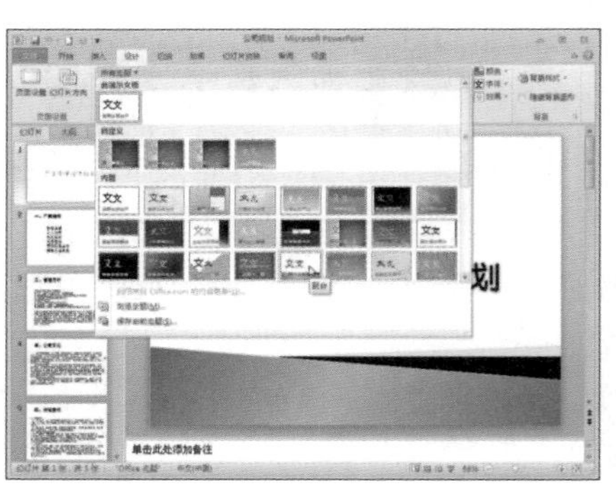

步骤03 应用主题后，演示文稿的主题样式将发生相应的变化。

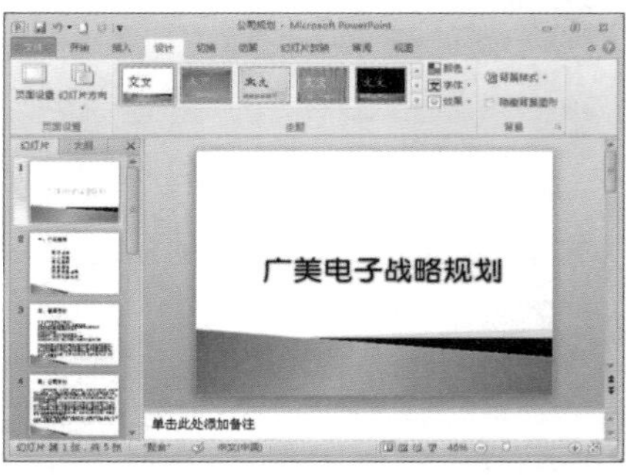

Q08 如何自制幻灯片主题？

若系统提供的主题样式不能满足用户需求，还可以根据自身需要自定义主题颜色和主题字体，并将自定义的主题保存起来，方便日后工作需要。其具体操作步骤如下。

步骤 01 切换至“设计”选项卡，单击“颜色”下拉按钮，从展开的下拉列表中选择“新建主题颜色”选项。

步骤 02 打开“新建主题颜色”对话框，单击“文字/背景-深色（T）”下拉按钮，从颜色面板中选择一种合适的颜色。

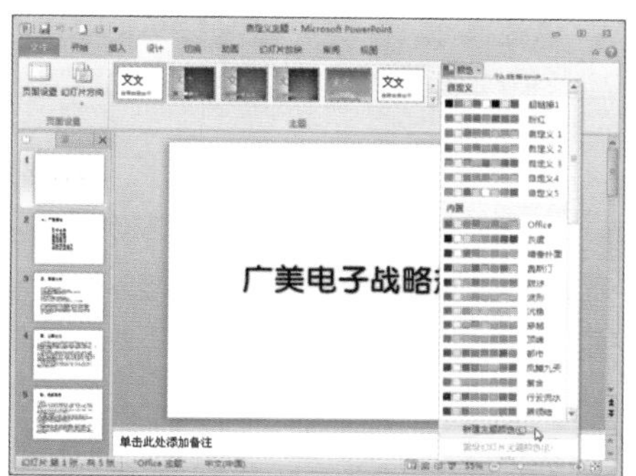

步骤 03 设置其他颜色，输入新建主题颜色名称并保存。同样的从“字体”列表中选择“新建主题字体”选项。

步骤 04 在打开的“新建主题字体”对话框中设置主题字体，输入名称并进行保存。

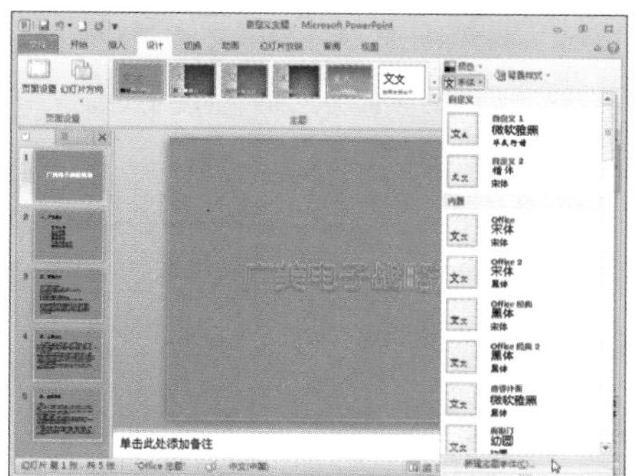

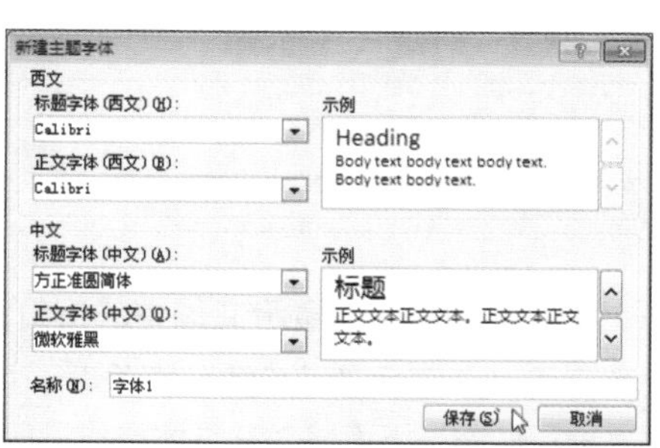

步骤 05 单击“主题”组的“其他”下拉按钮，从列表中选择“保存当前主题”选项。

步骤06 弹出“保存当前主题”对话框，输入文件名进行保存即可。

Q09. 如何取消对主题的应用?

若用户希望可以从头开始设计演示文稿，为了让当前的配色和字体格式不影响用户的判断力，可以取消演示文稿当前主题的应用，将其还原为空白演示文稿，其操作步骤如下。

步骤01 单击“设计”选项卡上“主题”组的“其他”下拉按钮，从展开的下拉列表中选择“Office主题”选项。

步骤02 即可取消对主题的应用，还原为空白演示文稿模式。

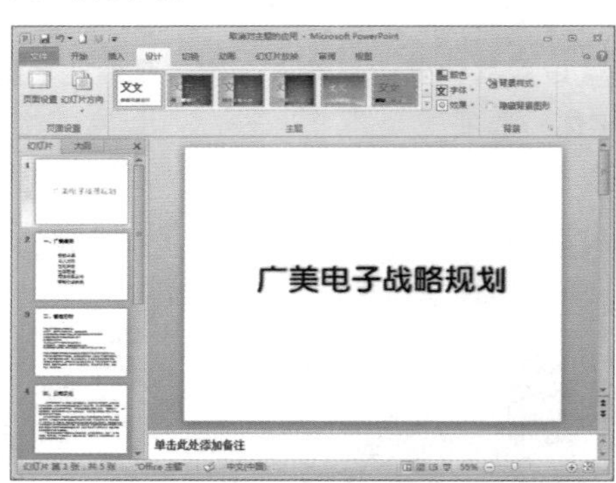

Q10. 如何快速调用其他演示文稿中的幻灯片?

需要插入其他演示文稿中的幻灯片时，可以直接打开演示文稿，从其他演示文稿中复制幻灯片并进行粘贴。下面将对其具体操作进行介绍。

步骤01 采用直接复制粘贴的方法时，必须要同时打开两个演示文稿。打开文件“公司演示文稿.pptx”与“销售总结.pptx”。

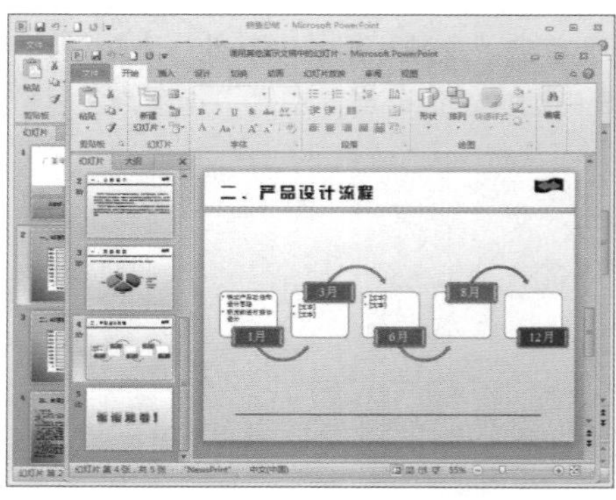

步骤02 切换至“销售总结.pptx”窗口，在左侧“幻灯片”窗格中单击需要复制的幻灯片，按下快捷键Ctrl+C，注意不要右击选择“复制幻灯片”命令。

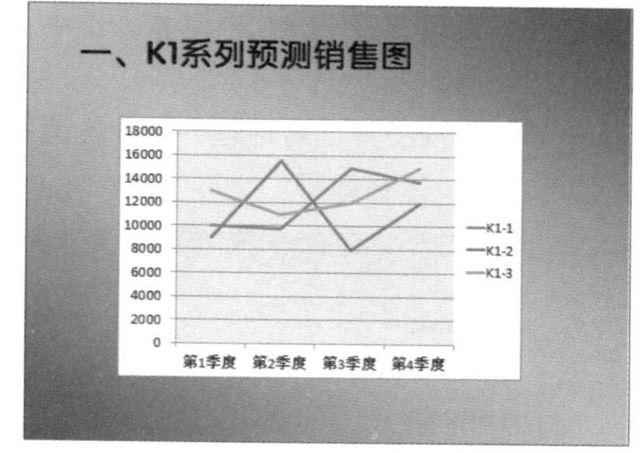

步骤03 切换至“公司演示文稿.pptx”窗口，在左侧“幻灯片”窗格中单击需要粘贴到其下方的幻灯片，然后按下快捷键Ctrl+V。粘贴后的幻灯片应用目标幻灯片的主题效果。

步骤04 如果想保留原有主题效果，则在步骤3中右击要粘贴到其下方的幻灯片，在快捷菜单中“粘贴选项”组中选择“保留源格式”选项即可。

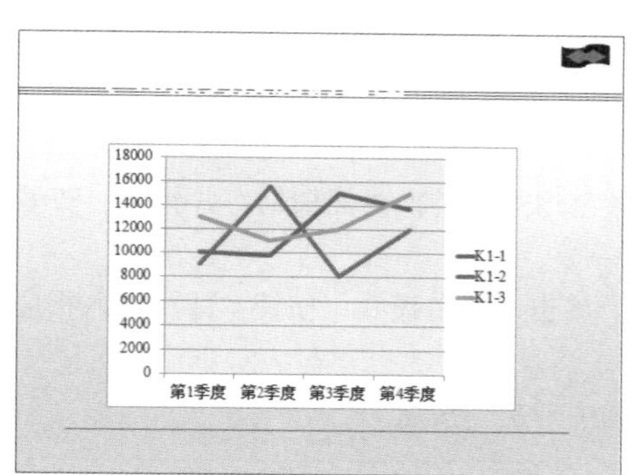

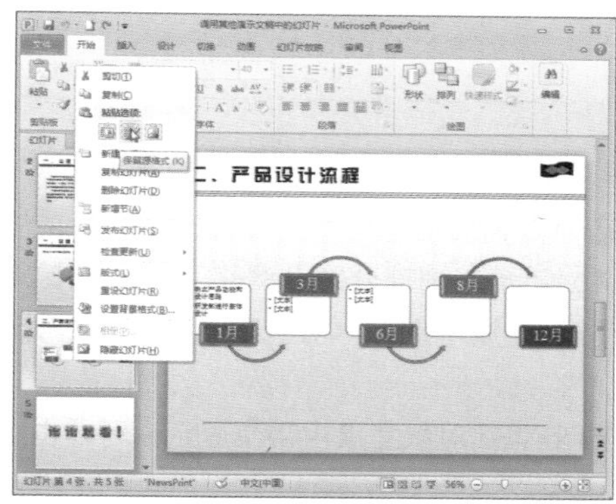

Q11. 如何将自己准备的图像文件作为背景？

在制作演示文稿时，如果制作一个演示文稿，就设计一下背景格式，那么，颜色的搭配会让我们很是纠结。这时候，如果你手头上有一些漂亮的图片，不妨拿出来作为幻灯片背景来用吧！其具体的操作步骤如下。

步骤01 打开演示文稿，单击“设计”选项卡中的“背景样式”下拉按钮，从下拉列表中选择“设置背景格式”选项。

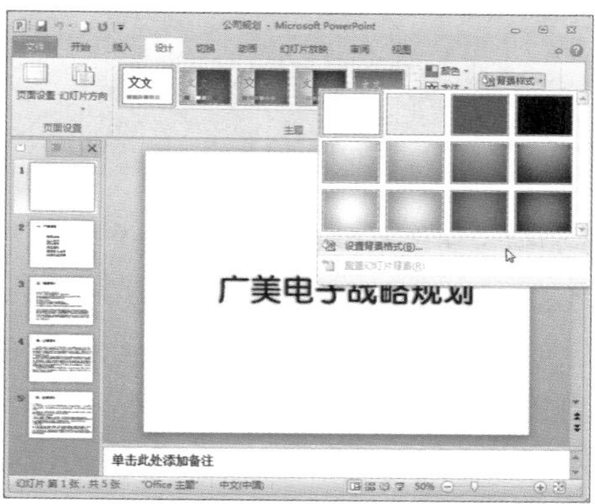

步骤02 打开“设置背景格式”对话框，选中“图片或纹理填充”单选按钮，单击“插入”选项下的“文件”按钮。

步骤03 打开“插入图片”对话框，选择合适的图片，单击“插入”按钮返回上一级对话框，单击“全部应用”按钮即可。

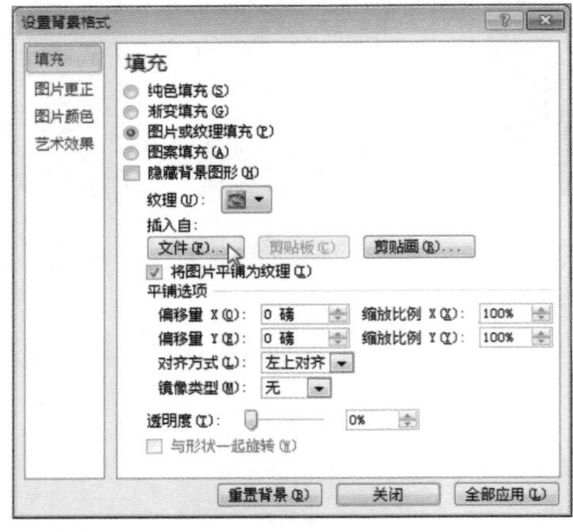

Q12. 如何将彩色幻灯片转换为黑白幻灯片？

若用户需要将幻灯片打印出来，可以先将彩色幻灯片转换为黑白幻灯片预览，查看打印效果并对不恰当的部分做出调整。其操作步骤如下。

步骤01 打开演示文稿，切换至“视图”选项卡，单击“黑白模式”按钮，即可进入相应显示模式。

步骤02 若想要对象呈黑中带灰显示，可单击“黑中带灰”按钮。

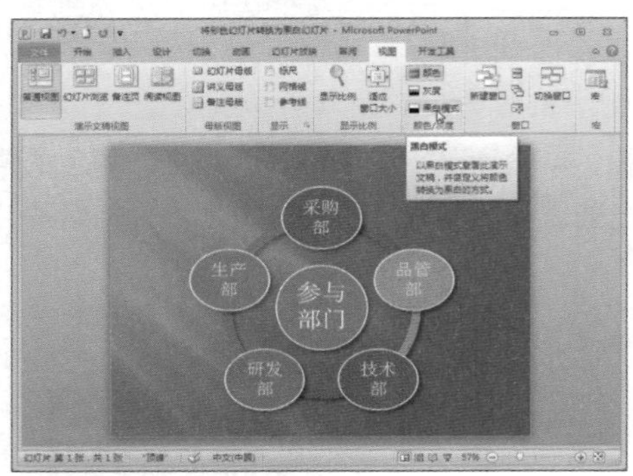

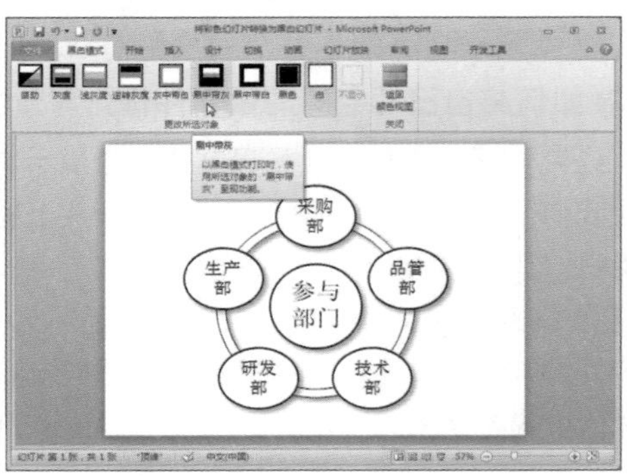

Q13. 如何设置幻灯片页眉和页脚？

在真正的办公生活中，经常需要为幻灯片添加统一的页眉页脚。比如添加实时更新的日期或时间，以及幻灯片编号。下面介绍添加简单的页眉与页脚的方法。

步骤01 打开演示文稿，切换至“插入”选项卡，单击“文本”组中“页眉和页脚”按钮。

步骤02 打开“页眉和页脚”对话框并切换至“幻灯片”选项卡，从中勾选“日期和时间”和“幻灯片编号”复选框。

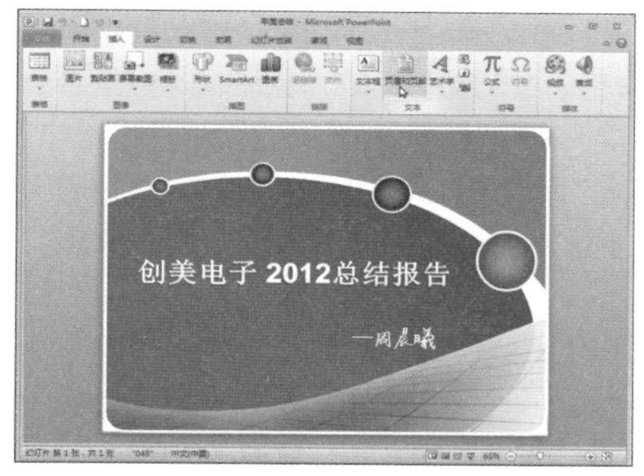

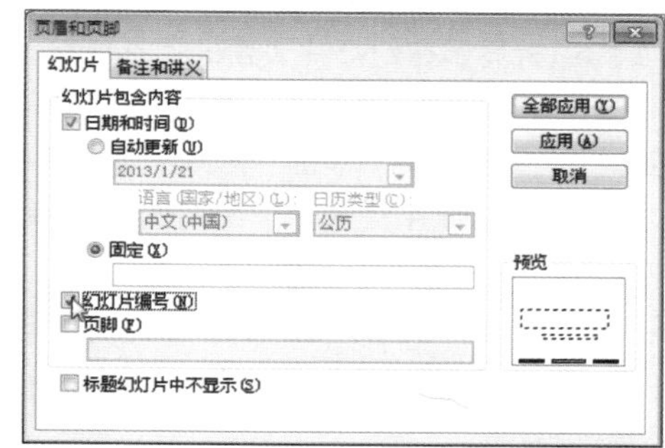

步骤03 在“日期和时间”选项组中选中“自动更新”单选按钮，然后将语言设为“中文（中国）”，并选择日期与时间样式，单击“全部应用”按钮。

步骤04 待返回演示文稿后，幻灯片左下角即出现日期与时间、编号信息。选中文本框，调整其字号、位置即可。

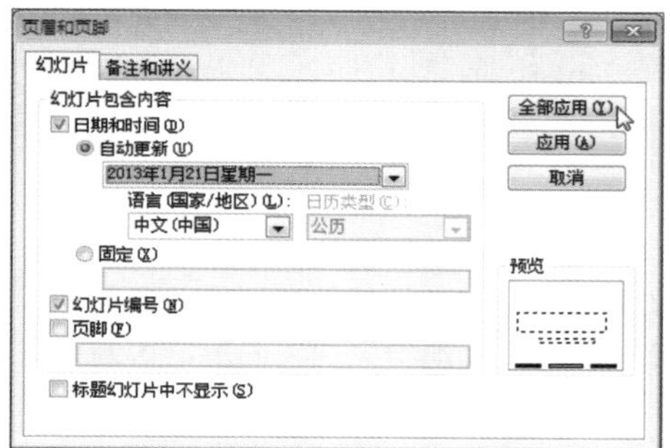

Q14. 如何在幻灯片中显示固定的日期？

上一技巧介绍了如何在幻灯片中显示自动更新的日期，但是如果用户需要在幻灯片中显示制作该幻灯片的时间，这个时间不能自动更新，必须是一个固定的日期，该怎样设置呢？

步骤01 打开演示文稿，单击“插入”选项卡中的“页眉和页脚”按钮，打开“页眉和页脚”对话框并切换至“幻灯片”选项卡。

步骤02 从中勾选“日期和时间”复选框，选中“固定”单选按钮，在下方文本框中输入日期，然后单击“全部应用”按钮。返回演示文稿查看效果。

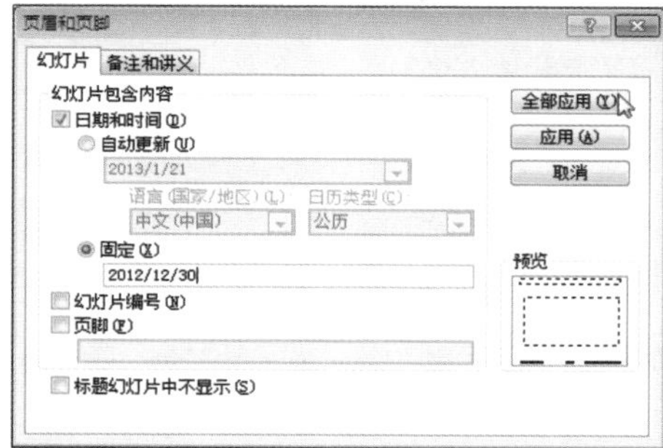

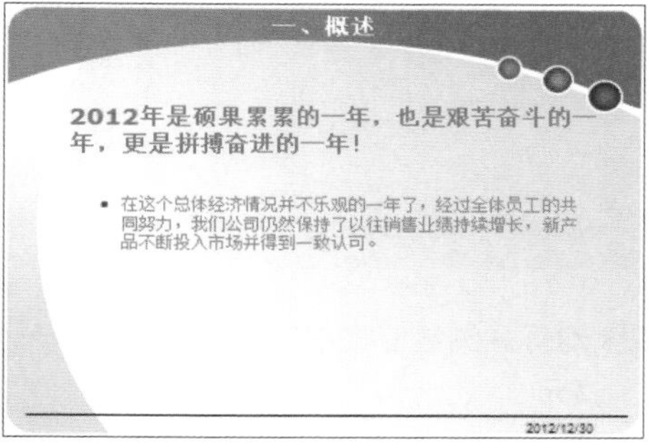

Q15. 如何在页脚处显示任意的信息？

页脚通常显示在幻灯片页面的底部区域。常用于显示文档的附加信息，这些信息通常打印在每页的底部，那么如何在页脚位置添加信息呢？

步骤01 打开演示文稿，单击“插入”选项卡中的“页眉和页脚”按钮，打开“页眉和页脚”对话框，在“幻灯片”选项卡中勾选“页脚”复选框，并在下方文本框中输入信息，单击“全部应用”按钮。

步骤02 返回演示文稿中，拖动文本框可以调整页脚文本的位置，并调整页脚字体颜色和大小。

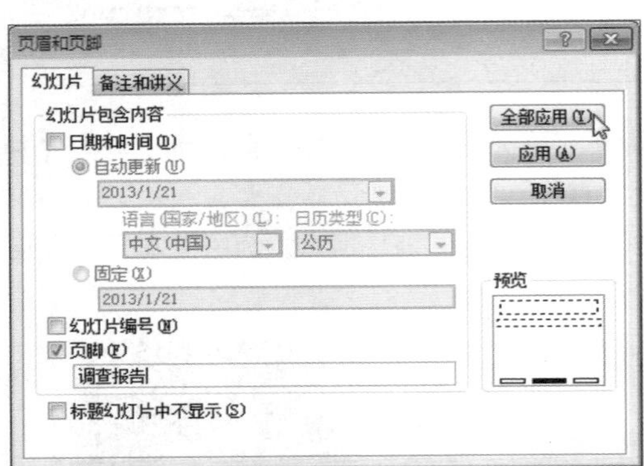

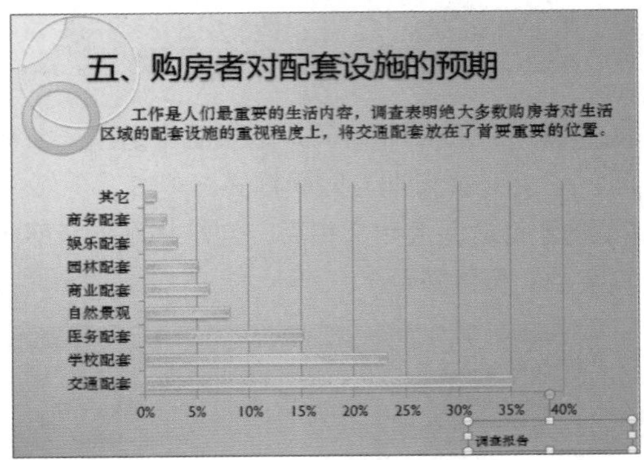

Q16. 如何合并和比较演示文稿？

当用户与同事或者客户之间共同处理演示文稿，并使用电子邮件和网络共享与他人交流更改时，需要管理和选择要融入到最终演示文稿中的修改或编辑内容，此时可以利用合并和比较功能，从而减少后期的编辑时间。下面对合并和比较演示文稿的具体操作进行介绍。

步骤01 切换至“审阅”选项卡，单击“比较”按钮。

步骤02 弹出“选择要与当前演示文稿合并的文件”对话框，选择合适的文件，单击“插入”按钮。

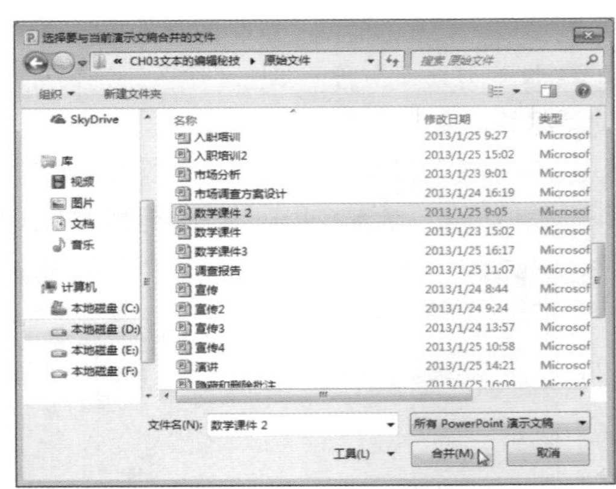

步骤03 幻灯片浏览窗格中的标记即显示出一个列表，用户可以勾选相应的选项，将其暂时插入当前演示文稿。

步骤 04 将插入的幻灯片和当前幻灯片进行比较，在“修订”窗格中的“详细信息”选项卡下的“演示文稿更改”列表框中，取消对重复内容幻灯片的勾选。

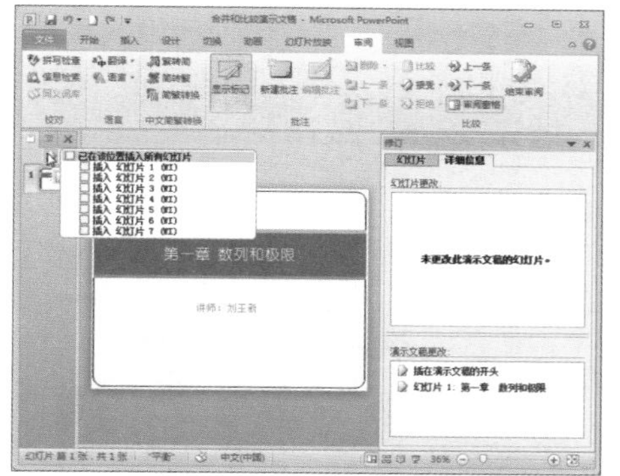

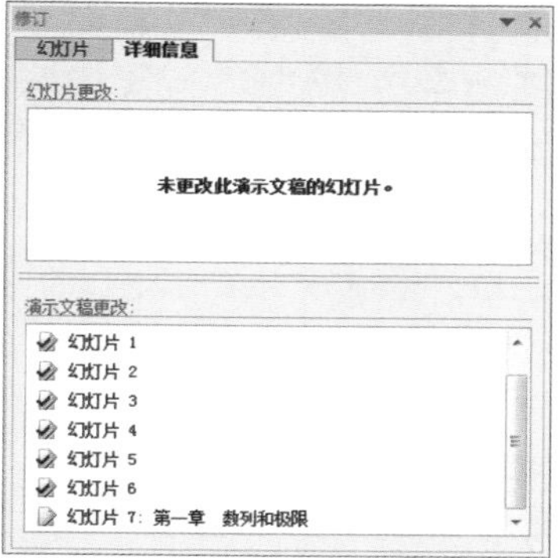

步骤 05 审阅完成后，单击“结束审阅”按钮。

步骤 06 调整幻灯片的排列顺序，即可完成合并和比较演示文稿。

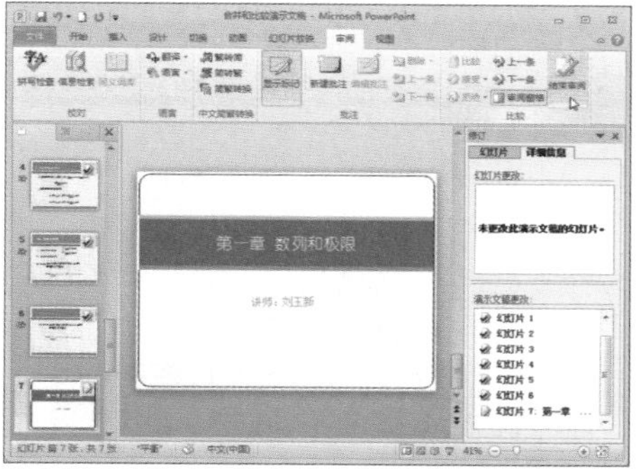

Q17. 如何编辑矩形使其成为不规则图形？

为了让插入的图形与传达的信息更加融合，可以对图形进行编辑，使其脱去生硬的外衣，更加生动灵活地展现文本内容，其操作步骤如下。

步骤 01 选择需要编辑的图形并右键单击，从弹出的快捷菜单中选择“编辑顶点”命令。

步骤 02 图形顶点位置显示为黑色控制点，选择控制点进行拖动，可调整顶点位置。

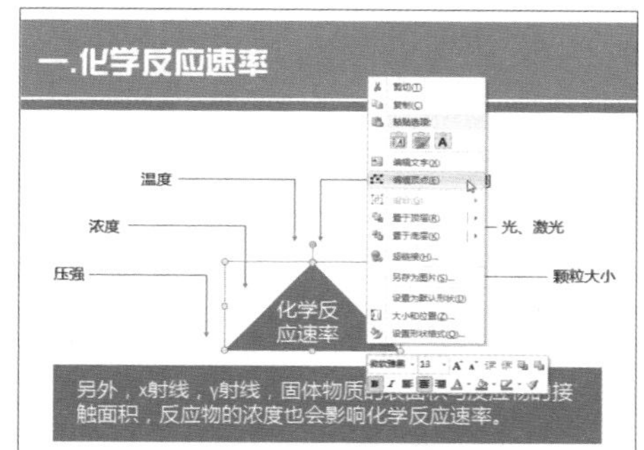

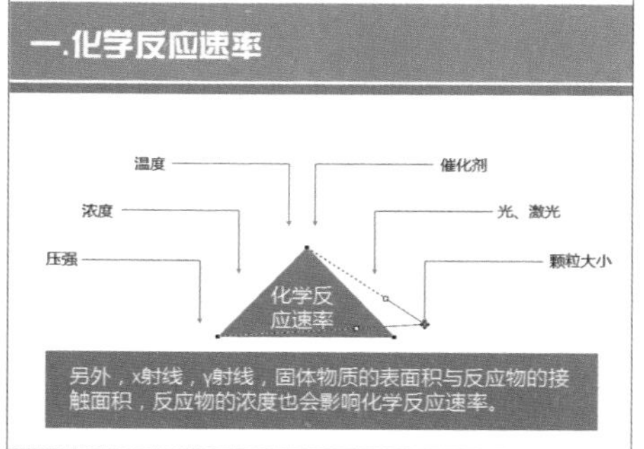

步骤03 在非顶点处单击鼠标左键，可增添一个顶点。

步骤04 增添多个顶点后选择棱角处的控制点，右键单击并选择“平滑顶点”命令，可将生硬的棱角变得平滑。

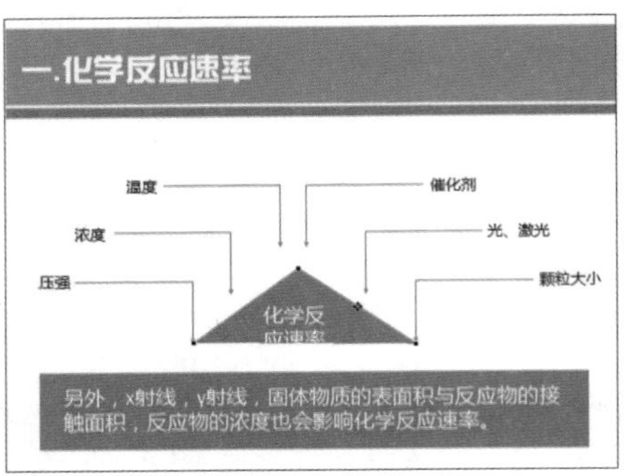

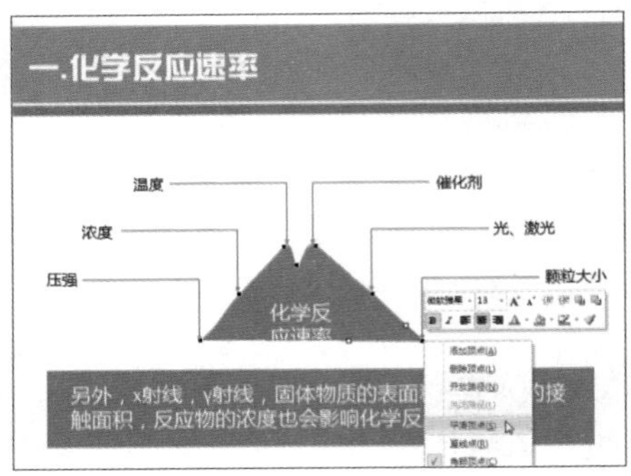

步骤05 单击控制点，将会在其两侧出现控制柄，拖动控制柄调整其平滑度。

步骤06 调整图形完毕后，在图形外单击即可退出编辑顶点模式。

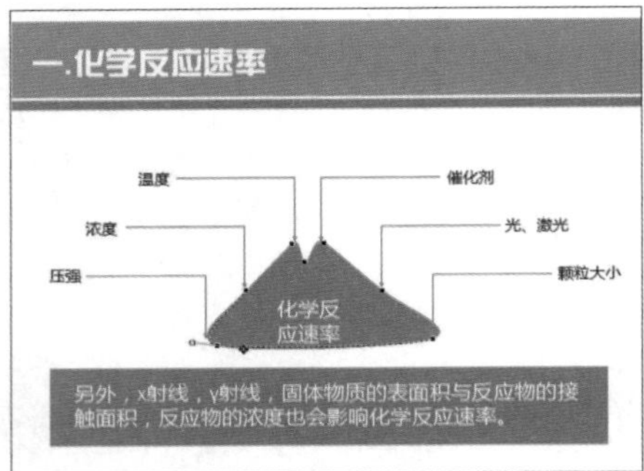

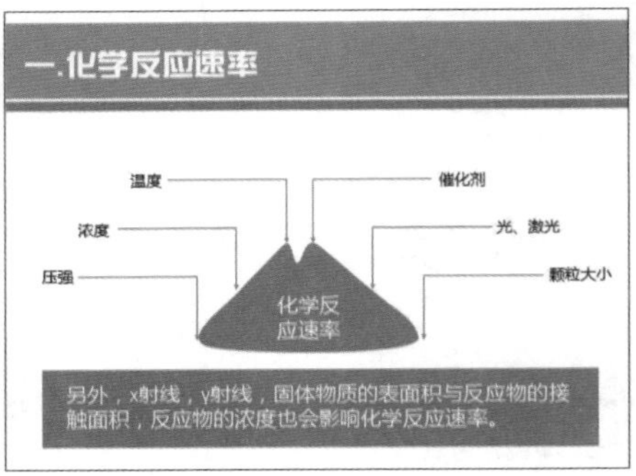

Q18. 如何在图形中添加文字？

插入的形状通常配合文字才能充分说明想要传达的内容，这就需要在形状中输入文本信息，在形状中输入文字的操作步骤如下。

步骤01 选择图形并右键单击，从弹出的快捷菜单中选择“编辑文字”命令。

步骤02 将光标定位至形状中，即可输入文本信息，根据需要调整文字大小并设置为居中显示。

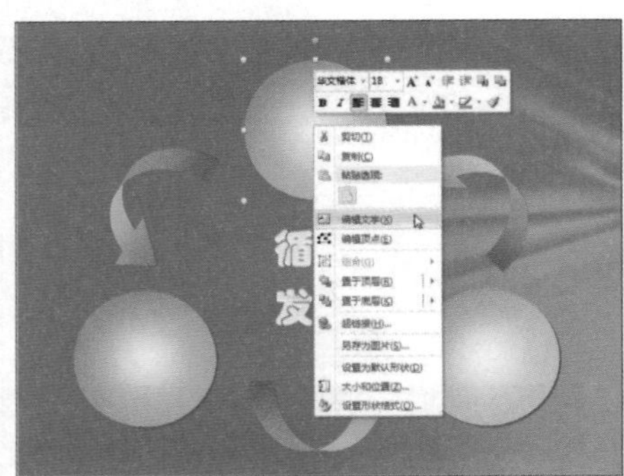

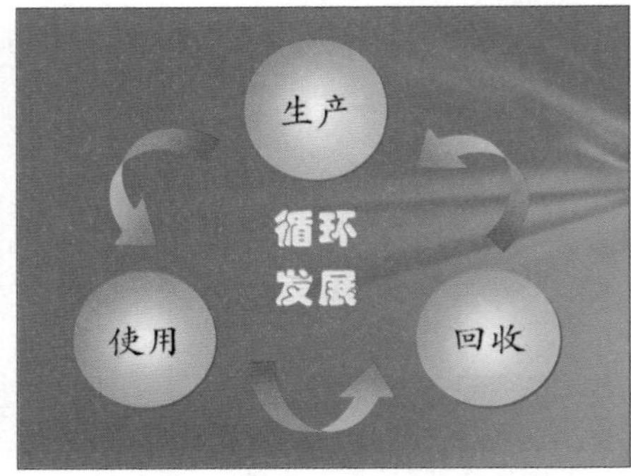

Q19. 如何去掉图形的外框，给其添加阴影？

插入幻灯片页面中的图形都会包含一个边框，有时候需要将边框去除并添加阴影效果，以增强立体感，该如何进行操作呢？

步骤 01 选中图形，单击“绘图工具-格式”选项卡中的“形状轮廓”下拉按钮，从展开的下拉列表中选择“无轮廓”选项。

步骤 02 单击“形状效果”下拉按钮，在下拉列表中选择“阴影”选项，从下级菜单中选择“外部”组中的“向下偏移”选项。最后返回编辑区查看设置效果。

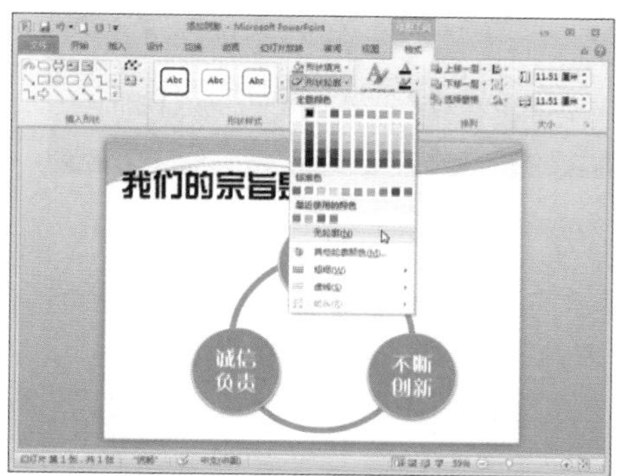

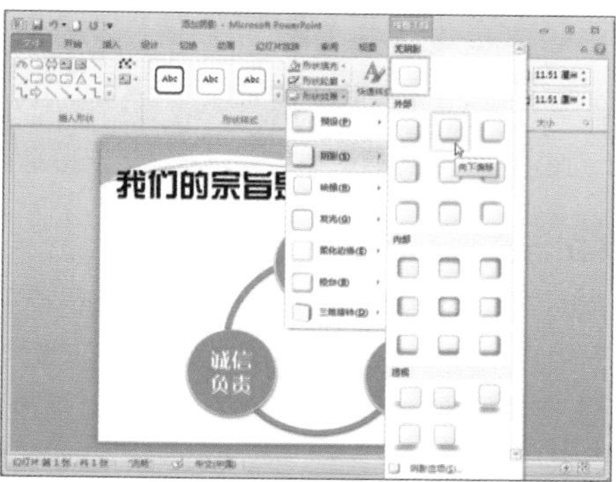

Q20. 如何改变图形阴影的颜色？

为了让阴影效果更加生动，并且与页面背景颜色相互协调，还可以更改阴影的颜色，其操作步骤如下。

步骤 01 选择形状并右击，从弹出的快捷菜单中选择“设置形状格式”命令。打开相应对话框，单击“颜色”下拉按钮，从颜色列表中选择“紫色”。

步骤 02 选择其他形状并更改其阴影颜色，单击“关闭”按钮返回页面查看设置效果。

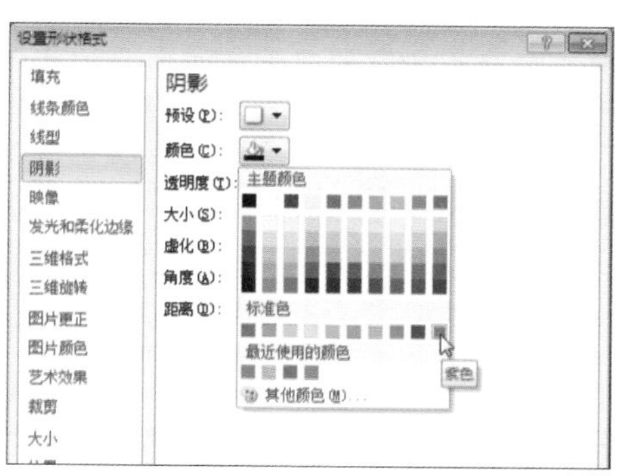

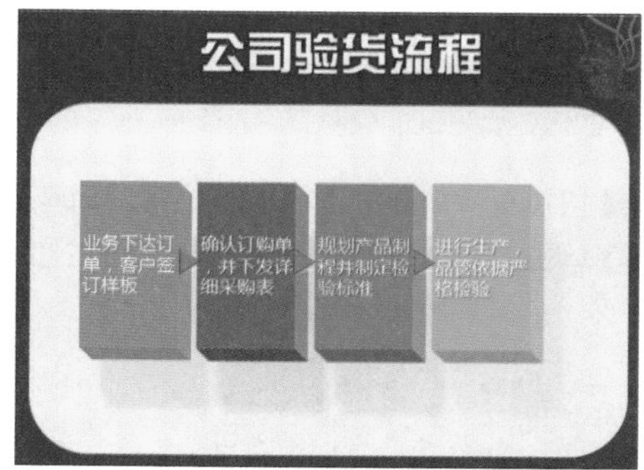

Q21. 如何为图像添加数码效果？

在插入图片后，用户可以利用系统提供的艺术化处理功能处理图片，使图片具有特殊的艺术效果。

步骤 01 选择图片，切换至“图片工具-格式”选项卡，然后单击“调整”组中的“艺术效果”下拉按钮。

步骤 02 展开其下拉列表，将光标移至某一选项，将实时显现该效果。这里选择“蜡笔平滑”艺术效果。

Q22 如何实现音乐的跳跃性播放？

用户可以根据需要设置音频中的关键点，并且可以通过触发动画跳转至指定的时间点，有助于用户快速查找音频中的特定点，其操作步骤如下。

步骤 01 选择音频，将音乐播放进度拖至需要设置书签的时间点，切换至“音频工具-播放”选项卡。

步骤 02 单击“书签”组中的“添加书签”按钮。

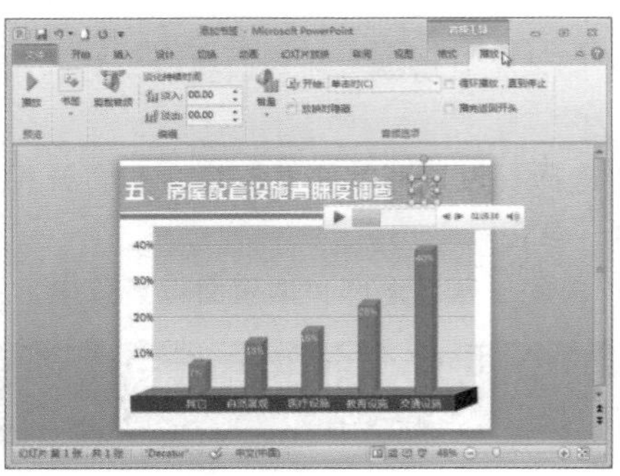

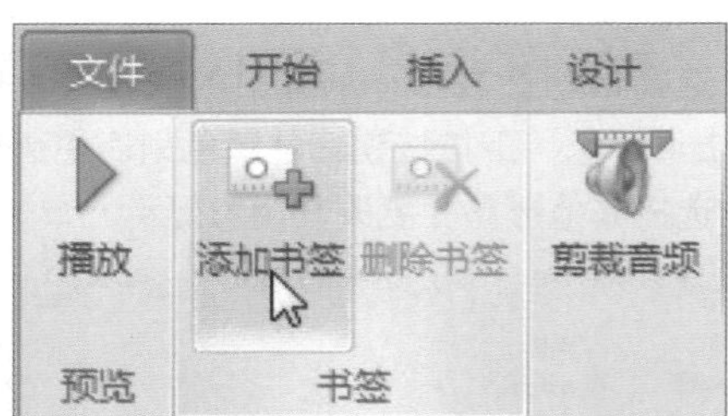

步骤 03 切换至“动画”选项卡，选择“动画”组的“搜寻”动画效果。

步骤 04 单击“计时”组中“开始”下拉按钮，从展开的下拉列表中选择“与上一动画同时”选项。

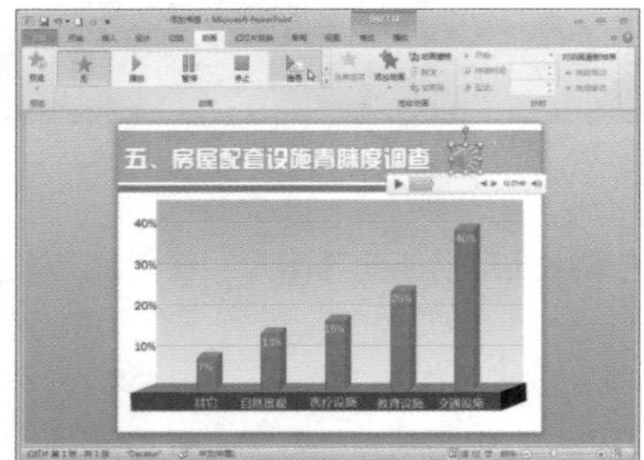

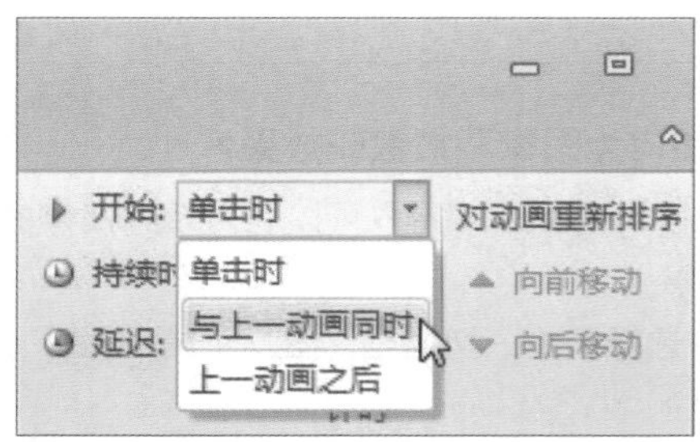

步骤05 放映幻灯片时，可以直接从设置的书签处开始播放音乐。

步骤06 若选择书签，单击“音频工具-播放”选项卡中的“删除书签”按钮即可将其删除。

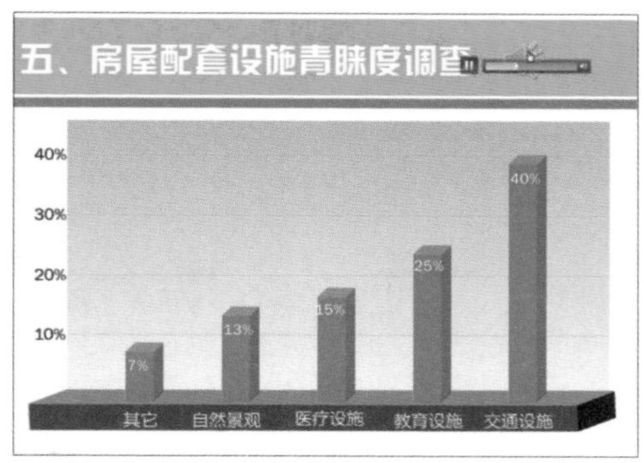

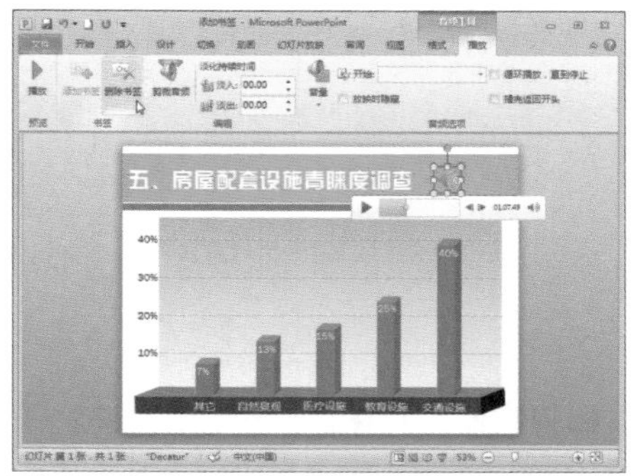

Q23. 如何将视频的一个场景作为封面？

为吸引观众的注意力，可将视频中的某一个场景设置为视频的封面，其操作步骤如下。

步骤01 选择视频，单击“视频播放控制工具栏”上的“播放/暂停”按钮播放视频文件，当出现需要的视图界面时，单击“播放/暂停”按钮暂停播放。

步骤02 切换至“视频工具-格式”选项卡。单击“标牌框架”下拉按钮，从展开的下拉列表中选择“当前框架”选项。经过上述设置，可成功将视频当前界面设置为视频的封面。

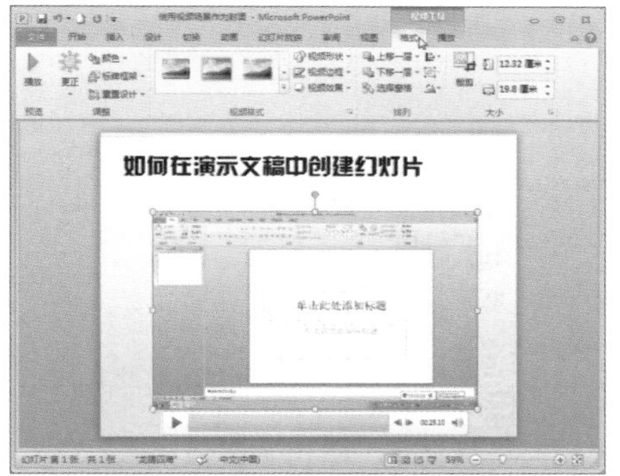

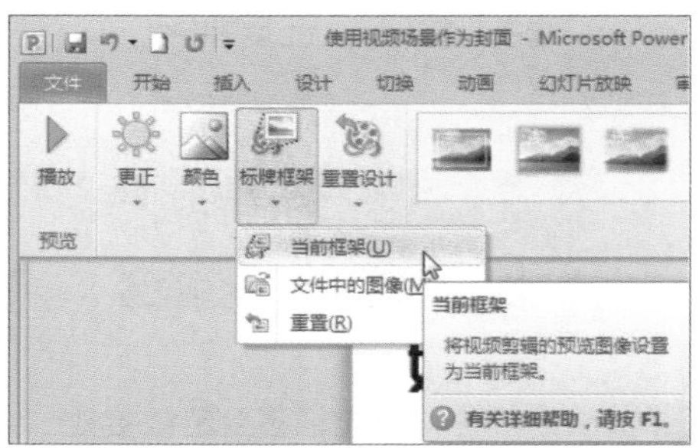

Q24. 如何在视频上加入图像文件的封面？

若希望可以给观众留有一定的悬念，可以将视频的封面设置为一个精美的图片，其操作步骤如下。

步骤01 选择视频，切换至“视频工具-格式”选项卡。单击“标牌框架”下拉按钮，从展开的下拉列表中选择“文件中的图像”选项。

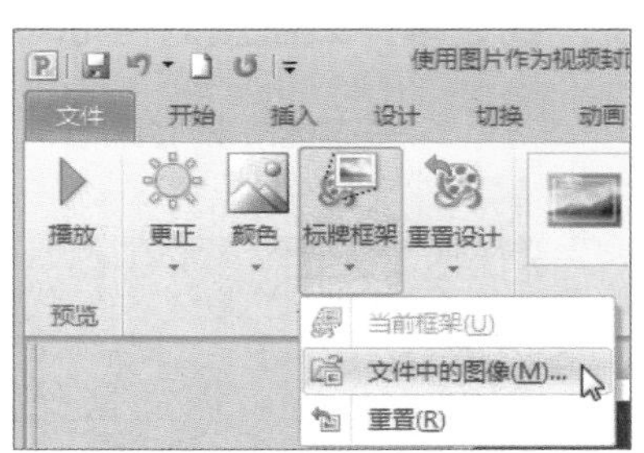

步骤02 打开“插入图片”对话框，选择合适的图片，单击“插入”按钮即可。

Q25 如何在幻灯片中添加Flash文件？

在演示文稿中，不仅仅可以插入视频文件和剪辑视频，还可以插入Flash文件，其操作步骤如下。

步骤01 选择文本框，切换至“插入”选项卡，单击“超链接”按钮，打开“插入超链接”对话框。

步骤02 在“链接到”选项中选择“现有文件或网页”，在“查找范围”选项中选择“当前文件夹”，然后选择适当的文件，单击“确定”按钮。

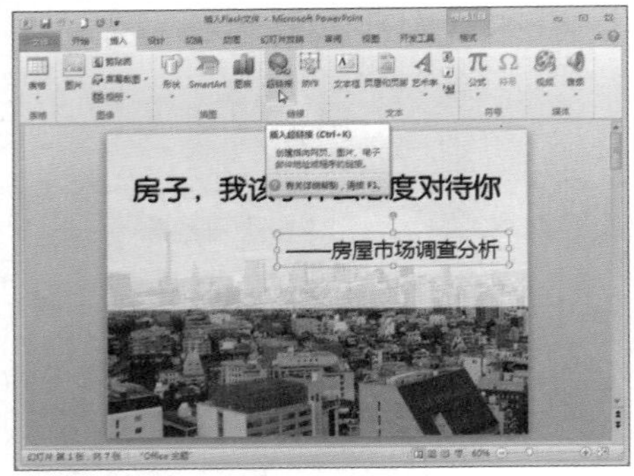

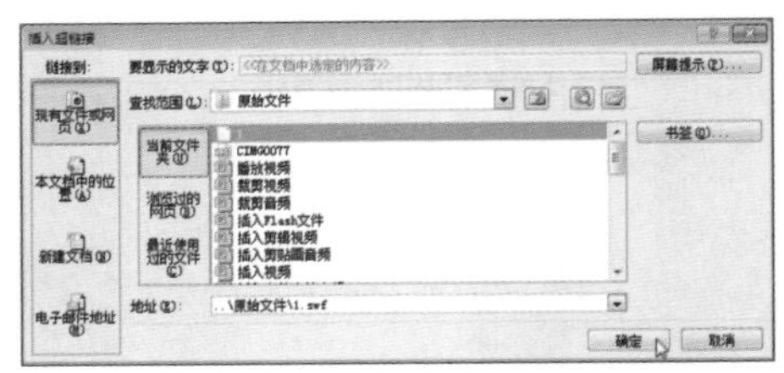

步骤03 放映幻灯片，将光标移至超链接处，会出现超链接提示，单击超链接文本。

步骤04 在打开动画文件之前，会弹出一个提示对话框，此时单击“确定”按钮，将打开动画文件。

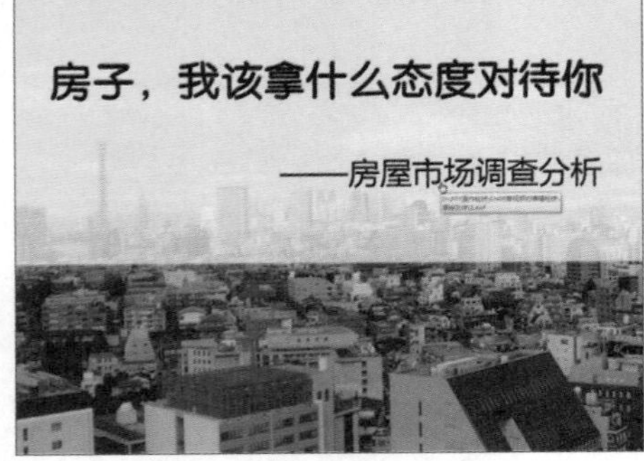

Q26 如何通过控件插入Flash动画？

通过Flash ActiveX控件可以嵌入Flash动画，使其保持原有功能进行播放，其具体的操作步骤如下。

步骤 01 打开演示文稿，切换至“开发工具”选项卡，单击“其他控件”按钮。

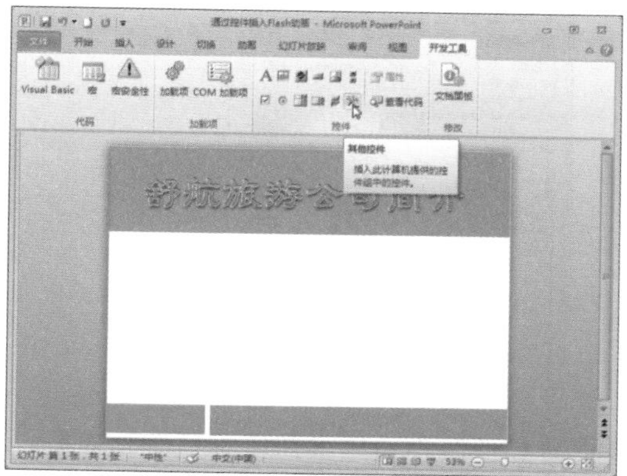

步骤 02 打开“其他控件”对话框，选择“Shockwave Flash Object”选项，单击“确定”按钮返回。

步骤 03 此时光标变为十字形，按住鼠标左键不放，绘制合适大小的控件。

步骤 04 右击控件，从快捷菜单中选择“属性”命令打开“属性”对话框。

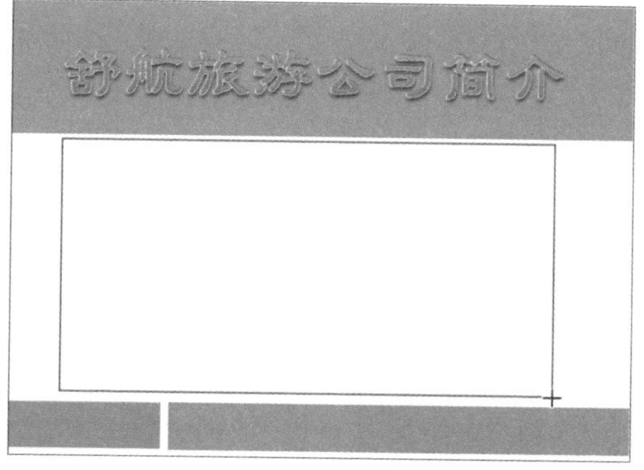

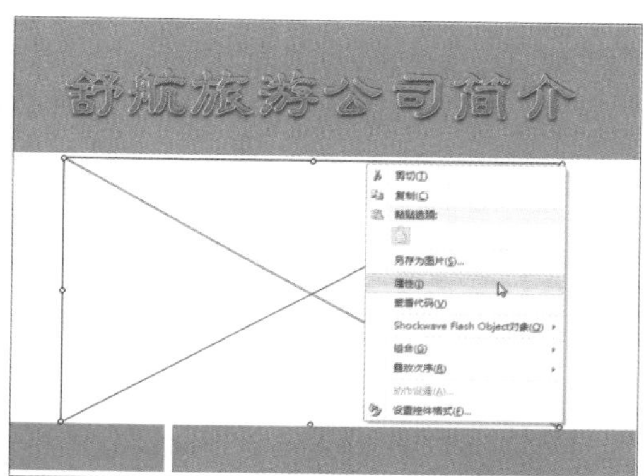

步骤05 设置Movie的值为Flash动画的名称（包含后缀名）、Playing的值为True。

步骤06 关闭“属性”对话框，按F5键播放幻灯片，Flash动画也随之播放。

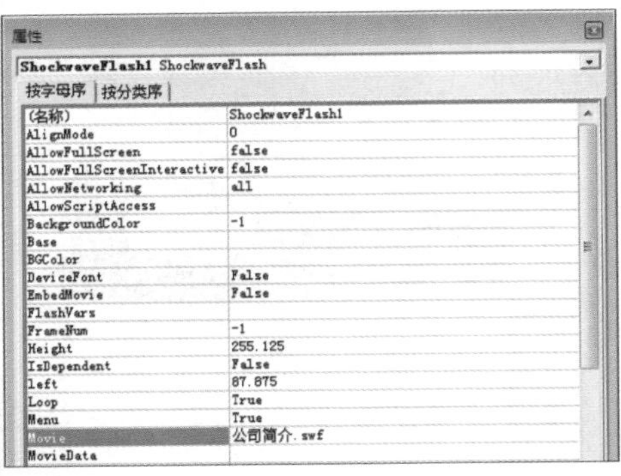

Q27 如何利用自定义路径设置动画效果？

路径动画可以让对象按照指定的路径运动，用户可以利用系统中几种常见的运动路径，也能根据需要自定义动画的运动路径，还可以编辑动画路径，其具体的操作步骤如下。

步骤01 选择图片，单击“动画”选项卡中的“添加动画”下拉按钮，从下拉列表中的“动作路径”组中选择“自定义路径”。

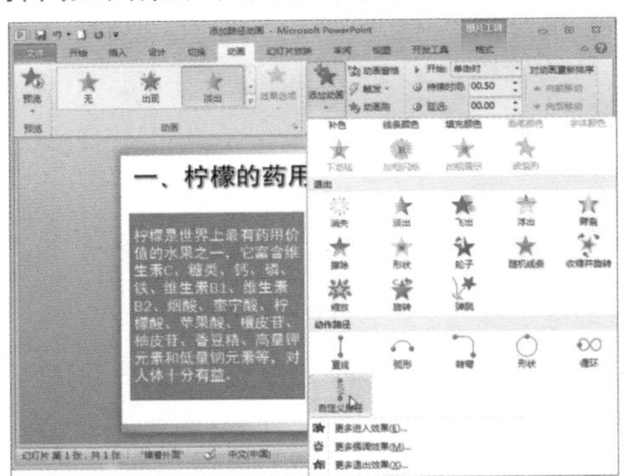

步骤02 此时光标变为十字形，在希望的动画开始处单击鼠标左键，然后释放鼠标拖动绘制路径，在终止处单击并释放。

步骤03 在路径动画里，绿色三角形为路径动画的起点，红色三角形为路径的终止点。拖动绿色或红色三角形可以调整对象的起始或终止位置。

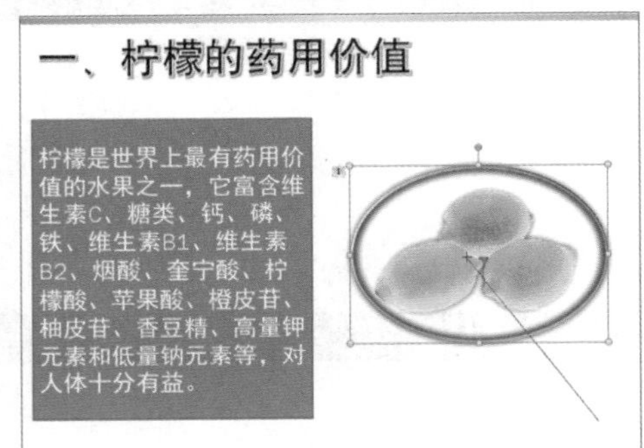

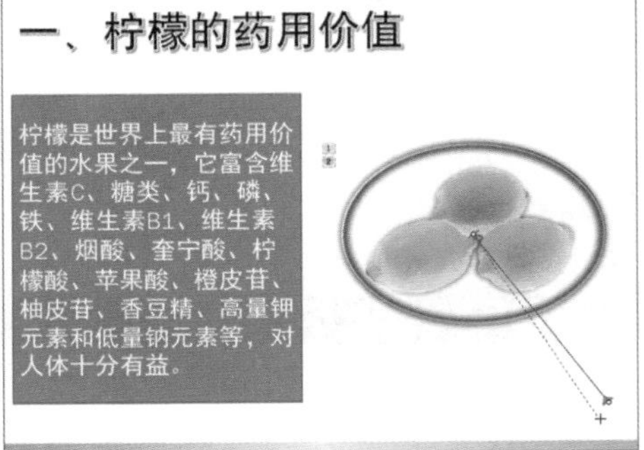

Q28. 如何删除动画效果？

若用户不再需要添加动画效果，则可以将该动画效果删除，其具体的操作方法如下。

步骤 01 选择需要删除动画效果的对象，切换至“动画”选项卡，单击“动画”组的“其他”下拉按钮。

步骤 02 从展开的动画列表中选择“无”，所选对象的动画效果即可删除。

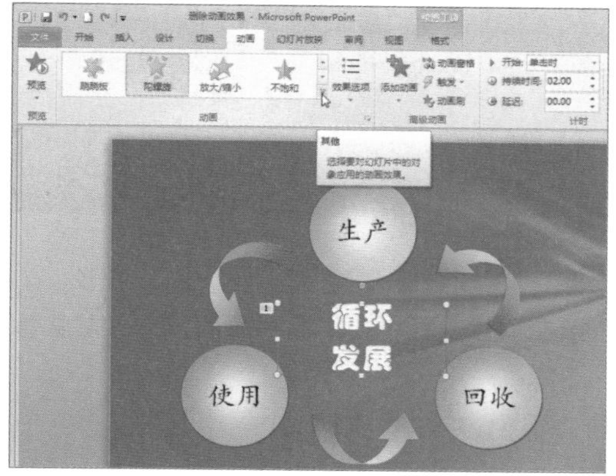

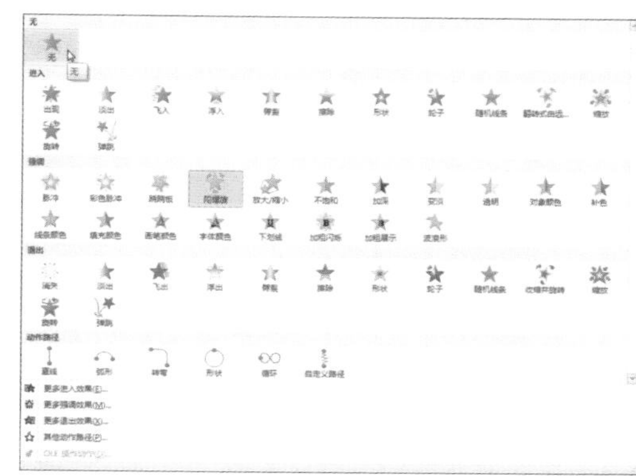

Q29. 如何快速复制动画？

若演示文稿内有多个对象需要同一动画效果，或者其他演示文稿中的对象需要当前演示文稿的动画效果，无需逐一进行设置，只需将该动画效果复制，然后应用到其他对象上即可，其操作步骤如下。

步骤 01 选择包含动画效果的对象，切换至“动画”选项卡，双击“动画刷”按钮。

步骤 02 此时光标将变为小刷子形状，在需要应用动画效果的对象上单击即可。

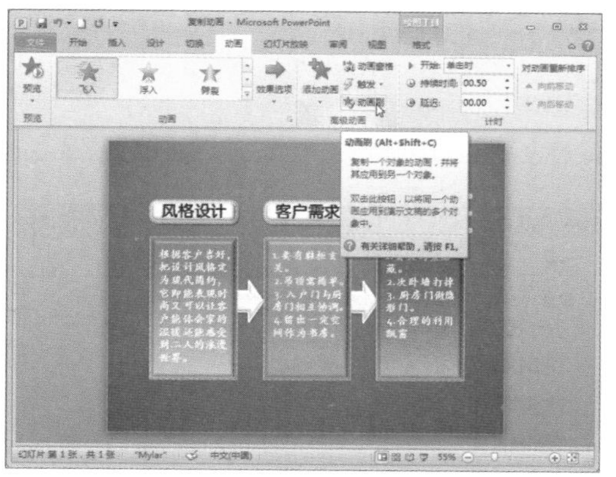

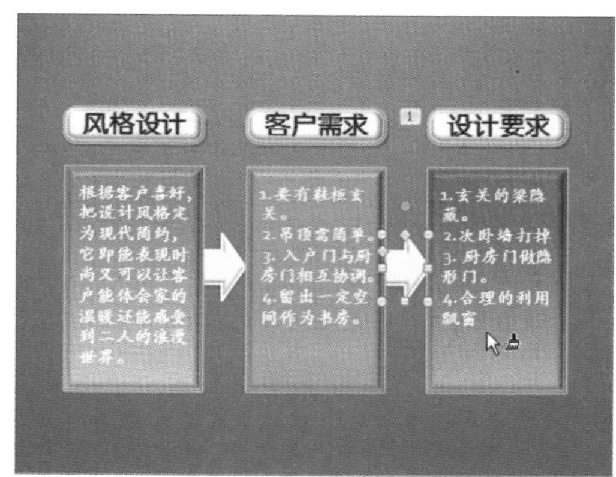

步骤03 从中可以看到，动画的顺序和单击对象的顺序一致。

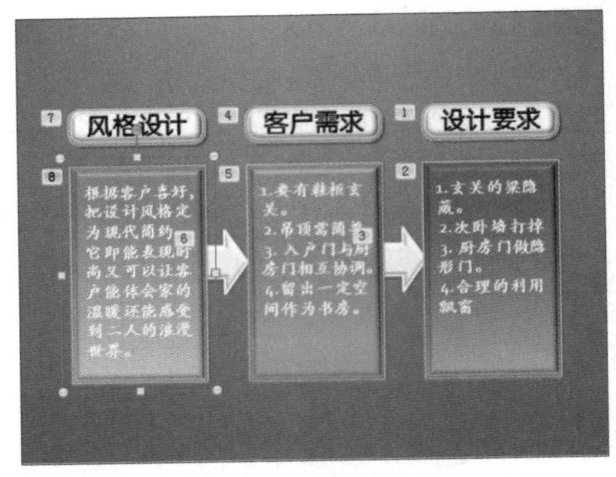

Q30. 如何变更动画的尺寸？

在播放动画时，为了突出显示某个对象，可以在播放过程中变更该对象的尺寸，其具体操作方法如下。

步骤01 选择图片，切换至“动画”选项卡，单击“动画”组的“其他”下拉按钮。

步骤02 在展开的动画列表中的“强调”选项，选择“放大/缩小”动画效果。

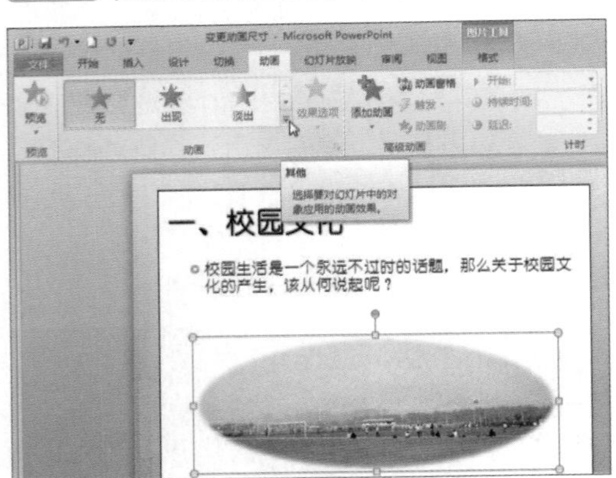

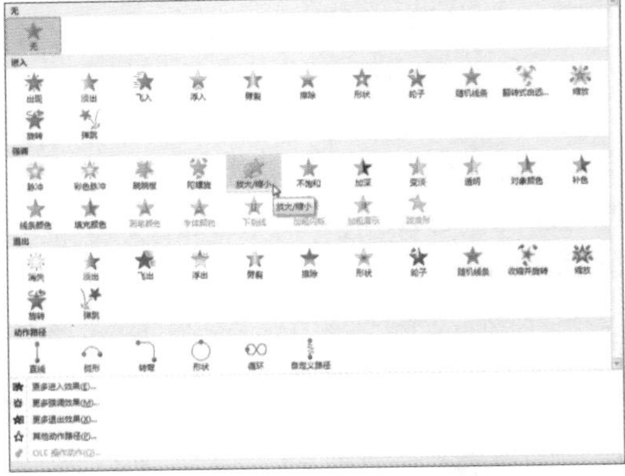

步骤03 打开“放大/缩小”对话框，在“效果”选项卡中，单击“尺寸”下拉按钮，在下拉列表中选择“自定义”选项，并输入数值，按Enter键确认，然后单击“确定”按钮即可。

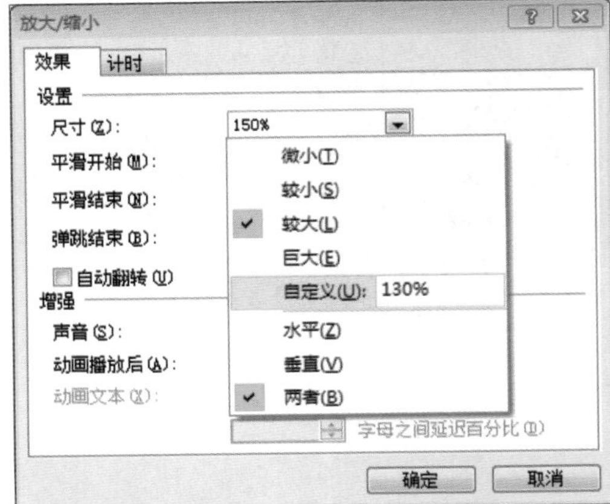

Q31. 如何重复播放同一个动画？

在幻灯片末尾或者其他特殊部分，可以让个别动画不断地重复播放，以提醒观众，那么如何设置该动画效果呢？具体的操作步骤如下。

步骤 01 选择文本框，切换至“动画”选项卡，单击“动画”组的“其他”下拉按钮。

步骤 02 在展开的动画列表中的选择“补色”选项。单击“动画”组的“对话框启动器”按钮，打开“补色”对话框。

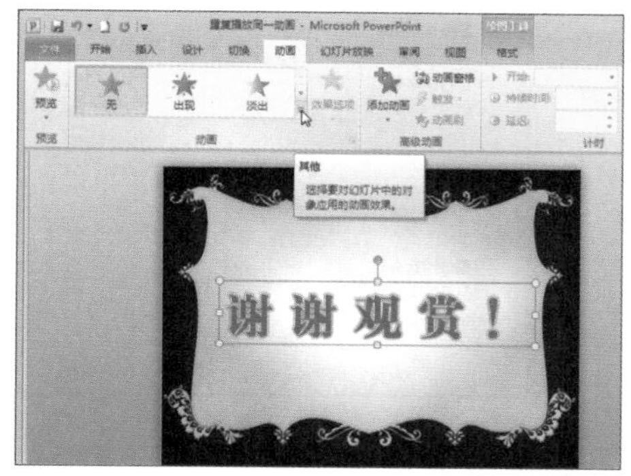

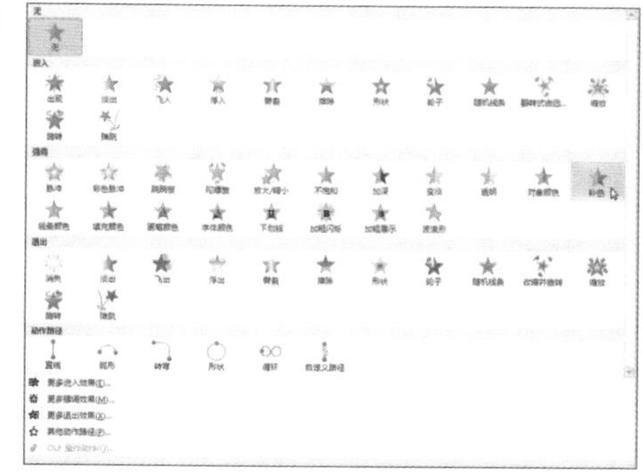

步骤 03 切换至“计时”选项卡，单击“重复”下拉按钮，在下拉列表中选择“直到幻灯片末尾”选项，单击“确定”按钮关闭对话框即可。

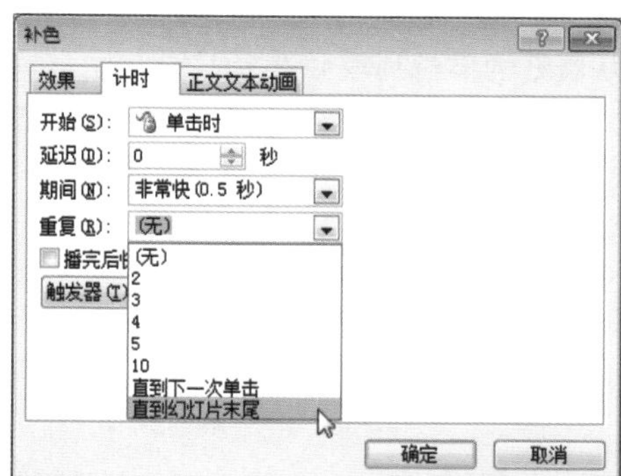

Q32. 如何添加动作按钮？

当演示文稿内有多张幻灯片时，为了方便放映幻灯片时很好地对其进行控制，通常会为每张幻灯片设置动作按钮，指向下一张、上一张、返回导航页等，其操作方法如下。

步骤 01 选择幻灯片，单击“插入”选项卡上的“形状”下拉按钮，从展开的下拉列表中选择“动作按钮：第一张”选项。

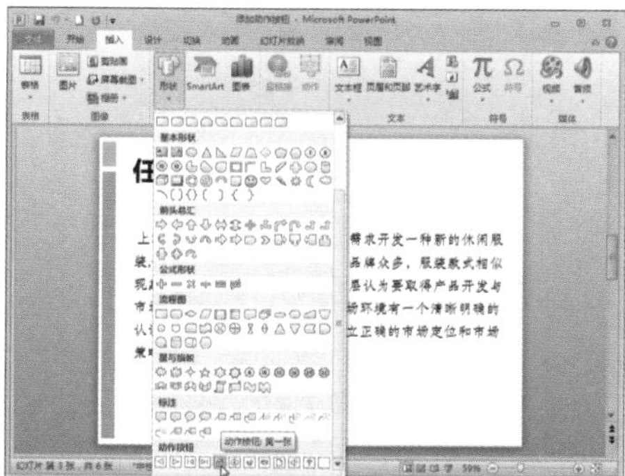

步骤02 此时光标变为十字形，拖动鼠标绘制合适大小的动作按钮。随后将打开“动作设置”对话框。

步骤03 选中“超链接到”动作按钮，并设置该选项。其他保持默认，最后单击“确定”按钮即可。

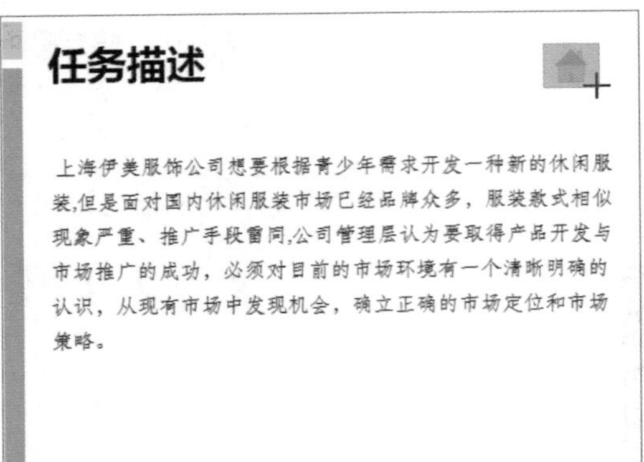

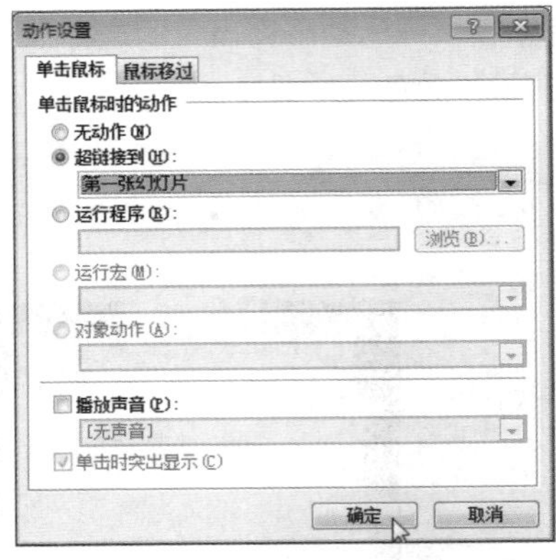

步骤04 若想链接到其他幻灯片，只需单击“动作设置”对话框中的“超链接到”下拉按钮，从展开的下拉列表中选择“幻灯片…”选项，打开“超链接到幻灯片”对话框，选择合适的幻灯片即可。

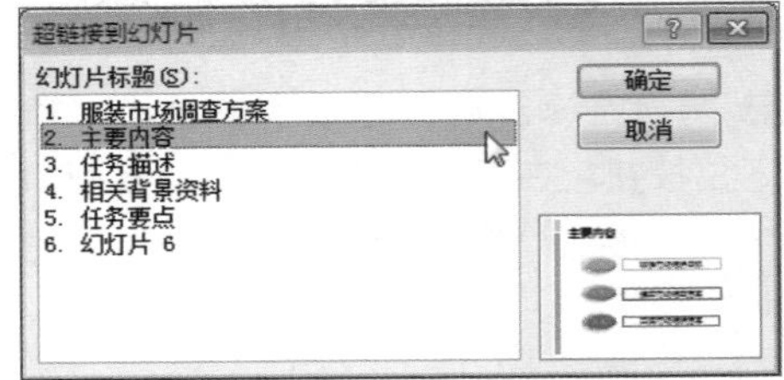

Q33 如何链接到网站中的页面？

若在演讲过程中需要链接到网站中的某个页面，同样可以轻松实现。下面就来对其进行介绍。

步骤01 选中要添加超链接的文本，切换至“插入”选项卡。在“链接”组中单击“超链接”按钮。

步骤02 在“链接到”列表中单击“现有文件或网页”按钮，然后将复制的网页地址粘贴至“地址”文本框中，单击“确定”按钮。

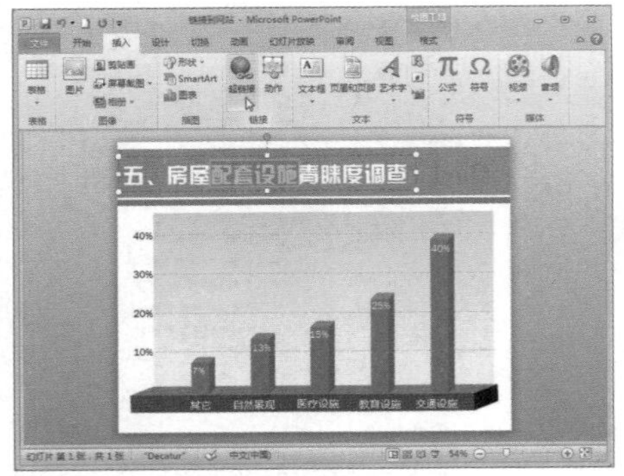

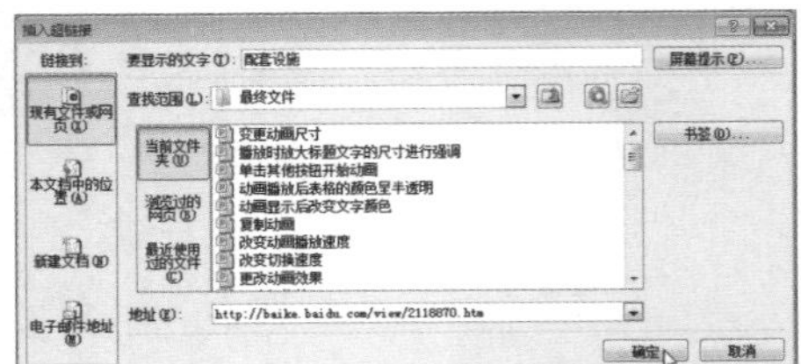

步骤03 返回幻灯片页面，可以看到添加了超链接的文本颜色已经发生了改变。

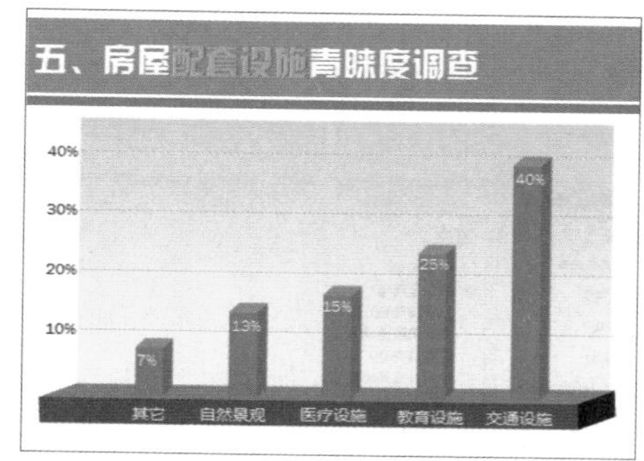

Q34. 如何通过超文本链接进入其他的幻灯片？

若希望可以通过当前文本链接到其他幻灯片，同样很容易就能实现，其具体的操作步骤如下。

步骤01 选择文本，单击“插入”选项卡中的“超链接”按钮，打开相应对话框，在“链接到”列表框中单击“本文档中的位置”选项，然后选中要链接的幻灯片，单击“确定”按钮。

步骤02 放映幻灯片时，将光标移至超链接文本上时会变为手指状。

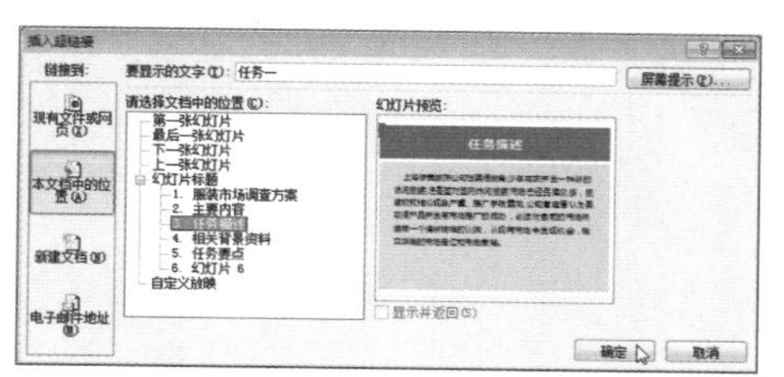

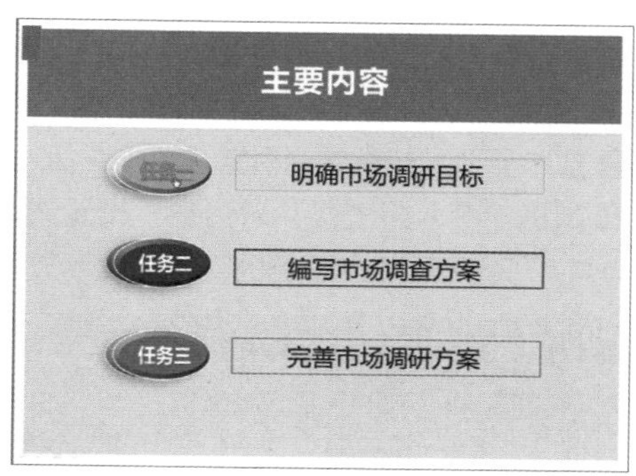

Q35. 如何变更对动作按钮的设置？

若默认的动作按钮样式不能够令用户满意，还可以根据需要更改动作按钮的颜色、线型、三维格式等，下面将对其进行介绍。

步骤01 选择动作按钮并右击，从弹出的快捷菜单中选择“设置形状格式”命令。

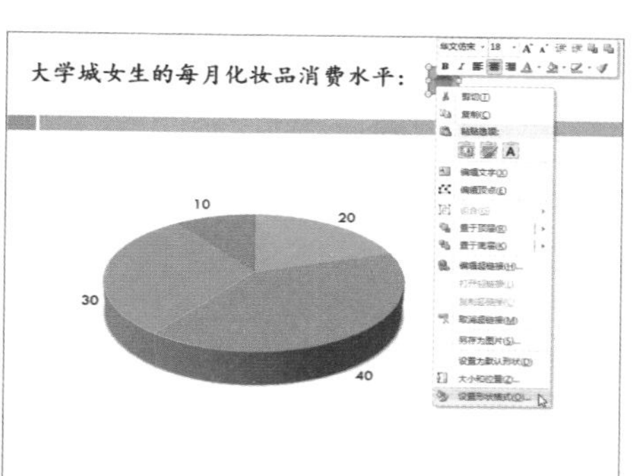

步骤02 打开“设置形状格式”对话框，在“填充”选项面板中设置形状填充颜色为“浅蓝”。

步骤03 在“三维格式”选项面板中设置三维效果。还可以在其他选项面板中进行相应设置，完成后单击“关闭”按钮，关闭对话框即可。

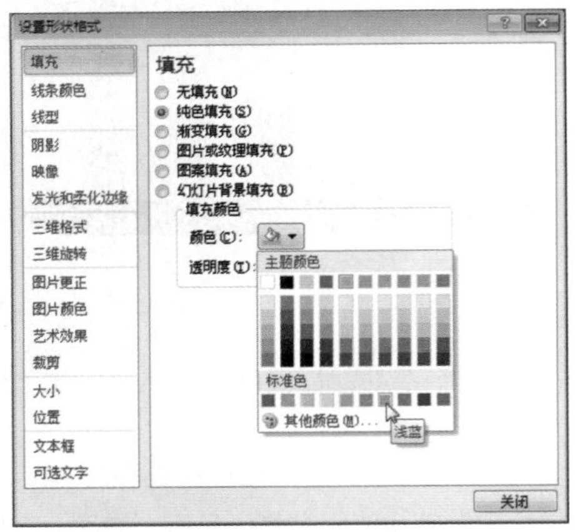

Q36 如何为超链接对象设置屏幕提示信息？

如果选择为对象添加超链接，用户还可以设置相应的屏幕提示信息，这样当光标指向该超链接对象时，屏幕提示文字会自动出现。下面介绍具体其操作步骤。

步骤01 选中要添加超链接的对象，单击“插入”标签。 在“链接”组中单击“超链接”按钮。

步骤02 弹出“插入超链接”对话框，设置文本框的链接对象为“本文档中的位置”中的“第一张幻灯片”，然后单击右侧的“屏幕提示”按钮。

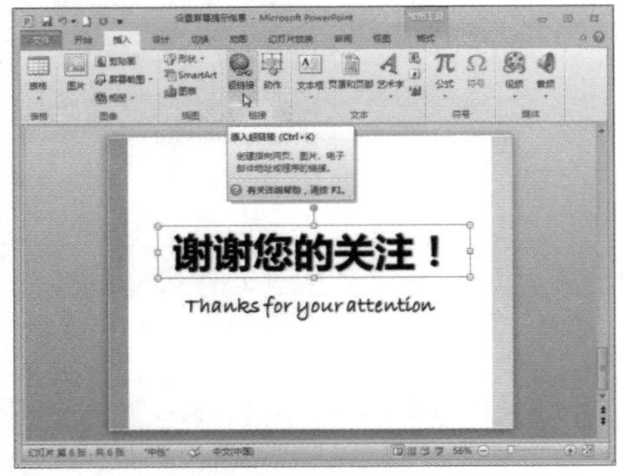

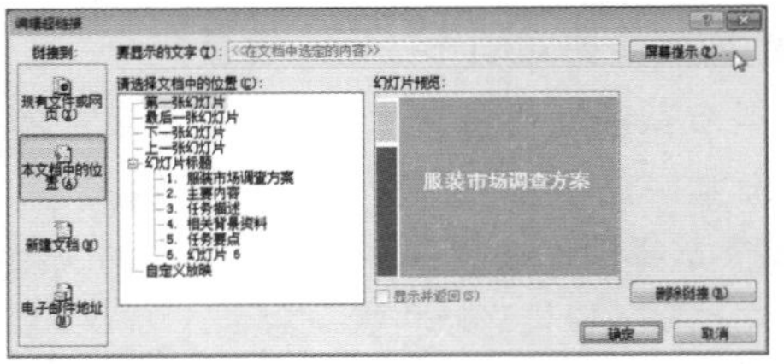

步骤03 弹出“设置超链接屏幕提示”对话框，在“屏幕提示文字”文本框中输入文字。单击“确定”按钮。放映幻灯片时，当光标移至超链接处，即会显示提示信息。

步骤04 若想取消超链接，只需再次打开“编辑超链接”对话框，单击“删除链接”按钮即可。